高等学校“十三五”规划教材

无机及分析化学

第二版

焦琳娟　主编

化学工业出版社

·北京·

《无机及分析化学》（第二版）共十一章，系统介绍了气体、溶液和胶体，化学反应基础，物质结构，定量分析概论，酸碱平衡和酸碱滴定分析，配位平衡和配位滴定分析，氧化还原平衡和氧化还原滴定分析，沉淀溶解平衡和沉淀滴定分析，吸光光度分析法，分析化学中常用的分离和富集方法简介及现代仪器分析方法简介等内容，将无机化学理论及化合物性质与分析化学中的应用有机地结合在一起。

《无机及分析化学》（第二版）可作为高等院校农业、林学、生物、食品、医学、环境等专业的教材，也可供科研、生产部门有关科技人员参考使用。

图书在版编目（CIP）数据

无机及分析化学/焦琳娟主编．—2版．—北京：化学工业出版社，2018.6（2024.8重印）

高等学校"十三五"规划教材

ISBN 978-7-122-32057-5

Ⅰ.①无… Ⅱ.①焦… Ⅲ.①无机化学-高等学校-教材②分析化学-高等学校-教材 Ⅳ.①O61②O65

中国版本图书馆CIP数据核字（2018）第084182号

责任编辑：宋林青　　文字编辑：刘志茹

责任校对：宋　玮　　装帧设计：关　飞

出版发行：化学工业出版社（北京市东城区青年湖南街13号　邮政编码100011）

印　　装：大厂聚鑫印刷有限责任公司

787mm×1092mm　1/16　印张18¼　彩插1　字数446千字　　2024年8月北京第2版第3次印刷

购书咨询：010-64518888　　售后服务：010-64518899

网　　址：http://www.cip.com.cn

凡购买本书，如有缺损质量问题，本社销售中心负责调换。

定　　价：42.00元

《无机及分析化学》（第二版）编写组

主　编　焦琳娟

副主编　高　岐　洪显兰　丘秀珍

编　者　（以姓名笔画为序）

龙来寿　丘秀珍　任健敏　洪显兰

莫云燕　徐先燕　高　岐　黄冬兰

焦琳娟　蒋荣华

前言

随着科学技术和经济的飞速发展，以及高等教育改革的日益深化，“无机化学和分析化学”的课程体系、教学内容、教学方法等也在不断地进行调整与改革。韶关学院坚持教育改革，早在21世纪初期就开始“无机及分析化学”课程改革的探索与实践，2008年获校级教学成果奖二等奖，2013年高岐、任健敏两位教授结合轻工、食品、生物工程、农业、材料等专业的培养要求，以“少而精、精而新”、培养21世纪应用型人才提供较为广泛的知识平台为原则，主编出版了高等学校“十一五”规划教材《无机及分析化学》并使用至今。

为了适应国家经济发展和地方高校培养应用型、创新性、创业型“三型”人才的需要，根据我们多年使用本教材的教学体会，在认真分析国内外同类教材的基础上，我们对第一版教材进行了修改和更新。在编写中，我们传承了削枝强干、去粗存精、突出重点、加强基础的编写宗旨，力求科学性、先进性、系统性、启发性和教育性的统一，反映无机化学及分析化学的时代特点。本书注重对基本原理、基本知识、基本概念和基本技能的透彻理解和掌握，着力培养学生主动学习获得新知识的能力、高层次思考问题的能力和勇于探索创新的意识，强调严谨细致的分析推理。全书共分十一章，介绍了气体、溶液和胶体，化学反应基础，物质结构，定量分析概论，酸碱平衡和酸碱滴定分析，配位平衡和配位滴定分析，氧化还原平衡和氧化还原滴定分析，沉淀溶解平衡和沉淀滴定分析，分光光度分析法，分析化学中常用的分离和富集方法简介及现代仪器方法简介等内容。主要修订内容如下：

1. 每章增加“本章小结”部分。

2. 简化公式推导。

3. 调整章与章之间的顺序，将“沉淀溶解平衡和沉淀滴定分析”调整到四大平衡和四大滴定分析的最后部分进行介绍。

4. 第一章由原来的两节增加为三节，补充介绍气体基本知识。同时，重新梳理有关胶体的知识。

5. 将原来的第二章和第三章整合为一章——化学反应基础，淡化反应进度。

6. 在定量分析概论一章中，将判断离群值取舍的 $4\bar{d}$ 法置换为格鲁布斯法。

7. 在化学反应定量计算中，用计量数比规则代替等物质的量规则。

8. 在酸碱平衡和酸碱滴定分析中补充介绍物料平衡式和电荷平衡。

9. 围绕原理—仪器—条件选择—应用这条线索，理顺分光光度分析法这章的知识结构。

10. 将固相萃取、固相微萃取、超临界流体萃取等内容作为绿色分离富集技术的代表补充到分析化学中常用的分离和富集方法简介一章中。

11. 在现代仪器方法简介中增加介绍高效液相色谱分析法。

12. 对各章的插图、例题和习题进行了修订和部分更新。

参加本教材编写的有：焦琳娟（前言、第十章、第十一章第六节），黄冬兰（第一章），丘秀珍（第二章、第六章），洪显兰（第三章、第九章），任健敏、焦琳娟（第四章），徐先燕（第五章），龙来寿（第七章），莫云燕（第八章），蒋荣华（第十一章第一至五节）。本书承蒙韶关学院高岐教授和任健敏教授的大力支持，提出了许多宝贵的修改意见和建议，在此表示衷心的感谢。

限于编者水平、教学经验有限，加之编写时间仓促，书中不妥之处在所难免，敬请读者批评指正。

编　者

2017 年 11 月

第一版前言

随着经济和科技的飞速发展，教育改革的不断深化，高等院校的教学内容和体系改革也有了更高的要求。21世纪，我国高等院校教育以培养具有综合素质的人才为主要目标。作为高等院校基础教育的组成部分——无机及分析化学，是对学生进行素质和能力教育的重要内容。通过本课程的学习，使学生在无机及分析化学的基本知识、基本理论、基本技能方面受到良好培训，并能将其很好地运用到今后的学习和工作中去。

本教材面向新世纪的化学课程，以适应高等院校对本科生人才化学素质、知识结构和创新能力的要求以及我国经济、科技和学生个性发展的需要。在编写过程中，我们除了注意分析化学知识的覆盖面以外，尽可能的联系实际，给学生留下一些回味的东西，使其体会化学的奥妙和涵义，对基本原理产生更深一步的认识，拓宽学生的解题思路，对学生学习能力和学习素质的培养有所帮助，使学生能够很好地掌握无机及分析化学的基本理论、基础知识和基本技能及其在生产实际、科学研究中的应用，培养学生严谨的科学态度，提高学生分析问题、综合解决问题和创新思维的能力，为后继课程的学习及将来的工作奠定基础。

参加本书编写的作者均是长期从事无机及分析化学教学和科研的一线教师，具有丰富的教学实践经验和较高的学术水平。在编写过程中，查阅了大量的相关资料，吸取了近年来国内外出版的同类教材的优点，使之具有以下特点：

1. 注重理论联系实际，重视基本原理、基本知识和基本实验技能。文字叙述简明扼要，注意启发性。力求削枝强干、优化内容、突出重点、加强基础，以符合学生的认知规律，强化早期渗透应用的意识，联系当前普遍关注的资源、能源、环境、材料、生物技术、生命科学等实际问题，有利于学生分析问题、解决问题能力的培养。

2. 立足于本课程的基本知识点，结合工、农、林、生物、食品、医学等专业学生的特点，为适应化学学科的发展和21世纪教学改革的要求，反映最新科技进步与发展动态，增加新的科技信息并扩大学生的知识面，教材中增加了仪器分析、无机及分析化学中常用分离方法的应用等内容。为学生将来在学科交叉领域进行创新打下基础。

3. 以“无机化学课程教学基本要求”和“分析化学课程教学基本要求”为依据，编写时力求抓住重要的基本理论和知识，将无机化学和分析化学的内容有机糅合在一起，内容相同的地方相统一，对相关内容删繁就简，突出重点，加强基础，并从统一的角度做更为精炼的论述。以掌握概念、强化应用为重点，扩大实际应用性。

4. 贯彻我国法定计量单位，用“物质的量”及其单位来处理化学反应中物质之间量的关系。

参加本教材编写的有韶关学院高岐（前言、第六章、第七章的第二节、第八章的第五、六、七节、第九章的第四节、第十章、第十一章、第十二章、第十三章）；黄冬兰（第一章）；丘秀珍（第二章、第三章、第九章的第一、二、三节）；任健敏（第五章）；河南农业大学胡晓娟（第四章、第七章的第一节）；长江大学胡琳莉（第八章的第一、二、三、四节）。

本书旨在为农、林、工、生物、食品、医学等专业提供一本内容新颖、适于教与学的无机及分析化学教材。在编写过程中，我们努力做到内容深入浅出，循序渐进，重点突出，文字通俗易懂，概念准确清晰。根据专业不同，教学内容可适当进行调整。但限于编者水平，书中不妥之处在所难免，敬请读者批评指正。

编　者
2010 年 4 月

目录

附录

第一章

气体、溶液和胶体

第一节 气　体

一、理想气体

气体具有流动性，无固定形状，随容器的形状不同而变化，在外力作用下其内部会发生相对运动，工业上把它称为可压缩性流动。为方便研究，假定气体分子本身不占体积，分子间没有相互作用力，此即为理想气体（ideal gas）。

事实上理想气体是不存在的，但当实际气体处于高温（高于 273.15K）、低压（小于 101.325kPa）时，气体分子之间几乎没有相互吸引和排斥，分子本身的体积相对于气体所占体积完全可以忽略，可视为理想气体。

在描述气体状态时常用物质的量（n）、体积（V）、压力（p）和热力学温度（T）四个物理量，其 SI（国际单位制）单位依次为 mol、m^3、Pa、K。这些物理量之间的联系可以用理想气体状态方程来描述。

$$pV=nRT \tag{1-1}$$

式中，R 称为摩尔气体常数，$R=8.314\text{Pa}\cdot\text{m}^3\cdot\text{mol}^{-1}\cdot\text{K}^{-1}$ 或 $R=8.314\text{J}\cdot\text{mol}^{-1}\cdot\text{K}^{-1}$。

在应用式(1-1) 时，也常用它的一些变换形式：

$$pV=\frac{m}{M}RT \qquad p=\frac{n}{V}RT \quad 和 \quad pM=\rho RT$$

式中，m 是气体的质量；M 是气体的摩尔质量；ρ 是气体的密度。

若把几种互不发生化学反应的气体放在同一容器内，混合物中每一种气体叫做组分气体，某组分气体在同一温度下单独占有混合气体容积时所产生的压力，称为该组分气体的分压力。1801 年，英国科学家道尔顿（J. Dalton）通过实验提出气体分压定律：在温度和体积一定时，混合气体的总压力等于组分气体压力之和。其数学表达式为：

$$p_{总}=p_1+p_2+\cdots+p_i+\cdots+p_n=\sum_{i=1}^{n}p_i \tag{1-2}$$

式中，$p_{总}$ 为气体混合物的总压力；p_i 为任一组分的分压力。

对于理想气体，各组分气体的分压满足理想气体状态方程式：

$$p_i=\frac{n_iRT}{V} \tag{1-3}$$

由气体分压定律可知：

$$p_{总}=p_1+p_2+\cdots+p_i+\cdots+p_n=(n_1+n_2+\cdots+n_i+\cdots+n_n)\frac{RT}{V}=n_{总}\frac{RT}{V} \tag{1-4}$$

式(1-3) 和式(1-4) 相除，得：

$$\frac{p_i}{p_{总}}=\frac{n_i}{n_{总}}$$

故：

$$p_i=p_{总}\frac{n_i}{n_{总}} \tag{1-5}$$

【例 1-1】 将一定量的固体氯酸钾和二氧化锰混合物加热分解后，称得其质量减少了 0.480g，同时测得用排水取气法收集起来的氧气的体积为 0.377L，压力为 9.96×10^4 Pa，此时温度是 294K，试计算氧气的摩尔质量。

解： 用排水取气法得到的是氧气和水蒸气的混合气体，水蒸气的分压与该温度下水的饱和蒸气压相等，已知，294K 时水的饱和蒸气压为 2.49×10^3 Pa。

根据分压定律 $p_{总}=p(O_2)+p(H_2O)$

故 $p(O_2)=p_{总}-p(H_2O)=9.96\times10^4\text{Pa}-2.49\times10^3\text{Pa}=9.71\times10^4\text{Pa}$

$$n(O_2)=\frac{p(O_2)V_{总}}{RT}=\frac{9.71\times10^4\text{Pa}\times0.377\times10^{-3}\text{m}^3}{8.314\text{Pa}\cdot\text{m}^3\cdot\text{mol}^{-1}\cdot\text{K}^{-1}\times294\text{K}}=0.015\text{mol}$$

$$M(O_2)=\frac{m(O_2)}{n(O_2)}=\frac{0.480\text{g}}{0.015\text{mol}}=32.0\text{g}\cdot\text{mol}^{-1}$$

二、实际气体

如前所述，当实际气体处于高温低压时可视为理想气体，符合上述各气体定律；相反，若是在低温高压条件下，就会发生偏离。

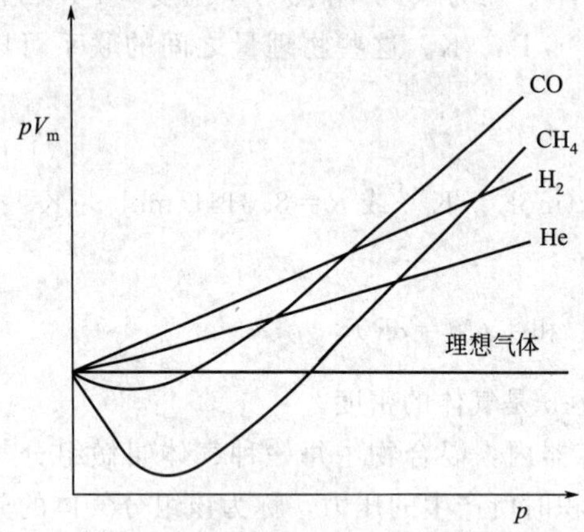

图 1-1 以压力 p 为横坐标，气体的摩尔体积与压力的乘积 pV_m 为纵坐标，绘制 CO、CH_4、H_2、He 的 pV_m-p 等温线。由图得知，对于理想气体，$pV_m=RT$，即在一定温度下，理想气体的 pV_m 是一常数，不随 p 的变化而变化；当气压接近于零时，各种气体的性质都接近于理想状态，随着压力的升高，各气体偏离理想状态的情况不同，CH_4 偏离最多，He 偏离最少。

图 1-1　一些实际气体的 pV_m-p 等温线

1873 年荷兰科学家范德华（Vander Walls）在研究大量实际气体的基础上，引入了两个修正项 a 和 b，使理想气体状态方程式更符合实际气体，其状态方程为：

$$\left(p+\frac{n^2a}{V^2}\right)(V-nb)=nRT \tag{1-6}$$

式中，a 是与分子间引力有关的常数；b 是与分子自身体积有关的常数，统称为范德华常数，均可由实验确定（见表 1-1）。

表 1-1 几种常见气体的范德华常数

气体	$a/10^3 L^2 \cdot Pa \cdot mol^{-2}$	$b/L \cdot mol^{-1}$	沸点/℃	液态的摩尔体积
He	3.46	0.0238	−268.93	0.0320
H_2	24.52	0.0265	−252.87	0.0285
O_2	138.2	0.0319	−182.95	0.0280
N_2	137.0	0.0387	−195.79	0.0347
CO_2	365.8	0.0429	−78.4(升华)	—
C_2H_2	451.8	0.0522	−84.7	—
Cl_2	634.3	0.0542	−34.04	0.0453

修正后的气态方程比理想气体状态方程式在更为广泛的温度和压力范围内得到应用，计算结果也更接近于实际情况。

第二节 溶 液

广义地说，两种或两种以上的物质均匀混合而且彼此呈现分子（或离子）状态分布者均称为溶液，溶液可以气、液、固三种聚集态存在。通常所说的溶液都是指液态溶液。溶液由溶质和溶剂组成，被溶解的物质叫溶质，溶解溶质的物质叫溶剂。人们常把含量较少的组分称为溶质，含量较多的组分称为溶剂。

一、溶液浓度的表示方法

在讨论溶液时往往需要知道溶液的确切浓度，一定量的溶液或溶剂中所含溶质的量称为溶液的浓度（concentration of solution）。根据科研和生产的不同需要，溶液的浓度可以用不同的方法表示，常见的有质量分数、物质的量浓度和质量摩尔浓度等。

1. 质量分数

混合系统中，某组分 B 的质量 [m(B)] 与混合物总质量（m）之比，称为组分 B 的质量分数，用符号 w(B) 表示，其量纲为 1，表达式为：

$$w(\mathrm{B})=\frac{m(\mathrm{B})}{m} \tag{1-7}$$

质量分数，也常称为质量百分浓度（用百分率表达则再乘以 100%）。

2. 物质的量浓度

物质的量浓度是指单位体积溶液中所含溶质 B 的物质的量，用符号 c(B) 表示。即

$$c(\mathrm{B})=\frac{n(\mathrm{B})}{V} \tag{1-8}$$

式中，B 为溶质的化学式；n(B) 为溶质 B 的物质的量，单位是 mol；V 为溶液的体积，单位是 L；c(B) 为物质的量浓度，单位是 $mol \cdot L^{-1}$。

若溶质 B 的质量为 m(B)，摩尔质量为 M (B)，则

$$n(\mathrm{B})=\frac{m(\mathrm{B})}{M(\mathrm{B})} \tag{1-9}$$

将式(1-9) 代入式(1-8) 中，得：

$$c(\mathrm{B})=\frac{m(\mathrm{B})}{M(\mathrm{B})V} \tag{1-10}$$

【例 1-2】 已知 80% 的硫酸溶液的密度为 $1.74g \cdot mL^{-1}$，求该硫酸溶液的物质的量浓度。

解：1000mL 该硫酸溶质的质量为

$$m(H_2SO_4)=1000mL \times 1.74g \cdot mL^{-1} \times 80\%=1392g$$

其物质的量浓度为：

$$c(H_2SO_4)=\frac{m(H_2SO_4)}{M(H_2SO_4)V}=\frac{1392g}{98.08g \cdot mol^{-1} \times 1.000L}=14.19mol \cdot L^{-1}$$

3. 质量摩尔浓度

每千克溶剂中所含溶质 B 的物质的量称为溶质 B 的质量摩尔浓度，用 $b(B)$ 表示，单位是 $mol \cdot kg^{-1}$，其数学表达式为：

$$b(B)=\frac{n(B)}{m(A)}=\frac{m(B)}{M(B)m(A)} \tag{1-11}$$

式中，$m(A)$ 为溶剂的质量。由于物质的质量不受温度的影响，故溶液的质量摩尔浓度与温度无关，对于溶剂是水的稀溶液 [$b(B)<0.1mol \cdot kg^{-1}$]，质量摩尔浓度 $b(B)$ 近似地等于其物质的量浓度 $c(B)$。

【例 1-3】 50g 水中溶解 0.585gNaCl，求此溶液的质量摩尔浓度。

解：NaCl 的摩尔质量 $M(NaCl)=58.44g \cdot mol^{-1}$，则

$$b(NaCl)=\frac{m(NaCl)}{M(NaCl)m(H_2O)}$$

$$=\frac{0.585g}{58.44g \cdot mol^{-1} \times 50g} \times 1000g \cdot kg^{-1}=0.20mol \cdot kg^{-1}$$

4. 摩尔分数（或物质的量分数）

溶液中某一组分 i 物质的量占全部溶液的物质的量的分数，称为组分 i 的摩尔分数，也常称为组分 i 的物质的量分数，用 $x(i)$ 表示。

$$x(i)=\frac{n(i)}{n} \tag{1-12}$$

式中，$x(i)$ 为 i 的物质的量分数，量纲为 1；$n(i)$ 为 i 的物质的量；n 为溶液的总物质的量，二者单位都为 mol。

如果溶液是由溶质 B 和溶剂 A 两组分所组成，则 A 和 B 的物质的量分数可表示如下：

$$x(A)=\frac{n(A)}{n(A)+n(B)} \tag{1-13}$$

$$x(B)=\frac{n(B)}{n(A)+n(B)} \tag{1-14}$$

溶液各组分物质的摩尔分数之和等于 1，即 $x(A)+x(B)=1$，对于多组分系统来说，则有 $\sum x_i=1$。

【例 1-4】 在 100g 溶液中溶有 10.0g KCl，求水和 KCl 的摩尔分数。

解：依题意，100g 溶液中含有 10.0g KCl 和 90.0g 水，则

$$n(KCl)=\frac{m(KCl)}{M(KCl)}=\frac{10.0g}{74.6g \cdot mol^{-1}}=0.134mol$$

$$n(H_2O)=\frac{m(H_2O)}{M(H_2O)}=\frac{90.0g}{18.0g \cdot mol^{-1}}=5.0mol$$

$$x(KCl)=\frac{n(KCl)}{n(KCl)+n(H_2O)}=\frac{0.134mol}{0.134mol+5.0mol}=0.026$$

$$x(H_2O)=\frac{n(H_2O)}{n(KCl)+n(H_2O)}=\frac{5.0mol}{0.134mol+5.0mol}=0.974$$

5. 质量浓度

每升溶液中所含溶质B的质量（g），用符号ρ(B)表示，单位为$g \cdot L^{-1}$，计算公式为：

$$\rho(B)=\frac{m(B)}{V} \tag{1-15}$$

【例1-5】 在常温下取NaCl饱和溶液10.00mL，测得其质量为12.003g，将溶液蒸干，得NaCl固体3.173g。求：(1) 物质的量浓度；(2) NaCl饱和溶液的质量分数；(3) 质量浓度。

解：(1) NaCl饱和溶液的物质的量浓度为

$$c(NaCl)=\frac{n(NaCl)}{V}=\frac{m(NaCl)}{M(NaCl)V}$$

$$=\frac{3.173g}{58.44g \cdot mol^{-1} \times 10.00 \times 10^{-3}L}=5.430mol \cdot L^{-1}$$

(2) NaCl饱和溶液的质量分数为

$$w(NaCl)=\frac{m(NaCl)}{m(NaCl)+m(H_2O)}=\frac{3.173g}{12.003g}=0.2644$$

(3) NaCl饱和溶液的质量浓度为

$$\rho(NaCl)=\frac{m(NaCl)}{V}=\frac{3.173g}{10.00 \times 10^{-3}L}=317.3g \cdot L^{-1}$$

二、溶液的依数性

溶质的溶解过程是个物理化学过程。溶解的结果是溶质和溶剂的某些性质相应地发生了变化，这些性质变化可分为两类：一类是由溶质本性决定的，如溶液的密度、颜色、体积、导电性和酸碱性等；另一类性质只与溶液的浓度有关，而与溶质的本性无关，如蒸气压、熔沸点、凝固点、渗透压等。后一种性质也称为溶液的通性或依数性（colligative properties），在难挥发非电解质的稀溶液中，溶液的依数性表现得更有规律，而且溶液越稀，其依数性的规律性越强。下面着重讨论难挥发非电解质稀溶液的依数性。

1. 溶液的蒸气压下降

物质分子在不断地运动着。在一定温度下，将纯液体放在密闭的容器中，液体表面一部分能量较高的分子会克服其他分子对它的吸引而逸出，成为蒸气分子，这个过程称为蒸发。在液体分子不断蒸发的同时，液面上方的蒸气分子也可以被液面分子吸引或受外界压力的作用重新回到液体中，这个过程称为凝聚。开始时，因空间没有蒸气分子，蒸发速度较快，随着蒸发的进行，液面上方的蒸气分子逐渐增多，凝聚速度随之加快。一定时间后，当蒸发速度和凝聚速度相等时，该液体和它的蒸气处于两相平衡状态［见图1-2(a)］。在平衡时，单位时间内由液面蒸发的分子数和由气相返回液体的分子数相等，此时的蒸气称为饱和蒸气，饱和蒸气所产生的压力称为饱和蒸气压（saturated vapor pressure），简称蒸气压。

一定的温度下，纯液体的蒸气压是一个定值。若在纯溶剂中溶解少量难挥发非电解质（如葡萄糖溶于水中，萘溶于苯中），则可发现在同一温度下，稀溶液的蒸气压总是低于纯溶剂的蒸气压。这种现象称为溶液的蒸气压下降。产生这种现象的原因是由于在纯溶剂中加入难挥发非电解质后，每个溶质分子与若干个溶剂分子相结合，形成了溶剂化分子，溶剂化分子的形成，一方面束缚了一些能量较高的溶剂分子；另一方面又占据了溶液的一部分表面[见图 1-2(b)]，使得在单位时间内逸出液面的溶剂分子相应减少，达到平衡状态时，溶液的蒸气压必定低于纯溶剂的蒸气压，且溶液浓度越大，蒸气压下降得越多。由于溶质是难挥发的，所以这里所说的溶液的蒸气压下降，实际上是指溶液中溶剂的蒸气压下降。

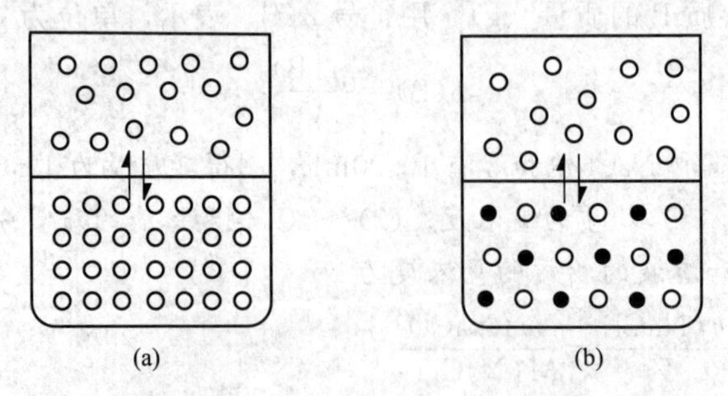

图 1-2　纯溶剂（a）和溶液（b）蒸气压下降示意图

○代表溶剂分子；●代表溶质分子

1887 年，法国物理学家拉乌尔（F. M. Raoult）研究了溶质对纯溶剂的凝固点和蒸气压的影响，在大量实验结果的基础上得出如下结论：在一定温度下，难挥发非电解质稀溶液的蒸气压（p）等于纯溶剂的饱和蒸气压（p_A^*）与溶剂在溶液中的摩尔分数［$x(A)$］的乘积，这种定量关系称为拉乌尔定律。其数学表达式为：

$$p=p_A^* x(A) \tag{1-16}$$

对于双组分溶液，有 $x(A)+x(B)=1$，即

$$p=p_A^* x(A)=p_A^*[1-x(B)]=p_A^*-p_A^* x(B)$$

所以：

$$\Delta p=p_A^*-p=p_A^* x(B) \tag{1-17}$$

因此：在一定温度下，难挥发非电解质稀溶液的蒸气压下降（Δp）与溶质的摩尔分数［$x(B)$］成正比，而与溶质的本性无关。

因为 $x(B)=\dfrac{n(B)}{n(A)+n(B)}$，当溶液很稀时，溶剂的物质的量远大于溶质的物质的量［$n(A)\gg n(B)$］，即 $n(A)+n(B)\approx n(A)$，则 $x(B)=\dfrac{n(B)}{n(A)+n(B)}\approx\dfrac{n(B)}{n(A)}$。

如果溶剂是水，且质量为 1000g，则溶质 B 的物质的量 $n(B)$ 在数值上就等于溶液的质量摩尔浓度 $b(B)$。

因为

$$n(A)=\frac{1000\text{g}}{18.0\text{g}\cdot\text{mol}^{-1}}=55.6\text{mol}$$

所以

$$\Delta p=p_A^* x(B)=p_A^*\frac{n(B)}{n(A)}=p_A^*\frac{b(B)}{55.6}$$

在一定温度下，纯溶剂的蒸气压（p_A^*）是一定值，所以 $\dfrac{p_A^*}{55.6}$ 为一常数，用 K 表示，则有：

$$\Delta p=Kb(B) \tag{1-18}$$

式(1-18) 表明，在一定的温度下，难挥发非电解质稀溶液的蒸气压下降近似地与溶质 B 的质量摩尔浓度 $b(B)$ 成正比，而与溶质的种类无关。

2. 溶液的沸点升高

沸点是指液体的蒸气压等于外界大气压力时液体的温度。显然液体的沸点是随外界大气压力而改变的，通常所指的沸点，是指外界大气压力为101.325kPa下的沸点，并称之为正常沸点。例如水的蒸气压达到101.325kPa时的温度为100℃，因此该温度是水的正常沸点。

如果在纯水中加入少量难挥发的非电解质，由于溶液的蒸气压下降，在100℃时其蒸气压小于101.325kPa（见图1-3），因此100℃时溶液不能沸腾。欲使溶液沸腾，必须升高温度，直到溶液的蒸气压刚好等于外界大气压力（101.325kPa）时，溶液才能沸腾。所以，溶液的沸点总是高于纯溶剂的沸点。溶液的沸点升高（ΔT_b）等于溶液的沸点（T_b）与纯溶剂的沸点（T_b^*）之差。

$$\Delta T_b = T_b - T_b^* \tag{1-19}$$

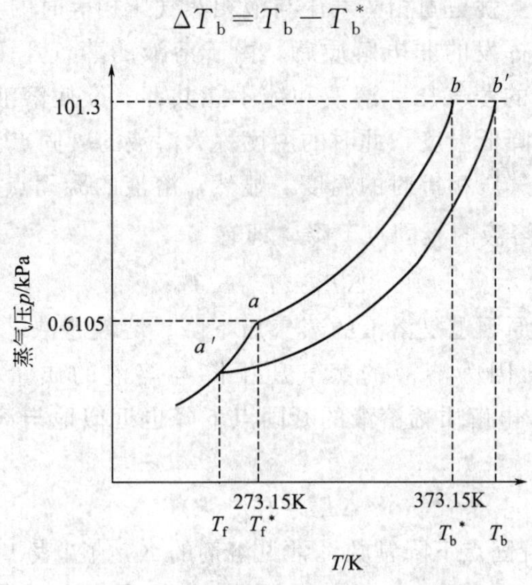

图1-3 溶液沸点升高和凝固点下降

ab 为纯水蒸气压；*a'b'*为稀溶液蒸气压；*aa'*为冰的蒸气压

溶液沸点升高的根本原因是溶液的蒸气压下降。溶液越浓，蒸气压越低，沸点升高越多。由于溶液的蒸气压下降与溶质的质量摩尔浓度成正比［见式(1-18)］，所以难挥发非电解质稀溶液的沸点升高近似地与溶质B的质量摩尔浓度成正比，即

$$\Delta T_b = T_b - T_b^* = K_b b(\mathrm{B}) \tag{1-20}$$

式中，K_b 称为摩尔沸点升高常数，这个数值只取决于溶剂，而与溶质无关。K_b 值可以理论推算，也可以实验测定，其单位为K·kg·mol^{-1}。不同的溶剂有不同的 K_b 值，见表1-2。

表1-2 几种溶剂的 K_b 和 K_f 值

溶剂	沸点 T_b^*/K	K_b/K·kg·mol^{-1}	凝固点 T_f^*/K	K_f/K·kg·mol^{-1}
水	373.15	0.512	273.15	1.86
苯	353.15	2.53	278.5	5.12
乙酸	390.9	3.07	289.6	3.90
四氯化碳	349.7	5.03	250.2	29.8
氯仿	334.45	3.63	209.65	—
乙醚	307.95	2.02	156.95	—

应用式(1-20)，可以计算溶液的沸点或测定难挥发非电解质的摩尔质量。

【例1-6】 在300g水中溶解10.0g葡萄糖（$C_6H_{12}O_6$），试求该溶液在101.3kPa时的

沸点［已知 $M(C_6H_{12}O_6)=180g\cdot mol^{-1}$］。

解： $b(C_6H_{12}O_6)=\dfrac{10.0g}{180g\cdot mol^{-1}\times 300\times 10^{-3}kg}=0.185mol\cdot kg^{-1}$

$$\Delta T_b=0.512K\cdot kg\cdot mol^{-1}\times 0.185mol\cdot kg^{-1}=0.09K$$

$$T_b=T_b^*+\Delta T_b=373.15K+0.09K=373.24K$$

3. 溶液的凝固点下降

溶液的凝固点（freezing point）是指该物质的固相和液相能平衡共存时的温度。在101.325kPa和273.15K时，水和冰两相能平衡共存，所以273.15K即为水的凝固点。在此条件下，水的蒸气压恰好等于冰的蒸气压（均为0.6105kPa，见图1-3）。因此，从蒸气压的角度而言，某物质的凝固点就是固相蒸气压与液相蒸气压相等时的温度。

往纯水中加入少量难挥发的非电解质后，由于溶液的蒸气压下降，当温度是273.15K时，溶液的蒸气压小于冰的蒸气压，溶液和冰不能共存。欲使溶液的蒸气压等于冰的蒸气压，溶液和冰共存，必须降低温度，此时的温度称为溶液的凝固点。溶液的凝固点是溶液的蒸气压与固相纯溶剂的蒸气压相等时的温度。显然，溶液的凝固点 T_f 总是低于纯溶剂的凝固点 T_f^*，这种现象称为溶液的凝固点下降，即有

$$\Delta T_f=T_f^*-T_f \tag{1-21}$$

溶液的凝固点下降的原因也是溶液的蒸气压下降。溶液越浓，溶液的蒸气压下降越多，凝固点下降越多。同理，因为溶液的蒸气压下降与溶液的质量摩尔浓度成正比［见式(1-18)］，所以，难挥发非电解质稀溶液的凝固点下降也近似地与溶质B的质量摩尔浓度成正比，即：

$$\Delta T_f=K_f b(B) \tag{1-22}$$

式中，K_f 称为摩尔凝固点下降常数，常见溶剂的 K_f 值见表1-2。

【例1-7】 2.60g尿素［$CO(NH_2)_2$］溶于50.0g水中，试计算此溶液的凝固点和沸点。已知［$CO(NH_2)_2$］的摩尔质量为 $60.0g\cdot mol^{-1}$。

解： 尿素的质量摩尔浓度 $b=\dfrac{2.60g}{60.0g\cdot mol^{-1}\times 50.0\times 10^{-3}kg}=0.867mol\cdot kg^{-1}$

$$\Delta T_b=K_b b=0.512K\cdot kg\cdot mol^{-1}\times 0.867mol\cdot kg^{-1}=0.44K$$

溶液的沸点　　$T_b=373.15K+0.44K=373.59K$

$$\Delta T_f=K_f b=1.86K\cdot kg\cdot mol^{-1}\times 0.867mol\cdot kg^{-1}=1.61K$$

溶液的凝固点　　$T_f=273.15K-1.61K=271.54K$

【例1-8】 取0.794g某氨基酸溶于50.0g水中，测得其凝固点为272.96K，试求该氨基酸的摩尔质量。

解： 根据式(1-22) $\Delta T_f=K_f b(B)$，即

$$273.15K-272.96K=1.86K\cdot kg\cdot mol^{-1}\times\frac{0.794g}{M(B)\times 50.0\times 10^{-3}kg}$$

所以　　$M(B)=\dfrac{1.86K\cdot kg\cdot mol^{-1}\times 0.794g}{0.19K\times 50.0\times 10^{-3}kg}=155g\cdot mol^{-1}$

溶液的蒸气压下降，沸点升高和凝固点下降具有广泛的用途。生物化学研究表明，植物体内细胞中具有多种可溶性物质（氨基酸、糖等）。夏天，烈日当空，当外界温度较高时，会使植物细胞液的浓度增大，蒸气压降低，沸点升高，蒸发过程减慢，表现出抗旱性；冬天

尽管外界冰天雪地，由于植物细胞液的凝固点降低，不结冰，且使细胞内水分的蒸发量减少，表现出耐寒性。

在水产、食品贮藏及运输中，广泛使用 NaCl 等物质与冰混合制成的冷冻剂。冰的表面总附有少量水，当撒上盐后，盐溶解在水中形成溶液，此时溶液的蒸气压下降，当它低于冰的蒸气压时，冰就要融化，冰的融化需要吸收大量的热，于是冰盐混合物的温度就降低。冬天，人们常往汽车的水箱中加入甘油或乙二醇等物质，使得水箱中水的凝固点降低，以防止水箱因水结冰而胀裂。

4. 溶液的渗透压

什么是溶液的渗透压（osmotic pressure）？我们设想这样一个实验。如图 1-4(a) 所示，在一个连通器的中间，用只让溶剂分子通过而不允许溶质分子通过的半透膜（如动物的膀胱、植物的表皮层、人造羊皮纸等）隔开，左边盛纯水，右边盛蔗糖溶液。开始时两边液面高度相等，观察一段时间后发现，左端纯水液面逐渐下降，右端蔗糖水液面升高，直到右边液面比左边高出 h 为止［见图 1-4(b)］。说明受溶质分子的阻碍作用，单位时间蔗糖溶液中的水分子没有纯水分子通过半透膜的多，蔗糖溶液体积增大。这种只有水分子（或溶剂分子）通过半透膜向单方向扩散的现象叫做溶液的渗透。

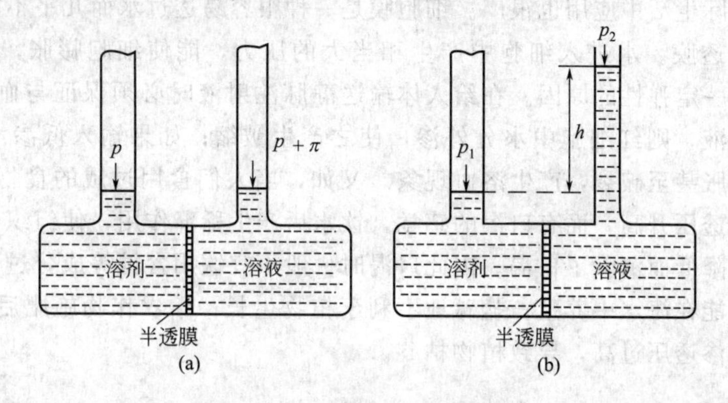

图 1-4　渗透压示意图

渗透作用的进行必须具有两个条件：第一要有半透膜；第二半透膜两侧溶液必须存在浓度差。渗透现象不会无止境地进行下去，因为到一定的时候，液面上升产生的静液压会阻止溶剂向溶液中继续渗透，此时水分子从两个相反方向通过半透膜的速率相等，渗透达到平衡，两边的液面高度不再变化。作用于溶液阻止渗透作用继续进行的静液压称为该溶液的渗透压，用符号 π 表示。一般来说，浓度越大，渗透压越高。渗透压高的溶液称为高渗溶液，渗透压低的称为低渗溶液，渗透压相等的溶液称为等渗溶液。

当外加在溶液上的压力超过渗透压，则反而会使溶液中的水向纯水的方向流动，使水的体积增加，这个过程叫做反渗透。反渗透广泛地应用于海水淡化、工业废水或污水处理和溶液的浓缩等方面。

1886 年，荷兰物理学家范托夫（J H Van't Hoff）根据实验结果进一步发现，在一定温度下难挥发非电解质稀溶液的渗透压与溶质（B）的物质的量浓度成正比，即：

$$\pi = c(\mathrm{B})RT \tag{1-23}$$

式中，R 是摩尔气体常数；T 是热力学温度；$c(\mathrm{B})$ 为物质的量浓度，单位是 $\mathrm{mol \cdot L^{-1}}$。

对于很稀的水溶液，则有：

$$\pi = b(\mathrm{B})RT \tag{1-24}$$

即在一定温度下，难挥发非电解质稀溶液的渗透压与溶质的质量摩尔浓度成正比，也就是说，与溶液中所含溶质的数目成正比，而与溶质的本性无关。必须注意，渗透压只有当溶液与溶剂被半透膜隔开时才会产生。另外，如果半透膜外不是纯水，而是一种较稀的溶液，渗透现象也可以发生，此时水分子由稀溶液进入浓溶液，即由渗透压低的部位移向渗透压高的部位。

溶液的渗透压可用来测定溶质的分子量，尤其在测定大分子化合物的分子量时更为适用。

【例 1-9】 在1L溶液中含有5.0g血红素，298K时测得该溶液的渗透压为182Pa，求血红素的平均摩尔质量。

解：由 $\pi = c(\mathrm{B})RT$，故

$$c(\mathrm{B}) = \frac{\pi}{RT} = \frac{182\mathrm{Pa}}{8.314\mathrm{Pa \cdot m^3 \cdot mol^{-1} \cdot K^{-1}} \times 298\mathrm{K}} = 7.3 \times 10^{-5}\ \mathrm{mol \cdot L^{-1}}$$

$$\text{平均摩尔质量} = \frac{5.0\mathrm{g \cdot L^{-1}}}{7.3 \times 10^{-5}\ \mathrm{mol \cdot L^{-1}}} = 6.8 \times 10^4\ \mathrm{g \cdot mol^{-1}}$$

渗透压在实际生活中应用也很广。细胞膜是一种很容易透过水而几乎不能透过溶解于细胞液中物质的半透膜。水进入细胞中产生相当大的压力，能使细胞膨胀，这就是植物茎、叶、花瓣等具有一定弹性的原因。在给人体输送静脉注射液时必须保证与血液有等渗关系，如果输入高渗溶液，则红细胞中水分外渗，使之产生皱缩；如果输入低渗溶液，水自外渗入，使红细胞膨胀甚至破裂，产生溶血现象。又如，当人们食用过咸的食物或排汗过多时，由于组织中的渗透压升高，而有口渴的感觉，饮水后产生稀释作用，使组织中有机物浓度降低，渗透压随之降低而消除了口渴。因此口渴时一般不宜饮用含糖等成分过高的饮料。同样的原因淡水鱼不能在海水中养殖；盐碱地不利于植物生长；给农作物施肥后必须立即浇水，否则会引起局部渗透压过高，导致植物枯萎。

三、电解质溶液

溶质溶解于溶剂后完全或部分解离为离子的溶液称为电解质溶液，相应溶质为电解质。根据电离程度，电解质可分为强电解质和弱电解质。在水溶液或熔融状态中完全电离，全部以离子形式存在的电解质为强电解质，一般为强酸、强碱和大多数盐。

$$\mathrm{KCl} = \mathrm{K^+} + \mathrm{Cl^-}$$

$$\mathrm{NaOH} = \mathrm{Na^+} + \mathrm{OH^-}$$

$$\mathrm{HCl} = \mathrm{H^+} + \mathrm{Cl^-}$$

$$\mathrm{HNO_3} = \mathrm{H^+} + \mathrm{NO_3^-}$$

弱酸、弱碱和少部分盐一般为弱电解质，因为在水溶液或熔融状态下只能部分解离，如氨水、醋酸：

$$\mathrm{NH_3 \cdot H_2O} \rightleftharpoons \mathrm{NH_4^+} + \mathrm{OH^-}$$

$$\mathrm{HAc} \rightleftharpoons \mathrm{H^+} + \mathrm{Ac^-}$$

1. 电解质稀溶液的依数性

难挥发非电解质稀溶液的四个依数性都能很好地符合拉乌尔定律，实验测定值和计算值基本相符。但电解质稀溶液的各项依数性都比根据拉乌尔定律计算的数值大得多，即电解质

稀溶液的依数性极大地偏离了拉乌尔定律，见表 1-3。

表 1-3　几种电解质水溶液的 $\Delta T_f'$

电解质	$b(B)/mol \cdot kg^{-1}$	ΔT_f(计算值)/K	ΔT_f(实验值)/K	$i=\frac{实验值}{计算值}$
NaCl	0.1	0.186	0.346	1.86
	0.01	0.0186	0.0361	1.94
K_2SO_4	0.1	0.186	0.454	2.44
	0.01	0.0186	0.0521	2.80
KNO_3	0.2	0.372	0.664	1.78
$MgCl_2$	0.1	0.186	0.519	2.78

电解质稀溶液依数性偏大的原因，是由于电解质在水溶液中能全部解离，使同浓度的电解质溶液比非电解质溶液中有更多的溶质粒子数。强电解质稀溶液的依数性，理论上应是同浓度非电解质稀溶液的整数倍，但实际上并不存在这样的等量关系。例如 $0.1mol \cdot L^{-1}$ 的 NaCl 溶液的 $\Delta T_f=0.346K$，而不是 $2\times0.186=0.372K$；$0.1mol \cdot L^{-1}$ 的 $MgCl_2$ 溶液的 $\Delta T_f=0.519K$，而不是 $3\times0.186=0.558K$。其 i 值分别为 1.86 和 2.79，而不是 2 和 3。似乎强电解质在水溶液中不是全部解离的，实际上这是由于存在离子间的相互作用。

2. 表观解离度

德拜和休克尔认为，强电解质在水溶液中是完全解离，但由于离子浓度较大，正、负离子间静电作用显著，使得溶液中每个离子都被电荷符号相反的离子所包围，即正离子附近负离子多些，负离子附近正离子多些，形成了所谓的“离子氛”，如图 1-5 所示。每个中心离子同时又可以作为另一个异电性离子的“离子氛”中的一员，由于离子的热运动，离子氛不断变换，离子之间相互牵制，限制了离子的自由运动，所以强电解质的实际“解离度”都小于 100%，如表 1-4 所示。

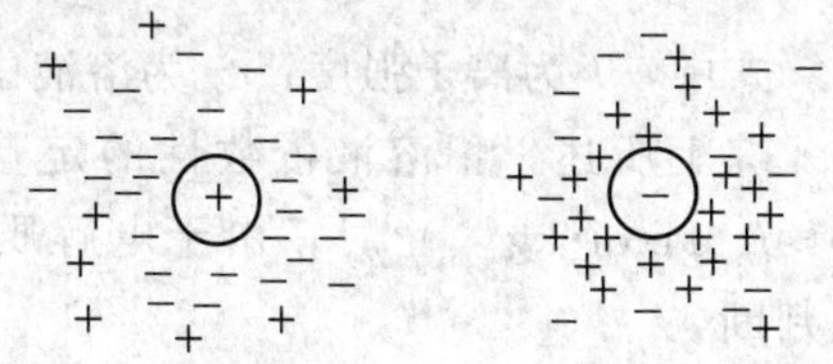

图 1-5 “离子氛”示意图

表 1-4　几种强电解质的实测解离度（298.15K，$0.1mol \cdot L^{-1}$）

电解质	KCl	$ZnSO_4$	HCl	HNO_3	H_2SO_4	NaOH	$Ba(OH)_2$
实测解离度/%	86	40	92	92	61	91	81

弱电解质在水溶液中只有部分解离，解离程度的大小常用解离度表示。解离度是指溶液中已解离的弱电解质的物质的量占溶液中初始弱电解质物质的量的百分数，用 α 表示，一般用百分数表示。

$$\alpha=\frac{已解离的电解质的物质的量}{溶液中该电解质的总物质的量}\times100\%$$

为了区别于弱电解质的解离度，把强电解质的解离度称为“表观解离度”，强电解质的表观解离度与弱电解质的解离度有着不同的意义。弱电解质的解离度表示解离了的物质的量（或分子）的百分数，强电解质的表观解离度仅反映溶液中离子间相互牵制作用的强弱程度。

3. 活度和活度系数

为了定量地描述强电解质溶液中离子间的牵制作用，路易斯（G N Lewis）于 1907 年提出了活度的概念。活度即有效浓度，它具有“校正浓度”的意义，用符号 a 表示。溶液的活度等于实际浓度 c 乘上一个校正系数 f（称为活度系数）：

$$a_i = f_i c_i \tag{1-25}$$

式中，f_i 称为 i 种离子的活度系数，是衡量实际溶液与理想溶液间差别的尺度。

在极稀浓度的强电解质溶液中 $f=1$，$a=c$；稀溶液中（$c<0.1\text{mol·L}^{-1}$），f_i 可由德拜-休克尔公式求得：

$$\lg f_i = -Az_i^2\sqrt{I} \tag{1-26}$$

式中，z_i 表示溶液中 i 离子的电荷数；I 为溶液中离子强度；A 是与温度、溶剂有关的常数，水溶液的 A 值有表可查。298K 时，$A=0.509(\text{mol·kg}^{-1})^{-1/2}$。

活度系数（activity coefficient）反映了电解质溶液中离子间相互牵制作用的大小。溶液愈浓，离子电荷愈高，离子间的牵制作用愈大，f 愈小，活度和浓度间的差距也就愈大，反之亦然。当溶液极稀时，离子间相互作用微弱，f 接近于 1，活度和浓度基本一致，对弱电解质溶液，当浓度不大时，离子间的相互影响可以忽略，认为 $f=1$，即 $a=c$。

活度系数 f 既与溶液中的离子浓度有关，又与离子的电荷数有关，为了定量地描述这两个物理量对 f 的影响，提出了离子强度 I 的概念，其计算公式为：

$$I=\frac{1}{2}\sum_{i=1}^{n} c_i z_i^2 \tag{1-27}$$

式中，I 为离子强度；c_i 为溶液中 i 离子的浓度；z_i 表示溶液中 i 离子的电荷数。

综上所述，稀溶液依数性的定量关系不适用于浓溶液和电解质溶液。但溶液很稀（$b\leqslant 0.1\text{mol·kg}^{-1}$）时，由于电解质溶液中的离子相互作用很弱，仍可用这些公式作定性判断。

【例 1-10】 计算 0.050mol·L^{-1} $AlCl_3$ 溶液中的离子强度。

解： $I=\frac{1}{2}\sum_{i=1}^{n} c_i z_i^2$

$=\frac{1}{2}\times(0.050\text{mol·L}^{-1}\times 3^2+3\times 0.050\text{mol·L}^{-1}\times 1^2)$

$=0.30\text{mol·L}^{-1}$

第三节 胶 体

胶体不是一类特殊的物质，是几乎任何物质都可能存在的一种状态，在实际生活和生产中占有重要的地位。

一、分散体系

把一种或几种物质的细小粒子分散在另一种物质中所形成的体系称为分散系（disperse system）。分散系中被分散的物质称为分散质（或分散相），分散分散质的物质称为分散剂（或分散介质）。例如将黏土分散在水中组成泥浆，小水滴分散在大气中成为云雾，氯化钠分散在水中形成氯化钠溶液，在泥浆、云雾和氯化钠溶液这三种分散系中，黏土、小水滴、氯化钠是分散相（disperse phase），水和大气是分散剂（disperse medium）。

按照分散质粒子的大小，可将分散系分为分子分散系、胶体分散系和粗分散系三类，见表 1-5。

表 1-5 分散系分类

<table>
<tr><th>类 型</th><th>粒子直径/nm</th><th>分散系名称</th><th>主要特征</th><th></th></tr>
<tr><td>分子分散系</td><td><1</td><td>真溶液</td><td>均相①,稳定,扩散快,颗粒能透过滤纸半透膜,光散射极弱</td><td rowspan="2">单相体系</td></tr>
<tr><td rowspan="2">胶体分散系</td><td rowspan="2">1～100</td><td>高分子溶液</td><td>均相,稳定,扩散慢,颗粒不能透过滤纸和半透膜,光散射弱,黏度大</td></tr>
<tr><td>溶胶</td><td>多相,较稳定,扩散慢,颗粒不能透过半透膜,光散射强</td><td rowspan="2">多相体系</td></tr>
<tr><td>粗分散系</td><td>>100</td><td>乳状液
悬浊液</td><td>多相,不稳定,扩散慢,颗粒不能透过滤纸及半透膜,无光散射</td></tr>
</table>

① 在体系内部物理性质和化学性质完全相同且均匀的部分称为相。

以上三种分散系之间虽然有明显的区别，但是没有截然的界限，三者之间的过渡是渐变的。实际上，有些颗粒直径为 500nm 的分散系也表现出溶胶的性质，并且某些系统可以同时表现出两种或者三种分散系的性质。

分散系的另一种分类法，是按照物质的聚集状态进行分类。见表 1-6。

表 1-6 分散系分类

分散质	分散剂	实例	分散质	分散剂	实例
固	液	糖水、溶胶、涂料、泥浆	气	固	泡沫塑料、海绵、木炭
液	液	豆浆、牛奶、石油、白酒	固	气	烟、灰尘
气	液	汽水、肥皂泡沫	液	气	云、雾
固	固	矿石、合金、有色玻璃	气	气	煤气、空气、混合气
液	固	珍珠、硅胶、肌肉、毛发			

二、溶胶的制备

要制得稳定的溶胶，必须满足两个条件：①分散相粒子大小需在合适的范围内；②由于溶胶是一个热力学不稳定系统，胶粒在液体介质中具有聚结不稳定性，因此在制备溶胶时要有稳定剂存在。溶胶的制备方法大致分为分散法和凝聚法两种。

1. 分散法

分散法是采用适当的方法使大块物质在稳定剂存在下分散成胶体粒子般大小。常用的方法有以下几种。①研磨法，用特殊的胶体磨，将粗颗粒研细；②超声波法，用超声波所产生的能量来进行分散作用；③电弧法，该方法实际上包括了分散和凝聚两个过程，即在放电时金属原子因高温而蒸发，随即又被溶液冷却而凝聚，采用此法可制取金属溶胶；④胶溶法，它并不是把粗粒子分散成溶胶，而只是使暂时凝聚起来的分散相又重新分散开来。许多新鲜的沉淀经洗涤除去过多的电解质后，再加入少量的稳定剂，则又可以制成溶胶。

2. 凝聚法

凝聚法可分为物理凝聚法和化学凝聚法两种。物理凝聚法是利用适当的物理过程使某些物质凝聚成胶粒般大小的粒子，例如将汞蒸气通入冷水中就可得到汞溶胶。化学凝聚法是在适当的条件下通过某种化学反应使生成的难溶物凝聚成溶胶。需要注意的是：反应条件必须选择恰当，使凝聚过程达到一定的阶段即停止，使所得到的产物恰好处于胶体状态。例如，将 $FeCl_3$ 溶解在水中，将水溶液煮沸，通过水解反应，可得到 $Fe(OH)_3$ 溶胶。

$$FeCl_3 + 3H_2O \xlongequal{} Fe(OH)_3(溶胶) + 3HCl$$

此外，还可通过复分解反应和氧化还原反应制得溶胶。如：

$$2H_3AsO_3 + 3H_2S \xlongequal{} As_2S_3(溶胶) + 6H_2O$$

$$2AuCl_3 + 3HCHO + 3H_2O \xlongequal{} 2Au(溶胶) + 6HCl + 3HCOOH$$

三、溶胶的性质

1. 光学性质——丁铎尔效应

英国物理学家丁铎尔（Tyndall）发现，将一束聚光照射到溶胶时，在与光束垂直的方向上可以观察到一个发光的圆锥体（见图 1-6），这种现象称为丁铎尔现象或丁铎尔效应。丁铎尔效应是溶胶特有的现象，可以用于区别溶胶和真溶液。

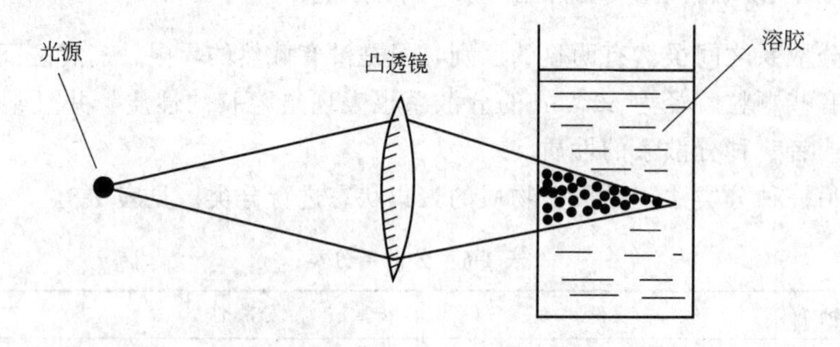

图 1-6　丁铎尔效应

当光束照射到大小不同的分散相粒子上时，除了光的吸收之外，还可能产生两种情况：一种是如果分散质粒子大于入射光波长，光在粒子表面按一定的角度反射，粗分散系属于这种情况；另一种是如果粒子小于入射光波长，则主要产生光的散射。这时粒子本身就好像是一个光源，向各个方向散射出去，散射出的光称为乳光。

由于溶胶粒子的直径在 1～100nm 之间，小于入射光的波长（400～760nm），因此发生了光的散射作用而产生丁铎尔现象。真溶液中分子或离子体积小（<1nm），散射现象微弱得难以用肉眼观察，基本上发生的是光的透射作用。

2. 动力学性质——布朗运动

英国植物学家布朗（Brown）用显微镜观察到悬浮在液面上的花粉颗粒不断地做不规则运动，后来用超显微镜观察到溶胶中胶粒的运动也与此类似，故称为布朗运动。

布朗运动是分散介质的粒子由于热运动不断地由各个方向同时撞击胶粒时，其合力未被相互抵消引起的，因此在不同时间指向不同的方向，形成了曲折的运动（见图 1-7）。当然，溶胶粒子本身也有热运动，我们所观察到的布朗运动，实际上是溶胶粒子本身热运动和分散介质对它撞击的综合结果。

溶胶粒子的布朗运动导致其扩散，即胶粒自发地从浓度高的区域向浓度低的区域扩散。但由于溶胶粒子比一般的分子或离子大得多，故它们的扩散速度比一般的分子或离子要慢得多。

在溶胶中，溶胶粒子由于本身的重力作用而会沉降，沉降过程导致粒子浓度不均匀，即下部较浓上部较稀。布朗运动会使溶胶粒子由下部向上部扩散，因而在一定程度上抵消了由于溶胶粒子的重力作用而引起的沉降，使溶胶具有一定的稳定性，这种稳定性称为动力学稳定性。

3. 电学性质

溶胶的分散质和分散剂在外电场作用下发生定向移动的现象称为溶胶的电动现象。溶胶的电动现象主要有电泳和电渗。电泳和电渗现象都说明胶粒是带电的，根据电泳和电渗的方向，可以确定胶粒带电的符号。

（1）电泳

溶胶粒子在外电场作用下发生定向（向阴极或阳极）移动的现象叫做电泳（electrophoresis）。用界面移动法实验可以观察到电泳现象。

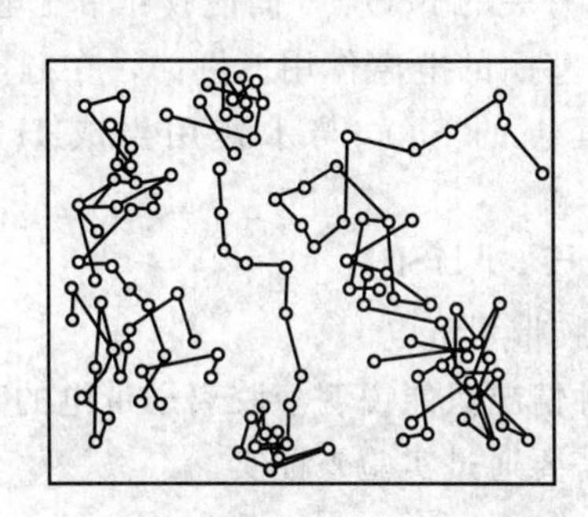

图 1-7　溶胶粒子的布朗运动

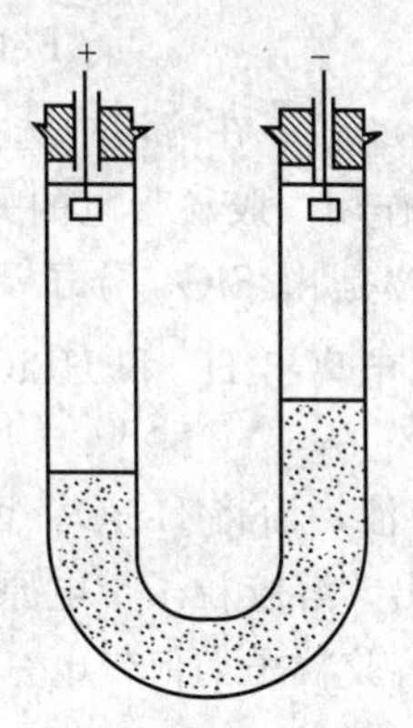

图 1-8　电泳示意图

$Fe(OH)_3$ 溶胶的电泳实验如图 1-8 所示，在 U 形管中先装入深红棕色的 $Fe(OH)_3$ 溶胶，并在溶胶上面加少量的 NaCl 溶液，使溶液和溶胶有明显的界面。当插入电极接通电源后，可看到红棕色的 $Fe(OH)_3$ 溶胶的界面向负极移动，而正极界面下降，这表明 $Fe(OH)_3$ 胶体粒子是带正电荷的，称之为正溶胶。如果在电泳仪中装入黄色的 As_2S_3 溶胶，通电后，发现黄色界面向正极移动，这表明 As_2S_3 胶体粒子带负电荷，为负溶胶。溶胶粒子在外电场作用下定向移动的现象称为电泳。通过电泳实验，可以判断溶胶粒子所带的电性。

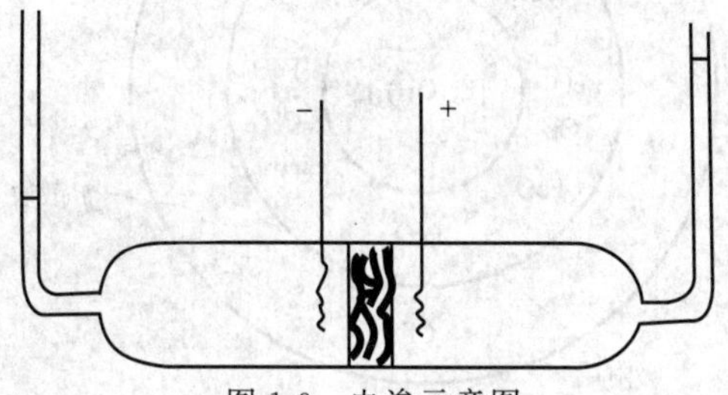

图 1-9　电渗示意图

（2）电渗

与电泳现象相反，在外加电场下，设法使溶胶粒子不动，分散介质定向移动的现象称为电渗（electroosmosis）。

例如，在电渗管内装入 $Fe(OH)_3$ 溶胶，在半透膜两侧插入电极，接通电源后，由于 $Fe(OH)_3$ 胶体颗粒大，不能通过半透膜，而分散剂可以自由通过。结果发现，正极一侧液面上升，负极一侧液面下降（见图 1-9），这说明 $Fe(OH)_3$ 溶胶中分散介质向正极方向运动，带负电；而 $Fe(OH)_3$ 溶胶粒子则因不能通过隔膜而附在其表面。电渗实验通过测定分散介质所带电荷的电性判断溶胶粒子所带电荷的电性，因为溶胶粒子所带电荷的电性与分散介质所带电荷的电性相反。

（3）溶胶粒子带电的原因

① 吸附作用　溶胶分散系是高度分散的多相体系，具有很大的表面积，有着强烈的吸附作用。固体胶粒表面选择吸附了分散介质中的某种离子，从而使胶粒表面带了电荷。胶粒优先选择吸附与它组成相关的离子，或者能够在固体表面上形成难电离或难溶解物质的离

子，其吸附作用符合“相似相吸原理”。例如 As_2S_3 溶胶，其制备反应为：

$$2H_3AsO_3+3H_2S=\!=\!=As_2S_3+6H_2O$$

溶液中存在过量的 H_2S，会解离产生 HS^-，As_2S_3 胶粒选择吸附 HS^-，而使 As_2S_3 溶胶带负电荷。再如 $Fe(OH)_3$ 溶胶，其制备反应如下：

$$FeCl_3+3H_2O=\!=\!=Fe(OH)_3+3HCl$$

反应体系中除了生成 $Fe(OH)_3$ 外，还有副产物 FeO^+ 生成：

$$FeCl_3+2H_2O=\!=\!=Fe(OH)_2Cl+2HCl$$

$$Fe(OH)_2Cl=\!=\!=FeO^++Cl^-+H_2O$$

固体 $Fe(OH)_3$ 粒子在溶液中选择吸附了与其自身组成有关的 FeO^+，而使胶粒带正电荷。

② 电离作用　胶粒带电的另一个原因是胶粒表面基团的电离作用。例如，在硅酸溶液中，溶胶颗粒是由 SiO_2 分子聚集而成的，粒子表面上的 SiO_2 与水作用生成 H_2SiO_3，H_2SiO_3 可以电离出 H^+ 和 $HSiO_3^-$，即：

$$SiO_2+H_2O=\!=\!=H_2SiO_3=\!=\!=H^++HSiO_3^-$$

H^+ 进入了溶液，而将 $HSiO_3^-$ 留在了胶粒表面，使硅胶带了负电。

应该指出，溶胶粒子带电原因十分复杂，以上两种情况只能说明溶胶离子带电的某些规律。要确定溶胶粒子如何带电，或者带什么电荷都还需要通过实验来证实。

四、胶团的结构

溶胶的性质取决于胶体的结构，大量的实验证明，溶胶具有扩散双电层结构，现以 $Fe(OH)_3$ 溶胶为例加以说明。

例如，将 $FeCl_3$ 水解制备 $Fe(OH)_3$ 溶胶时，大量的 $Fe(OH)_3$ 分子聚集在一起，形成直径为 1～100nm 的粒子，它们是形成胶体的核心，称为胶核。溶液中含有 FeO^+、Cl^- 和 H^+，胶核选择吸附了与其组成有关的 FeO^+，使胶核表面带了正电荷，FeO^+ 为电位离子，Cl^- 为反离子。由于反离子受到电位离子的静电吸引和本身的热运动，使一部分反离子被束缚在胶核表面，与电位离子一起形成吸附层。电泳时吸附层和胶核一起移动，胶核和吸附层的整体称为胶粒。胶粒中反离子数比电位离子数少，故胶粒所带电荷与电位离子相同，即胶粒带电。其余的反离子则分散在溶液中，构成扩散层，胶粒和扩散层的整体称为胶团，胶团内反离子和电位离子的电荷总数相等，故胶团是电中性的。吸附层和扩散层的整体称为扩散双电层，胶团结构如图 1-10 所示。

图 1-10　溶胶的胶团结构示意图

此外，胶团结构还可用胶团结构式表示。例如，$Fe(OH)_3$ 胶团结构式为：

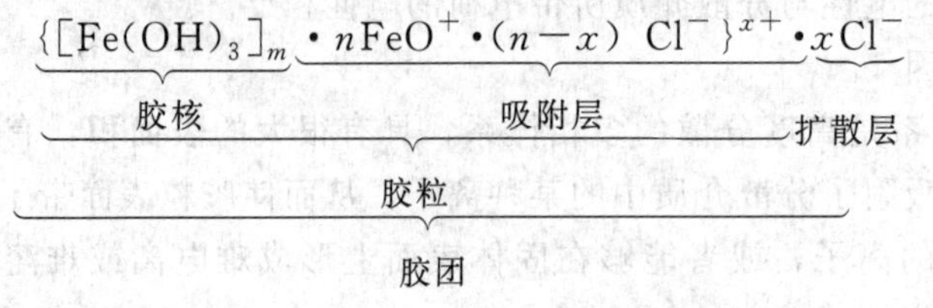

式中，m 为 $Fe(OH)_3$ 分子数（约 10^3）；n 为电位离子数（$m>n$）；x 为扩散层中的反离子数，也是胶粒所带的电荷数；$n-x$ 为吸附层中的反离子数。m、n、x 都是不确定的数字。

书写胶团结构的关键在于确定电位离子和反离子，用前面介绍的有关原则和方法，可以写出任何溶胶的胶团结构式。如 As_2S_3 溶胶的胶团结构式为：

$$[(As_2S_3)_m \cdot nHS^- \cdot (n-x)\ H^+]^{x-} \cdot xH^+$$

又如用 $AgNO_3$ 溶液与过量 KI 溶液作用制备的 AgI 溶胶，胶团结构式为：

$$[(AgI)_m \cdot nI^- \cdot (n-x)\ K^+]^{x-} \cdot xK^+$$

相反，用 KI 溶液与过量 $AgNO_3$ 溶液作用制备的 AgI 溶胶，胶团结构式为：

$$[(AgI)_m \cdot nAg^+ \cdot (n-x)\ NO_3^-]^{x+} \cdot xNO_3^-$$

实验证明，只有在适当过量的电解质存在下，胶核才能通过吸附电位离子，形成带有电荷的胶粒而具有一定程度的稳定性，这种电解质（由吸附层中的电位离子和反离子构成），称为溶胶的稳定剂。

五、溶胶的稳定性和聚沉

1. 溶胶的稳定性

溶胶是多相、高分散体系，具有很大的表面能，有自发聚集成较大颗粒以降低表面能的趋势，因而是热力学不稳定体系。但事实上，溶胶往往能长时间存在。溶胶之所以有相对的稳定性，主要原因如下。

（1）布朗运动　由于布朗运动和扩散作用，克服了重力引起的沉降作用，阻止了胶粒的下沉，故溶胶具有动力学稳定性。

（2）胶粒带电　由于胶粒带有相同电荷，当两个胶粒间的距离缩短到它们的扩散层部分重叠时，静电排斥作用使两胶粒分开，阻止了溶胶粒子的凝结合并，使之稳定。胶粒带电是多数溶胶能稳定存在的主要原因。

（3）溶剂化作用　由于溶剂化作用，在溶胶粒子的周围形成了一层溶剂化保护膜，因而既可以降低胶粒的表面能，又可以阻止胶粒之间的接触，从而提高了溶胶的稳定性。双电层越厚，溶胶越稳定。

2. 溶胶的聚沉

溶胶的稳定性是相对的，只要破坏了溶胶的稳定性因素，胶粒就会相互碰撞导致颗粒合并变大，最后以沉淀形式析出，这一过程称为聚沉。

促使溶胶聚沉的因素很多，如溶胶的浓度过高，长时间加热以及加入电解质等。其中加入电解质是促使溶胶聚沉的主要方法。

加入强电解质后，溶胶系统中反离子的浓度增大，更多的反离子被电位离子吸引进入吸附层，于是中和了胶粒的电荷，胶粒就失去了静电相斥的保护作用。同时，加入的电解质离子具有很强的溶剂化作用，破坏了胶粒的溶剂化膜，因而在碰撞的过程中胶粒合并变大，最后发生沉淀。

电解质对溶胶的聚沉能力可用聚沉值来衡量。所谓聚沉值，是指一定量的溶胶在一定时间内开始聚沉所需电解质的最低浓度，单位为 $mmol \cdot L^{-1}$。聚沉值越小，聚沉能力越强；反之，聚沉能力越弱。不同电解质的聚沉值见表 1-7。

表 1-7　不同电解质的聚沉值　　单位：$mmol \cdot L^{-1}$

电解质	$Fe(OH)_3$(+)溶胶	电解质	As_2S_3(−)溶胶
NaCl	9.25	NaCl	51
KCl	9.0	KCl	49.5
$MgSO_4$	0.22	$MgSO_4$	0.81
K_2SO_4	0.205	$MgCl_2$	0.72
$K_2Cr_2O_7$	0.195	$AlCl_3$	0.093
$K_3[Fe(CN)_6]$	0.096	$Ce(NO_3)_3$	0.080

由表 1-7 可见，电解质的负离子对正溶胶起聚沉作用，正离子对负溶胶起聚沉作用。也就是说，电解质使溶胶聚沉起主要作用的是与胶粒带相反电荷的离子。这种离子价态越高，聚沉能力越强，即聚沉值越小。例如 $AlCl_3$、$MgCl_2$、NaCl 三者的聚沉值之比为：$c(Al^{3+}):c(Mg^{2+}):c(Na^{+})=0.093:0.72:51=1:8:548$，则聚沉能力之比为：

$$Al^{3+}:Mg^{2+}:Na^{+}=1:\frac{1}{8}:\frac{1}{548}=548:68.5:1$$

即随着离子价态的升高，离子的聚沉能力显著增大。

同价离子聚沉能力相近，但也略有不同，同价离子的聚沉能力随水化离子半径的增大而减小。例如对于负溶胶一价离子的聚沉能力是：

$$H^{+}>Cs^{+}>Rb^{+}>NH_4^{+}>K^{+}>Li^{+}$$

对于正溶胶，聚沉能力是：

$$F^{-}>Cl^{-}>Br^{-}>I^{-}>OH^{-}$$

当把电性相反的两种溶胶混合时，由于带相反电荷的两种胶粒相互吸引而发生聚沉，这种现象称为溶胶的相互聚沉。实践证明，当两种溶胶混合时，胶粒所带电荷的代数和为零，才能完全聚沉；否则，只能部分聚沉，或者不聚沉。显然，溶胶的相互聚沉作用取决于两种溶胶的用量。明矾净水作用就是溶胶相互聚沉的典型例子。因天然水中的悬浮粒子一般带负电荷，而明矾在水中水解产生的溶胶是带正电的，它们相互聚沉而使水净化。

另外，加热也能使溶胶发生聚沉。加热可使胶粒的运动加剧，从而破坏了胶粒的溶剂化膜，同时加热可使胶核对电位离子的吸附力下降，减少了胶粒所带的电荷数，降低了其稳定性，使胶粒间碰撞聚沉的可能性大大增强。

本章小结

一、气体

1. 理想气体状态方程：$pV=nRT$

2. 理想气体状态方程的应用

（1）计算 p、V、T、n 四个物理量之一。

（2）气体的分子量（M）及气体的密度（ρ）的计算。

分子量（M）计算：$pV=nRT$，$n=\frac{m}{M} \longrightarrow M=\frac{mRT}{pV}$

气体的密度（ρ）的计算：$pV=nRT$，$\rho=\frac{m}{V} \longrightarrow \rho=\frac{mp}{nRT}$

3. 道尔顿分压定律：在温度和体积一定时，$p_{总}=p_1+p_2+p_3+\cdots+p_i=\sum_{i=1}^{n} p_i$

二、溶液

1. 溶液浓度的表示方法及浓度间的相互换算。

(1) 物质的量浓度 $c(\mathrm{B})=\frac{n(\mathrm{B})}{V}$ 单位 $\mathrm{mol \cdot L^{-1}}$

(2) 质量分数 $w(\mathrm{B})=\frac{m(\mathrm{B})}{m}$ 量纲为 1

(3) 质量摩尔浓度 $b(\mathrm{B})=\frac{m(\mathrm{B})}{M(\mathrm{B})m(\mathrm{A})}$ 单位 $\mathrm{mol \cdot kg^{-1}}$

(4) 摩尔分数 $x(i)=\frac{n(i)}{n}$ 量纲为 1

(5) 质量浓度 $\rho(\mathrm{B})=\frac{m(\mathrm{B})}{V}$ 单位 $\mathrm{g \cdot L^{-1}}$

2. 难挥发非电解质稀溶液的依数性

(1) 溶液蒸气压下降：$\Delta p=p_{\mathrm{A}}^{*}-p=p_{\mathrm{A}}^{*}x(\mathrm{B})$

(2) 溶液的沸点上升：$\Delta T_{\mathrm{b}}=T_{\mathrm{b}}-T_{\mathrm{b}}^{*}=K_{\mathrm{b}}b(\mathrm{B})$

(3) 溶液的凝固点下降：$\Delta T_{\mathrm{f}}=K_{\mathrm{f}}b(\mathrm{B})$

(4) 溶液具有渗透压：$\pi=b(\mathrm{B})RT$

三、胶体

胶体的基本概念、结构和重要性质（光学性质、动力学性质、电学性质）。

思考题与习题

1. 为什么人体输液用一定浓度的生理盐水或葡萄糖溶液？
2. 在两只烧杯中分别装入等体积的纯水和饱和的糖水，将两只烧杯放在一个钟罩中，一段时间后，会发生什么现象？
3. 解释下列现象
   (1) 盐碱地上栽种植物难以生长。
   (2) 雪地里撒些盐，雪就融化了。
   (3) 海鱼放在淡水中会死亡。
   (4) 植物具有耐寒性和抗旱性。
4. 若分别采用 $MgSO_4$、$K_3[Fe(CN)_6]$ 和 $AlCl_3$ 三种电解质聚沉由 100mL 0.005$\mathrm{mol \cdot L^{-1}}$ KI 溶液和 100mL 0.01$\mathrm{mol \cdot L^{-1}}$ $AgNO_3$ 溶液混合制成的 AgI 溶胶，则这三种电解质的聚沉能力如何排列？
5. 将 0.02$\mathrm{mol \cdot L^{-1}}$ KCl 溶液 100mL 与 0.05$\mathrm{mol \cdot L^{-1}}$ $AgNO_3$ 溶液 100mL 混合制得 AgCl 溶胶，电泳时胶粒向哪一极移动？写出胶团结构式。
6. 计算 273.15K、100kPa 时甲烷气体（视作理想气体）的密度。
7. 混合气体中含 96g O_2 和 130g N_2，其总压力为 120kPa，其中 N_2 的分压是多少？
8. 质量分数为 3%的某 Na_2CO_3 溶液，密度为 1.05$\mathrm{g \cdot mL^{-1}}$，试求溶液的物质的量浓度 $c(Na_2CO_3)$、摩尔分数 $x(Na_2CO_3)$ 和质量摩尔浓度 $b(Na_2CO_3)$。
9. 将 7.00g 结晶草酸（$H_2C_2O_4 \cdot 2H_2O$）溶于 93.0g 水，所得溶液的密度为 1.025$\mathrm{g \cdot cm^{-3}}$，求该溶液的：(1) 质量分数；(2) 质量浓度；(3) 物质的量浓度；(4) 质量摩尔浓度。
10. 某地空气中含 N_2、O_2 和 CO_2 的体积分数分别为 0.78、0.21 和 0.01，求 N_2、O_2 和 CO_2 的摩尔分数

和空气的平均摩尔质量（空气可视为理想气体）。

11. 20℃时，乙醚的蒸气压为58.95kPa，今在0.1kg乙醚中加入某种不挥发性有机物0.01kg，乙醚的蒸气压下降到56.79kPa，求该有机物的分子量。

12. 某物质水溶液凝固点是－1.00℃，估算此水溶液在0℃时的渗透压。

13. 有两种溶液在同一温度时结冰，已知其中一种溶液为1.5g尿素［$CO(NH_2)_2$］溶于200g水中，另一种溶液为42.8g某未知物溶于1000g水中，求该未知物的摩尔质量（尿素的摩尔质量为$60g·mol^{-1}$）。

14. 将12.2g苯甲酸溶于100g乙醇中，所得乙醇溶液的沸点比纯乙醇的沸点升高了1.20℃；将12.2g苯甲酸溶于100g苯后，所得的苯溶液的沸点比纯苯的沸点升高了1.32℃。分别计算苯甲酸在不同溶剂中的分子量。已知乙醇的沸点升高常数$k_b = 2.64K·kg·mol^{-1}$。

15. 将1.01g胰岛素溶于适量水中配制成100mL溶液，测得298K时该溶液的渗透压为4.34kPa，试问该胰岛素的分子量为多少？

16. 为防止汽车水箱中的水结冰，可加入甘油以降低其凝固点，如需使凝固点降低到－3.15℃，在100g水中加入多少克甘油［已知M(甘油)$=92g·mol^{-1}$］。

第二章
化学反应基础

化学反应主要研究四个问题：①化学反应能否进行？即反应方向问题；②反应过程中能量如何转化？即化学反应热效应问题；③在给定条件下，有多少物质可以最大限度地转化为生成物？即化学平衡问题；④实现这种转化需要多长时间？即化学反应速率问题。前面两个问题属于化学热力学范畴，后两个问题属于化学动力学范畴，故本章重点讨论化学反应方向、化学反应热效应、化学平衡、化学平衡移动、化学反应速率及浓度、温度和催化剂对反应速率的影响等问题。

第一节　化学热力学基本概念

一、体系和环境

体系（系统）和环境是根据研究问题的需要而人为划定的。为研究的方便，先把一部分物质和周围其他物质划分开来作为研究对象。通常被划分出来作为研究对象的部分物质称为体系，而体系以外与体系密切相关的部分称为环境。例如，研究杯子中的水溶液，则水溶液是体系，液面上的空气和杯子皆为环境；当然，桌子、房屋、地球、太阳等也都是环境。但我们着眼于和体系密切相关的环境，即液面上的空气和杯子等。

依据体系和环境之间的物质及能量交换的不同，可将体系分为三类。

① 敞开体系：体系与环境间既有能量交换又有物质交换。

② 封闭体系：体系与环境间只有能量交换没有物质交换。

③ 孤立体系：体系与环境间既无能量交换也无物质交换。

例如，试管中水和金属钠反应生成氢氧化钠和氢气，并有热量放出，这时体系和环境既有物质交换也有能量交换，属于敞开体系；若将试管口用密封塞塞住，由于体系密封，无物质进入或散出，但试管不隔热，与环境有热交换，属于封闭体系；若将容器换成隔热材料，则属于孤立体系。化学热力学研究较多的是封闭体系。

二、状态和状态函数

体系的状态是体系所有宏观性质的综合表现。所谓“宏观性质”是指密度（ρ）、压力

(p)、温度（T）、体积（V）、物质的量（n）等。在一定条件下，体系这些宏观性质不再随时间而变化，则体系就处于一定的状态。或者说，由 p、V、T、n 等宏观物理量所确定下来的体系的存在形式，称为体系的状态。用来体现体系存在状态的宏观物理量称为体系的状态函数，体系的某个状态函数或若干个状态函数发生变化时，体系的状态也随之发生变化。

化学中常用的状态函数可分为两类：一类是强度函数，表现体系“质”的特征，如温度 T、压力 p 等，这类状态函数称为系统的强度性质，不具有加和性；另一类是广度函数，表现体系“量”的特征，如体积 V、物质的量 n、热力学能 U、焓 H、熵 S 等，这类函数称为系统的广度性质，它们的数值与体系所含物质的多少有关，具有加和性。

状态函数的重要特点是：状态一定，状态函数的数值一定；状态变化，状态函数值变化；其值只决定于体系的始态和终态，与过程变化所经历的途径无关。

三、过程和途径

体系状态发生变化的经过称为过程。如气体的膨胀或压缩、液体的蒸发、固体的熔化等，体系的状态发生了变化，我们说体系发生了一个过程。如体系状态发生变化是在等温条件下发生的，则称此变化为等温过程；如过程中体系压力始终保持不变，即为等压过程；如过程中体系体积始终保持不变，即为等容过程；如过程中体系和环境之间无热量交换，则为绝热过程。

体系由始态到终态，可经过不同的路径，体系状态变化时所经过的具体路径，称为途径。例如，把水由始态（298K，101kPa）变化到终态（373K，202kPa），可以通过如下途径来完成（图 2-1）。

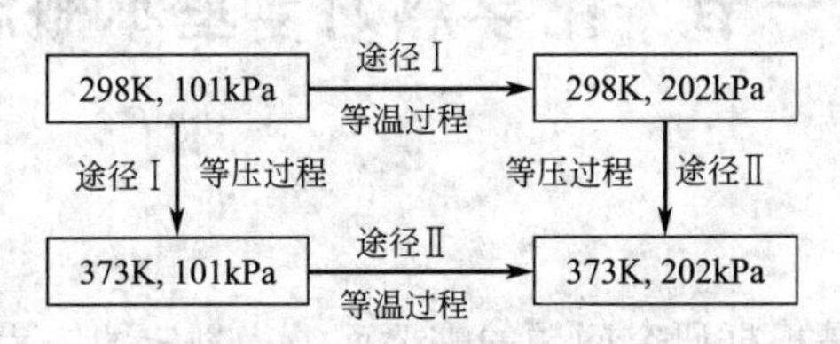

图 2-1　完成过程的不同途径

应该注意的是，状态函数的变化值只与系统的始态和终态有关，而与变化所经历的途径无关，这是热力学一个非常重要的基本原理。

四、热力学第一定律

热和功是体系发生变化时与环境进行能量交换的两种方式。

体系与环境之间由于温度差异而发生的能量交换形式称为热，用符号 Q 表示。热力学中规定：体系从环境吸热，Q 取正值；体系向环境放热，Q 取负值。

体系与环境之间除热之外的其他交换的各种形式的能量统称为功，以符号 W 表示。热力学规定：环境对体系做功，W 取正值；体系对环境做功，W 取负值。

功有多种形式，通常把功分成两类：因体系体积改变而对环境产生的功称为体积功或膨胀功，用 $W=-p\Delta V$ 表示；除体积功以外的所有功，如电功、表面功等都称为非体积功。

功和热都是体系和环境之间被传递的能量，它们都只有在体系发生变化时才表现出来。功和热都不是体系自身的性质，它们都不是体系的状态函数，是与途径相关的物理量。功和热的区别在于：功是有序运动的结果，热是无序运动的结果；功能完全转化为热，而热不能完全转化为功。

热力学第一定律：自然界一切物质都具有能量，能量有各种不同的形式，它可以从一种形式转化为另一种形式，从一个物体传递到另一个物体，而在转化的过程中能量的总值不变，这也是能量守恒定律。

在封闭体系中，体系和环境之间只有能量的交换，而热和功是能量交换的两种形式。对于一个只有能量交换的封闭体系，若环境对其做功 W，体系从环境吸热 Q，则体系能量必然增加。根据能量守恒定律，增加的这部分能量等于 W 与 Q 之和，即

$$\Delta U = Q + W \tag{2-1}$$

式中，ΔU 为体系的热力学能的增量。式(2-1) 为热力学第一定律的数学表达式。即封闭体系发生变化时，体系热力学能的变化量等于变化过程中功和热的代数和。

热力学能又称内能，它是体系各种形式能量的总和。对于任一给定体系，其状态一定时，体系内部的能量应是定值，即热力学能 U 是一个状态函数。当体系发生变化时，ΔU 取决于体系的始态和终态。

第二节　化学反应热

一、化学反应热效应

化学反应过程经常伴随着吸热和放热现象，对这些以热的形式放出或吸收的能量进行研究，是化学热力学的一个重要组成部分。化学反应热效应的定义是：当体系发生变化后，使体系的温度回到反应前的温度时吸收或放出的热量。显然，定义强调的是等温过程中，化学反应吸收或放出的热量。

1. 等容反应热、等压反应热和焓的概念

等容反应热（Q_V） 若体系在变化过程中体积不变，且不做非体积功，此时的反应热称为等容反应热，用符号 Q_V 来表示。对封闭体系而言，体系变化过程中保持体积恒定，即 $\Delta V=0$，所以 $W=0$，由热力学第一定律可得：

$$Q_V = \Delta U - W = \Delta U \tag{2-2}$$

式(2-2) 表明，等容体系中，等容反应热 Q_V 等于体系内能的改变。或者说等容过程，体系吸收的热全部用来增加体系的内能；也或者说，等容过程中，内能的减少全部以热的形式放出来。

等压反应热（Q_p） 若体系在变化过程中始终保持压力不变，根据热力学第一定律可得：

$$\begin{aligned} Q_p &= \Delta U - W = \Delta U - (-p\Delta V) \\ &= (U_2 - U_1) + p(V_2 - V_1) \\ &= (U_2 + pV_2) - (U_1 + pV_1) \end{aligned} \tag{2-3}$$

即等压过程中，等压反应热 Q_p 等于终态和始态（$U+pV$）值之差。由于 U、p、V 都是状态函数，则（$U+pV$）也应是个状态函数。为了方便起见，我们把（$U+pV$）定义为一个新的状态函数，称为焓，用符号 H 来表示。

$$H = U + pV \tag{2-4}$$

焓 H 是由式(2-4) 人为定义出来的一个非常重要的状态函数，其国际单位为J。焓 H 自身没有确切的物理意义，但定义一个这样的状态函数，有利于研究化学反应热效应。

当体系发生变化时，由式(2-3) 得：

$$\Delta H = \Delta U + p\Delta V \tag{2-5}$$

综合式(2-3) 和式(2-4) 得

$$Q_p = \Delta H \tag{2-6}$$

式(2-6) 表明，等压体系中，等压反应热 Q_p 等于体系的焓变。即等压过程，封闭体系吸收的热量全部用来增加体系的焓；或者说，等压变化中，体系焓变的减少全部以热的形式放出。

当反应物和生成物都为液体或固体时，反应变化的体积很小，$p\Delta V$ 可忽略不计，故 $\Delta H \approx \Delta U$。

对有气体参加的反应，ΔV 较大，假设为理想气体，则：

$$p\Delta V = p(V_2 - V_1) = (n_2 - n_1)RT = (\Delta n)RT$$

所以，

$$\Delta H = \Delta U + p\Delta V = \Delta U + (\Delta n)RT \tag{2-7}$$

【例 2-1】 在 373K 和 101.3kPa 下，2.0mol 的 H_2 和 1.0mol 的 O_2 反应，生成 2.0mol 的水蒸气，总共放出 484kJ 的热量。求该反应的 ΔH 和 ΔU。

解： 因反应 $2H_2(g) + O_2(g) \longrightarrow 2H_2O(g)$ 在等压下进行，故

$$\Delta H = Q_p = -484\text{kJ}$$

$$\begin{aligned}\Delta U &= \Delta H - (\Delta n)RT \\ &= -484\text{kJ} - [2-(2+1)] \times 8.314 \times 10^{-3} \times 373\text{kJ} \\ &= -481\text{kJ}\end{aligned}$$

2. 摩尔反应焓变（$\Delta_r H_m$）

反应进行程度可以用反应进度 ξ 表示，反应进度 ξ 与化学计量系数 ν 有关。

$$\Delta\xi = \frac{\Delta n}{\nu} \tag{2-8}$$

由式(2-8) 可知，当反应进行之后，反应进度的变化值 $\Delta\xi$ 可用参与反应的某一物质反应前后物质的量的变化值（Δn）与其化学计量系数 ν 的比值来表示（注意：化学计量系数 ν 对反应物取负，对生成物取正）。对某一化学反应，反应进度变化 $\Delta\xi = 1$mol 时产生的焓变，称为摩尔反应焓变，用符号 $\Delta_r H_m$ 表示。$\Delta_r H_m$ 的单位为 $J \cdot mol^{-1}$ 或 $kJ \cdot mol^{-1}$，左下标 r 表示反应，右下表 m 表示摩尔。

当化学反应在标准状态下进行时，该反应的摩尔反应焓变称为标准摩尔反应焓变，符号为 $\Delta_r H_m^\ominus$。应当注意，这里的标准状态与第一章气体定律提到的“标准状态”有些不同，这里标准状态只规定了压力为 $p^\ominus$(101.325kPa) 而没有指定温度。处于标准态 $p^\ominus$ 下的各种物质，如果改变温度它就有很多种标准状态，我国一般选取 298K，故标准摩尔反应焓变的符号一般用 $\Delta_r H_{m,298}^\ominus$ 表示。

二、盖斯定律（热化学定律）

化学反应的反应热可以通过实验直接测定，对于一些反应速率太慢的反应，可以根据有关的定律来计算。1840 年，俄籍瑞士化学家盖斯（Hess G H）从大量的热化学实验中总结

出一条规律：**在定容（或定压）下，一个反应不管是一步还是分多步完成，其反应热总是相同的，这一规律称为盖斯定律。**任何一个化学反应，在恒容或恒压不做其他功的情况下，化学反应热仅与反应的始、终态有关，与具体途径无关。它适用于任何状态函数。如图 2-2 所示，$\Delta H_1=\Delta H_2+\Delta H_3$。

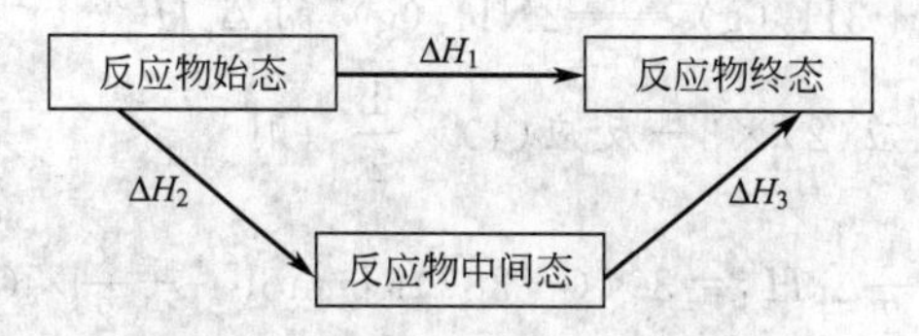

图 2-2　反应完成的两种途径

根据盖斯定律，如果：反应(1)＝反应(2)＋反应(3)，则有：

$$\Delta H_1^{\ominus}=\Delta H_2^{\ominus}+\Delta H_3^{\ominus} \tag{2-9}$$

如果：反应(1)＝反应(2)－反应(3)，则有：

$$\Delta H_1^{\ominus}=\Delta H_2^{\ominus}-\Delta H_3^{\ominus}$$

盖斯定律表明，可以利用一些反应热数据计算出另一些反应的热效应，尤其是一些无法用实验直接测得的反应热。

例如，C 和 O_2 化合生成 CO，因为该反应产物的纯度不好控制，可能在生成 CO 的同时也有少量 CO_2 的生成，故该反应的反应热不易由实验测得。但 C 和 O_2 反应生成 CO_2 以及 CO 和 O_2 反应生成 CO_2 的反应热很容易由实验直接测得，故可通过盖斯定律把生成 CO 的反应热间接计算出来。

已知 (1)　$C(石墨)+O_2(g)$══$CO_2(g)$，$\Delta_r H_1^{\ominus}=-393.5kJ\cdot mol^{-1}$

(2)　$CO(g)+\frac{1}{2}O_2(g)$══$CO_2(g)$，$\Delta_r H_2^{\ominus}=-283.0kJ\cdot mol^{-1}$

求　(3) $C(石墨)+\frac{1}{2}O_2(g)$══$CO(g)$的 $\Delta_r H_3^{\ominus}$。

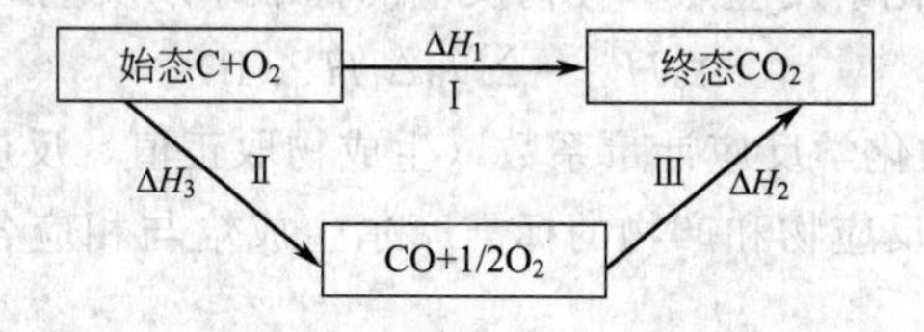

图 2-3　由 $C+O_2$ 变成 CO_2 的两种途径

这三个反应关系如图 2-3 所示。按照反应箭头的方向，选择 $C+O_2$ 和 CO_2 分别作为反应的始态和终态，从始态到终态就有两种不同的途径：途径Ⅰ＝途径Ⅱ＋途径Ⅲ，这两种途径的焓变相等，即：

$$\Delta_r H_1^{\ominus}=\Delta_r H_2^{\ominus}+\Delta_r H_3^{\ominus}$$

$$\Delta_r H_3^{\ominus}=\Delta_r H_1^{\ominus}-\Delta_r H_2^{\ominus}=(-393.5)kJ\cdot mol^{-1}-(-283.0)kJ\cdot mol^{-1}=-110.5kJ\cdot mol^{-1}$$

用盖斯定律计算反应热时，利用反应热之间的代数关系计算更为方便，例如，上述三个反应之间的关系为：反应(3)＝反应(1)－反应(2)。故

$$\Delta_r H_3^{\ominus}=\Delta_r H_1^{\ominus}-\Delta_r H_2^{\ominus} \tag{2-10}$$

必须注意，在把相同的物质消去时，不仅物质的种类相同，物质的状态（如温度、压力）也要相同才能消项。

【例 2-2】 已知

反应（1） $4NH_3(g)+3O_2(g)=2N_2(g)+6H_2O(l)$ $\Delta_r H_1^\ominus=-1523kJ\cdot mol^{-1}$

反应（2） $H_2(g)+\frac{1}{2}O_2(g)=H_2O(l)$ $\Delta_r H_2^\ominus=-287kJ\cdot mol^{-1}$

求反应（3） $N_2(g)+3H_2(g)=2NH_3(g)$ 的 $\Delta_r H_3^\ominus$？

解： 因为反应(3)＝反应(2)×3－反应(1)×$\frac{1}{2}$，则

$$\Delta_r H_3^\ominus=3\Delta_r H_2^\ominus-\frac{1}{2}\Delta_r H_1^\ominus=3\times(-287)kJ\cdot mol^{-1}-\frac{1}{2}\times(-1523)kJ\cdot mol^{-1}$$
$$=-99kJ\cdot mol^{-1}$$

三、标准摩尔生成焓和标准摩尔燃烧焓

1. 标准摩尔生成焓

由元素的稳定单质生成 1mol 某物质时的等压热效应叫做该物质的摩尔生成焓 $\Delta_f H_m$。所谓的稳定单质一般是指在 298K 和标准压力下元素最稳定的单质，如碳最稳定的单质是石墨；硫最稳定的单质是斜方硫。如果生成反应在 298K 和标准压力下进行，这时的生成焓称为该物质的标准摩尔生成焓，用 $\Delta_f H_m^\ominus$ 表示，下标 f 表示生成（formation），m 表示摩尔。例如，石墨与氧气在 298K 和标准压力下反应，生成 1mol 的 CO_2，放出 393.5kJ 的热量，则 CO_2 的 $\Delta_f H_{m,298}^\ominus$ 为－393.5kJ。由于焓的绝对值是无法测得的，故按照定义规定，稳定单质的标准摩尔生成焓 $\Delta_f H_m^\ominus$ 为零。如 $\Delta_f H_m^\ominus(O_2,g)=0$，$\Delta_f H_m^\ominus$(石墨,s)＝0，$\Delta_f H_m^\ominus(H_2,g)=0$ 等。需要注意，某些元素有两种或两种以上的单质，如金刚石和石墨是碳的两种同素异形体，石墨是碳的最常见、最稳定的单质，它的标准摩尔生成焓为零，而金刚石的标准摩尔生成焓则不为零。

一般物质在 298K 时的 $\Delta_f H_m^\ominus$ 值已列于附录二中。物质的标准摩尔生成焓是很重要的基本数据，可用于间接求算化学反应热。任何反应的标准摩尔反应焓变都可由下式求得：

$$\Delta_r H_m^\ominus=\sum\nu_B\Delta_f H_m^\ominus(B) \quad (2\text{-}11)$$

式中，ν_B 为物质 B 的化学反应计量系数（生成物取正值，反应物取负值）。上式表示反应的标准摩尔焓变等于各反应物和产物的标准摩尔生成焓与相应各化学反应计量系数 ν_B 的乘积之和。

对于一般的化学反应 $dD+eE=fF+gG$，式(2-11) 的展开式即为：

$$\Delta_r H_m^\ominus=[f\Delta_f H_m^\ominus(F)+g\Delta_f H_m^\ominus(G)]-[d\Delta_f H_m^\ominus(D)+e\Delta_f H_m^\ominus(E)]$$

【例 2-3】 计算下列反应的 $\Delta_r H_m^\ominus$。

$$2Na_2O_2(s)+2H_2O(l)=4NaOH(s)+O_2(g)$$

解： 查附录二知各种物质的 $\Delta_r H_m^\ominus$ 值：

物　质	$Na_2O_2(s)$	$H_2O(l)$	$NaOH(s)$	$O_2(g)$
$\Delta_f H_m^\ominus/kJ\cdot mol^{-1}$	－510.9	－285.8	－425.6	0.0

得 $\Delta_r H_m^\ominus=[4\Delta_f H_m^\ominus(NaOH)+\Delta_f H_m^\ominus(O_2)]-[2\Delta_f H_m^\ominus(Na_2O_2)+2\Delta_f H_m^\ominus(H_2O)]$

$=[4\times(-425.6)+0]kJ\cdot mol^{-1}-[2\times(-510.9)+2\times(-285.8)]kJ\cdot mol^{-1}$

$=-109.0kJ\cdot mol^{-1}$（放热反应）

2. 标准摩尔燃烧焓

在温度 T 及标准状态下，1mol 物质 B 完全燃烧时的标准摩尔反应焓变称为物质 B 的标准摩尔燃烧焓，用符号 $\Delta_c H_m^\ominus(T, B)$ 来表示，下标 c 表示燃烧，若温度为 298K，T 可以省略，单位为 $kJ \cdot mol^{-1}$。

物质燃烧时，往往不止生成一种燃烧产物，如 C 燃烧可以生成 CO，也可以生成 CO_2；另外产物存在的状态也可以不同，例如 H_2 燃烧可以生成 $H_2O(g)$，也可以生成 $H_2O(l)$，生成的燃烧产物不同或燃烧产物的状态不同，其反应热是不一样的。因此，在定义标准摩尔燃烧焓时，必须规定物质燃烧的最终产物。通常指定的物质中，C 燃烧后变成 $CO_2(g)$，H_2 燃烧后变成 $H_2O(l)$，S 燃烧变成 $SO_2(g)$。物质的标准摩尔燃烧焓同样可用于间接求算化学反应热。对任一反应，由标准摩尔燃烧焓计算标准摩尔反应焓变的通式为：

$$\Delta_r H_m^\ominus = -\sum \nu_B \Delta_c H_m^\ominus(B) \tag{2-12}$$

【例 2-4】 计算燃烧 100g NH_3 的热效应。

NH_3 的燃烧反应为：$4NH_3(g) + 5O_2(g) \xlongequal{} 4NO(g) + 6H_2O(g)$

解： 查附录二知

物　质	$NH_3(g)$	$O_2(g)$	$NO(g)$	$H_2O(g)$
$\Delta_f H_m^\ominus / kJ \cdot mol^{-1}$	−46.1	0.0	90.4	−241.8

$$\begin{aligned}\Delta_r H_m^\ominus &= [4\Delta_f H_m^\ominus(NO) + 6\Delta_f H_m^\ominus(H_2O)] - [4\Delta_f H_m^\ominus(NH_3) + 5\Delta_f H_m^\ominus(O_2)] \\ &= [4\times 90.4 + 6\times(-241.8)]kJ \cdot mol^{-1} - [4\times(-46.1) + 5\times 0]kJ \cdot mol^{-1} \\ &= -904.8kJ \cdot mol^{-1}\end{aligned}$$

上述反应在 $\Delta\xi = 1mol$ 时，放热 $904.8kJ \cdot mol^{-1}$，依据反应式，$\Delta\xi = 1mol$ 时需燃烧 4mol NH_3，所以燃烧 100g NH_3 的热效应为：

$$\frac{-904.8kJ \cdot mol^{-1}}{4mol} \times \frac{100g}{17g \cdot mol^{-1}} = -1331\,kJ$$

四、熵与化学反应的熵变

熵是描述体系混乱度的一个热力学函数，用符号 S 来表示。例如，冰中水分子有序排列，体系的混乱度较小；冰融化成水，水分子不再有序排列，体系的混乱度增大；水气化成水蒸气，水分子热运动自由度大，体系混乱度更大。体系越混乱，其熵值越大，熵是状态函数，所以，过程的熵变 ΔS 只取决于始态和终态，而与途径无关。等温过程的熵变可由下式计算：

$$\Delta S = \frac{Q_r}{T} \quad (Q_r \text{ 为可逆过程的热效应})$$

任何纯物质体系，温度越低，内部微粒运动速率越慢，越趋于有序排列，混乱度越小，熵值越低。若温度降到绝对温度 0K 时，任何理想晶体都处于最完美有序状态。故规定：**在热力学温度 0K 时，任何纯物质理想晶体的熵值为零，这是热力学第三定律。**在标准状态下，1mol 物质的熵值，称为该物质的标准摩尔熵（$S_m^\ominus$），其单位为 $J \cdot mol^{-1} \cdot K^{-1}$。附录二给出了一些常见物质在 298K 时的标准摩尔熵值。

根据热力学第三定律，可以测得任一纯物质在温度 T 时体系的熵：

因　　$S_T - S_0 = \Delta S$

故 $$S_T = \Delta S \tag{2-13}$$

孤立体系的任何自发过程中，体系的熵总是增加的，即 ΔS(孤立)>0，这是热力学第二定律，也称熵增原理。

孤立体系是指与环境不发生物质和能量交换的体系。对于任一体系，若将与体系有物质或能量交换的那一部分环境也包括进去而组成一个新的体系，则这个新体系就可看作孤立体系。因此有：

ΔS(体系)$+\Delta S$(环境)>0　　自发过程

ΔS(体系)$+\Delta S$(环境)<0　　非自发过程

根据熵的定义，可以看出物质标准摩尔熵的大小有如下规律：

① 同一物质，当状态不同时，$S_m^{\ominus}(g)>S_m^{\ominus}(l)>S_m^{\ominus}(s)$，例如：

$$S_m^{\ominus}(H_2O,g)>S_m^{\ominus}(H_2O,l)>S_m^{\ominus}(H_2O,s)$$

② 相同状态，多原子分子的 $S_m^{\ominus}$ 大于单原子分子的 $S_m^{\ominus}$，例如：

$$S_m^{\ominus}(O_3,g)>S_m^{\ominus}(O_2,g)>S_m^{\ominus}(O,g)$$

③ 结构相似的同类物质，摩尔质量越大，$S_m^{\ominus}$ 越大，例如：

$$S_m^{\ominus}(F_2,g)<S_m^{\ominus}(Cl_2,g)<S_m^{\ominus}(Br_2,g)<S_m^{\ominus}(I_2,g)$$

④ 摩尔质量相同的物质：结构越复杂，$S_m^{\ominus}$ 越大，例如：

$$S_m^{\ominus}(CH_3CH_2OH)>S_m^{\ominus}(CH_3OCH_3)$$

⑤ 同一物质，温度越高，$S_m^{\ominus}$ 越大。

熵是一个状态函数，与体系的初始态有关，有了 $S_m^{\ominus}$ 值，就可由式(2-14) 计算 298K 时化学反应的标准摩尔熵变 $\Delta_r S_m^{\ominus}$：

$$\Delta_r S_m^{\ominus} = \sum \nu_B S_m^{\ominus}(B) \tag{2-14}$$

即反应的标准摩尔反应熵变等于各反应物和生成物标准摩尔熵与相应化学计量系数的乘积之和。

第三节　吉布斯自由能

一、吉布斯自由能

用热力学第二定律（熵增原理）来判断变化的自发性不方便，因它既牵涉到体系又牵涉到环境。为了较方便地判断反应是否自发进行，引入一个新的热力学函数——吉布斯自由能(或称吉布斯自由焓)，用符号 G 来表示，其定义为：

$$G = H - TS$$

由于 H、T、S 都是状态函数，所以它们的组合 G 也一定是状态函数。在等温等压条件下，当体系由初始态变化到终态时，该过程吉布斯自由能的变化值 ΔG 为：

$$\Delta G = G_2 - G_1 = (H_2 - TS_2) - (H_1 - TS_1) = (H_2 - H_1) - T(S_2 - S_1)$$

$$\Delta G = \Delta H - T\Delta S \tag{2-15}$$

式(2-15) 为吉布斯-赫姆霍兹（Gibbs-Helmholtz）方程。这是一个非常重要的公式，该式把吉布斯自由能变 ΔG、焓变 ΔH 和熵变 ΔS 三个重要的热力学函数联系起来。在等温等压且体系不做非体积功的条件下，可以用吉布斯自由能变 ΔG 来判断过程的自发性和反应进行的方向。若：

$\Delta G<0$　过程自发进行

$\Delta G>0$　过程非自发进行(其逆过程自发进行)

$\Delta G=0$　体系处于平衡状态

由此可知，等温等压下的自发过程，体系总是朝着 ΔG 减小的方向进行。化学反应一般在等温等压体系不做非体积功条件下进行，所以，可利用 ΔG 来判断反应是否自发进行。

若化学反应在标准状态下进行，此时反应的摩尔吉布斯自由能（变）称为标准摩尔吉布斯自由能（变），用 $\Delta_r G_m^\ominus$ 表示，其国际单位为 $J\cdot mol^{-1}$ 或 $kJ\cdot mol^{-1}$。

根据 $\Delta G=\Delta H-T\Delta S$ 可知：ΔG 值由 ΔH 和 ΔS 决定，故 ΔH 和 ΔS 也就决定了过程的自发性。ΔH 和 ΔS 是正值还是负值对过程自发性的影响可具体分四种情况讨论：

① $\Delta H<0$，$\Delta S>0$　总是 $\Delta G<0$，与 T 无关，过程总是自发的。

② $\Delta H>0$，$\Delta S<0$　总是 $\Delta G>0$，与 T 无关，过程非自发进行。

③ $\Delta H<0$，$\Delta S<0$　温度 T 起重要作用，因为只有在 $|\Delta H|>|T\Delta S|$ 时，$\Delta G<0$。所以，温度越低，对过程的自发越有利。

④ $\Delta H>0$，$\Delta S>0$　这种情况与（3）相反，只有在 $|T\Delta S|>|\Delta H|$ 时，$\Delta G<0$。所以温度越高，对过程的自发越有利。

【例 2-5】 1mol H_2O 在 -10℃和 101.325kPa 下结冰，通过体系自由能的变化判断过程是否自发。已知：$\Delta_r H_m^\ominus=-5619J\cdot mol^{-1}$；$\Delta_r S_m^\ominus=-20.67J\cdot mol^{-1}\cdot K^{-1}$

解　该反应是等温等压反应，故

$$\begin{aligned}\Delta_r G_{m,263}&=\Delta_r H_m^\ominus-T\Delta_r S_m^\ominus\\&=(-5619)J\cdot mol^{-1}-263\times(-20.67)J\cdot mol^{-1}\\&=-182.8J\cdot mol^{-1}<0\end{aligned}$$

$\Delta_r G_{m,263}<0$，反应自发进行。

二、标准生成吉布斯自由能

物质的标准生成吉布斯自由能 $\Delta_f G_m^\ominus$ 是在指定温度 T 和标准压力下，由最稳定单质生成 1mol 某物质的吉布斯自由能变。从吉布斯自由能的定义可知，它与热力学能、焓一样，其绝对值是无法测得的。为了方便求算反应吉布斯自由能 $\Delta_r G_m^\ominus$，统一规定：在指定温度（一般为 298K）和标准压力下，最稳定单质的 $\Delta_f G_m^\ominus=0kJ\cdot mol^{-1}$。如 $\Delta_f G_m^\ominus$(C,石墨)$=0$，$\Delta_f G_m^\ominus(O_2,g)=0kJ\cdot mol^{-1}$ 等。一些常见重要物质在 298K 时的 $\Delta_f G_m^\ominus$ 值列于附录二。使用标准摩尔生成吉布斯自由能 $\Delta_f G_m^\ominus$ 计算标准摩尔反应吉布斯自由能 $\Delta_r G_m^\ominus$ 的方法，类似于由标准摩尔生成焓变计算标准摩尔反应焓变。

计算公式：

$$\Delta_r G_m^\ominus=\sum\nu_B\Delta_f G_m^\ominus(B) \tag{2-16}$$

标准摩尔吉布斯自由能变 $\Delta_r G_m^\ominus$ 表示在标准状态下，反应进度变化 $\Delta\xi=1mol$ 时的吉布斯自由能变。

【例 2-6】 计算下列反应在 298K 时的 $\Delta_r G_m^\ominus$。

$$C_6H_{12}O_6(s)+6O_2(g)=\!=\!=6CO_2(g)+6H_2O(l)$$

解：查附录二知

物　质	$C_6H_{12}O_6(s)$	$O_2(g)$	$CO_2(g)$	$H_2O(l)$
$\Delta_f G_m^{\ominus}/kJ\cdot mol^{-1}$	−910.5	0	−394.4	−237.2

$$\begin{aligned}\Delta_r G_m^{\ominus} &= [6\Delta_f G_m^{\ominus}(CO_2)+6\Delta_f G_m^{\ominus}(H_2O)]-[6\Delta_f G_m^{\ominus}(O_2)+\Delta_f G_m^{\ominus}(C_6H_{12}O_6)]\\ &= [6\times(-394.4)+6\times(-237.2)]kJ\cdot mol^{-1}-[(-910.5)+6\times 0]kJ\cdot mol^{-1}\\ &= -2879.1kJ\cdot mol^{-1}<0\end{aligned}$$

所以298K时该反应能自发进行。

三、吉布斯自由能与温度的关系

吉布斯自由能 $\Delta_r G_m$ 可用于判断反应是否能够自发进行，但查表所得的都是 $\Delta_r G_m^{\ominus}$ 在298K时的数据，那么在其他温度时如何判断反应是否能够自发进行呢？或者说应如何计算在其他温度时的 $\Delta_r G_m$ 呢？为此需要了解温度对 $\Delta_r G_m$ 的影响。

由公式 $\Delta_r G_m=\Delta_r H_m-T\Delta_r S_m$ 可知，温度变化对 $\Delta_r G_m$ 影响很大，但温度变化时，$\Delta_r H_{m,298}^{\ominus}$ 和 $\Delta_r S_m$ 变化却不大。因此，当温度变化时，可以近似将 $\Delta_r H_m$ 和 $\Delta_r S_m$ 看作是不随温度变化的常数。故只要求得298K时的 $\Delta_r H_{m,298}$、$\Delta_r S_{m,298}$，即可近似计算 $\Delta_r G_{m,T}$：

$$\Delta_r G_{m,T}\approx\Delta_r H_{m,298}-T\Delta_r S_{m,298} \tag{2-17}$$

由上节讨论可知，对于 $\Delta_r H_m$ 和 $\Delta_r S_m$ 正负符号相同的反应，即 $\Delta_r H_m>0$，$\Delta_r S_m>0$ 和 $\Delta_r H_m<0$，$\Delta_r S_m<0$ 的两类反应。改变温度，反应可由自发向非自发或由非自发向自发转变，这个温度称为该反应的转变温度，用 $T_{转}$ 来表示。在转变温度时，体系处于平衡状态，即：

$$\Delta_r G_{m,T}\approx\Delta_r H_{m,298}-T\Delta_r S_{m,298}=0$$

所以

$$T_{转}=\frac{\Delta_r H_{m,298}}{\Delta_r S_{m,298}} \tag{2-18}$$

对 $\Delta_r H_m>0$，$\Delta_r S_m>0$ 型的反应，当温度高于 $T_{转}$ 时，反应是自发的，即高温时反应自发进行；对于 $\Delta_r H_m<0$，$\Delta_r S_m<0$ 型反应，当温度低于 $T_{转}$ 时，反应是自发的，即低温时反应自发进行。

【例 2-7】 已知：

	$C_2H_5OH(l)$	$C_2H_5OH(g)$
$\Delta_f H_m^{\ominus}/kJ\cdot mol^{-1}$	−277.6	−235.3
$S_m^{\ominus}/J\cdot K^{-1}\cdot mol^{-1}$	161	282

求：(1) 在298K时和标准态下，$C_2H_5OH(l)$ 转变成 $C_2H_5OH(g)$ 的反应能否自发进行；(2) 在398K时，上述反应能否自发进行；(3) 估算乙醇的沸点。

解：(1)

$$\begin{aligned}\Delta_r H_{m,298}^{\ominus} &= [\Delta_f H_m^{\ominus}(C_2H_5OH,g)]-[\Delta_f H_m^{\ominus}(C_2H_5OH,l)]\\ &= [(-235.3)-(-277.6)]kJ\cdot mol^{-1}=42.3kJ\cdot mol^{-1}\end{aligned}$$

$$\begin{aligned}\Delta_r S_{m,298}^{\ominus} &= [S_m^{\ominus}(C_2H_5OH,l)]-[S_m^{\ominus}(C_2H_5OH,g)]\\ &= (282-161)J\cdot K^{-1}\cdot mol^{-1}=121J\cdot K^{-1}\cdot mol^{-1}\end{aligned}$$

$$\begin{aligned}\Delta_r G_{m,298}^{\ominus} &= \Delta_r H_{m,298}^{\ominus}-T\Delta_r S_{m,298}^{\ominus}\\ &= 42.3kJ\cdot mol^{-1}-298K\times 121J\cdot K^{-1}\cdot mol^{-1}\\ &= 6.2kJ\cdot mol^{-1}>0 \quad \text{(反应非自发进行)}\end{aligned}$$

(2) $\Delta_r G_{m,298}^{\ominus}=\Delta_r H_{m,298}^{\ominus}-T\Delta_r S_{m,298}^{\ominus}$

$$=42.3\text{kJ·mol}^{-1}-398\text{K}\times121\text{J·K}^{-1}\text{·mol}^{-1}$$

$$=-5.9\text{kJ·mol}^{-1}<0\quad(\text{反应自发进行})$$

(3) 设乙醇的沸点为 TK，则

$$\Delta_r G^{\ominus}_{m,T}=\Delta_r H^{\ominus}_{m,298}-T\Delta_r S^{\ominus}_{m,298}=0$$

得
$$T_{转}=\frac{\Delta_r H^{\ominus}_{m,298}}{\Delta_r S^{\ominus}_{m,298}}=\frac{42.3\text{kJ·mol}^{-1}}{121\text{J·K}^{-1}\text{·mol}^{-1}\times10^{-3}}=350\text{K}$$

实测乙醇的沸点为 351K(78℃)。

第四节　化学反应速率

一、化学反应速率的表示方法

一个反应开始后，反应物的数量随时间的变化不断降低，生成物的数量不断增加。为了描述化学反应进行的快慢程度，可以用平均转化速率来表示。例如某反应在时间 t_1 时的反应进度 ξ_1，在时间 t_2 时的反应进度 ξ_2，则在 t_1 至 t_2 的时间内，该反应的平均转化速率 $\overline{J}$ 为：

$$\overline{J}=\frac{\xi_2-\xi_1}{t_2-t_1}=\frac{\Delta\xi}{\Delta t}$$

由于 $\Delta\xi=\frac{\Delta n}{\nu}$，故有 $\overline{J}=\frac{\Delta n}{\nu\Delta t}$

对于等容反应，由于反应过程中体积始终保持不变，因此，还可以用单位体积内的转化速率来描述反应的快慢，并称之为反应速率，用符号 v 表示。则平均反应速率为：

$$\overline{v}=\frac{\overline{J}}{V}=\frac{1}{V}\times\frac{\Delta n}{\nu\Delta t}=\frac{1}{\nu}\times\frac{\Delta c}{\Delta t}\tag{2-19}$$

式中，ν 为反应物或生成物的化学计量系数（反应物取负值，生成物取正值）；Δc 为物质浓度的变化值；Δt 为时间间隔。即平均反应速率用单位时间内反应物浓度的减少或生成物浓度的增加来表示。

对大多数化学反应来说，反应过程中反应物和生成物的浓度是时刻变化的，故反应速率也是随时间变化的。平均反应速率不能真实反映这种变化，只有瞬时反应速率才能表示某时刻的真实反应速率。瞬时反应速率是 Δt 趋近于零时的平均反应速率的极限值，即：

$$v=\lim_{\Delta t\to0}\left(\frac{1}{\nu}\times\frac{\Delta c}{\Delta t}\right)=\frac{1}{\nu}\times\frac{\mathrm{d}c}{\mathrm{d}t}\tag{2-20}$$

对于一般化学反应：

$$d\text{D}+e\text{E}=\!=\!=f\text{F}+g\text{G}$$

瞬时速率可表示为

$$v=-\frac{1}{d}\times\frac{\mathrm{d}c_\text{D}}{\mathrm{d}t}=-\frac{1}{e}\times\frac{\mathrm{d}c_\text{E}}{\mathrm{d}t}=\frac{1}{f}\times\frac{\mathrm{d}c_\text{F}}{\mathrm{d}t}=\frac{1}{g}\times\frac{\mathrm{d}c_\text{G}}{\mathrm{d}t}$$

对于气相反应，压力比浓度容易测量，因此也可用气体的分压代替浓度。

例如：
$$N_2O_5(g)\longrightarrow N_2O_4(g)+\frac{1}{2}O_2(g)$$

$$v=-\frac{dp_{N_2O_5}}{dt}=\frac{dp_{N_2O_4}}{dt}=2\frac{dp_{O_2}}{dt}$$

可以用物理或化学方法测定在不同时刻反应物或生成物的浓度，然后通过作图法求得不同时刻的反应速率。

二、化学反应速率理论简介

有些化学反应进行得很快，甚至瞬间可以完成，如酸碱反应、爆炸反应等；有些反应进行得很慢，如常温常压下，氢气和氧气生成水的反应。究竟什么因素决定化学反应的速率，这是化学动力学研究的问题。目前，提出的化学反应速率理论主要有两种：有效碰撞理论和过渡态理论。

1. 有效碰撞理论

1918 年路易斯（Lewis W C M）在分子气体运动论的基础上提出了双分子反应的有效碰撞理论，其主要内容如下。

① 反应物分子之间相互碰撞是发生化学反应的前提。反应物分子间必须碰撞才有可能发生反应，反应物分子碰撞概率越高，反应速率越快。反应速率大小与反应物分子碰撞频率成正比。在一定温度下，反应物分子碰撞的频率又与反应物浓度成正比。

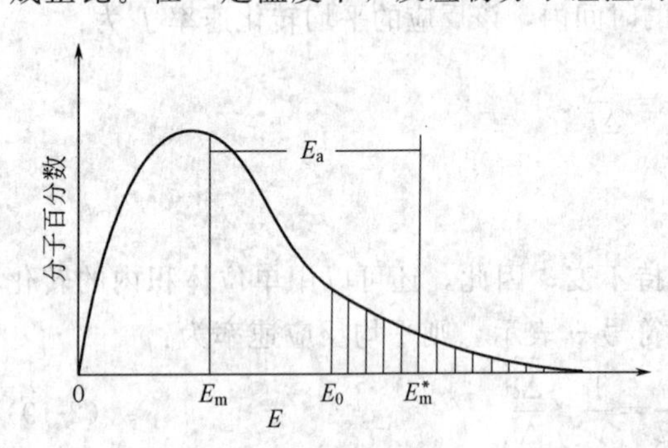

图 2-4　气体分子能量分布图

② 只有反应物分子的有效碰撞才能发生化学反应。不是反应物分子的每一次碰撞都能发生化学反应，其中绝大多数碰撞是无效碰撞，只有少数的碰撞能发生反应。这种能发生化学反应的碰撞称为有效碰撞。碰撞理论认为，只有少数具有较高能量的活化分子按一定取向的有效碰撞，才能使能量转化、形成新键，从而转化为产物分子并完成反应。这是因为分子发生化学反应时要破坏原来旧的化学键，使分开的原子重新组合成新的化学键，转化为生成物。这就需要具有特别大动能的分子激烈碰撞才可能实现。能导致有效碰撞的分子称为活化分子，活化分子的平均能量与反应物分子的平均能量之差称为活化能。活化分子百分数越大，有效碰撞次数越多，反应速率就越快。反应速率与活化分子占分子总数的百分数成正比。

为了弄清活化能的概念，可用气体分子的能量分布曲线图说明，见图 2-4。

图中横坐标表示分子的能量 E，纵坐标表示具有一定能量的分子百分数。在一定温度下，气体分子具有一定的平均动能 E_m。由曲线图可知，大部分分子具有平均动能，能量很高或很低的分子都比较少。假设活化分子具有的最低能量为 E_0，平均能量为 E_m^*。曲线与横坐标之间的全部面积是具有不同能量的分子总数（100%），曲线的阴影部分表示活化分子所占的数目，阴影面积与总面积之比，即为活化分子所占的比例。活化分子的平均能量（E_m^*）与反应物分子的平均能量 E_m 之差，即为反应的活化能 E_a，$E_a=E_m^*-E_m$，单位为 $kJ\cdot mol^{-1}$。

活化能是 1mol 具有平均能量的分子变成活化分子所需要的最低能量。活化能的大小主要由反应的本性决定，与反应物浓度无关，受温度影响很小，故一般忽略温度的影响；活化能受催化剂的影响很大，催化剂可以大大地改变反应活化能。

一般化学反应的活化能约为 $40\sim400kJ\cdot mol^{-1}$。在一定温度下，反应的活化能越大，活化分子所占的百分数就越小，反应越慢；反之，活化能越小，活化分子所占的百分数就越大，反应越快。

2. 过渡态理论

过渡态理论是在量子力学和统计力学的基础上提出来的，它从分子的运动和内部结构去研究反应速率问题。过渡态理论的基本内容如下所述。

① 化学反应不是仅通过简单的碰撞就生成产物，而是反应物分子首先形成一个中间产物——过渡态物质。化学反应的实质是反应物分子中旧键断裂，原子重组，形成新的物质分子。在化学反应过程中，当反应物分子接近到一定程度时，其动能转变为分子间相互作用的势能，旧的化学键被削弱，新的化学键逐步形成，形成了一种过渡状态。如：

$$\underset{\text{反应物}}{NO_2+CO}\longrightarrow\underset{\text{过渡态}}{[O\cdots N\cdots O\cdots C\cdots O]}\longrightarrow\underset{\text{生成物}}{NO+CO_2}$$

② 由于反应过程中分子的碰撞，分子的动能大部分转化为势能，故过渡状态处于较高的势能状态，极不稳定，会很快分解，见图 2-5。

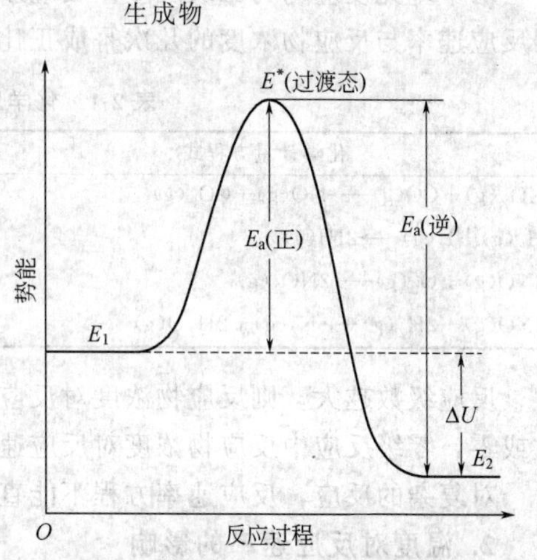

图 2-5　反应过程势能变化示意图

图 2-5 中 E_1 表示反应物分子的平均势能，E_2 表示产物分子的平均势能，E^* 表示过渡态分子的平均势能。从图中可见，在反应物分子和生成物分子之间构成了一个势能垒。要使反应发生，必须使反应物分子爬过这个势能垒。E^* 越大，反应越困难，反应速率越小。过渡态理论把 E^* 与 E_1 之间的势能差称为正反应的活化能，把 E^* 与 E_2 的势能差称为逆反应的活化能，而 E_1 与 E_2 的能量差为反应的焓变（严格说应为 ΔU）。

活化能是由反应物到产物所要逾越的能量障碍。由此可见，要实现某些能自发进行的反应，活化能是个很重要的因素。

三、影响反应速率的因素

化学反应速率主要由化学反应的本性决定，即由化学反应的活化能大小决定，除此之外，反应速率还与反应物浓度、温度、催化剂等因素有关。

1. 反应物浓度对反应速率的影响

在一定温度下，增加反应物浓度可以加快反应速率，浓度越大，反应速率越快。因为对某一反应，在一定的温度下，活化分子百分数是一定的，当反应物浓度增大时，单位体积内活化分子总数就会增加，单位时间内分子之间的有效碰撞次数增多，从而加快了反应速率。

挪威的科学家古德葆和魏格在大量的实验基础上，得出了反应物浓度对反应速率影响的规律：在一定温度下，基元反应的反应速率与反应物浓度的系数次方的乘积成正比。这就是质量作用定律。所谓基元反应是指反应物分子在碰撞中一步直接转化为产物的反应。反应物分子需经几步反应（几个基元反应）才能转化为生成物的反应称为非基元反应。化学反应速率与反应物浓度之间关系的数学表达式叫做反应速率方程式，简称速率方程。

对于基元反应，速率方程可以根据反应方程式直接写出。例，

$$dD+eE \xlongequal{} fF+gG$$

速率方程：

$$v=kc_D^d c_E^e \tag{2-21}$$

式中，k 为反应速率常数；c_D 为反应物 D 的浓度，$mol \cdot L^{-1}$；c_E 为反应物 E 的浓度，$mol \cdot L^{-1}$；$d+e$ 为反应级数。

例如，对于下列两个基元反应：

$$CO(g)+NO_2(g) \xlongequal{} CO_2(g)+NO(g) \tag{1}$$

$$2NO_2(g) \xlongequal{} O_2(g)+2NO(g) \tag{2}$$

反应速率方程分别为：

$$v_1=k_1 c_{NO_2} c_{CO}$$

$$v_2=k_2 c_{NO_2}^2$$

两个基元反应均为二级反应。反应级数为各反应物计量系数之和，反应级数从宏观上说明反应速率与反应物浓度的几次幂成正比，见表 2-1。

表 2-1　化学反应速率方程与反应级数

化学计量方程式	速率方程	反应级数
$NO_2(g)+CO(g) \longrightarrow NO(g)+CO_2(g)$	$v=kc_{NO_2}c_{CO}$	1+1
$H_2(g)+I_2(g) \longrightarrow 2HI(g)$	$v=kc_{H_2}c_{I_2}$	1+1
$2NO(g)+O_2(g) \longrightarrow 2NO_2(g)$	$v=kc_{NO}^2c_{O_2}$	2+1
$2NO(g)+2H_2(g) \longrightarrow N_2(g)+2H_2O(g)$	$v=kc_{NO}^2c_{H_2}^2$	2+2

反应级数越大，则反应物浓度对反应速率的影响越大。反应级数可以是整数，也可是分数或零，零级反应中反应物浓度对反应速率无影响，如多相催化反应。

对复杂的反应，反应速率方程不能直接根据反应方程式写出，必须由实验确定。

2. 温度对反应速率的影响

大多数化学反应的速率都随温度的升高而加快。浓度一定时，温度升高，反应物分子具有的能量增加，活化分子百分数也随之增加，所以有效碰撞的次数增加，因而加快了反应速率。温度对反应速率的影响主要表现在对速率常数 k 的影响。一般来说，温度每升高 10K，反应速率提高 2～4 倍，这是一个经验规则。1889 年瑞典化学家阿伦尼乌斯在总结大量实验事实的基础上，提出了一个较为精确的描述反应速率与温度关系的经验公式：

$$k=Ae^{-\frac{E_a}{RT}} \tag{2-22}$$

式(2-22) 为阿伦尼乌斯方程的指数形式。A 称为指前因子，它是给定反应的特征常数；E_a 为活化能。由式(2-22) 可以看出，温度升高，k 值增大，由于 k 与温度 T 成指数关系，所以温度的变化对 k 值影响较大。将式(2-22) 两边取对数得阿伦尼乌斯方程的对数形式：

$$\ln k=-\frac{E_a}{RT}+\ln A \tag{2-23}$$

由式(2-23) 可知：在一定温度范围内，E_a 和 A 可视为常数。所以 $\ln k$ 与 T^{-1} 成线性关系。以 $\ln k$-T^{-1} 作图为一直线，该直线斜率为 $-\frac{E_a}{R}$，截距为 $\ln A$。通过实验测得某化学反应在一系列不同温度下的 k 值，绘图可求出反应的活化能 E_a 和指前因子 A。

设 k_1 和 k_2 分别为某反应在 T_1、T_2 时的速率常数，将它们代入式(2-23) 可得：

(1) $$\ln k_2 = -\frac{E_a}{RT_2} + \ln A$$

(2) $$\ln k_1 = -\frac{E_a}{RT_1} + \ln A$$

两式相减得 $$\ln\frac{k_2}{k_1} = \frac{E_a}{R}\left(\frac{1}{T_1} - \frac{1}{T_2}\right) = \frac{E_a}{R}\frac{T_2 - T_1}{T_1 T_2} \quad (2\text{-}24)$$

$$\lg\frac{k_2}{k_1} = \frac{E_a}{2.303R}\left(\frac{T_2 - T_1}{T_1 T_2}\right) \quad (2\text{-}25)$$

利用式(2-24) 或式(2-25)，可由已知两温度下的反应速率常数求算活化能，或已知活化能和某一温度下的速率常数，求算另一温度下的速率常数。

【例 2-8】 已知某反应在 300℃时的速率常数为 $2.41\times10^{-10}\,\text{s}^{-1}$，在 400℃时的速率常数为 $1.16\times10^{-6}\,\text{s}^{-1}$，求反应活化能 E_a 及 700℃时的速率常数 k_{700}。

解：(1) 由 $\ln\frac{k_2}{k_1} = \frac{E_a}{R}\left(\frac{T_2 - T_1}{T_1 T_2}\right)$ 得

$$E_a = 2.303R\left(\frac{T_2 T_1}{T_2 - T_1}\right)\lg\frac{k_2}{k_1}$$

$$= 2.303\times8.314\times10^{-3}\times\left(\frac{673\times573}{673-573}\right)\times\lg\frac{1.16\times10^{-6}}{2.41\times10^{-10}} = 272\text{kJ}\cdot\text{mol}^{-1}$$

(2) 由 $\lg\frac{k_2}{k_1} = \frac{E_a}{2.303R}\left(\frac{T_2 - T_1}{T_2 T_1}\right)$ 得

$$\lg\frac{k_{700℃}}{k_{400℃}} = \frac{272}{2.303\times8.314\times10^{-3}}\times\left(\frac{973-673}{973\times673}\right) = 6.51$$

$$\frac{k_{700℃}}{k_{400℃}} = 3.22\times10^6$$

$$k_{700℃} = 3.22\times10^6\times k_{400℃}$$

$$= 3.22\times10^6\times1.16\times10^{-6} = 3.74\text{s}^{-1}$$

3. 催化剂对反应速率的影响

催化剂是一种能改变化学反应速率，而本身质量和组成保持不变的物质。加快化学反应速率的催化剂称为正催化剂；减慢化学反应速率的催化剂称为负催化剂。催化剂能改变反应速率的主要原因是催化剂参与了反应，改变了反应途径，从而改变了反应的活化能。正催化剂参与反应降低了反应的活化能，负催化剂参与反应提高了反应的活化能。如反应：

$$A + B \longrightarrow AB$$

如无催化剂时，反应按图 2-6 中途径Ⅰ进行，活化能为 E_a；当加入催化剂 K 时，反应按图 2-6 中途径Ⅱ分两步进行：

$$A + K \longrightarrow AK \qquad 活化能为 E_1$$

$$AK + B \longrightarrow AB + K \qquad 活化能为 E_2$$

总反应为： $$A + B + K \longrightarrow AB + K$$

从图中可以看出，在途径Ⅱ中，两步反应的活化能 E_1 和 E_2 均远小于途径Ⅰ的活化能 E_a，所以反应速率加快了。

催化剂对反应速率的加快往往是惊人的。如在 503K 进行 HI 的分解反应，无催化剂时，

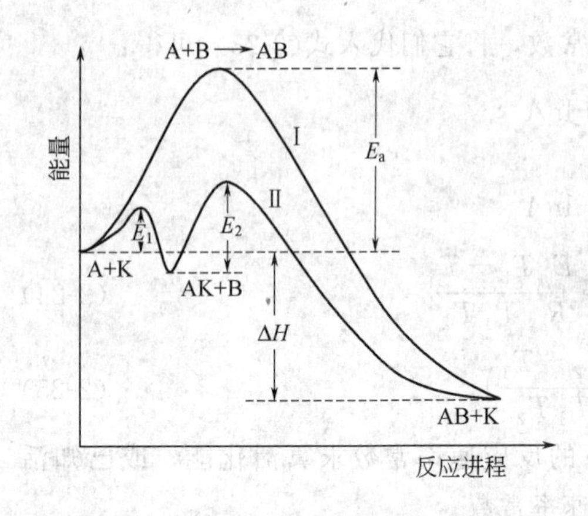

图 2-6 催化剂改变反应途径示意图

活化能是 $184kJ \cdot mol^{-1}$，加入 Au 粉作催化剂时，活化能降低至 $104.6kJ \cdot mol^{-1}$，由于活化能降低了约 $80kJ \cdot mol^{-1}$，致使反应速率增加约 1 千万倍。

从图 2-6 还可以看出，催化剂仅仅起改变反应速率，降低活化能的作用，而不影响产物与反应物的相对能量，不能改变反应的始态和终态（即 ΔG 不变），因此不会改变平衡状态。催化剂只能加速热力学上认为可以发生的反应，缩短反应达到平衡的时间。对于热力学判断不能发生的反应，使用催化剂是徒劳的，即催化剂只能改变反应途径，而不能改变反应的方向。

第五节 化学平衡

一、可逆反应与化学平衡

在一定条件下，既能向正方向进行又能向逆方向进行的反应称为可逆反应。几乎所有的反应都是可逆反应，只不过可逆的程度不同而已。

如反应：$H_2(g)+I_2(g) \rightleftharpoons 2HI(g)$

在一定温度下，H_2 和 I_2 能生成 HI，同时 HI 又能分解为 H_2 和 I_2。当 HI 的生成和分解速率相等时，反应达化学平衡。对于可逆反应，在强调可逆时，在反应式中常用“$\rightleftharpoons$”代替“$=\!=\!=$”。

反应开始时，反应物的浓度较高，正反应速率较快，逆反应速率较慢；随着反应的进行，反应物的浓度不断降低，生成物的浓度逐渐增加，正反应速率逐渐减小，逆反应速率逐渐增大。当正反应速率等于逆反应速率时，反应达平衡状态，称为“化学平衡”。

化学平衡有以下几个重要特征：

① 只有在恒温下，封闭体系中进行的可逆反应才能建立化学平衡，这是建立平衡的前提。

② 达到平衡时，正、逆反应速率相等，$\Delta_r G=0$。

③ 达到平衡时，各物质的浓度都不再随时间改变，这是化学平衡最主要的特征。

④ 化学平衡是有条件的平衡，当外界条件改变时，正、逆反应速率会发生变化，原平衡遭到破坏，直到建立新的平衡。

⑤ 化学平衡是一种动态平衡。表面上看平衡时反应似乎停止，实际上正、逆反应仍在继续进行，只不过正逆反应速率相等而已。

⑥ 可逆反应可从左至右达到平衡状态，也可从右至左达到平衡状态。

二、化学平衡常数

1. 实验平衡常数

化学反应处于平衡状态时各物质的浓度称为平衡浓度。一定温度下，当反应达平衡时，虽然体系内各物质的浓度不同，但生成物的浓度以化学反应方程式中的计量系数为指数的乘积与反应物浓度以反应方程式中的计量系数为指数的乘积之比是一个常数，这一常数称为浓度平衡常数。通过实验直接测定的平衡常数称为实验平衡常数或经验平衡常数。

对任一化学反应　$dD+eE \xlongequal{} fF+gG$，浓度平衡常数表达式为：

$$K_c=\frac{c_{eq}^f(F)c_{eq}^g(G)}{c_{eq}^d(D)c_{eq}^e(E)} \tag{2-26}$$

式中，c_{eq} 代表相应物质的平衡浓度，$mol \cdot L^{-1}$。

物质所处的状态不同，K 的表达式也有所不同。对于气体反应，由于气体的分压与浓度成正比，因此平衡常数可用气体相应的分压表示，称为压力平衡常数，用符号 K_p 来表示。

对任一气体反应　$dD(g)+eE(g) \xlongequal{} fF(g)+gG(g)$，压力平衡常数表达式为：

$$K_p=\frac{p^f(F)p^g(G)}{p^d(D)p^e(E)} \tag{2-27}$$

式中，$p(D)$，$p(E)$，$p(F)$，$p(G)$ 分别代表 D、E、F、G 各物质的平衡分压。如反应

$$H_2(g)+I_2(g) \rightleftharpoons 2HI(g)$$

其压力平衡常数为：

$$K_p=\frac{p^2(HI)}{p(H_2)p(I_2)}$$

如反应式中 $d+e=f+g$，则 K_c、K_p 为无量纲，若 $d+e \neq f+g$，则 K_c、K_p 有量纲，其单位取决于 $(f+g)-(d+e)$ 的值。

2. 标准平衡常数

在一定温度下，反应处于平衡状态时，生成物的活度以方程式中化学计量数为指数的乘积，除以反应物的活度以方程式中化学计量数为指数的乘积（一般用浓度代替活度），称为标准平衡常数，采用符号 $K^\ominus$ 来表示。标准平衡常数又称为热力学平衡常数，简称平衡常数。

对任一化学反应：$dD(g)+eE(g) \xlongequal{} fF(g)+gG(g)$，其标准平衡常数的表达式为

$$K^\ominus=\frac{[c_{eq}(F)/c^\ominus]^f[c_{eq}(G)/c^\ominus]^g}{[c_{eq}(D)/c^\ominus]^d[c_{eq}(E)/c^\ominus]^e} \tag{2-28}$$

式中，$c^\ominus$ 称为标准浓度，当 $c^\ominus=1mol \cdot L^{-1}$，习惯上常不写出。如果是气体，则用气体分压与标准压力的比值来处理；固相和纯液相的浓度（活度）均为 $1mol \cdot L^{-1}$。

对气体反应：$dD(g)+eE(g) \rightleftharpoons fF(g)+gG(g)$，其标准平衡常数的表达式为：

$$K^\ominus=\frac{[p(F)/p^\ominus]^f[p(G)/p^\ominus]^g}{[p(D)/p^\ominus]^d[p(E)/p^\ominus]^e}=\frac{p^f(F)p^g(G)}{p^d(D)p^e(E)}\left(\frac{1}{p^\ominus}\right)^{\Sigma\nu} \tag{2-29}$$

对不同类型的反应，$K^\ominus$ 的表达式也有所不同，但 $K^\ominus$ 是量纲为 1 的量。

平衡常数的大小表明化学反应进行的程度，$K^\ominus$ 越大，反应进行得越彻底。平衡常数只是温度的函数，与反应物或产物的起始浓度（活度）无关。温度一定，无论反应起始浓度（活度）如何，也无论反应从哪个方向开始进行，反应达平衡时，$K^\ominus$ 值不变。书写和应用化学平衡常数需要注意几个问题。

① 在水溶液中进行的反应，水的浓度可视为一个常数，在平衡浓度表达式中不写出来。例如：反应 $Cr_2O_7^{2-}+H_2O \rightleftharpoons 2CrO_4^{2-}+2H^+$

$$K^{\ominus}=\frac{[c_{eq}(CrO_4^{2-})/c^{\ominus}]^2[c_{eq}(H^+)/c^{\ominus}]^2}{[c_{eq}(Cr_2O_7^{2-})/c^{\ominus}]}$$

但对非水溶液反应，如有水生成或有水参加，必须写出。如醋酸和乙醇的酯化反应：

$$C_2H_5OH+CH_3COOH \rightleftharpoons CH_3COOC_2H_5+H_2O$$

$$K^{\ominus}=\frac{[c_{eq}(CH_3COOC_2H_5)/c^{\ominus}][c_{eq}(H_2O)/c^{\ominus}]}{[c_{eq}(C_2H_5OH)/c^{\ominus}][c_{eq}(CH_3COOH)/c^{\ominus}]}$$

② 平衡常数的表达式和数值要与化学反应方程式相对应。同一反应，若方程式的书写形式不同，则平衡常数的表达式和数值也不相同。例如：

反应（1）　$N_2O_4(g) \rightleftharpoons 2NO_2(g)$　$K_1^{\ominus}=\frac{[p(NO_2)/p^{\ominus}]^2}{[p(N_2O_4)/p^{\ominus}]}$

反应（2）　$2N_2O_4(g) \rightleftharpoons 4NO_2(g)$　$K_2^{\ominus}=\frac{[p(NO_2)/p^{\ominus}]^4}{[p(N_2O_4)/p^{\ominus}]^2}$

反应（3）　$2NO_2(g) \rightleftharpoons N_2O_4(g)$　$K_3^{\ominus}=\frac{[p(N_2O_4)/p^{\ominus}]}{[p(NO_2)/p^{\ominus}]^2}$

由三个反应方程式的平衡常数表达式可知：$(K_1^{\ominus})^2=K_2^{\ominus}=\left(\frac{1}{K_3^{\ominus}}\right)^2$

【例 2-9】 已知反应 $CO(g)+H_2O(g) \rightleftharpoons CO_2(g)+H_2(g)$，在 1123K 时，$K^{\ominus}=1.0$，将 2.0mol CO 和 3.0mol $H_2O(g)$ 混合，并在该温度下达平衡，试计算 CO 的转化百分率。

解： 设平衡时 H_2 为 x mol

	$CO(g)$	$+H_2O(g) \rightleftharpoons$	$CO_2(g)$	$+H_2(g)$
起始物质的量/mol	2.0	3.0	0	0
平衡物质的量/mol	$2.0-x$	$3.0-x$	x	x

$$K^{\ominus}=\frac{(p_{CO_2}/p^{\ominus})(p_{H_2}/p^{\ominus})}{(p_{CO}/p^{\ominus})(p_{H_2O}/p^{\ominus})}=\frac{\left(\frac{xRT}{Vp^{\ominus}}\right)^2}{\frac{(2.0-x)RT}{Vp^{\ominus}}\frac{(3.0-x)RT}{Vp^{\ominus}}}$$

$$K^{\ominus}=\frac{x^2}{(2.0-x)(3.0-x)}=1.0 \qquad x=1.2\text{mol}$$

$$\text{CO 转化率}=\frac{\text{平衡时某反应物转化的量}}{\text{反应开始时该反应物的量}}\times 100\%$$

$$=\frac{1.2}{2.0}\times 100\%=60\%$$

3. 多重平衡规则

假若有两个或多个反应，它们的平衡常数分别为 $K_1^{\ominus}$，$K_2^{\ominus}$，$K_3^{\ominus}\cdots$，这几个反应之和等于一个总反应，则总反应的平衡常数等于各个反应的平衡常数之积，即：

$$K_{总}^{\ominus}=K_1^{\ominus}K_2^{\ominus}K_3^{\ominus}\cdots \tag{2-30}$$

反之，若一个反应为 1、2 两个反应之差，则总反应的平衡常数等于两个反应平衡常数之商，即

$$K_{总}^{\ominus}=\frac{K_1^{\ominus}}{K_2^{\ominus}} \tag{2-31}$$

这些关系称为多重平衡规则。多重平衡规则可表示为：

如果　　反应(1)＝反应(2)＋反应(3)

则有

$$K_1^{\ominus}=K_2^{\ominus}K_3^{\ominus}$$

如果　　反应(1)＝反应(2)－反应(3)

则有

$$K_1^{\ominus}=\frac{K_2^{\ominus}}{K_3^{\ominus}}$$

利用多重平衡规则，可根据几个化学方程式的组合关系及已知的平衡常数值，求出所需反应的平衡常数。

【例 2-10】 已知 973K 时下述反应：

(1)
$$SO_2(g)+\frac{1}{2}O_2(g)\rightleftharpoons SO_3(g)\qquad K_1^{\ominus}=20$$

(2)
$$NO_2(g)\rightleftharpoons NO(g)+\frac{1}{2}O_2\qquad K_2^{\ominus}=0.012$$

求反应 (3) $SO_2(g)+NO_2(g)\rightleftharpoons SO_3(g)+NO(g)$ 的 $K^{\ominus}$。

解：由于反应(3)＝反应(1)＋反应(2)

则根据多重平衡规则：　$K_3^{\ominus}=K_1^{\ominus}K_2^{\ominus}=20\times0.012=0.24$

三、自由能与化学平衡

$\Delta_r G_m^{\ominus}$ 表示在标准状态下化学反应的摩尔吉布斯自由能，只能用来判断化学反应在标准状态下能否自发进行。但是通常遇到的反应条件一般都是非标准状态，故应该用任意状态下化学反应的摩尔吉布斯自由能 $\Delta_r G_m$ 而不是 $\Delta_r G_m^{\ominus}$ 来判断反应的方向。为了更好地表示 $\Delta_r G_m$ 和 $\Delta_r G_m^{\ominus}$ 之间的关系，我们引入一个参数——活度商 Q，活度商表示在一定温度下，某反应任一瞬间，生成物的浓度（或活度）以反应式中化学计量数为指数的乘积与反应物的浓度（或活度）以反应式中化学计量数为指数的乘积的比值。

对任一化学反应：
$$dD+eE = fF+gG$$

$$Q=\frac{[c(F)/c^{\ominus}]^f[c(G)/c^{\ominus}]^g}{[c(D)/c^{\ominus}]^d[c(E)/c^{\ominus}]^e}\tag{2-32}$$

对于气相反应：
$$dD(g)+eE(g) = fF(g)+gG(g)$$

$$Q=\frac{[p(F)/p^{\ominus}]^f[p(G)/p^{\ominus}]^g}{[p(D)/p^{\ominus}]^d[p(E)/p^{\ominus}]^e}\tag{2-33}$$

由式(2-32) 和式(2-33) 可知，浓度（或活度）商 Q 的表达式在形式上与标准平衡常数 $K^{\ominus}$ 是一致的，但两者表示的意义不同，浓度（或活度）商 Q 表达式中物质的浓度（或活度）是指某反应开始后任一瞬间的浓度（或活度），而标准平衡常数表达式中物质的浓度（或活度）是指反应达到平衡时的浓度（或活度）。

根据范特霍夫等温方程式，任意状态下的摩尔吉布斯自由能 $\Delta_r G_m$ 和标准摩尔吉布斯自由能 $\Delta_r G_m^{\ominus}$ 的关系为

$$\Delta_r G_m=\Delta_r G_m^{\ominus}+RT\ln Q\tag{2-34}$$

当反应处于平衡状态时，即 $\Delta_r G_m=0$，式(2-34) 可写成：

$$0=\Delta_r G_m^{\ominus}+RT\ln\frac{[c_{eq}(F)/c^{\ominus}]^f[c_{eq}(G)/c^{\ominus}]^g}{[c_{eq}(D)/c^{\ominus}]^d[c_{eq}(E)/c^{\ominus}]^e}$$

或
$$0=\Delta_r G_m^{\ominus}+RT\ln\frac{[p(F)/p^{\ominus}]^f[p(G)/p^{\ominus}]^g}{[p(D)/p^{\ominus}]^d[p(E)/p^{\ominus}]^e}$$

此时式$\frac{[p(\mathrm{F})/p^{\ominus}]^f[p(\mathrm{G})/p^{\ominus}]^g}{[p(\mathrm{D})/p^{\ominus}]^d[p(\mathrm{E})/p^{\ominus}]^e}$和$\frac{[c_{\mathrm{eq}}(\mathrm{F})/c^{\ominus}]^f[c_{\mathrm{eq}}(\mathrm{G})/c^{\ominus}]^g}{[c_{\mathrm{eq}}(\mathrm{D})/c^{\ominus}]^d[c_{\mathrm{eq}}(\mathrm{E})/c^{\ominus}]^e}$即为标准平衡常数$K^{\ominus}$，因此上式又可改写为：

$$0=\Delta_r G_m^{\ominus}+RT\ln K^{\ominus}$$

$$\Delta_r G_m^{\ominus}=-RT\ln K^{\ominus} \tag{2-35}$$

式(2-35) 反映了一定温度下，一个反应的标准平衡常数$K^{\ominus}$与标准摩尔吉布斯自由能$\Delta_r G_m^{\ominus}$之间的关系。$\Delta_r G_m^{\ominus}$决定$K^{\ominus}$，即一个反应进行的限度是由$\Delta_r G_m^{\ominus}$决定的。

将式(2-35) 代入式(2-34) 可得：

$$\Delta_r G_m=-RT\ln K^{\ominus}+RT\ln Q=RT\ln\frac{Q}{K^{\ominus}} \tag{2-36}$$

式(2-36) 称为化学反应等温方程式。该式表明，在一定温度和压力下，化学反应吉布斯自由能与物质相对分压和相对浓度之间具有一定的关系。根据该式可以判断任意状态下反应自发进行的方向。由式(2-36) 可以看出，$\Delta_r G_m$的正负号由反应的活度商Q和标准平衡常数$K^{\ominus}$的关系所决定，因此通过比较$\frac{Q}{K^{\ominus}}$值，可判断任意状态下反应自发进行的方向。

当$\frac{Q}{K^{\ominus}}<1$时，$Q<K^{\ominus}$，则$\Delta_r G_m<0$，反应正向自发进行

当$\frac{Q}{K^{\ominus}}>1$时，$Q>K^{\ominus}$，则$\Delta_r G_m>0$，反应逆向自发进行

当$\frac{Q}{K^{\ominus}}=1$时，$Q=K^{\ominus}$，则$\Delta_r G_m=0$，反应处于平衡状态

化学反应常常在非标准状态下进行，可应用任意状态下的摩尔吉布斯自由能$\Delta_r G_m$来判断反应自发进行的方向。$\Delta_r G_m^{\ominus}$和$K^{\ominus}$是判断化学反应进行的限度的标志，但只能用于判断标准状态下反应自发进行的方向。

【例 2-11】 在 2000K 时，反应$N_2(g)+O_2(g)\rightleftharpoons 2NO(g)$，$K^{\ominus}=0.10$，判断在下列条件下反应自发进行的方向：

(1) $p(N_2)=82.1\text{kPa}$，$p(O_2)=82.1\text{kPa}$，$p(NO)=1.0\text{kPa}$

(2) $p(N_2)=5.1\text{kPa}$，$p(O_2)=5.1\text{kPa}$，$p(NO)=1.62\text{kPa}$

(3) $p(N_2)=2.0\text{kPa}$，$p(O_2)=5.1\text{kPa}$，$p(NO)=4.1\text{kPa}$

解： $p^{\ominus}=100\text{kPa}$

(1) $Q_1=\frac{[p(NO)/p^{\ominus}]^2}{[p(N_2)/p^{\ominus}][p(O_2)/p^{\ominus}]}$

$=\frac{(1.0\text{kPa}/100\text{kPa})^2}{(82.1\text{kPa}/100\text{kPa})\times(82.1\text{kPa}/100\text{kPa})}=1.48\times10^{-4}$

$Q_1<K^{\ominus}$，反应正向自发进行。

(2) $Q_2=\frac{[p(NO)/p^{\ominus}]^2}{[p(N_2)/p^{\ominus}][p(O_2)/p^{\ominus}]}$

$=\frac{(1.62\text{kPa}/100\text{kPa})^2}{(5.1\text{kPa}/100\text{kPa})\times(5.1\text{kPa}/100\text{kPa})}=0.10$

$Q_2=K^{\ominus}$，反应处于平衡状态。

(3) $Q_3=\frac{[p(NO)/p^{\ominus}]^2}{[p(N_2)/p^{\ominus}][p(O_2)/p^{\ominus}]}$

$$=\frac{(4.1\text{kPa}/100\text{kPa})^2}{(2.0\text{kPa}/100\text{kPa})\times(5.1\text{kPa}/100\text{kPa})}=1.65$$

$Q_3>K^{\ominus}$，反应逆向自发进行。

四、化学平衡的移动

化学反应平衡是相对的。当反应条件（温度、压力或浓度）改变时，原有的平衡会被破坏，各组分的浓度会发生改变，直到建立新的平衡。这种由于条件变化，使旧的平衡转变为新的平衡的过程，称为化学平衡移动。

影响化学平衡移动的主要因素有物质的浓度、温度和压力。针对这些影响因素，法国化学家勒夏特里（Le Chatelier）提出了平衡移动原理：假如改变平衡系统条件之一，如温度、压力或浓度，平衡就向减弱这个改变的方向移动。在下列平衡体系中：

$$3H_2+N_2 \rightleftharpoons 2NH_3(g),\ \Delta_r H_m^{\ominus}=-92.2\text{kJ}\cdot\text{mol}^{-1}$$

增加 H_2 的浓度或分压	平衡向右移动
减少 NH_3 的浓度或分压	平衡向右移动
增加体系总压力	平衡向右移动
增加体系温度	平衡向左移动

但勒夏特里原理只能对简单情况作出定性的判断，如果同时改变两种或两种以上条件，就要根据式(2-35) 定量计算 $\Delta_r G_m$ 才能判断化学平衡移动的方向。

1. 浓度对化学平衡移动的影响

根据勒夏特里平衡移动原理，在其他条件不变的情况下，增加反应物的浓度或减少生成物的浓度，化学平衡向着正反应方向移动；增加生成物的浓度或减少反应物的浓度，化学平衡向着逆反应方向移动。对任一化学反应：

$$d\text{D}+e\text{E} = f\text{F}+g\text{G}$$

$$\Delta_r G_m=\Delta_r G_m^{\ominus}+RT\ln Q=\Delta_r G_m^{\ominus}+RT\ln\frac{[c(\text{F})/c^{\ominus}]^f[c(\text{G})/c^{\ominus}]^g}{[c(\text{D})/c^{\ominus}]^d[c(\text{E})/c^{\ominus}]^e}$$

可见，增加反应物的浓度或减少生成物的浓度都会减小 $\Delta_r G_m$，从而有利于正反应的自发进行。因此在可逆反应中，为了尽可能利用某一反应物，经常用过量的另一种反应物，或者不断将生成物从反应体系中分离出来，使平衡不断向生成产物的方向移动，提高反应物的转化率。

【例 2-12】 反应 $C_2H_4(g)+H_2O(g)\rightleftharpoons C_2H_5OH(g)$，在 773K 时 $K^{\ominus}=0.015$，试分别计算该温度和 1000kPa 时，下面两种情况时 C_2H_4 的平衡转化率：

(1) C_2H_4 与 H_2O 物质的量之比为 1∶1；

(2) C_2H_4 与 H_2O 物质的量之比为 1∶10。

解：(1) 设 C_2H_4 的转化率为 α_1

	$C_2H_4(g)$	+	$H_2O(g)$	$\rightleftharpoons$	$C_2H_5OH(g)$
起始时 n/mol	1		1		0
平衡时 n/mol	$1-\alpha_1$		$1-\alpha_1$		α_1

平衡时体系总物质的量$=(1-\alpha_1)+(1-\alpha_1)+\alpha_1=2-\alpha_1$

若以 p 代表系统的总压力，则平衡时：

$$p(C_2H_4)=\frac{1-\alpha_1}{2-\alpha_1}p,\quad p(H_2O)=\frac{1-\alpha_1}{2-\alpha_1}p,\quad p(C_2H_5OH)=\frac{\alpha_1}{2-\alpha_1}p$$

$$K^{\ominus}=\frac{p(C_2H_5OH)/p^{\ominus}}{[p(C_2H_4)/p^{\ominus}][p(H_2O)/p^{\ominus}]}=\frac{\frac{\alpha_1}{2-\alpha_1}p}{\left(\frac{1-\alpha_1}{2-\alpha_1}p\right)\left(\frac{1-\alpha_1}{2-\alpha_1}p\right)}\cdot p^{\ominus}$$

将有关数据代入：

$$0.015=\frac{\alpha_1(2-\alpha_1)}{(1-\alpha_1)^2}\times\frac{100}{1000} \quad 解得：\alpha_1=0.067$$

所以 C_2H_4 的转化率为6.7%。

(2) 设 C_2H_4 的转化率为 α_2

$$C_2H_4(g) + H_2O(g) \rightleftharpoons C_2H_5OH(g)$$

	$C_2H_4(g)$	$H_2O(g)$	$C_2H_5OH(g)$
起始时 n/mol	1	10	0
平衡时 n/mol	$1-\alpha_2$	$10-\alpha_2$	α_2

平衡时体系总物质的量 $=(1-\alpha_2)+(10-\alpha_2)+\alpha_2=11-\alpha_2$

若以 p 代表系统的总压力，则平衡时：

$$p(C_2H_4)=\frac{1-\alpha_2}{11-\alpha_2}p \quad p(H_2O)=\frac{10-\alpha_2}{11-\alpha_2}p \quad p(C_2H_5OH)=\frac{\alpha_2}{11-\alpha_2}p$$

$$K^{\ominus}=\frac{p(C_2H_5OH)/p^{\ominus}}{[p(C_2H_4)/p^{\ominus}][p(H_2O)/p^{\ominus}]}=\frac{\frac{\alpha_2}{11-\alpha_2}p}{\left(\frac{1-\alpha_2}{11-\alpha_2}p\right)\left(\frac{10-\alpha_2}{11-\alpha_2}p\right)}\cdot\left(\frac{1}{p^{\ominus}}\right)^{-1}$$

将有关数据代入：

$$0.015=\frac{\alpha_2(11-\alpha_2)}{(1-\alpha_2)(10-\alpha_2)}\times\frac{100}{1000} \quad 解得\ \alpha_2=0.12$$

所以 C_2H_4 的转化率为12%。

2. 压力对化学平衡的影响

改变压力对液态、固态的反应影响很小，一般不予考虑。对于有气体参加的反应，压力的改变，对化学平衡的影响较大。这里只讨论压力改变对气体反应平衡的影响。

对任一气相化学反应：

$$dD(g)+eE(g) = fF(g)+gG(g)$$

$$\Delta_rG_m=\Delta_rG_m^{\ominus}+RT\ln Q=\Delta_rG_m^{\ominus}+RT\ln\frac{[p(F)/p^{\ominus}]^f[p(G)/p^{\ominus}]^g}{[p(D)/p^{\ominus}]^d[p(E)/p^{\ominus}]^e}$$

可见，增加反应物的分压或减少生成物的分压都会减小 Δ_rG_m，从而有利于正反应的自发进行。令 $(f+g)-(d+e)=\sum\nu$，$\sum\nu$ 为气体生成物计量系数之和与气体反应物计量系数之和的差值。增大总压力，当 $\sum\nu\neq0$，其他条件不变时，平衡向气体分子数减少的方向移动；减压，平衡向气体分子数增加的方向移动。$\sum\nu=0$ 时，在等温下，增加或降低总压力，对平衡没有影响。例如，合成氨反应：

$$3H_2(g)+N_2(g)\rightleftharpoons 2NH_3(g)$$

$\sum\nu<0$，增大压力，平衡向气体分子数减小的方向移动，即向生成氨的方向移动，提高 N_2 的转化率，所以工业合成氨采用增加压力的方法。

3. 温度对化学平衡的影响

物质的浓度、压力对平衡移动的影响是通过改变体系组分的浓度或分压，使活度商 Q

不等于标准平衡常数 $K^{\ominus}$ 引起平衡移动，整个过程 $K^{\ominus}$ 不发生改变。而温度对化学平衡的影响则是改变平衡常数 $K^{\ominus}$，从而使化学平衡发生移动。

对任一化学反应，平衡常数与标准摩尔吉布斯自由能有如下关系：

$$\Delta_r G_m^{\ominus} = -RT\ln K^{\ominus}$$

又知吉布斯-赫姆霍茨公式：

$$\Delta_r G_m^{\ominus} = \Delta_r H_m^{\ominus} - T\Delta_r S_m^{\ominus}$$

所以有：

$$\Delta_r G_m^{\ominus} = -RT\ln K^{\ominus} = \Delta_r H_m^{\ominus} - T\Delta_r S_m^{\ominus}$$

$$\ln K^{\ominus} = -\frac{\Delta_r H_m^{\ominus}}{RT} + \frac{\Delta_r S_m^{\ominus}}{R}$$

设在温度 T_1 和 T_2 时的平衡常数为 $K_1^{\ominus}$ 和 $K_2^{\ominus}$，并设 $\Delta_r H_m^{\ominus}$ 和 $\Delta_r S_m^{\ominus}$ 不随温度而变，则

$$\ln K_1^{\ominus} = -\frac{\Delta_r H_m^{\ominus}}{RT_1} + \frac{\Delta_r S_m^{\ominus}}{R} \quad \text{(a)}$$

$$\ln K_2^{\ominus} = -\frac{\Delta_r H_m^{\ominus}}{RT_2} + \frac{\Delta_r S_m^{\ominus}}{R} \quad \text{(b)}$$

(b)－(a)整理得 T 与 $K^{\ominus}$ 的关系式：

$$\ln\frac{K_2^{\ominus}}{K_1^{\ominus}} = \frac{\Delta_r H_m^{\ominus}}{R}\left(\frac{1}{T_1} - \frac{1}{T_2}\right) = \frac{\Delta_r H_m^{\ominus}}{R}\left(\frac{T_2 - T_1}{T_1 T_2}\right) \quad (2\text{-}37)$$

式(2-37) 称为范特霍夫（Van’t Hoff）公式。从范特霍夫公式可以看出，温度对化学平衡常数的影响与化学反应的反应热有关。在其他条件不变时，升温（$T_2 - T_1 > 0$）时平衡向吸热反应（$\Delta_r H_m^{\ominus} > 0$）方向移动，降温（$T_2 - T_1 < 0$）时平衡向放热反应（$\Delta_r H_m^{\ominus} < 0$）方向移动。

【例 2-13】 试计算反应：$CO_2(g) + 4H_2(g) \rightleftharpoons CH_4(g) + 2H_2O(g)$，在 800K 时的 $K^{\ominus}$。

解：由附录二知：

项目	$CO_2(g)$	$H_2(g)$	$CH_4(g)$	$H_2O(g)$
$\Delta_f H_m^{\ominus}/kJ\cdot mol^{-1}$	−393.5	0.0	−74.8	−241.8
$\Delta_f G_m^{\ominus}/kJ\cdot mol^{-1}$	−394.4	0.0	−50.8	−228.6
$S_m^{\ominus}/J\cdot K^{-1}\cdot mol^{-1}$	213.6	130.6	186.2	188.7

$$\Delta_r H_{m,298}^{\ominus} = [-74.8 + 2\times(-241.8)]kJ\cdot mol^{-1} - (-393.5 + 4\times 0.0)kJ\cdot mol^{-1} = -164.9kJ\cdot mol^{-1}$$

$$\Delta_r G_{m,298}^{\ominus} = [-50.8 + 2\times(-228.6)]kJ\cdot mol^{-1} - (-394.4 + 4\times 0.0)kJ\cdot mol^{-1} = -113.6kJ\cdot mol^{-1}$$

$$\Delta_r S_{m,298}^{\ominus} = (186.2 + 2\times 188.7)kJ\cdot mol^{-1} - (213.6 + 4\times 130.6)kJ\cdot mol^{-1} = -172.4J\cdot K^{-1}\cdot mol^{-1}$$

$$\ln K_{298}^{\ominus} = \frac{-\Delta_r G_{m,298}^{\ominus}}{RT} = \frac{113.6\times 10^3}{8.314\times 298} = 45.85$$

$$\ln\frac{K_2^{\ominus}}{K_1^{\ominus}} = \frac{\Delta_r H_m^{\ominus}}{R}\left(\frac{T_2 - T_1}{T_1 T_2}\right)$$

$$\ln\frac{K^{\ominus}_{800}}{K^{\ominus}_{298}}=\frac{-164.9\times10^{3}}{8.314}\times\left(\frac{800-298}{800\times298}\right)$$ 解得：$K^{\ominus}_{800}=59.7$

本章小结

1. 四组化学热力学基本概念：体系和环境；状态和状态函数；过程和途径；热和功。

2. 四个重要的热力学函数

(1) 热力学能 U：系统内部各种能量的总和，又称为内能，$\Delta U=Q+W$。

(2) 焓 H：反映系统热量的吸收或放出。

定义：$H=U+pV$；焓变：$\Delta H=\Delta U+p\Delta V$。

(3) 熵 S：熵是系统混乱度的量度。$\Delta S=Q_r/T$。

(4) 吉布斯自由能 G：能用来对外作有用功的最大值。

定义：$G=H-TS$；吉布斯自由能变：$\Delta G=\Delta H-T\Delta S$。

ΔG 用于判断过程的自发性。

3. 热力学三大定律和盖斯定律

(1) 热力学一定律（能量守恒定律）：$\Delta U=Q+W$。

(2) 热力学第二定律（熵增原理）：ΔS(孤立)>0。

(3) 热力学第三定律：在热力学温度为 0K 时，任何纯物质理想晶体的熵值为零。

(4) 盖斯定律：不论化学反应是一步完成，还是分步完成，其热效应总是相同。

4. 应用计算

(1) 用盖斯定律计算反应热（焓变）

如果：反应(1)=反应(2)+反应(3)

则有：$\Delta H^{\ominus}_1=\Delta H^{\ominus}_2+\Delta H^{\ominus}_3$

如果：反应(1)=反应(2)—反应(3)

则有：$\Delta H^{\ominus}_1=\Delta H^{\ominus}_2-\Delta H^{\ominus}_3$

(2) 计算标准摩尔焓变、熵变、吉布斯自由能变

$\Delta_r H^{\ominus}_m=\sum\nu_B\Delta_f H^{\ominus}_m(B)$　　$\Delta_r S^{\ominus}_m=\sum\nu_B S^{\ominus}_m(B)$　　$\Delta_r G^{\ominus}_m=\sum\nu_B\Delta_f G^{\ominus}_m(B)$

(3) 计算 ΔG，估算物质的熔点、沸点。

$$\Delta_r G_{m,T}\approx\Delta_r H_{m,298}-T\Delta_r S_{m,298}\quad 或\quad \Delta_r G^{\ominus}_m=\sum\nu_B\Delta_f G^{\ominus}_m(B)$$

$$T_{转}=\frac{\Delta_r H_{m,298}}{\Delta_r S_{m,298}}$$

5. 化学反应速率的表示

$$d\mathrm{D}+e\mathrm{E}=\!=\!=f\mathrm{F}+g\mathrm{G}$$

$$\nu=-\frac{1}{d}\frac{\mathrm{d}c_D}{\mathrm{d}t}=-\frac{1}{e}\frac{\mathrm{d}c_E}{\mathrm{d}t}=\frac{1}{f}\frac{\mathrm{d}c_F}{\mathrm{d}t}=\frac{1}{g}\frac{\mathrm{d}c_G}{\mathrm{d}t}$$

6. 化学反应速率理论

有效碰撞理论和过渡态理论。

7. 影响反应速率的因素

反应物浓度、温度和催化剂。

对于基元反应：$dD+eE \xlongequal{} fF+gG$　　速率方程　$v=kc_D^d c_E^e$

阿伦尼乌斯方程　$\ln k=-\frac{E_a}{RT}+\ln A$　　$\ln\frac{k_2}{k_1}=\frac{E_a}{R}\left(\frac{1}{T_1}-\frac{1}{T_2}\right)=\frac{E_a}{R}\left(\frac{T_2-T_1}{T_1T_2}\right)$

8. 化学平衡特点

正反应速率等于逆反应速率时的状态。前提——恒温、封闭体系；条件——正、逆反应速率相等；标志——各物质的浓度都不再随时间改变；特点——是动态平衡，有条件的平衡；与反应方向、反应速率等无关。

9. 标准平衡常数表达式及其计算

对溶液反应：$dD(aq)+eE(aq) \rightleftharpoons fF(aq)+gG(aq)$

$$K^{\ominus}=\frac{[c_{eq}(F)/c^{\ominus}]^f[c_{eq}(G)/c^{\ominus}]^g}{[c_{eq}(D)/c^{\ominus}]^d[c_{eq}(E)/c^{\ominus}]^e}$$

对气体反应：$dD(g)+eE(g) \rightleftharpoons fF(g)+gG(g)$

$$K^{\ominus}=\frac{[p(F)/p^{\ominus}]^f[p(G)/p^{\ominus}]^g}{[p(D)/p^{\ominus}]^d[p(E)/p^{\ominus}]^e}$$

10. 多重平衡规则

如果：反应(1)＝反应(2)＋反应(3)；则有：$K_1^{\ominus}=K_2^{\ominus}K_3^{\ominus}$

如果：反应(1)＝反应(2)－反应(3)　则有：$K_1^{\ominus}=\frac{K_2^{\ominus}}{K_3^{\ominus}}$

11. 范德霍夫等温方程式

$$\Delta_r G_m=\Delta_r G_m^{\ominus}+RT\ln Q \qquad (\Delta_r G_m^{\ominus}=-RT\ln K^{\ominus})$$

12. 勒夏特里化学平衡移动原理

假如改变平衡系统条件之一，如温度、压力或浓度，平衡就向减弱这个改变的方向移动。

思考题与习题

1. 某体系由状态Ⅰ沿途径 A 变到状态Ⅱ时从环境吸热 314.0J，同时对环境做功 117.0J。当体系由状态Ⅱ沿另一途径 B 变到状态Ⅰ时体系对环境做功 44.0J，问体系吸收热量为多少？
2. 在标准压力、100℃时，1mol 液态水体积为 18.8mL，而 1mol 水蒸气的体积为 30.2L，水的汽化热为 $40.67kJ\cdot mol^{-1}$，计算此条件下，由 30.2g 液态水蒸发为水蒸气时的 ΔH 和 ΔU。
3. 甲烷、CO_2 和水在 298K 时的标准生成焓分别为 $48.0kJ\cdot mol^{-1}$、$-393.5kJ\cdot mol^{-1}$ 和 $-286.0kJ\cdot mol^{-1}$，计算 298K 和恒压下 10g CH_4(g) 完全燃烧时放出的热量。
4. 298K 时，在一定容器中，将 0.5g 苯 C_6H_6(l) 完全燃烧生成 CO_2(g) 和 H_2O(l)，放热 20.9kJ。试求 1mol 苯燃烧过程的 $\Delta_r U_{m,298}$ 和 $\Delta_r H_{m,298}^{\ominus}$。
5. 已知下列热化学反应：

$Fe_2O_3(s)+3CO(g) \xlongequal{} 2Fe(s)+3CO_2(g)$　　$\Delta_r H_{m,298}^{\ominus}=-27.61kJ\cdot mol^{-1}$

$3Fe_2O_3(s)+CO(g) \xlongequal{} 2Fe_3O_4(s)+CO_2(g)$　　$\Delta_r H_{m,298}^{\ominus}=-58.58kJ\cdot mol^{-1}$

$Fe_3O_4(s)+CO(g) \xlongequal{} 3FeO(s)+CO_2(g)$　　$\Delta_r H_{m,298}^{\ominus}=38.07kJ\cdot mol^{-1}$

则反应 $FeO(s)+CO(g) \xlongequal{} Fe(s)+CO_2(g)$ 的 $\Delta_r H_{m,298}^{\ominus}$ 为多少？

6. 甘氨酸二肽的氧化反应为：

$C_4H_8N_2O_3(s)+3O_2(g)$═══$H_2NCONH_2(s)+3CO_2(g)+2H_2O(l)$

已知 $\Delta_f H_m^{\ominus}(H_2NCONH_2, s)=-333.17kJ\cdot mol^{-1}$，$\Delta_f H_m^{\ominus}(C_4H_8N_2O_3, s)=-745.25kJ\cdot mol^{-1}$。计算：

(1) 298K 时，甘氨酸二肽氧化反应的标准摩尔反应焓变。

(2) 298K 时及标准状态下，1g 固体甘氨酸二肽完全氧化时放热多少？

7. 已知下列化学反应的反应热，求乙炔（C_2H_2，g）的标准摩尔生成焓 $\Delta_f H_m^{\ominus}$。

(1) $C_2H_2(g)+\frac{5}{2}O_2(g)$═══$2CO_2(g)+H_2O(g)$　$\Delta_r H_{m,298}^{\ominus}=-1246.2kJ\cdot mol^{-1}$

(2) $C(s)+2H_2O(g)$═══$CO_2(g)+2H_2(g)$　$\Delta_r H_{m,298}^{\ominus}=90.9kJ\cdot mol^{-1}$

(3) $2H_2O(g)$═══$2H_2(g)+O_2(g)$　$\Delta_r H_{m,298}^{\ominus}=483.6kJ\cdot mol^{-1}$

8. 利用附录二的数据，计算下列反应的 $\Delta_r H_m^{\ominus}$。

(1) $Fe_3O_4(s)+4H_2(g)$═══$3Fe(s)+4H_2O(g)$

(2) $2NaOH(s)+CO_2(g)$═══$Na_2CO_3(s)+H_2O(l)$

(3) $4NH_3(g)+5O_2(g)$═══$4NO(g)+6H_2O(g)$

(4) $CH_3COOH(l)+2O_2(g)$═══$2CO_2(g)+2H_2O(l)$

9. 已知反应：

$C_2H_2(g)+\frac{5}{2}O_2(g)\longrightarrow 2CO_2(g)+H_2O(l)$　$\Delta_r H_m^{\ominus}=-1301.0kJ\cdot mol^{-1}$，

$C(s)+O_2(g)\longrightarrow CO_2(g)$　$\Delta_r H_m^{\ominus}=-393.5kJ\cdot mol^{-1}$，

$H_2(g)+\frac{1}{2}O_2(g)\longrightarrow H_2O(l)$　$\Delta_r H_m^{\ominus}=-285.8kJ\cdot mol^{-1}$，

求反应 $2C(s)+H_2(g)\longrightarrow C_2H_2(g)$ 的 $\Delta_r H_m^{\ominus}$。

10. 计算下列反应在 298K 的 $\Delta_r H_m^{\ominus}$，$\Delta_r S_m^{\ominus}$ 和 $\Delta_r G_m^{\ominus}$，并判断哪些反应能自发向右进行。

(1) $2CO(g)+O_2(g)$═══ $2CO_2(g)$

(2) $4NH_3(g)+5O_2(g)$═══ $4NO(g)+6H_2O(g)$

(3) $Fe_2O_3(s)+3CO(g)$═══ $2Fe(s)+3CO_2(g)$

11. 在 298K 及标准压力下，C(金刚石）和 C(石墨）的 $S_m^{\ominus}$ 值分别为 $2.38J\cdot mol^{-1}\cdot K^{-1}$ 和 $5.74J\cdot mol^{-1}\cdot K^{-1}$，其 $\Delta_c H_m^{\ominus}$ 值依次为 $-395.4kJ\cdot mol^{-1}$ 和 $-393.51kJ\cdot mol^{-1}$，求：

(1) 在 298K 及 $p^{\ominus}$ 下，石墨⟶金刚石的 $\Delta_r G_m^{\ominus}$ 值。

(2) 通过计算说明哪一种晶型较为稳定？

12. 已知反应　$2CuO(s)\longrightarrow Cu_2O(s)+\frac{1}{2}O_2(g)$，在 300K 时的 $\Delta_r G_m^{\ominus}=112.7kJ\cdot mol^{-1}$；在 400K 时的 $\Delta_r G_m^{\ominus}=102.6kJ\cdot mol^{-1}$。

(1) 计算 $\Delta_r H_m^{\ominus}$ 与 $\Delta_r S_m^{\ominus}$（不查表）。

(2) 当 $p(O_2)=101.325kPa$ 时，该反应能自发进行的最低温度是多少？

13. 查附录，求反应　$CO(g)+NO(g)\longrightarrow CO_2(g)+0.5N_2(g)$ 的 $\Delta_r H_m^{\ominus}$ 和 $\Delta_r S_m^{\ominus}$，并用这些数据讨论利用该反应净化汽车尾气中 NO 和 CO 的可能性。

14. 利用热力学数据计算 298K 时反应：$MgCO_3(s)$═══$MgO(s)+CO_2(g)$ 的 $\Delta_r H_m^{\ominus}$ 和 $\Delta_r S_m^{\ominus}$ 值，并判断上述反应在 298K 时能否自发进行。求出该反应自发进行的最低温度。

15. 糖在人体的新陈代谢过程中发生如下反应：

$C_{12}H_{22}O_{11}(s)+12O_2(g)$═══ $12CO_2(g)+11H_2O(l)$

根据热力学数据计算 $\Delta_r G_m^{\ominus}(310K)$，若只有 30%吉布斯自由能转化为有用功，则一食匙（约 3.8g）糖在体温 37℃时进行新陈代谢，可以得到多少有用功？

16. 反应 $2NO(g)+2H_2(g)\longrightarrow N_2(g)+2H_2O(g)$ 的反应速率表达式为 $v=kc^2(NO)c(H_2)$，试讨论下列各

种条件变化时对初速率有何影响。

(1) NO的浓度增加一倍；(2) 有催化剂参加；(3) 降低温度；(4) 将反应器的容积增大一倍；(5) 向反应体系中加入一定量的 N_2。

17. 乙醛的分解反应为 $CH_3CHO(g) \longrightarrow CH_4(g) + CO(g)$，在538K时反应速率常数 $k_1 = 0.79 mol \cdot L^{-1} \cdot s^{-1}$，592K时 $k_2 = 4.95 mol \cdot L^{-1} \cdot s^{-1}$，试计算反应的活化能 E_a。

18. 写出下列反应的标准平衡常数 $K^{\ominus}$ 的表达式。

(1) $C(s) + 2H_2O(g) \rightleftharpoons CO(g) + 2H_2(g)$

(2) $CH_4(g) + 2O_2(g) \rightleftharpoons CO_2(g) + 2H_2O(g)$

(3) $NH_4Cl(s) \rightleftharpoons NH_3(g) + HCl(g)$

(4) $2MnO_4^-(aq) + 5H_2O_2(aq) + 6H^+(aq) \rightleftharpoons 2Mn^{2+}(aq) + 5O_2(g) + 8H_2O(l)$

19. SO_2 氧化为 SO_3 的反应，1000K时，各物质平衡分压为 $p(SO_2) = 27.7kPa$，$p(O_2) = 40.7kPa$，$p(SO_3) = 32.9kPa$。计算该温度下反应 $2SO_2(g) + O_2(g) \rightleftharpoons 2SO_3(g)$ 的平衡常数 $K^{\ominus}$。

20. 在317K时，反应 $N_2O_4(g) \rightleftharpoons 2NO_2(g)$ 的 $K^{\ominus} = 1.00$。分别计算当体系总压为400kPa和800kPa时 $N_2O_4(g)$ 的平衡转化率。

21. 根据平衡移动原理，讨论反应：$2Cl_2(g) + 2H_2O(g) \rightleftharpoons 4HCl(g) + O_2(g)$，$\Delta_r H_m > 0$，将 Cl_2、$H_2O(g)$、HCl、O_2 四种气体混合后，反应达到平衡时，下面左边的操作条件改变对右边平衡数值有何影响？(操作条件没有注明的均指温度不变，体积不变)

(1) 增大容器体积　　$n(H_2O, g)$

(2) 加入 O_2　　$n(H_2O, g)$

(3) 加入 O_2　　$n(HCl)$

(4) 减小容器体积　　$n(Cl_2)$

(5) 减小容器体积　　$K^{\ominus}$

(6) 升高温度　　$K^{\ominus}$

(7) 升高温度　　$p(HCl)$

22. 若在295K时反应 $NH_4HS(s) \rightleftharpoons NH_3(g) + H_2S(g)$ 的 $K^{\ominus} = 0.070$。计算：

(1) 若反应开始时只有 $NH_4HS(s)$，平衡时气体混合物的总压；

(2) 同样的实验中，NH_3 的最初分压为25.3kPa时，H_2S 的平衡分压是多少？

23. 在308K和总压100kPa时，N_2O_4 有27.2%分解。

(1) 计算 $N_2O_4(g) \rightleftharpoons 2NO_2(g)$ 反应的 $K^{\ominus}$；

(2) 计算308K、总压为200kPa时，N_2O_4 的解离百分数；

(3) 从计算结果说明压力对平衡移动的影响。

24. 将 $NH_4Cl(s)$ 固体放在真空容器中加热到340℃时发生下列反应：

$NH_4Cl(s) \rightleftharpoons NH_3(g) + HCl(g)$，当反应达到平衡时，容器中总压为100kPa。

(1) 求平衡常数 $K^{\ominus}$；

(2) 若此反应为吸热反应，当降低体系温度时，平衡向哪个方向移动？

25. 有10.0L含有 H_2、I_2 和HI的混合气体，在425℃时达到平衡，此时体系中分别有0.100mol H_2 和 I_2，还有0.740mol HI(g)，如果再向体系中加入0.500mol HI(g)，重新平衡后，体系中各物质的浓度分别为多少？

第三章
物质结构

物质是由分子、原子或离子等微观粒子所构成的，其中原子是构成物质的基本单元，也是化学变化中的最小微粒。相同或不同种类的原子之间以不同的数目和方式相互结合便形成了形形色色的物质世界。物质的微观结构决定了物质的性质，要从根本上阐明物质发生化学变化的原因，就必须从微观的角度来研究物质，掌握物质的内部组成和结构。

分子、原子和离子等粒子过于微小，凭肉眼无法直接观察到，只能通过观察宏观实验现象，间接地推理、认识它们，根据实验事实提出其有关结构的理论模型。人们对物质微观结构的认识是一个不断探索、不断完善的过程。本章将介绍人们对原子结构的认识过程，在讨论原子核外电子的运动状态，核外电子的排布等涉及原子结构问题的基础上，阐述化学键和分子间力的形成和性质等基本知识。

第一节　原子结构

人们对原子的组成在 20 世纪初已经有了一个基本的了解，认识到原子是由原子核和核外电子构成；原子核由中子和质子构成，中子不带电，每个质子带一个单位的正电荷，每个电子带一个单位的负电荷。通常情况下，化学变化中原子核不发生变化，而只是核外电子运动状态发生了改变。因此，讨论原子结构时，主要关心核外电子的运动状态。

一、原子结构理论发展历程

早在 1808 年，道尔顿在《化学哲学的新体系》一文中就提出他的原子学说，他认为原子是一个坚硬的实心小球，是不能再分的最小微粒。1904 年，由于电子的发现，汤姆逊（Thomson）指出了道尔顿原子学说的缺陷，提出了著名的“葡萄干布丁”（plum pudding model）原子结构模型，他认为原子是一个带正电荷的球，电子镶嵌在里面，好似一块葡萄干布丁。然而，1909 年，汤姆逊的学生卢瑟福（Rutherford）在“金箔实验”中发现原子的正电荷和绝大部分的质量都集中于其整体体积中一个极小的部分。基于这个实验事实，卢瑟福提出了原子结构的行星模型（atomic planetary model），即原子的大部分体积是空的，电子围绕着一个带正电荷的很小的原子核在一定轨道上运动。虽然这一模型比葡萄干布丁模型更进步、更为合理，但遗憾的是它无法解释当时的氢原子线状光谱。1913 年，卢瑟福的学生玻尔（Bohr）引入普朗克的量子概念，认为原子中的电子处在一系列分立的稳态上，电子不是随意占据在原子核的周围，而是在固定的层面上运动，当电子从一个层面跃迁到另一个层面时，原子便吸收或释放一定的能量，并以光能的形式表现出来，这样玻尔不但解释了氢原子的线状光谱，也发展了原子结构理论。但随着科学的进一步发展，玻尔原子结构理论也逐步被推翻了。

1924 年，法国年轻的物理学家德布罗意（Louis de Broglie）在光的波粒二象性的启发下，大胆地提出了实物粒子如电子、原子等也具有波粒二象性的假设。他指出电子除了具有粒子性外也具有波动性，并可根据波粒二象性的关系式（德布罗意公式）(3-1)，计算高速运动的电子的波长 λ。

$$\lambda=\frac{h}{p}=\frac{h}{mv} \tag{3-1}$$

式中，m 是电子的质量；v 是电子的速度；p 是电子的动量；h 是普朗克常数。这种波通常叫做物质波或德布罗意波。1927 年，戴维森（Davission）和革末（Germer）的电子衍射实验证实了德布罗意提出的物质波假设，使该实验成为量子力学的实验基础。而玻恩(Born）也用统计的观点对此实验现象进行了合理的解释。同年，海森堡（Heisenberg）发表了粒子的位置与动量不可同时被确定的“不确定性原理（uncertainty principle）”。德布罗意的物质波理论和海森堡的不确定性原理说明微观粒子具有波粒二象性，却不能同时准确地测定位置和动量，也就是说微观粒子不会有确定的宏观意义上的轨道，从而否定了玻尔提出的原子结构模型。

1926 年，薛定谔（Schrödinger）受这些思想的启发，探究用波的形式去表述电子的运动行为，提出了著名的薛定谔方程，建立了量子力学理论。原子结构的波动力学模型和现代电子云模型便随之诞生并发展起来。

二、核外电子运动状态

核外电子的运动状态是原子结构的核心问题，电子是具有波粒二象性的微观粒子，在原子内做高速运动，且运动的空间范围非常小，其运动状态无法用经典力学的方法来描述，只能用基于薛定谔方程的波动力学模型和现代电子云模型来描述。通过解薛定谔方程可获得用来描述电子运动状态的波函数 Ψ。依据一个这样的波函数，可以画出一个以原子核为坐标原点的三维空间，这个三维空间所占据的区域便是一个原子轨道，电子在这样的原子轨道中作高速运动，虽然无法准确地测定其位置和动量，但可以确定电子运动所形成的“电子云”离核的远近、形状、伸展方向。通过将电子“分配”到这些具体的原子轨道中，便可确定核外电子的运动状态。因而解薛定谔方程得到具体的波函数也就成了讨论核外电子运动状态的关键。这种电子的“分配”问题就是原子核外电子的排布问题。

1. 波函数Ψ

薛定谔方程的一般形式为：

$$\frac{\partial^2 \Psi}{\partial x^2}+\frac{\partial^2 \Psi}{\partial y^2}+\frac{\partial^2 \Psi}{\partial z^2}+\frac{8\pi^2 m}{h^2}(E-V)\Psi=0 \tag{3-2}$$

式中，Ψ 是波函数；E 是体系的总能量；V 是势能；h 是普朗克常数；m 是粒子的质量。

该方程是高等数学中的二阶偏微分方程，求解很困难。为了引出有关概念，只作定性介

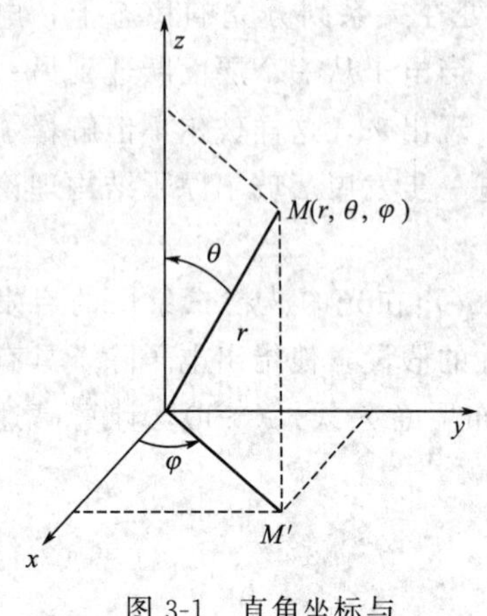

图 3-1　直角坐标与球极坐标的关系

绍。解薛定谔方程就是解出其中的 Ψ 和 E，这样就可以了解电子的运动状态和能量的高低。

该方程式需要在特定条件下求解，这些特定条件如下。

① 将直角坐标系变成球极坐标系，它们之间的变换关系如图 3-1 所示。

直角坐标系的波函数 $\Psi(x,y,z)$ 就可转换成为球极坐标系的函数 $\Psi(r,\theta,\varphi)$。在数学上与几个变量有关的函数可以分成几个函数的乘积：

$$\Psi(r,\theta,\varphi)=R(r)Y(\theta,\varphi) \tag{3-3}$$

式中，$R(r)$ 为波函数 Ψ 的径向部分；$Y(\theta,\varphi)$ 称为波函数 Ψ 的角度部分。

用变量分离法解薛定谔方程分别求得 Ψ 的径向部分和角度部分，将二者相乘就可以得到波函数 Ψ。

② 薛定谔方程可以有很多解，只有在一些特殊参数下，所得到的解才是合理的，这些特殊参数是 n，l，m。这些参数值的变化不是连续的，而是具有量子化特征，因此被称为量子数。n，l，m 分别称为主量子数，角量子数和磁量子数。一个确定的波函数 Ψ 就有一套 n，l，m 值与之对应，换句话说，三个量子数可以确定一个原子轨道（即电子运动的一个空间区域），记作 $\Psi_{n,l,m}(x,y,z)$ 或 $\Psi_{n,l,m}(r,\theta,\varphi)$。再加一个描述电子自旋特征的量子数 m_s，电子的运动状态也就确定了，也就是说电子运动状态可以由四个量子数确定，下面将着重讨论四个量子数的取值范围及其物理意义。

2. 四个量子数

（1）主量子数（n）　主量子数 n 的取值为 1，2，3，…，n 等正整数。用它来描述原子轨道或电子云离核的远近，通俗地称为电子层数。光谱学上也可依次用大写字母 K，L，M，N…表示，即 K 层是第一电子层，L 层是第二电子层，以此类推。主量子数 n 是决定电子能量高低的量子数。对单电子原子或离子来说，n 值越大，轨道离核越远，能量越高，在该轨道中运动的电子能量越高。

例如，氢原子各电子层电子的能量为：

$$E_n=-\frac{13.6}{n^2}\text{eV} \tag{3-4}$$

式中，E 为轨道能量。

量子力学中，称原子中能量相同的轨道为“简并轨道”。单电子原子中，主量子数 n 相同的轨道，即同层的轨道为简并轨道。

（2）角量子数（l）　角量子数 l 的取值为 0、1、2、3、…、$(n-1)$，即 l 的可能取值为从 0 到 $n-1$ 的整数。如当 $n=1$ 时，l 只能为 0；而 $n=2$ 时 l 可以为 0，也可以为 1。角量子数 l 决定原子轨道或电子云的形状，通常也可称为电子亚层。按光谱学上的习惯，将 $l=$ 0、1、2、3、…的电子亚层分别称为 s、p、d、f…亚层，有时把 s、p、d、f 亚层直接称作 s、p、d、f 轨道，事实上说 s、p、d、f 轨道指的是在相应的亚层中的轨道，如 p 轨道就是指 p 亚层中的原子轨道。

亚层不同，原子轨道或电子云的形状也就不同，$l=0$ 的 s 原子轨道或电子云呈球形，$l=1$ 的 p 轨道或电子云呈哑铃形，而 $l=2$ 的 d 轨道，其轨道或电子云为花瓣形。

对于单电子体系的氢原子或离子来说，各种状态的电子的能量只与 n 有关。当 n 不同、l 相同时，其能量关系式为

$$E_{1s}<E_{2s}<E_{3s}<E_{4s}$$

而当 n 相同，l 不同时，其能量关系式为：

$$E_{4s}=E_{4p}=E_{4d}=E_{4f}$$

但是对于多电子原子来说，由于原子中各电子之间的相互作用，当 n 相同，l 不同时，各种状态的电子的能量也不相同。一般主量子数 n 相同时，角量子数 l 越大能量越高：

$$E_{4s}<E_{4p}<E_{4d}<E_{4f}$$

因此，多电子原子中电子的能量决定于主量子数 n 和角量子数 l。

(3) 磁量子数（m） 磁量子数 m 取值范围由角量子数决定，即为 0、±1、±2、…、$\pm l$。磁量子数 m 决定原子轨道或电子云的伸展方向，一个亚层（l 一定），磁量子数 m 有多少个值，原子轨道或电子云就有多少个伸展方向。如在某一电子层中的 $l=1$ 的 np 亚层，m 可取 0、+1、−1 三个值，该亚层的原子轨道就有三个伸展方向（分别沿 z，x，y 轴），也就是说 np 亚层中的原子轨道有三条，记作：np_z、np_x、np_y 轨道。同理 $l=2$ 和 $l=3$ 的亚层，m 分别可取 5 个和 7 个数值，即在 nd 和 nf 电子亚层分别有 5 条和 7 条空间伸展方向各不相同的原子轨道。n、l 相同而 m 不同的原子轨道，能量相同，为简并轨道。即 np 亚层中的 3 条轨道，nd 亚层中的 5 条轨道，nf 亚层中的 7 条轨道均为简并轨道。

综上所述，一组 n、l、m 量子数可以决定一个原子轨道（电子运动的一个空间区域）。例如由 $n=2$、$l=0$、$m=0$ 所表示的原子轨道位于核外第二层，呈球形对称分布即 2s 轨道；而 $n=3$、$l=1$、$m=0$ 所表示的原子轨道位于核外第三层，呈哑铃形沿 z 轴方向分布，即 $3p_z$ 轨道。

(4) 自旋量子数（m_s） 光谱实验证明，原子中的电子除了在一定原子轨道中运动外，还存在自旋运动，类似于地球的公转和自转。在量子力学中用自旋量子数 m_s 来描述电子自旋运动状态，它只有两个取值 +1/2 或 −1/2，相对于电子的“顺时针”和“逆时针”两种自旋状态，在轨道表示式中，分别用“↑”和“↓”表示。

n、l、m 三个量子数确定一个原子轨道 ψ，即确定了电子运动的空间区域，而自旋量子数 m_s 决定了电子的自旋运动状态，因此 n、l、m、m_s 四个量子数就可以确定核外电子的运动状态，并推算出每一电子层的轨道数和电子总数，见表 3-1。

3. 原子轨道的角度分布图

原子轨道角度分布图可由波函数的角度部分 $Y_{l,m}(\theta,\varphi)$ 得到。图的做法是：从坐标原点（原子核）出发，引出方向为（θ，φ）的直线，使其长度等于 $|Y(\theta,\varphi)|$，连接所有这些线段的端点，就可在空间得到某些闭合的立体曲面，这个曲面就是波函数或原子轨道的角度分布图。

例如对 p_x 作原子轨道角度分布图，求解薛定谔方程可得：

$$Y_{p_z}=\sqrt{\frac{3}{4\pi}}\cos\theta \tag{3-5}$$

表 3-1 量子数与电子的运动状态

n	l	m	各层轨道数(n^2)	m_s	各层电子总数($2n^2$)
1(K)	0(1s)	0	1	±1/2	2
2(L)	0(2s)	0	4	±1/2	8
	1(2p)	−1,0,+1			
3(M)	0(3s)	0	9	±1/2	18
	1(3p)	−1,0,+1			
	2(3d)	−2,−1,0,+1,+2			
4(N)	0(4s)	0	16	±1/2	32
	1(4p)	−1,0,+1			
	2(4d)	−2,−1,0,+1,+2			
	3(4f)	−3,−2,−1,0,+1,+2,+3			

图 3-2 为 p_z 的原子轨道角度分布图。同样可做出其他原子轨道的角度分布图，见图 3-3。s 轨道为球形，p 轨道为哑铃形，d 轨道为花瓣形。角度分布图表明原子轨道不但有极大值方向还有正负号，这对原子化学键的成键方向以及能否成键有着重要意义，在分子结构中将加以讨论。

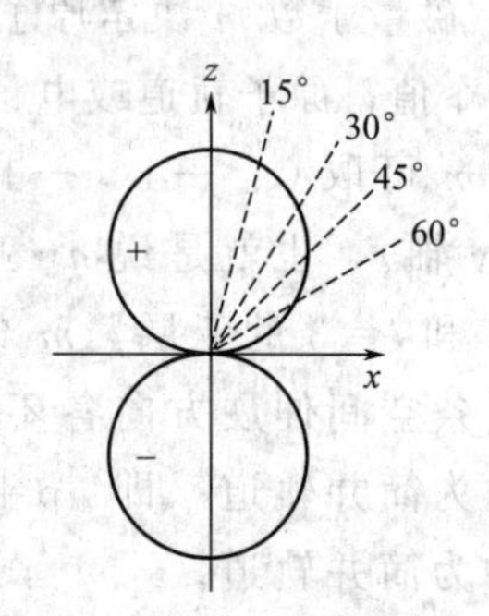

图 3-2 p_z 轨道的角度分布图

4. 电子云和径向分布图

(1) 电子云 根据波函数（Ψ）的性质可知，波函数的平方 $|\Psi|^2$ 可以反映电子在空间某位置上单位体积内出现的概率大小，即概率密度。为了形象表示核外电子运动的概率密度，习惯用小黑点分布的疏密来表示电子出现概率密度的相对大小。小黑点较密的地方，表示概率密度较大，单位体积内出现的机会多。用这种方法来描述电子在核外出现的概率密度分布所得的空间图像称为电子云。图 3-4 是基态氢原子 1s 电子云示意图。因此，电子云是原子中电子概率密度 $|\Psi|^2$ 分布的具体形象。当然，电子云只是一种形象化的描绘。

将 $|\Psi|^2$ 的角度分布部分 $|Y|^2$ 随 θ、φ 的变化作图，所得图像就称为电子云角度分布图，见图 3-5。

这种图形只能表示出电子在空间不同角度所出现的概率密度大小，并不能表示电子出现的概率密度和离核远近的关系。它们和相应的原子轨道角度分布图的形状基本相似，但有两点区别：①原子轨道角度分布有正、负号之分，而电子云角度分布均为正值。②电子云角度分布要比原子轨道的角度分布“瘦”一些，因为 $|Y|$ 值小于 1，所以 $|Y|^2$ 值更小些。

(2) 径向分布图 为了表示离核 r 处的电子在球壳（$r+dr$）体积微元内出现的概率随半径 r 变化的情况，引入径向分布函数 $D(r)$：

$$D(r)=r^2R^2(r) \tag{3-6}$$

则半径为 r，厚度为 dr 的薄球壳体积微元内电子出现的概率与径向分布函数 $D(r)$ 有关，以 $D(r)$ 对 r 作图就可得到电子云的径向分布图，见图 3-6。

从图 3-6 可以指出，对氢原子的 1s 状态，在 $r=52.9$pm 处出现了最大值，这正好是玻尔半径。因此，从量子力学的概念理解，玻尔半径就是电子出现概率最大球壳离核的距离。

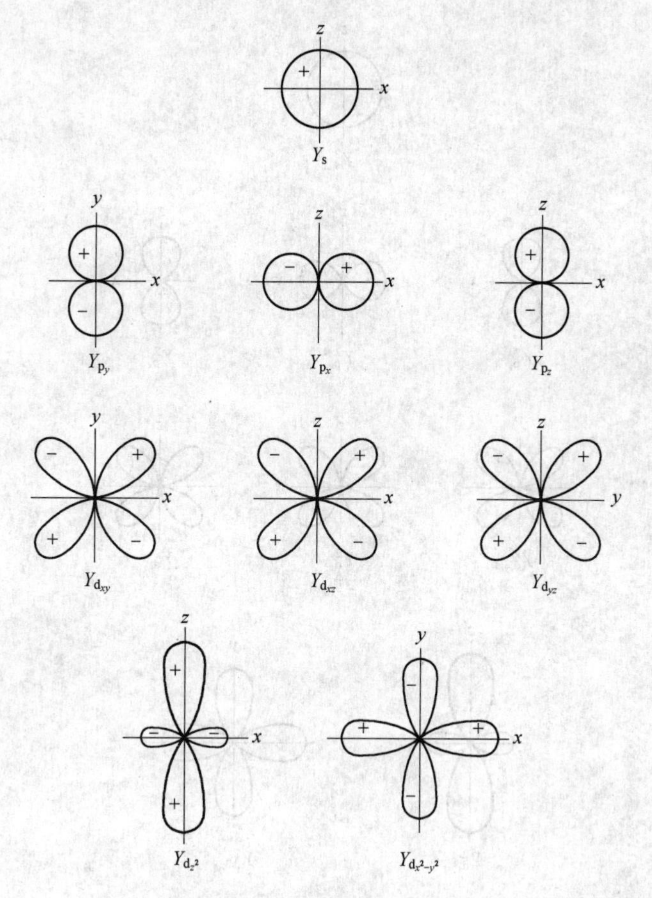

图 3-3　原子轨道的角度分布图

从图中还可以看出 1s 有一个峰，2s 有两个峰，ns 有 n 个峰……由各轨道最大峰离核的远近，可以看出轨道能量高低的规律：

$$1s<2s<3s<\cdots<ns$$

$$2p<3p<4p<\cdots<np$$

即 n 值越大，电子出现的概率最大值离核越远，轨道的能量越高。

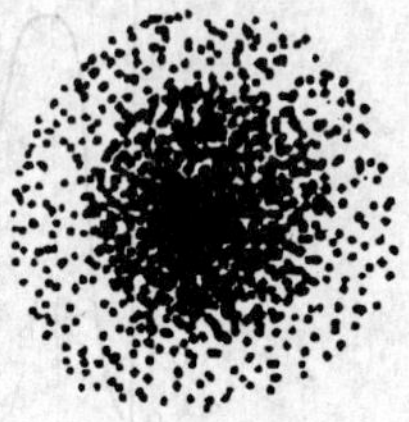

图 3-4　氢原子的 1s 电子云

三、基态原子的电子排布

1. 多电子原子轨道能级

（1）屏蔽效应对轨道能级的影响　由于内层或同层电子的影响，使指定电子实际受到的、来自原子中心的正电荷（有效核电荷）减少的作用，称为屏蔽效应。原子轨道中电子受其他电子的屏蔽作用越大，轨道能量越高。简单地说，越是内层的电子，对外层电子的屏蔽作用越大，同层电子间的屏蔽作用较小，外层电子对内层电子的屏蔽作用不必考虑。从径向分布图可以看出，l 值相同、n 值不同的轨道中，n 值越大电子出现概率最大的区域离核越远，所受屏蔽作用越强，能量越高，即同一原子中：

$$E_{1s}<E_{2s}<E_{3s}<\cdots$$

$$E_{2p}<E_{3p}<E_{4p}<\cdots$$

$$E_{3d}<E_{4d}<E_{5d}<\cdots$$

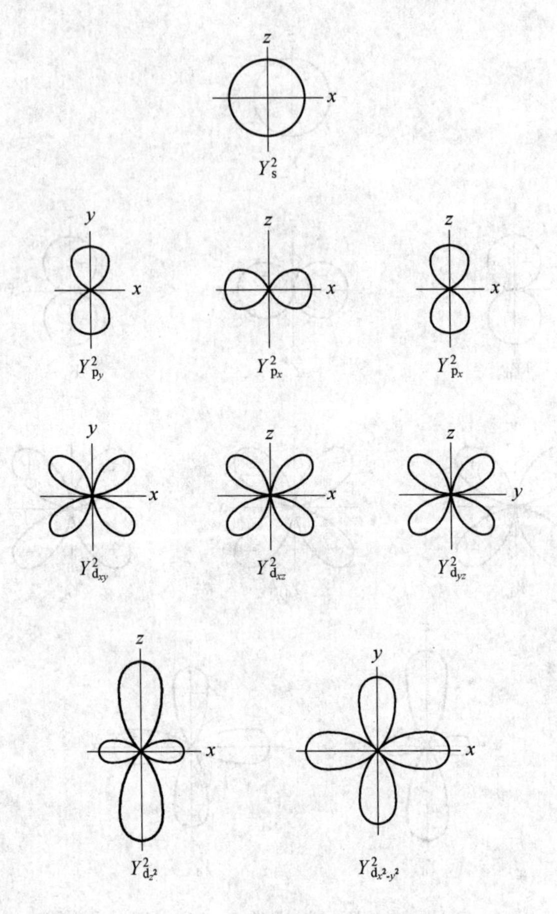

图 3-5　s，p，d 电子云角度分布图

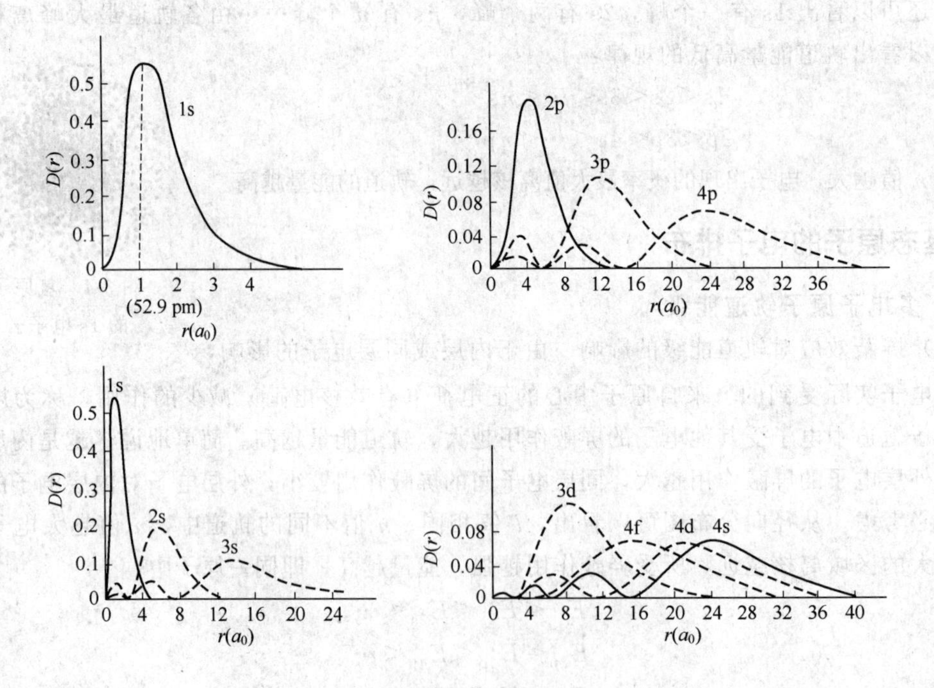

图 3-6　氢原子的几种径向分布图

主量子数 n 相同，角量子数 l 不同的轨道能级，在单电子原子中是相同的，属简并轨道；而在多电子原子中，l 值不同，径向分布不同，电子受到的屏蔽作用和下述的钻穿效应不同，导致轨道的能量不同。

(2) 钻穿效应对轨道能级的影响　多电子原子中的钻穿效应，可以借用氢原子的径向分布函数图加以解释。由图 3-6 中可以看出，3s，3p 和 3d 轨道的径向分布有很大差别。3s 有 3 个峰，其中最小的峰离核最近，这表明 3s 电子能穿透内层电子空间而靠近原子核，这种作用称为钻穿作用。3p 有 2 个峰，最小峰与核的距离比 3s 最小峰要远一些，这说明 3p 电子钻穿作用小于 3s。同理 3d 钻穿作用更小。钻穿作用的大小对轨道有明显的影响。不难理解，电子钻得越深，受其他电子屏蔽的作用越小，受核的吸引力越强，因而能量就越低。由于电子钻穿作用不同导致 n 相同而 l 不同的轨道能级发生分裂的现象，称为钻穿效应。钻穿效应使得同一原子中：

$$E_{2s}<E_{2p}$$

$$E_{3s}<E_{3p}<E_{3d}$$

$$E_{4s}<E_{4p}<E_{4d}<E_{4f}\quad \text{等等}$$

钻穿效应使得多电子原子中同一电子层不同亚层的轨道发生“能级分裂”，即主量子数相同而角量子数不同的轨道能量不同。所以在多电子原子中，n 相同、l 也相同的原子轨道才是简并轨道。显然，由于屏蔽和钻穿效应的存在，多电子原子的轨道能级也不像单电子原子那么简单。

(3) 原子轨道的能级交错　在氢原子中，其能量只与主量子数 n 有关，但在多电子原子中，因为屏蔽效应和钻穿效应的影响，电子的能量要由 n 和 l 两个量子数决定。

原子中各原子轨道能级的高低主要是根据光谱试验决定的，原子轨道能级的相对高低用图示法近似表示，就是所谓的近似能级图。1939 年美国化学家鲍林（L Pauling）根据光谱实验结果，总结出多电子原子中各轨道能级相对高低的情况，得到了近似能级图，见图 3-7。

近似能级图按照能量由低到高的顺序排列，并将能量近似的能级划归一组，称为能级组，以虚线框起来。相邻能级组之间能量相差比较大。每个能级组（除第一能级组外）都从 s 能级开始，于 p 能级终止。能级组数等于核外电子层数。从图 3-7 可以看出：

① 同一电子中，电子层不同，电子亚层相同：

$$1s<2s<3s<\cdots\cdots$$

② 同一原子中，电子层相同，电子亚层相同：

$$ns<np<nd<nf$$

③ 同一原子中，电子层与电子亚层均不同：

$$4s<3d<4p;\quad 5s<4d<5p;\quad 6s<4f<5d<6p$$

该现象为能级交错现象。

必须指出，鲍林近似能级图反映了多电子原子中原子轨道能量的近似高低，不能认为所有元素原子中能级高低都是一成不变的，更不能用它来比较不同元素原子轨道能级的相对高低。轨道能级的影响因素是多方面的，复杂的，n 和 l 都不同的各轨道能级的高低不是固定不变的，而是随着原子序数的改变而改变。

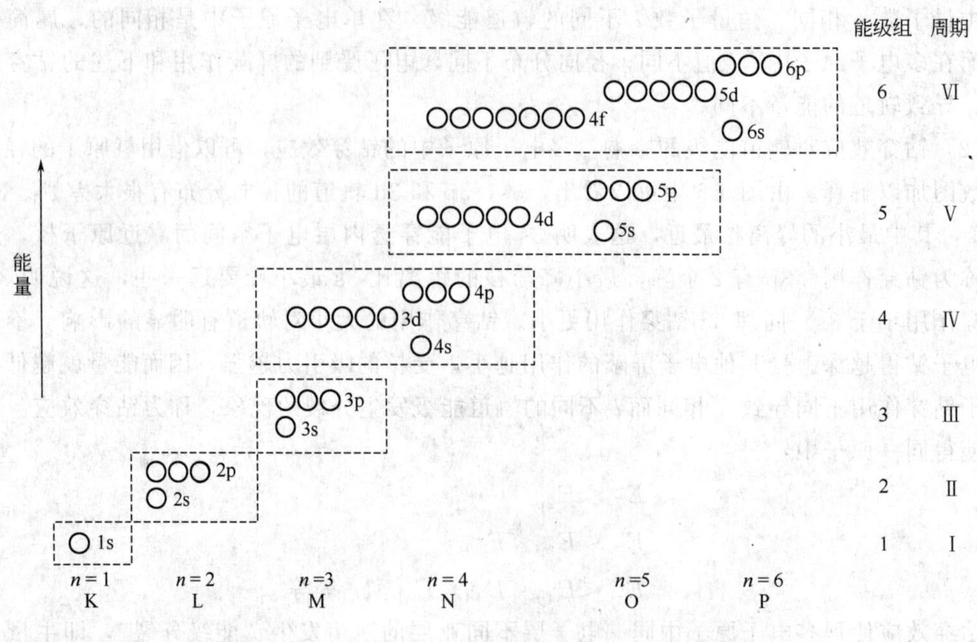

图 3-7 原子轨道近似能级图

2. 核外电子排布的一般规律

根据原子光谱实验和量子力学理论，原子核外电子排布一般遵循以下三条原则。

(1) 保利不相容原理 1925 年瑞士物理学家保利提出，在一个原子中不可能有 4 个量子数完全相同的两个电子存在。这就是保利不相容原理。根据保利不相容原理，每条轨道上最多只能容纳 2 个自旋相反的电子。依此可计算出 s、p、d、f 电子亚层最多可分别容纳 2、6、10、14 个电子数，而每个电子层所容纳的电子数最多为 $2n^2$ 个，见表 3-1。

(2) 能量最低原理 能量越低越稳定，这是一个自然界的普遍规律。电子在原子中所处状态总是尽可能使整个体系的能量最低，这样的体系最稳定。多电子原子在基态时，核外电子总是尽可能分布到能量最低的轨道，这称为能量最低原理。

(3) 洪特规则 所谓洪特规则，是洪特根据大量光谱数据在 1925 年总结出来的规律。该规则指出，电子分布到能量相同的等价（简并）轨道时，总是先以自旋相同的方向，单独占据能量相同的轨道。或者说在等价轨道中自旋相同的单电子越多，体系就越稳定。洪特规则有时也叫等价轨道原理。碳原子 2p 亚层的两个电子，只能采取 (↑)(↑)○ 方式，而不会按 (↑)(↓)○ 方式排布。作为洪特规则的特例，当简并轨道被全充满（如 p^6，d^{10}，f^{14}）、半充满（如 p^3，d^5，f^7）和全空（如 p^0，d^0，f^0）时的状态比较稳定。

根据原子轨道近似能级图和保利不相容原理、能量最低原理和洪特规则，就可以准确地写出大多数元素原子的基态的核外电子排布式，即电子排布构型。如 N：$1s^2 2s^2 2p^3$；Na：$1s^2 2s^2 2p^6 3s^1$；Cu：$1s^2 2s^2 2p^6 3s^2 3p^6 3d^{10} 4s^1$。为了避免书写过繁，常把电子排布已达到稀有气体结构的内层，以相应的稀有气体元素符号加方括号（称原子实）表示。如钠的电子构型可写成 [Ne]$3s^1$；铜的电子构型可写成 [Ar]$3d^{10}4s^1$。然而有些副族元素如 41 号铌（Nb）元素、74 号钨（W）等不能用上述规则予以完美解释，这种情况在第六、七周期中较多，说明电子排布规则还有待发展完善。元素基态原子的电子排布列于表 3-2。

当原子失去电子成为阳离子时，其电子一般是按 $np \rightarrow ns \rightarrow (n-1)d \rightarrow (n-2)f$ 的顺序失去电子的，如 Cu^{2+} 的电子构型为 $[Ar]3d^{9}4s^{0}$，而不是 $[Ar]3d^{8}4s^{1}$。

表 3-2　基态原子内电子的排布

原子序数	元素名称	元素符号	电子层结构
1	氢	H	$1s^{1}$
2	氦	He	$1s^{2}$
3	锂	Li	$[He]2s^{1}$
4	铍	Be	$[He]2s^{2}$
5	硼	B	$[He]2s^{2}2p^{1}$
6	碳	C	$[He]2s^{2}2p^{2}$
7	氮	N	$[He]2s^{2}2p^{3}$
8	氧	O	$[He]2s^{2}2p^{4}$
9	氟	F	$[He]2s^{2}2p^{5}$
10	氖	Ne	$[He]2s^{2}2p^{6}$
11	钠	Na	$[Ne]3s^{1}$
12	镁	Mg	$[Ne]3s^{2}$
13	铝	Al	$[Ne]3s^{2}3p^{1}$
14	硅	Si	$[Ne]3s^{2}3p^{2}$
15	磷	P	$[Ne]3s^{2}3p^{3}$
16	硫	S	$[Ne]3s^{2}3p^{4}$
17	氯	Cl	$[Ne]3s^{2}3p^{5}$
18	氩	Ar	$[Ne]3s^{2}3p^{6}$
19	钾	K	$[Ar]4s^{1}$
20	钙	Ca	$[Ar]4s^{2}$
21	钪	Sc	$[Ar]3d^{1}4s^{2}$
22	钛	Ti	$[Ar]3d^{2}4s^{2}$
23	钒	V	$[Ar]3d^{3}4s^{2}$
24	铬	Cr	$[Ar]3d^{5}4s^{1}$
25	锰	Mn	$[Ar]3d^{5}4s^{2}$
26	铁	Fe	$[Ar]3d^{6}4s^{2}$
27	钴	Co	$[Ar]3d^{7}4s^{2}$
28	镍	Ni	$[Ar]3d^{8}4s^{2}$
29	铜	Cu	$[Ar]3d^{10}4s^{1}$
30	锌	Zn	$[Ar]3d^{10}4s^{2}$
31	镓	Ga	$[Ar]3d^{10}4s^{2}4p^{1}$
32	锗	Ge	$[Ar]3d^{10}4s^{2}4p^{2}$
33	砷	As	$[Ar]3d^{10}4s^{2}4p^{3}$
34	硒	Se	$[Ar]3d^{10}4s^{2}4p^{4}$
35	溴	Br	$[Ar]3d^{10}4s^{2}4p^{5}$
36	氪	Kr	$[Ar]3d^{10}4s^{2}4p^{6}$
37	铷	Rb	$[Kr]5s^{1}$
38	锶	Sr	$[Kr]5s^{2}$
39	钇	Y	$[Kr]4d^{1}5s^{2}$
40	锆	Zr	$[Kr]4d^{2}5s^{2}$
41	铌	Nb	$[Kr]4d^{3}5s^{2}$
42	钼	Mo	$[Kr]4d^{5}5s^{1}$
43	锝	Tc	$[Kr]4d^{5}5s^{2}$
44	钌	Ru	$[Kr]4d^{7}5s^{1}$
45	铑	Rh	$[Kr]4d^{8}5s^{1}$
46	钯	Pd	$[Kr]4d^{10}$
47	银	Ag	$[Kr]4d^{10}5s^{1}$
48	镉	Cd	$[Kr]4d^{10}5s^{2}$
49	铟	In	$[Kr]4d^{10}5s^{2}5p^{1}$
50	锡	Sn	$[Kr]4d^{10}5s^{2}5p^{2}$
51	锑	Sb	$[Kr]4d^{10}5s^{2}5p^{3}$
52	碲	Te	$[Kr]4d^{10}5s^{2}5p^{4}$
53	碘	I	$[Kr]4d^{10}5s^{2}5p^{5}$
54	氙	Xe	$[Kr]4d^{10}5s^{2}5p^{6}$
55	铯	Cs	$[Xe]6s^{1}$
56	钡	Ba	$[Xe]6s^{2}$
57	镧	La	$[Xe]5d^{1}6s^{2}$
58	铈	Ce	$[Xe]4f^{1}5d^{1}6s^{2}$
59	镨	Pr	$[Xe]4f^{3}6s^{2}$
60	钕	Nd	$[Xe]4f^{4}6s^{2}$
61	钷	Pm	$[Xe]4f^{5}6s^{2}$
62	钐	Sm	$[Xe]4f^{6}6s^{2}$
63	铕	Eu	$[Xe]4f^{7}6s^{2}$
64	钆	Gd	$[Xe]4f^{7}5d^{1}6s^{2}$
65	铽	Tb	$[Xe]4f^{9}6s^{2}$
66	镝	Dy	$[Xe]4f^{10}6s^{2}$
67	钬	Ho	$[Xe]4f^{11}6s^{2}$
68	铒	Er	$[Xe]4f^{12}6s^{2}$
69	铥	Tm	$[Xe]4f^{13}6s^{2}$
70	镱	Yb	$[Xe]4f^{14}6s^{2}$
71	镥	Lu	$[Xe]4f^{14}5d^{1}6s^{2}$
72	铪	Hf	$[Xe]4f^{14}5d^{2}6s^{2}$
73	钽	Ta	$[Xe]4f^{14}5d^{3}6s^{2}$
74	钨	W	$[Xe]4f^{14}5d^{4}6s^{2}$
75	铼	Re	$[Xe]4f^{14}5d^{5}6s^{2}$
76	锇	Os	$[Xe]4f^{14}5d^{6}6s^{2}$
77	铱	Ir	$[Xe]4f^{14}5d^{7}6s^{2}$
78	铂	Pt	$[Xe]4f^{14}5d^{9}6s^{1}$
79	金	Au	$[Xe]4f^{14}5d^{10}6s^{1}$
80	汞	Hg	$[Xe]4f^{14}5d^{10}6s^{2}$
81	铊	Tl	$[Xe]4f^{14}5d^{10}6s^{2}6p^{1}$
82	铅	Pb	$[Xe]4f^{14}5d^{10}6s^{2}6p^{2}$
83	铋	Bi	$[Xe]4f^{14}5d^{10}6s^{2}6p^{3}$
84	钋	Po	$[Xe]4f^{14}5d^{10}6s^{2}6p^{4}$
85	砹	At	$[Xe]4f^{14}5d^{10}6s^{2}6p^{5}$
86	氡	Rn	$[Xe]4f^{14}5d^{10}6s^{2}6p^{6}$
87	钫	Fr	$[Rn]7s^{1}$
88	镭	Ra	$[Rn]7s^{2}$
89	锕	Ac	$[Rn]6d^{1}7s^{2}$
90	钍	Th	$[Rn]6d^{2}7s^{2}$
91	镤	Pa	$[Rn]5f^{1}6d^{2}7s^{2}$
92	铀	U	$[Rn]5f^{3}6d^{1}7s^{2}$
93	镎	Np	$[Rn]5f^{4}6d^{1}7s^{2}$
94	钚	Pu	$[Rn]5f^{6}7s^{2}$
95	镅	Am	$[Rn]5f^{7}7s^{2}$
96	锔	Cm	$[Rn]5f^{7}6d^{1}7s^{2}$
97	锫	Bk	$[Rn]5f^{9}7s^{2}$
98	锎	Cf	$[Rn]5f^{10}7s^{2}$
99	锿	Es	$[Rn]5f^{11}7s^{2}$
100	镄	Fm	$[Rn]5f^{12}7s^{2}$
101	钔	Md	$[Rn]5f^{13}7s^{2}$
102	锘	No	$[Rn]5f^{14}7s^{2}$
103	铹	Lr	$[Rn]5f^{14}6d^{1}7s^{2}$
104	𬬻	Rf	$[Rn]5f^{14}6d^{2}7s^{2}$
105	𬭊	Db	$[Rn]5f^{14}6d^{3}7s^{2}$
106	𬭳	Sg	$[Rn]5f^{14}6d^{4}7s^{2}$
107	𬭛	Bh	$[Rn]5f^{14}6d^{5}7s^{2}$
108	𬭶	Hs	$[Rn]5f^{14}6d^{6}7s^{2}$
109	鿏	Mt	$[Rn]5f^{14}6d^{7}7s^{2}$
110	𫟼	Ds	$[Rn]5f^{14}6d^{8}7s^{2}$
111	𬬭	Rg	$[Rn]5f^{14}6d7s^{2}$
112	鿔	Cn	$[Rn]5f^{14}6d^{10}7s^{2}$
113	鿭	Nh	$[Rn]5f^{14}6d^{10}7s^{2}7p^{1}$
114	𫓧	Fl	$[Rn]5f^{14}6d^{10}7s^{2}7p^{2}$
115	镆	Mc	$[Rn]5f^{14}6d^{10}7s^{2}7p^{3}$
116	𫟷	Lv	$[Rn]5f^{14}6d^{10}7s^{2}7p^{4}$
117	鿬	Ts	$[Rn]5f^{14}6d^{10}7s^{2}7p^{5}$
118	鿫	Og	$[Rn]5f^{14}6d^{10}7s^{2}7p^{6}$

注：表中虚线内是过渡元素，实线内是内过渡元素——镧系和锕系元素。

四、原子结构与元素基本性质的周期性

研究基态原子核外电子排布发现，随着核电荷的递增，原子价电子排布呈现周期性变化，即原子结构呈现周期性变化，正是这种规律性导致了元素性质的周期性变化。

1. 元素周期表

元素周期表是元素周期律的具体表现形式。元素周期表有多种形式，现在常用的是长式周期表。长式周期表（见附录）分为 7 行、18 列。每行称为一个周期。表中 18 列分为 16 个族（第Ⅷ为三列）：7 个主族（ⅠA～ⅦA）和 7 个副族（ⅠB～ⅦB）、第Ⅷ族和零族。表下方列出镧系和锕系元素。

（1）周期　周期表共分 7 个周期，第一周期只有 2 种元素，为特短周期；第二周期和第三周期各有 8 种元素，为短周期；第四周期和第五周期共有 18 种元素，为长周期；第六周期和第七周期有 32 种元素，为特长周期；各周期的元素数目是与其对应的能级组中的电子数目相一致的。即每建立一个新的能级组，就出现一个新的周期。周期数即为能级组数或核外电子层数。各周期的元素数目等于该能级组中各轨道所能容纳的电子总数。

每一周期中的元素随着原子序数的递增，总是从活泼的碱金属开始（第一周期例外），逐渐过渡到稀有气体为止。对应于其电子结构的能级组则总是从 $n\mathrm{s}^1$ 开始至 $n\mathrm{s}^2n\mathrm{p}^6$ 结束，如此周期性地重复出现。在长周期或特长周期中，其电子层结构还夹着 $(n-1)\mathrm{d}$ 或 $(n-2)\mathrm{f}$，出现了过渡金属和镧系、锕系元素。

可见，元素划分为周期的本质在于能级组的划分。元素性质周期的变化，是原子核外电子层结构周期性变化的反映。

（2）族和区　元素原子的价电子层结构，决定该元素在周期表中所处的族数。原子的价电子是原子参加化学反应时能够用于成键的电子。主族元素（ⅠA 至ⅦA）的价电子数等于最外层 s 和 p 电子的总数。习惯上称稀有气体为零族。副族元素情况比较复杂，需具体分析。ⅠB、ⅡB 副族元素的价电子数等于最外层 s 电子的数目，ⅢB 至ⅦB 副族元素的价电子数等于最外层 s 和次外层 d 层中的电子总数。将最外层 s 和次外层 d 层中的电子总数在 8～10 的元素称为Ⅷ族。镧系、锕系在周期表中都排在ⅢB 族。可见，元素原子的价电子层结构与元素所在的族数对应。如 $n\mathrm{s}^1$ 属于ⅠA，$n\mathrm{s}^2n\mathrm{p}^5$ 属于ⅦA，$(n-1)\mathrm{d}^5n\mathrm{s}^2$ 属于ⅦB，等等。在同一族中的各元素，虽然它们的电子层数不同，但却有相同的价电子构型和相同的价电子数。

根据元素原子价电子层结构的不同，可以把周期表中的元素所在的位置分成 s、p、d、ds 和 f 五个区（图 3-8）。

① s 区元素：指最后一个电子填在 $n\mathrm{s}$ 能级上的元素，包括ⅠA 和ⅡA。价层电子构型为 $n\mathrm{s}^1$、$n\mathrm{s}^2$。

② p 区元素：指最后一个电子填充在 $n\mathrm{p}$ 能级上的元素，包括ⅢA～ⅦA 和零族元素。价层电子构型为 $n\mathrm{s}^2n\mathrm{p}^{1\sim6}$。

③ d 区元素：指最后一个电子填充在 $(n-1)\mathrm{d}$ 能级上的元素，往往把 d 区进一步分为 d 区和 ds 区，d 区元素包括ⅢB～Ⅷ族，价层电子构型为 $(n-1)\mathrm{d}^{1\sim8}n\mathrm{s}^{1\sim2}$，ds 区元素包括ⅠB 和ⅡB，价层电子构型为 $(n-2)\mathrm{d}^{10}n\mathrm{s}^{1\sim2}$。

④ f 区元素：指最后一个电子填在 $(n-2)\mathrm{f}$ 能级上的元素，即镧系、锕系元素。价层

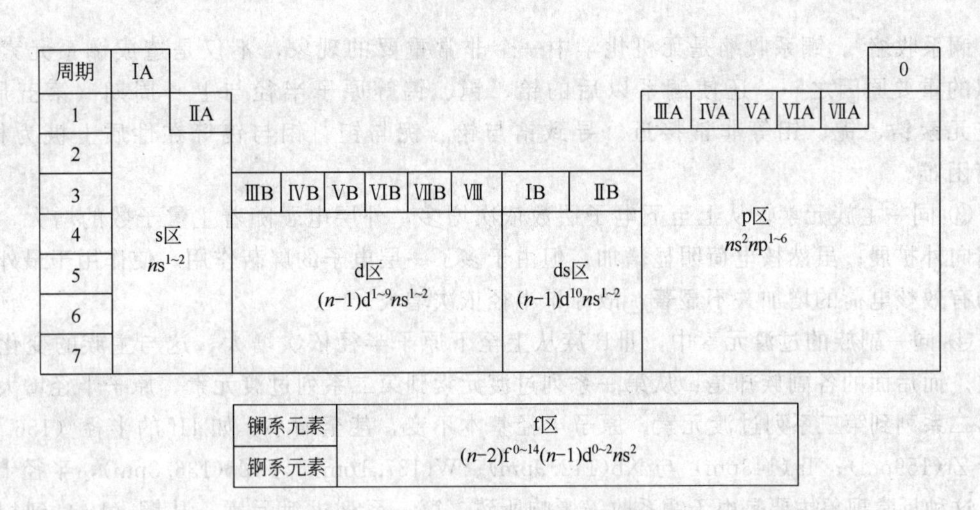

图 3-8 周期表中元素分区示意图

电子构型为 $(n-2)f^{0\sim14}(n-1)d^{0\sim2}ns^2$。

2. 元素基本性质的周期性

影响元素基本性质的因素是核电荷和核外电子组态，而一般化学反应又只涉及外层电子。因此，由于元素的电子组态呈现周期性，元素的基本性质如半径、电离能、电子亲和能、电负性等就必然出现周期性。

(1) 原子半径　同种元素的两个原子以共价单键连接时，它们核间距的一半叫做原子的共价半径。把金属晶体中两个彼此互相接触的原子的核间距离的一半叫做原子的金属半径。当两个原子之间没有化学键而只靠分子间作用力互相接近时，例如稀有气体在低温下形成单原子分子的分子晶体时，两个原子之间的距离的一半，叫做范德华半径。

一般来说原子的金属半径比共价半径大些，这是因形成共价键时，轨道的重叠程度大些；而范德华半径的值总是较大，因为分子间力轨道的重叠程度最小。

在讨论原子半径的变化规律时，采用的是原子的共价半径，但稀有气体只能用范德华半径代替。

结合附录三可以看出，原子半径在周期表中的变化规律可归纳如下。

① 同周期主族元素，从左到右随着原子序数的递增，每增加一个核电荷，核外最外层就增加一个电子。由于同层电子间的屏蔽作用小，故作用于最外层电子的有效核电荷明显增大，原子半径减小，相邻元素原子半径平均减少约 10pm，致使元素的金属性明显减小，非金属性明显增大，直至形成 ns^2np^6 结构的稀有气体。之所以稀有气体元素的原子半径突然变大，是因为采用的是范德华半径。

② 同周期的过渡元素，从左到右随着原子序数的递增，每增加一个核电荷，核外所增加的一个个电子依次在次外层 d 轨道上填充，对最外层电子产生较大的屏蔽作用，使得作用于最外层电子的有效核电荷增加较小，因而原子半径减小较为缓慢，不如主族元素变化明显，相邻元素原子半径平均减少约 5pm，致使元素的金属性递减缓慢，使得整个过渡元素都保持着金属的性质。当 d 电子充满到 d^{10} 时（ⅠB、ⅡB 族），由于全满的 d 亚层对最外层 s 电子产生较大的屏蔽作用，作用于最外层电子的有效核电荷反而减小，原子半径突然增大。对于内过渡元素如镧系元素，电子填入次外层的 f 轨道，产生的屏蔽作用更大，原子半径从左至右收缩的平均幅度更小（不到 1pm）。镧系元素原子半径逐渐缓慢减小的现象，称

为“镧系收缩”。镧系收缩是无机化学中一个非常重要的现象，不仅是造成镧系元素性质相似的重要原因之一，还使镧系以后的铪、钽、钨等原子半径与上一周期（第五周期）相应元素锆、铌、钼等非常接近。导致锆与铪、铌与钽、钼与钨等在性质上极为相近，分离困难。

③ 同一主族元素，从上至下电子层数依次增多，外层电子随着主量子数的增大，运动空间向外扩展；虽然核电荷明显增加，但由于多了一层电子的屏蔽作用，使作用于最外层电子的有效核电荷的增加并不显著，故原子半径依次增大。

④ 同一副族的过渡元素中，ⅢB族从上至下原子半径依次增大，这与主族的变化趋势一致。而后面的各副族却是：从第一系列过渡元素到第二系列过渡元素，原子半径增大，而由第二系列到第三系列过渡元素，原子半径基本不变，甚至缩小。如Hf的半径（156.4pm）小于Zr(159pm)；Ta(143pm）与Nb(142.9pm)、W(137.1pm）与Mo(136.3pm)，半径十分接近。这种反常现象主要是由于镧系收缩影响所致：第三系列过渡元素，从镧（La）到相邻的铪（Hf），中间实际还包含从铈（Ce）到镥（Lu）14个元素。虽然相邻镧系元素的原子半径变化很小，原子半径收缩的总和却是明显的：从La到Lu原子半径累计减小14pm，所以从La到Hf，原子半径减小了31pm，远大于相应的第二系列元素钇（Y）到锆（Zr）原子半径的降低值21pm。因为镧系之后的每一个过渡元素都已经填满了4f电子，因此“镧系收缩”的结果影响镧后所有第三系列过渡元素，形成与相应的第二系列过渡元素原子半径相近的情形。

(2) 电离能　使原子失去电子变成正离子，要消耗一定的能量以克服核对电子的引力。使某元素一个基态的气态原子失去一个电子形成正一价的气态离子时所需要的能量，叫做这种元素的第一电离能。常用符号 I_1 表示元素的第一电离能。

从正一价离子再失去一个电子形成正二价离子时，所需要的能量叫做元素的第二电离能，元素也可以依次地有第三、第四、…电离能，分别用 I_2、I_3、I_4，…表示。元素的电离能可以从元素的发射光谱实验测得。

元素的第一电离能较为重要，越小表示元素的原子越容易失去电子，金属性越强。因此，I_1 是衡量元素金属性的一种尺度。附录四列出了周期表中各元素的第一电离能数据。元素的第一电离能随着原子序数的增加呈明显的周期性变化，如图3-9所示。

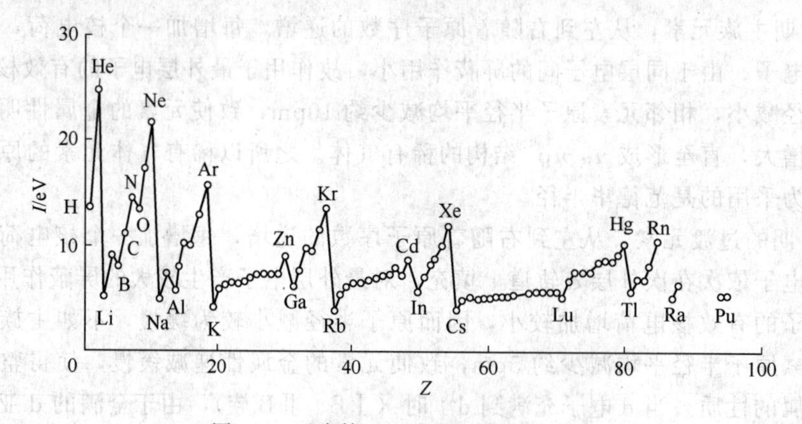

图3-9　元素第一电离能的周期性变化

电离能的大小，主要取决于原子核电荷、原子半径以及原子的电子层结构。同一主族元素，从上到下随着原子半径的增大，元素的第一电离能在减小。由此可知，各主族元素的金属性由上向下依次增强。同一周期中，从左向右元素的第一电离能在总趋势上依次增加，其原因是原子半径依次减小而核电荷依次增大，因而原子核对外层电子的约束力变强。但是有些反常现象，从第二周期看，铍和氮的第一电离能比相邻元素的都高，这与其$2s^2$（全充满）、$2s^2 2p^3$（半充满）的稳定结构有关。

（3）电子亲和能　某元素的一个基态的气态原子得到一个电子形成气态负离子时所放出的能量叫该元素的电子亲和能。电子亲和能常用E表示，上述亲和能的定义实际上是元素的第一电子亲和能E_1。与此相类似，可以得到第二电子亲和能E_2以及第三电子亲和能E_3的定义。非金属元素一般有较大的电离能，难于失去电子，但有明显得电子倾向。非金属元素的电子亲和能越大，表示其得电子的倾向越大，即变成负离子的可能性越大。

电子亲和能的单位和电离能的单位一样，一般用$kJ \cdot mol^{-1}$表示。一般元素的第一电子亲和力为正值，表示得到一个电子形成负离子时放出能量，也有的元素的E_1为负值，表示得到电子时要吸收能量，这说明这种元素的原子变成负离子很困难。元素的第二电子亲和能一般均为负值，说明由负一价的离子变成负二价的离子是要吸热的。碱金属和碱土金属元素的电子亲和能都是负的，说明它们形成负离子的倾向很小，非金属性相当弱。电子亲和能是元素非金属活性的一种衡量标度。元素的电子亲和能的数据见附录五，电子亲和能难于测得，故表中数据不全，有的是计算值。

一般来说，电子亲和能随原子半径的减小而增大，因为半径小时，核电荷对电子的引力增大。因此，电子亲和能在同周期元素中从左到右呈增加趋势，而同族中从上到下呈减小趋势。

ⅥA族和ⅦA族的第一种元素氧和氟的电子亲和能并非最大，而比同族中第二元素的要小些。这种现象的出现是因为氧和氟原子半径过小，电子云密度过高，以致当原子结合一个电子形成负离子时，由于电子间的互相排斥使放出的能量减少。而硫和氯原子半径较大，接受电子时，相互之间的排斥力小，故电子亲和能在同族中是最大的。

（4）元素的电负性（X）　电离能和电子亲核能都是从一个侧面反映元素原子得、失电子的能力，为了综合表征原子得失电子的能力，1932年鲍林提出了电负性概念。元素电负性是指在分子中原子吸引成键电子的能力。鲍林制定最活泼的非金属氟的电负性X_F为4.0，并根据热化学数据比较其他元素原子吸引电子的能力，得出其元素电负性数值。元素的电负性数据见附录六。元素的电负性数值越大，表示原子在分子中吸引电子的能力越强。在周期表中，电负性也呈有规律的变化。同一周期中，从左到右（零族除外），从碱金属到卤素，原子的有效核电荷逐渐增大，原子半径逐渐减小，原子在分子中吸引电子的能力在逐渐增加，因而元素的电负性逐渐增大。同一主族中，从上到下，电子层构型相同，有效核电荷相差不大，原子半径增大的影响占主导地位，因此，元素的电负性依次减小。所以，除了稀有气体，电负性最高的元素是周期表右上角的氟，电负性最低的元素是周期表左下角的铯和钫。一般来说，金属元素的电负性在2.0以下，非金属元素的电负性在2.0以上。

第二节　分子结构

物质的性质主要取决于分子的性质，而分子的性质又是由分子内部的结构所决定的，因此学习分子结构的一些基本理论，对了解物质的性质和化学反应的规律很有必要。

分子结构主要研究的问题为：分子或晶体中相邻原子间的强相互作用力，即化学键；分子或晶体的空间构型；分子间的相互作用力；分子的结构与物质的物理、化学性质的关系等。

根据原子间作用力性质的不同，化学键分为离子键、共价键和金属键三种基本类型。

一、离子键和离子晶体

德国化学家科塞尔（Kossel）根据稀有气体具有较稳定结构的事实得到启发，于1916年提出了离子键理论，对诸如NaCl、MgO这类离子型化合物的性质和特征作出了比较圆满的解释。

1. 离子的形成

当活泼金属原子和活泼非金属原子相遇时，由于电负性相差较大，所以在两原子之间发生电子转移。如Na原子与Cl原子相遇时，Na原子失去电子变成正离子Na^+，Cl原子得到电子变成负离子Cl^-。正、负离子之间由于静电引力相互吸引，但它们充分接近时，离子的外层电子之间，原子核和原子核之间将产生斥力。当吸引力和排斥力达平衡时，两个带相反电荷的离子便达到了既相互对立又相互连接的状态，在它们之间形成了稳定的化学键。

这种正、负离子间通过静电引力形成的化学键称为离子键。但近代实验证明，即使是最典型的离子化合物，如氟化铯（$\Delta X=3.3$）也不是完全的静电引力，仍有部分原子轨道的重叠成分。其离子性成分占92%，共价成分占8%。100%的离子键是不存在的。键的离子性与成键的原子的电负性差值有关，成键的两个原子电负性差越大，它们之间形成的键的离子性也就越大。

2. 离子键的强度

离子键的强度用晶格能（U）表示。通常不用键能表示，晶格能越大，离子键强度越大，离子晶体越稳定。

离子晶体的晶格能（U）是指在标准状态下，由气态正离子和气态负离子形成1mol离子晶体时所放出的能量，单位为$kJ \cdot mol^{-1}$。晶格能越大，离子键越强，则离子晶体的硬度、熔点就越高。

3. 离子键的特点

离子键的本质是静电引力，由于离子电荷的分布是球形对称的，因此它在空间各个方向上都可以吸引带异性电荷的离子，只要空间条件许可，离子总是从各个方向上尽可能多地吸引异性电荷离子，所以离子键既无方向性也无饱和性。

4. 离子特征

所谓离子特征，主要是指离子电荷、离子半径、离子的电子构型。离子特征在很大程度上决定着离子键和离子化合物的性质。

（1）离子电荷　离子电荷数是指原子在形成离子化合物过程中失去或得到的电子数。离子电荷的多少直接影响着离子键的强弱，一般来说，正、负离子所带的电荷越高，离子化合物越稳定，其晶体的熔点就越高，如碱土金属氯化物的熔点高于碱金属氯化物。

（2）离子半径　离子半径是离子的重要特征之一，通常说的离子半径是指离子在晶体中的接触半径。离子半径的大小可以近似地反映离子的相对大小，主要是由核电荷对核外电子的吸引强弱决定的。离子半径大致变化规律如下：

各主族元素中，从上到下电子层数依次增多，具有相同电荷数的同族离子半径依次增大。

同一周期中，当离子的电子构型相同时，随着离子电荷数的增加，正离子半径减小，负离子半径增大，如$r(Na^+)>r(Mg^{2+})>r(Al^{3+})$，$r(F^-)<r(O^{2-})<r(N^{3-})$。

同一元素形成的离子，$r_{正离子}<r_{原子}<r_{负离子}$，且随着正电荷的增加离子半径减小，如$r(Fe^{3+})<r(Fe^{2+})<r(Fe)$。

周期表中处于相邻的左上方和右下方斜对角线上的正离子半径近似相等，如$r(Na^+)$(95pm)$\approx r(Ca^{2+})$(99pm)。

(3) 离子的电子构型　离子的电子构型对离子化合物的性质有着本质的影响。如Na^+(95pm)和Cu^+(96pm)的半径几乎相同，电荷数相同，可是它们的离子化合物性质却大不相同，NaCl易溶于水，而CuCl难溶于水，这是由于Na^+和Cu^+的电子构型不同导致的结果。

离子化合物中，简单负离子其外层一般都具有稳定的8电子构型。正离子情况比较复杂，可归纳为以下几种情况。

2电子构型：最外层有2个电子（$1s^2$），如Li^+、Be^{2+}。

8电子构型：最外层有8个电子（ns^2np^6），如Na^+、K^+、Ca^{2+}。

18电子构型：最外层有18个电子［$(n-1)s^2(n-1)p^6(n-1)d^{10}$］，如$Cu^+$、$Ag^+$、$Zn^{2+}$。

(18+2)电子构型：次外层有18个电子，最外层有2个电子［$(n-1)s^2(n-1)p^6(n-1)d^{10}ns^2$］，如$Sn^{2+}$、$Pb^{2+}$。

(9～17)电子构型：最外层为9～17个电子［$(n-1)s^2(n-1)p^6(n-1)d^{1\sim9}$］，如$Fe^{2+}$、$Fe^{3+}$、$Mn^{2+}$。

总之，离子电荷、离子半径和离子的电子构型对于离子键的强弱及有关离子化合物的性质，如熔点、沸点、溶解度及化合物的颜色等都起着决定性的作用。

5. 离子晶体

由离子键形成的化合物或晶体称为离子化合物或离子晶体。离子晶体一般具有较高的熔点和较大的硬度，而延展性差，通常较脆。离子晶体的熔点、硬度等物理性质与晶格能大小有关。离子电荷越高，离子半径越小，晶格能越大，离子键强度越大，离子晶体越稳定。

二、共价键理论

离子键理论成功地解释了如CsF、NaCl、NaBr等电负性差值较大的离子型化合物的形成和性质，但无法解释同种元素间形成的单质分子（如H_2、Cl_2等），也不能解释电负性相近的元素如何形成化合物（如HCl、H_2O、NH_3等）。为了阐述这类分子的本质特征，提出了共价键理论。目前广泛采用的共价键理论有两种：价键理论和分子轨道理论。

（一）价键理论

价键理论又称电子配对理论，简称VB法。

1. 价键理论的本质

海特勒和伦敦用量子力学方法处理H_2分子的结构，揭示了共价键的本质。氢分子是由两个氢原子构成的。每个氢原子在基态时各有一个1s电子，根据保利不相容原理一个1s轨道上最多能容纳两个自旋方向相反的电子，那么每个氢原子的1s轨道上都可以接受一个自旋方向相反的电子。当具有自旋状态相反的未成对电子的两个氢原子相互靠近时，它们之间产生强烈的吸引作用，自旋方向相反的未成对电子相互配对，形成了共价键，从而形成了稳定的氢分子。

量子力学处理氢分子的成键过程中，得到了两个氢原子相互作用能量（E）与它们核间距（R）之间的关系，如图 3-10 所示。结果表明，若两个氢原子的电子自旋方向相反，两个氢原子靠近时两核间的电子云密度大，系统的能量 E_{I} 逐渐降低，并低于两个孤立的氢原子的能量之和，称为吸引态［图 3-11(a)］。当两个氢原子的核间距 $R=74$pm 时，其能量达到最低点（$E=-436$kJ·mol^{-1}），两个氢原子之间形成了稳定的共价键，形成了氢分子。此时的能量实际就是 H_2 分子的共价键键能。若两个氢原子的核外电子自旋方向相同，两原子相互靠近时两核间电子云密度小，系统能量 E_{II} 始终高于两个孤立氢原子的能量之和，称为排斥态［图 3-11(b)］。此状态不能形成氢分子。

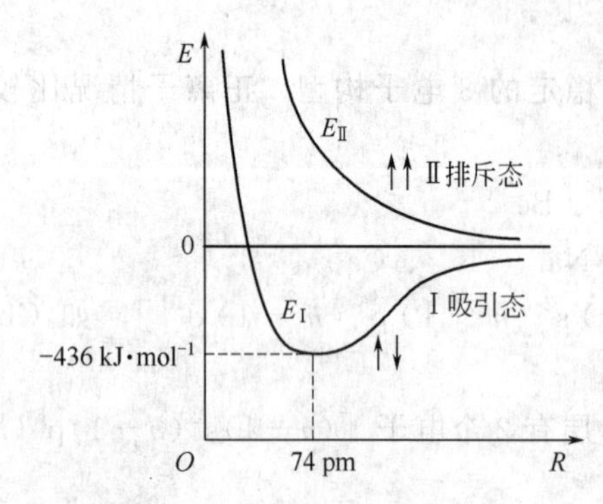

图 3-10　H_2 分子形成时的能量关系

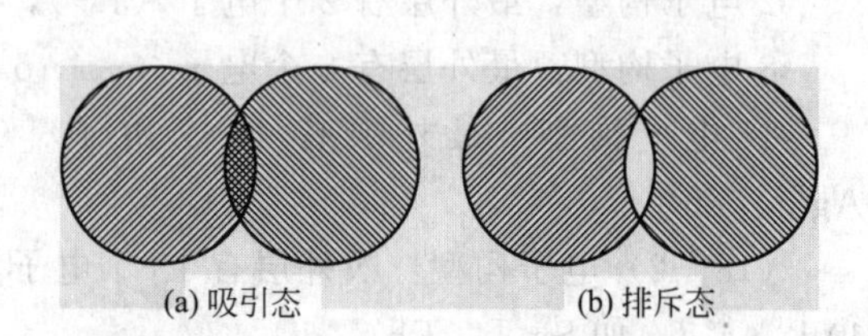

图 3-11　H_2 分子的两种状态

氢分子的吸引态之所以能成键是由于两个氢原子的 1s 原子轨道相互叠加（即原子轨道的重叠），核间距的电子云密度增大，在两个原子核间出现了一个电子云较大的区域，一方面降低了两核间的正电排斥；另一方面又增强了两核与核间负电区的吸引，使体系的能量降低，有利于形成稳定的化学键。量子力学对氢分子的处理阐明了共价键的本质仍然是电性作用，由于原子轨道的重叠，原子核间的电子云概率密度增大，受到两个原子核的共同吸引而形成共价键。

2. 价键理论的要点

① 两个原子相互靠近时，具有自旋方向相反的未成对电子可以相互配对，形成稳定的共价键。

② 两个原子结合成分子时，成键电子的原子轨道相互重叠。轨道重叠总是沿着重叠最大的方向进行，这就是共价键的方向性。重叠越多，两核间电子出现的概率密度越大，形成的共价键越牢固，即原子轨道最大重叠原理。

3. 共价键的特点

共价键的特点是既有方向性又有饱和性。

（1）饱和性　根据保利不相容原理，未成对电子配对后就不能再与其他原子的未成对电子配对。例如，当两个氢原子自旋方向相反的单电子配对成键后，已不存在单电子，不可能再与第三个 H 原子结合成 H_3。因此，形成共价键时，与一个原子相结合的其他原子的数目不是任意的，而是受未成对电子数目的制约，原子能够形成共价键的数目也就是一定的，这就是共价键的饱和性。

（2）方向性　根据原子轨道最大重叠原理，在形成共价键时，原子间总是尽可能地沿着原子轨道最大重叠方向成键。成键电子的原子轨道重叠程度越高，电子在两核间出现的概率也越大，形成的共价键就越牢固。除了 s 轨道呈球形对称外，其他的原子轨道（p、d、f）在空间都有一定的伸展方向。因此，在形成共价键的时候，除了 s 轨道和 s 轨道之间，在任何方向上都能达到最大限度的重叠外，p、d、f 原子轨道只有沿着一定的方向才能发生最大限度的重叠。如 HCl 分子形成时，H 原子的 1s 轨道和 Cl 原子的 $2p_x$ 轨道有 4 种重叠方式，如图 3-12 所示。其中，只有 1s 轨道沿 p_x 轨道的对称轴（x 轴）方向进行同号重叠才能发生最大重叠而形成稳定的共价键，如图 3-12(a) 所示；图 3-12(b) 中的重叠虽然有效，但不是最大重叠；图 3-12(c) 中的重叠由于 s 轨道和 p 轨道的正、负重叠，实际重叠为零，是无效重叠；图 3-12(d) 中，由于 s 轨道和 p 轨道的正、负两部分有等同的重叠，同号和异号两部分互相抵消，也属无效重叠。原子轨道最大重叠就决定了共价键的方向性。这个性质不仅决定了分子的空间构型，而且还影响分子的极性、对称性等。

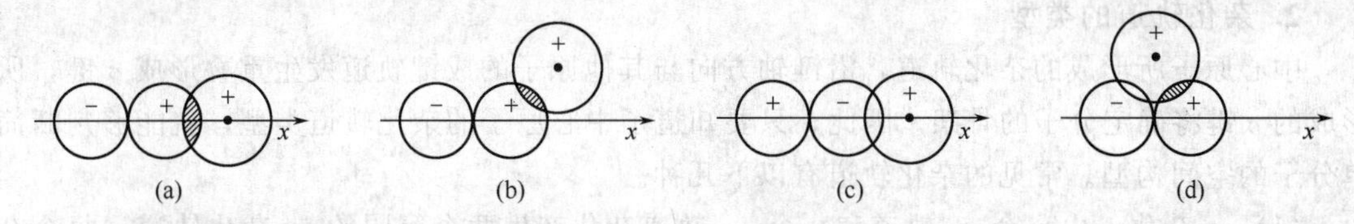

图 3-12　s 和 p_x 轨道重叠示意图

4. 共价键的类型

共价键的形成是原子轨道按一定方向相互重叠的结果。根据原子轨道重叠方式不同，共价键可分为 σ 键和 π 键。

(1) σ 键　如果两个原子轨道沿着键轴方向以“头碰头”的方式重叠，所形成的共价键叫 σ 键。如 s-s 轨道重叠（H_2 分子）、s-p 轨道重叠（HCl 分子）、p_x-p_x 轨道重叠（Cl_2 分子）都形成 σ 键，如图 3-13(a) 所示。它们共同的特点是轨道重叠部分沿着键轴呈圆柱形对称，由于轴向重叠最大，电子云密集在两核中间，两核对负电区有强烈的吸引，所以 σ 键的键能较大，稳定性高。

(2) π 键　如果两个原子轨道沿着键轴方向以“肩并肩”的方式重叠，所形成的共价键叫 π 键。如图 3-13(b) 所示。除了 p-p 轨道重叠可形成 π 键外，p-d、d-d 轨道重叠也可以形成 π 键。π 键轨道重叠程度要比 σ 键轨道重叠程度低，π 键的键能小于 σ 键的键能，所以 π 键的稳定性要比 σ 键的稳定性低，π 键的电子活动性较高，是化学反应的积极参与者。

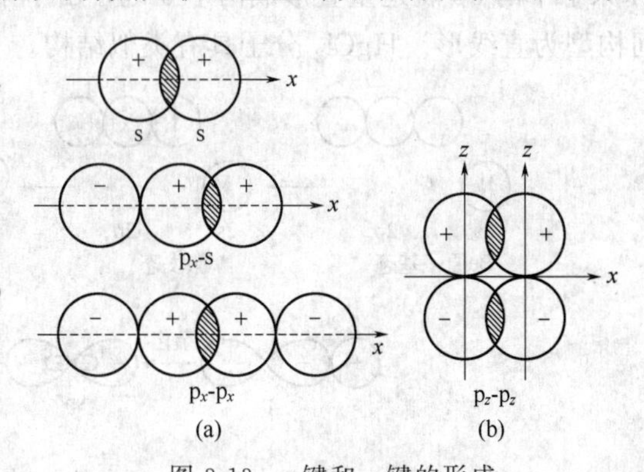

图 3-13　σ 键和 π 键的形成

如果两个原子间可形成多重键，其中必有一条 σ 键，其余为 π 键；如果只形成单键，那肯定是 σ 键。

(二) 杂化轨道理论

价键理论很好地阐明了共价键的本质，并解释了共价键的方向性和饱和性。但不能很好地解释分子的空间构型，例如基态 C 原子的电子构型 $1s^2 2s^2 2p^2$，碳原子有两个未成对的价电子，依照价键理论只能与两个氢原子形成两个共价键，而且这两个键应该是互相垂直的，但事实上，碳原子与四个氢原子结合成了 CH_4 分子。CH_4 分子中四个键角相等，为 109°28′，分子构型为正四面体。还有 $BeCl_2$、H_2O 等许多分子都无法解释，为了解释这类多原子分子的空间构型，鲍林和斯莱特于 1931 年提出了杂化轨道理论。

1. 杂化轨道理论的要点

① 原子在形成分子过程中，为了增强键的强度，中心原子中若干不同类型的能量相近的原子轨道趋向于重新组合成数目不变、能量完全相同的新的原子轨道，这种重新组合的过程称为杂化，所形成的新轨道称为杂化轨道。

② 原子轨道在杂化过程中，有几个原子轨道参加杂化，就产生几个杂化轨道，轨道数目不变，但其形状和方向发生变化。可以是等性杂化，也可以是不等性杂化。

③ 原子轨道杂化后，其电子云成键时轨道重叠程度最大，满足最大重叠原理。杂化轨道之间都力图减小相互影响，在空间采取相互影响力最小的构型，即键角最大构型。

2. 杂化轨道的类型

中心原子所形成的杂化轨道，沿键轴方向与其他原子的成键轨道发生重叠形成 σ 键，所形成的 σ 键将确定分子的骨架。因此，只要知道了中心原子的杂化轨道类型，就能够判断简单分子的空间构型。常见的杂化轨道有以下几种。

(1) sp 杂化　由一个 ns 轨道和一个 np 轨道杂化产生两个等同的 sp 杂化轨道，每个杂化轨道中含$\frac{1}{2}$s 和$\frac{1}{2}$p 轨道成分，两个杂化轨道的夹角为 180°，呈直线形。例如 $BeCl_2$ 分子的形成过程，如图 3-14 所示。从基态 Be 原子的电子层结构看（$1s^2 2s^2$），Be 原子没有未成对电子，似乎不能成键，但杂化轨道理论认为，Be 原子首先将一个 2s 电子激发到空的 2p 轨道上去，然后一个 2s 原子轨道和一个 2p 原子轨道形成两个 sp 杂化轨道。激发电子所需的能量可由形成的两个共价键放出的能量所抵消，而且有余。成键时，每个 sp 杂化轨道与 Cl 原子中的 3p 轨道重叠形成两个 σ 键，由于杂化轨道的夹角是 180°，所以 $BeCl_2$ 分子的空间构型为直线形。$HgCl_2$ 分子具有类似结构。

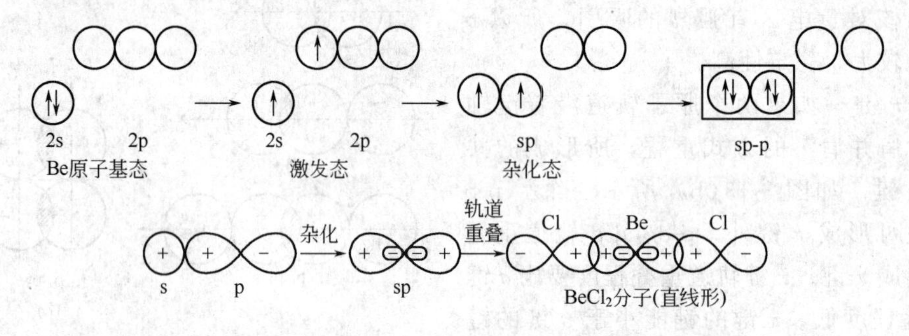

图 3-14　Be 原子的 sp 杂化和 $BeCl_2$ 分子的形成

(2) sp^2 杂化　一个 ns 轨道和两个 np 轨道进行的杂化过程叫 sp^2 杂化。每个杂化轨道含$\frac{1}{3}$s 和$\frac{2}{3}$p 轨道成分，轨道间夹角均为 120°。如 BF_3 分子中 B 原子就是采用 sp^2 杂化。基态 B 原子外层电子构型是 $2s^2 2p^1$，一个 2s 电子激发到 2p 的空轨道上，然后采用 sp^2 杂化，形成三条 sp^2 杂化轨道。各含一个电子的 sp^2 杂化轨道分别与一个 F 原子的 2p 轨道重叠形成三个等价的 σ 键，故 BF_3 分子的空间构型为平面三角形（图 3-15）。BBr_3、SO_3 等分子具有类似结构。

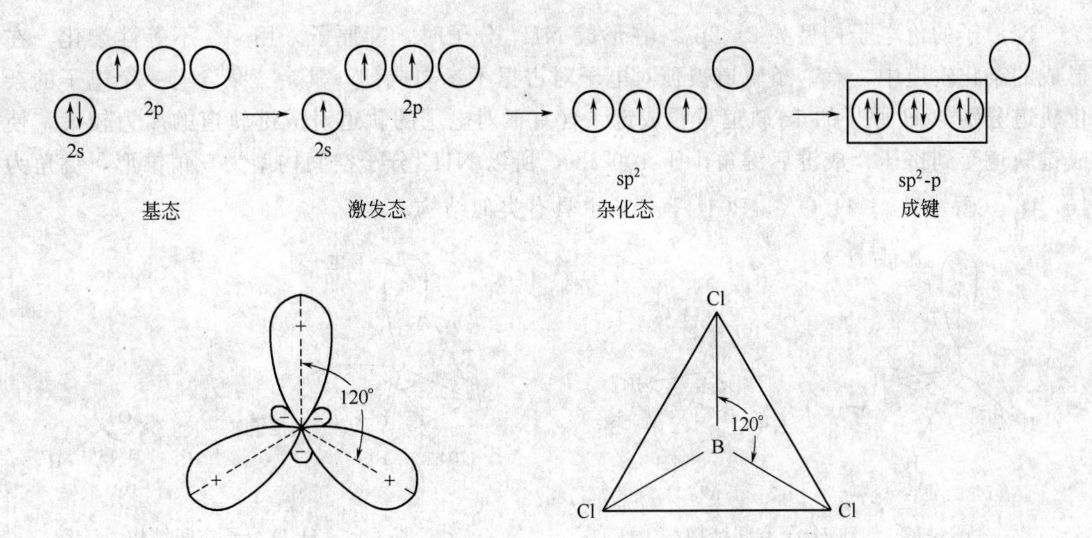

图 3-15　B 原子的 sp^2 杂化和 BF_3 分子的形成

（3）sp^3 等性杂化　一个 ns 轨道和三个 np 轨道组合而成四个等同的 sp^3 杂化轨道，叫作 sp^3 等性杂化。每个杂化轨道含 $\frac{1}{4}$s 和 $\frac{3}{4}$p 的轨道成分，杂化轨道间的夹角均为 109°28′，空间构型为正四面体。如 CH_4 分子的形成过程（图 3-16）。基态 C 原子外层电子构型是 $2s^2 2p^2$，一个 2s 电子激发到 2p 的空轨道上，然后采用 sp^3 杂化，形成了 4 个 sp^3 杂化轨道，然后分别与 H 原子的 1s 轨道重叠形成四条 σ 键，所以 CH_4 分子的空间构型为正四面体。

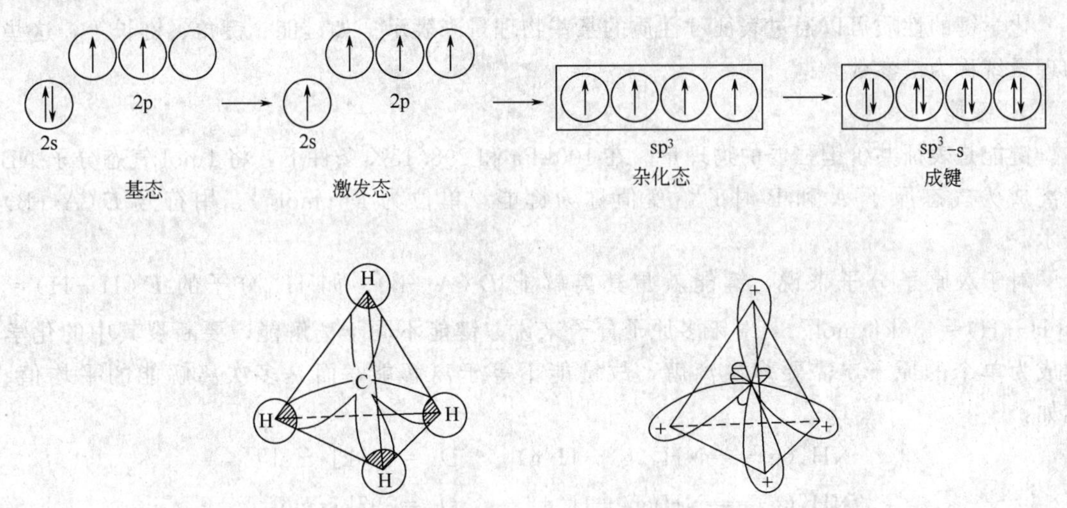

图 3-16　C 原子的 sp^3 杂化和 CH_4 分子的形成

此外，CCl_4、$SiCl_4$、SiH_4 以及 NH_4^+ 等的骨架均为 sp^3 杂化轨道形成的 σ 键构成，均为正四面体构型。CH_3Cl 分子中的 C 虽然也是 sp^3 杂化，但成键原子的电负性不同，其键距不同，所以分子构型是四面体而不是正四面体。

（4）sp^3 不等性杂化　前面提到的 sp、sp^2、sp^3 杂化中每个杂化轨道都是等同的（能量相同、成分相同），这样的杂化称为等性杂化。如果参与杂化的原子轨道含有不参加成键的孤对电子时，形成的杂化轨道不完全等同，这样的杂化称为不等性杂化。

N原子的价电子构型为$2s^22p^3$，在形成NH_3分子时，N原子采用sp^3不等性杂化，在形成的杂化轨道中，有一条轨道被孤对电子对占据不参与成键，其余三条含有一个电子的杂化轨道分别与H原子的1s轨道重叠成键。含有孤对电子的轨道对成键轨道的斥力较大，使成键轨道受到挤压，成键后键角小于109°28′，所以NH_3分子空间构型为三角锥形，键角为107°18′（图3-17）。H_3O^+、PCl_3等分子也具有类似结构。

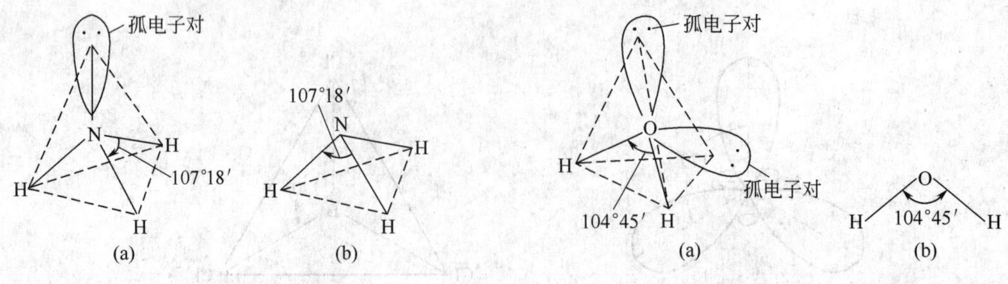

图3-17　NH_3分子空间结构　　图3-18　H_2O分子空间结构

O原子的价电子构型为$2s^22p^4$，在形成H_2O分子时，O原子采用sp^3不等性杂化，在形成的杂化轨道中，有两条轨道被孤对电子对占据不参与成键，其余两条含有一个电子的杂化轨道分别与H原子的1s轨道重叠成键。由于杂化轨道中有二对孤对电子，占据了较大的空间，对成键轨道的斥力更大，使H_2O分子的键角减小为104°45′，分子构型为V形（图3-18）。H_2S、OF_2等分子也具有类似结构。

三、键参数与分子的性质

化学键的性质可以通过表征键性质的某些物理量来表示。如键能、键角、键长等，这些物理量统称为键参数。

1. 键能

键能是表征共价键强弱的物理量。在100kPa和298.15K条件下，将1mol气态分子AB解离成为气态原子A和B时的焓变值称为键能。单位为$kJ \cdot mol^{-1}$，用符号E(A—B)表示。

对于双原子分子来说，键能就是其离解能D(A—B)。如H_2分子的E(H—H)=D(H—H)=$436kJ \cdot mol^{-1}$。对于多原子分子来说，键能不同于离解能，要断裂其中的化学键成为单个的原子，需要多次离解，故键能不等于离解能，而是多次离解能的平均值。例如：

$$NH_3(g) = NH_2(g) + H(g) \qquad D_1 = 435kJ \cdot mol^{-1}$$

$$NH_2(g) = NH(g) + H(g) \qquad D_2 = 397kJ \cdot mol^{-1}$$

$$NH(g) = N(g) + H(g) \qquad D_3 = 339kJ \cdot mol^{-1}$$

对于
$$NH_3(g) = N(g) + 3H(g) \qquad D_{总} = 1171kJ \cdot mol^{-1}$$

$$键能\ E(H—N) = D_{总}/3 = 1171/3 = 390kJ \cdot mol^{-1}$$

一般来说，键能越大，键越牢固。双键的键能比单键的键能大得多，但不等于单键键能的二倍；同样三键键能也不是单键键能的三倍。键能的数据通常可以由热力学方法计算，也可通过光谱实验来测定。表3-3给出了一些化学键的键能，更多化学键的键能见附录七。

表 3-3　一些化学键的键能和键长

键	键能/$kJ \cdot mol^{-1}$	键长/pm	键	键能/$kJ \cdot mol^{-1}$	键长/pm
H—H	436	76	Br—H	368	140.8
F—F	155	141.8	I—H	297	160.8
Cl—Cl	243	198.8	C—H	415	109
Br—Br	193	228.4	O—H	465	96
I—I	151	266.6	C—C	331	154
F—H	565	91.8	C═C	602	134
Cl—H	431	127.4	C≡C	812	120

2. 键长

分子中两个成键原子的核间距离叫键长。键长可由光谱实验方法测定，对于简单分子，也可用量子力学方法近似计算。一般来说，两个原子间形成的键，其键长越短，键能越大，键就越牢固，表 3-3 给出了一些化学键的键长。

3. 键角

在分子中键与键之间的夹角叫键角。键角的数据可由分子光谱和 X 射线衍射法测定。键角是反映分子空间结构的重要因素之一。例如，H_2O 分子中的 2 个 O—H 键之间的夹角是 $104°45'$，这说明水分子是 V 形结构；而 CH_4 分子中有 4 个 C—H 键，每 2 个 C—H 键之间的夹角为 $109°28'$，分子为正四面体结构。

4. 键的极性

若化学键中正、负电荷中心重合，则键无极性，反之键有极性。在同核的双原子分子中，由于同种原子的电负性相同，对共用的电子对的引力相同，成键两个原子的正、负电荷中心重合形成非极性键。如 H_2、O_2 等分子中的化学键是非极性键。不同原子间形成的化学键，由于原子的电负性不同，成键原子的电荷分布不对称，电负性较大的原子带负电荷，电负性较小的原子带正电荷，正、负电荷中心不重合，形成极性键。如 HCl、H_2O、NH_3 等分子中的化学键是极性键。电负性差值越大，键的极性越大。

5. 分子的极性

任何一个分子中都存在一个正电荷中心和一个负电荷中心，根据分子中正、负电荷中心是否重合，可以把分子分为极性分子和非极性分子。正、负电荷中心不重合的分子叫极性分子；正、负电荷中心重合的分子叫非极性分子。

分子的极性是否和键的极性一致？如果分子的化学键都是非极性键，通常分子不会有极性。但组成分子的化学键为极性键，分子则可能有极性，也可能没有极性。双原子分子中分子的极性与键的极性一致，多原子分子中分子的极性与键的极性关系，有以下三种情况。

① 分子中的化学键均无极性，通常分子无极性。如 P_4、S_8 等。

② 分子中的化学键有极性，但分子的空间构型对称，键的极性相互抵消，则分子无极性。如 CO_2、BF_3 等。

③ 分子中的化学键有极性，但分子的空间构型不对称，键的极性不能相互抵消，则分子有极性。如 H_2O、SO_2、$CHCl_3$ 等。

分子极性的大小通常用偶极矩 μ 来衡量，极性分子的偶极矩等于正（或负）电荷所带的电量 q 与正、负电荷中心的距离 d 的乘积。偶极矩的 SI 单位是库仑・米（C•m）。

$$\mu = q \cdot d$$

偶极矩的大小可以判断分子有无极性，比较分子极性的大小。$\mu=0$，为非极性分子；μ值越大，分子的极性越大。表3-4列出了一些分子的偶极矩实验数据。

表3-4　一些物质的分子的偶极矩和分子的几何构型

分子	偶极矩/10^{-30}C·m	几何构型	分子	偶极矩/10^{-30}C·m	几何构型
H_2	0.0	直线形	HF	6.4	直线形
N_2	0.0	直线形	HCl	3.4	直线形
CO_2	0.0	直线形	HBr	2.6	直线形
CS_2	0.0	直线形	HI	1.3	直线形
CH_4	0.0	正四面体	H_2O	6.1	角形
CCl_4	0.0	正四面体	H_2S	3.1	角形
CO	0.37	直线形	SO_2	5.4	角形
NO	0.50	直线形	NH_3	4.9	三角锥形

四、分子间力和氢键

1. 分子间力

分子间力是在共价分子间存在的弱的短程作用力，又称范德华力。由于分子间力比化学键弱得多，所以不影响物质的化学性质，但它是决定分子晶体的熔点、沸点、汽化热及溶解度等物理性质的重要因素。分子间力包括三种力：色散力、诱导力和取向力。

（1）色散力　任何分子由于其电子和原子核的不断运动，会发生电子云和原子核之间的瞬间相对位移，从而产生瞬间偶极。瞬间偶极之间的作用力称为色散力。

色散力与分子的变形性有关。分子的变形性越大，色散力越大。分子中原子或电子数越多，分子越容易变形，所产生的瞬间偶极矩就越大，相互间的色散力越大。不仅在非极性分子中会产生瞬间偶极，极性分子中也会产生瞬间偶极。因此，色散力不仅存在于非极性分子间，同时也存在于非极性分子与极性分子之间和极性分子与极性分子之间，所以，色散力是分子之间普遍存在的作用力。

（2）诱导力　当极性分子与非极性分子相邻时，极性分子就如同一个外加电场，使非极性分子发生变形极化，产生诱导偶极。极性分子的固有偶极与诱导偶极之间的这种作用力称为诱导力。诱导力的本质是静电引力，极性分子的偶极矩愈大，非极性分子的变形性愈大，产生的诱导力也愈大。

（3）取向力　极性分子与极性分子之间，由于同性相斥、异性相吸的作用，使极性分子间按一定方向排列而产生的静电作用力，称为取向力。取向力的本质是静电作用，可根据静电理论求出取向力的大小。分子的极性越大，取向力越大；分子间距离越小，取向力越大。

总之，分子间力是上述三种力的总和，在不同情况下分子间力的组成不同。在非极性分子之间只有色散力，在极性和非极性分子之间有色散力和诱导力，在极性分子之间则有取向力、诱导力和色散力。在多数情况下，色散力占分子间力的绝大部分。只有极性很大的分子，取向力才占较大部分，诱导力通常很小。

分子间力是存在于分子间的静电引力，没有方向性和饱和性。分子间力是短程力，随着分子间距离的增加，分子间力迅速减小，其作用能在几到几十千焦每摩尔之间。分子间力主要影响物质的物理性质，如物质的熔点、沸点、溶解度等。对于相同类型的物质，随着相对分子质量的增大，分子间力增大（主要是色散力增大），物质的熔、沸点也随之增高。例如，

HX 的分子量依 HCl→HBr→HI 顺序增加，分子间力依次增加，故其熔、沸点也依次增加。然而它们的化学键的键能依次减小，所以其热稳定性依次减小。稀有气体从 He 到 Xe 在水中的溶解度依次增大，其原因是从 He 到 Xe 原子半径依次增大，分子的变形性也依次增大，水分子对它们的诱导力就依次增大，因此溶解度依次增大。溶质和溶剂的分子间力越大，则溶质在溶剂中的溶解度就越大。

2. 氢键

通过对分子间力的讨论可知，相同类型的化合物的熔、沸点随着分子的相对分子质量的增大而升高，如以上讨论的 HCl、HBr、HI。但某些氢化物，如 HF、H_2O、NH_3 等与它们同系列氢化物相比却出现反常现象，它们的分子量在同系列中最小，而它们的熔、沸点却异常偏高，这是因为这些分子间除了有分子间力外，还存在着一种特殊的作用力——氢键。

(1) 氢键的形成　当氢与电负性很大、半径很小的 X 原子（如 F、N、O 原子）形成共价键时，由于共用电子对强烈偏向于 X 原子，因而氢原子几乎成为裸露的质子，这样氢原子就可以和另一个电负性很大的且含有孤对电子的 Y 原子（F、N、O 原子）产生静电引力，这种引力称为氢键。

形成氢键的条件是：①氢原子与电负性很大的原子 X 形成共价键；②有另一个电负性很大且具有孤对电子的原子 Y。氢键通常以 X—H…Y 表示。氢键键能比化学键键能小得多，与范德华力同一个数量级，但一般比范德华力稍强，其键能在 $8\sim50\text{kJ}\cdot\text{mol}^{-1}$ 范围。

(2) 氢键的特点　氢键具有方向性和饱和性。形成氢键的三个原子 X—H…Y 在同一条直线上时，X、Y 原子间距离最远，两原子的电子云间排斥力最小，体系能量最低，形成的氢键最稳定，这就是氢键的方向性。氢键的饱和性是指每一个 X—H 一般只能与一个 Y 原子形成氢键，因为 H 原子的体积较小，而 X、Y 原子体积较大，当 H 与 X、Y 形成氢键后，若有第三个电负性较大的 X 或 Y 原子接近 X—H…Y 氢键时，要受到两个电负性大的 X、Y 原子的强烈排斥，所以，X—H…Y 上的 H 原子不能再形成第二个氢键。

氢键可以存在于分子之间，如 HF、H_2O、NH_3 分子之间，称为分子间氢键，如图 3-19。也可以存在于分子内部，如 HNO_3、邻位的硝基苯酚等，称为分子内氢键，如图 3-20。它们对物质的物理性质影响也有所不同。

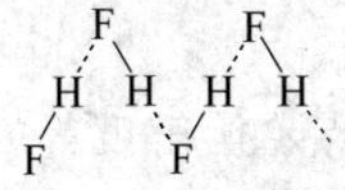

图 3-19　分子间氢键

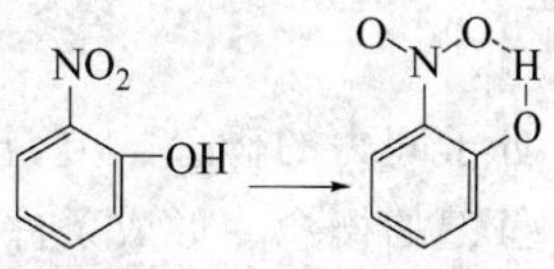

图 3-20　分子内氢键

(3) 氢键对物质性质的影响　分子间形成氢键时，使分子间结合力增强，使物质的熔点、沸点、气化热增大，液体的密度增大。例如 HF 的熔、沸点比 HCl 高，H_2O 的熔、沸点比 H_2S 高，分子间氢键还是分子缔合的主要原因。分子内氢键的形成一般使化合物的熔点、沸点、熔化热、气化热减小。例如邻硝基苯酚易形成分子内氢键，其熔点为 45℃；间位和对位的硝基苯酚易形成分子间氢键，其熔点分别为 96℃和 114℃。

氢键的形成还会影响化合物的溶解度。当溶质和溶剂分子间形成氢键时，使溶质的溶解度增大；而含有分子内氢键的溶质在极性溶剂中的溶解度下降，而在非极性的溶剂中的溶解度增大。例如，邻硝基苯酚易形成分子内氢键，比其间、对位的硝基苯酚在水中的溶解度更小，更易溶于苯中。

氢键在生物大分子如蛋白质、DNA、RNA及糖类等中有重要作用。例如DNA的双螺旋结构就是靠碱基之间的氢键连接在一起的。虽然氢键很弱，但在生物体内，大量氢键的共同作用仍然可以起到稳定结构的作用。由于氢键在形成蛋白质的二级结构中的作用，氢键在人类和动植物的生理、生化过程中都起着十分重要的作用。

本章小结

1. 原子结构

(1) 原子结构理论的发展概况，波函数的数学表达式及各符号的物理意义。

(2) 四个量子数（主量子数、角量子数、磁量子数及自旋量子数）的符号、取值范围及物理意义。

(3) 原子轨道的角度分布图、电子云与径向分布图的意义、表示方法及它们之间的相互联系与区别。

(4) 屏蔽效应和钻穿效应的基本概念及其对轨道能量的影响、能级分裂与能级交错现象的解释。

(5) 近似能级图与能级组的划分、核外电子排布的三个规则（保利不相容原理、能量最低原理、洪特规则及其特例）。多电子原子的核外电子排布的方法及其原子核外电子排布式，轨道表示式，价电子构型的表示方法。

(6) 元素的基本性质的概念及其周期性、元素周期表的结构（周期、族、区），元素的原子核外电子排布与元素在周期表中的位置的关系。

2. 分子结构

(1) 离子键的概念、特点，离子的电荷、半径、电子层结构对离子键强度的影响。晶格能的概念及其对离子晶体的硬度、熔点等性质的影响。

(2) 共价键的概念、类型、特点，共价键理论的要点。

(3) 轨道杂化的基本概念，轨道理论的要点。sp、sp^2、sp^3 等性杂化，sp^3 不等性杂化所形成的分子的构型及其具体的分析。

(4) 键参数、化学键极性与分子极性的联系与区别，偶极矩的概念及其化学键极性的比较。

(5) 分子间力的概念、类型及其对物质性质如熔点、沸点、溶解度等的影响。

(6) 氢键的概念、形成条件、特点及其对物质的熔点、沸点、气化热、密度及溶解度的影响。

思考题与习题

1. 判断下列叙述是否正确：

(1) 电子具有波粒二象性，故每个电子既是粒子，又是波。

(2) 电子的波性，是大量电子运动表现出的统计性规律的结果。

(3) 波函数 Ψ，即原子轨道，是描述电子空间运动状态的数学表达式。

2. 在 He^+ 中，3s，3p，3d，4s 轨道能量自低至高排列顺序为________，在 K 原子中，顺序为________，在 Mn 原子中，顺序为________。

3. 具有下列原子外层电子结构的四种元素：

(1) $2s^2$　(2) $2s^2 2p^1$　(3) $2s^2 2p^3$　(4) $2s^2 2p^4$

其中第一电离能最大的是________，最小的是________。

4. 原子中电子的运动有何特点？概率与概率密度有何区别和联系？

5. 什么是屏蔽效应和钻穿效应？怎样解释同一主层中的能级分裂即不同主层中的能级交错现象？

6. 写出原子序数为 24 的元素的基态原子的电子结构式，并用四个量子数分别表示每个价电子的运动状态。

7. 已知 M^{2+} 3d 轨道中有五个电子，推出：(1) M 原子的核外电子排布；

(2) M 原子最外层和最高能级组中电子数；(3) M 元素在周期表中的位置。

8. 具有下列外电子层结构的元素，位于周期表中的哪一周期？哪一族？哪一区？

(1) $2s^2 2p^6$　(2) $3d^5 4s^2$　(3) $4d^{10} 5s^2$　(4) $4f^1 5d^1 6s^2$

9. 写出下列原子或离子的外层电子结构：

(1) 17 号元素 Cl 和 Cl^-　(2) 26 号元素 Fe 和 Fe^{3+}　(3) 29 号元素 Cu 和 Cu^{2+}

10. 用 4 个量子数描述基态 N 原子外层 $2s^2 2p^3$ 各电子的运动状态。

11. 判断下列分子中哪些是极性的，哪些是非极性的，为什么？

CH_4，$CHCl_3$，CO_2，BCl_3，NH_3，H_2S

12. 用杂化轨道理论判断下列分子构型，并判断偶极矩是否为零。

CCl_4，BF_3，H_2Se，PH_3

13. 说明下列每组分子之间存在着什么形式的分子间作用力（取向力、诱导力、色散力、氢键）？

(1) 苯和 CCl_4；(2) 甲醇和水；(3) HBr 气体；(4) He 和水。

14. 判断下列叙述是否正确：

(1) 金属元素和非金属元素间形成的键不一定都是离子键。

(2) 共价键和氢键均有方向性和饱和性。

(3) 只有 s 电子与 s 电子配对才能形成 σ 键。

(4) CH_4 分子中，碳原子为 sp^3 等性杂化；CH_3Cl 分子中，碳原子为 sp^3 不等性杂化。

(5) 在 NH_3 分子中，三个 N—H 键的键能是一样的，因此破坏每个 N—H 键所消耗的能量也相同。

(6) 相同原子间双键键能是单键的两倍。

(7) 凡是含氢的化合物，其分子之间都能形成氢键

15. 选择题：

(1) 下列各分子中键角最大的是（　）。

A. H_2S　B. H_2O　C. NH_3　D. CCl_4

(2) 下列能形成分子间氢键的物质是（　）。

A. NH_3　B. C_2H_4　C. HI　D. H_2S

(3) 下列离子晶体中，晶格能最大的是（　）。

A. $CaCl_2$　B. CaF_2　C. NaF　D. NaCl

(4) 下列陈述正确的是（　）。

A. 按照价键理论，两成键原子的原子轨道重叠程度越大，键的强度就越小

B. 多重键中必有一 σ 键

C. 键的极性越大，键就越强

D. 两原子间可以形成多重键，但两个以上的原子间不可能形成多重键

(5) 已知 NCl_3 分子的空间构型是三角锥形，则中心原子 N 采取的是（　）。

A. sp^3 杂化　B. 不等性 sp^3 杂化　C. dsp^2 杂化　D. sp^2 杂化

第四章
定量分析概论

分析化学是关于研究物质的组成、含量、结构和形态等化学信息的分析方法及理论的一门科学，是化学的一个重要分支。分析化学在国民经济的发展、国防力量的壮大、科学技术的进步等各个方面都有着举足轻重的作用，已被广泛应用于工农业生产、地质勘探、冶金、材料、环境保护、医药卫生、生命科学等领域。近年来随着生活质量的提高，人们更加关注食品安全和营养，微量元素和人体健康，疾病的发生、预防、诊断和治疗等问题，使得分析化学在农业、生物、食品学科中的实际应用就更加明显。因此分析化学是农业、生物、食品学科各专业学生学习的一门重要基础课程。

分析化学按其任务可以分为定性分析、定量分析和结构分析，即确定物质的化学组成、测定各组成的含量以及表征物质的化学结构。本教材重点介绍定量分析。

第一节　定量分析方法

一、化学分析和仪器分析

根据测定原理和测定方法不同，定量分析方法可分为化学分析和仪器分析两大类。

1. 化学分析

以物质的化学反应为基础的分析方法称为化学分析。化学分析历史悠久，是分析化学的基础，故又称经典分析法。该方法适用于常量分析，主要有重量分析法和滴定分析法。

（1）重量分析法

重量分析法是将待测组分与试样中的其他组分分离后，转化为一定的称量形式，用称重方法测定该组分的含量。根据分离方法不同，重量分析法又分为沉淀重量法、气化法和电解重量法等。

（2）滴定分析法

滴定分析法又称容量分析法，这种方法是将一种已知准确浓度的试剂即标准溶液（也称滴定剂）滴加到待测组分的溶液中，或者是将待测组分的溶液滴加到标准溶液中，直到标准溶液与待测组分按化学计量关系恰好完全反应，根据标准溶液的浓度和消耗体积计算待测组分的含量。

根据化学反应的类型不同，滴定分析法又分为酸碱滴定法、沉淀滴定法、配位滴定法和氧化还原滴定法等。

2. 仪器分析

以物质的物理和物理化学性质为基础的分析方法称为物理和物理化学分析法。这类方法都需要使用较特殊的仪器，所以，通常称为仪器分析法。适用于微量组分和痕量组分的分析。主要有以下几类。

（1）光学分析法

光学分析法是根据物质发射的电磁辐射或电磁辐射与物质相互作用而建立起来的一类分析化学方法。主要包括分子光谱法和原子光谱法，如紫外可见分光光度法、红外分光光度法、分子荧光及磷光分析法、原子吸收光度法、原子发射光谱法、原子荧光分析法等。

（2）电化学分析法

电化学分析法是利用物质的电学及电化学性质建立的一类分析方法。它主要包括电位分析法、电导分析法、伏安分析法、电重量分析法和库仑分析法等。

（3）色谱分析法

色谱分析法利用物质在两相中的吸附、溶解或其他亲和作用性能的差异来进行物质分离与测定的方法。主要有气相色谱法、液相色谱法。

（4）其他仪器分析法

仪器分析法还包括质谱分析法、核磁共振波谱分析法、电子探针和离子探针微区分析法、放射分析法、差热分析法、光声光谱分析法以及各种联用技术分析方法等。

以上分析方法各有特点，也各有一定的局限性，通常要根据待测组分的性质、组成、含量和对分析结果准确度的要求等，选择最适当的分析方法进行测定。

二、常量分析、半微量分析和微量分析

根据试样的用量不同，又可将定量分析方法分为常量分析、半微量分析、微量分析和超微量分析，如表 4-1 所示。在某些稀有珍贵样品的分析中，微量和超微量分析具有重要的意义。

表 4-1 各种分析方法的试样用量

方法	试样质量	试液体积/mL	方法	试样质量	试液体积/mL
常量分析	>0.1g	>10	微量分析	0.1～10mg	0.01～1
半微量分析	0.01～0.1g	1～10	超微量分析	<0.1mg	0.01

三、常量组分、微量组分和痕量组分分析

根据样品中待测组分的相对含量高低不同，将定量分析方法粗略分为常量组分分析（>1%）、微量组分分析（0.01%～1%）、痕量组分分析（<0.01%）。

痕量组分的分析不一定是微量分析，为了测定痕量组分，取样往往超过 0.1g。应该指出，上述分类方法的标准并不是绝对的。不同时期、不同国家或不同部门可能有不同的划分。

四、例行分析、快速分析和仲裁分析

根据分析工作要求的不同，分析方法还可分为例行分析、快速分析和仲裁分析等。一般

实验室进行的日常分析，称为例行分析，又叫常规分析。要求快速简易、在短时间内获得结果的分析工作称为快速分析，如：炉前分析、土壤速测等。快速分析的误差要求较宽。当不同单位对分析结果有争论时，请权威的单位进行裁判的分析工作，称为仲裁分析。

第二节　定量分析的过程

定量分析的过程大致包括以下几个步骤。

一、试样的采取和制备

试样的采取和制备是指从大批量物料中采取原始样品，然后再制备成供分析用的分析试样。要求分析试样具有高度的代表性，否则进行分析工作毫无意义。因此，在进行分析工作之前，了解试样的来源，明确分析的目的，做好试样的采取和制备工作是非常重要的。

采样的具体方法依分析对象的形态、均匀程度、数量以及分析项目的不同而异，在各类物质（如土壤、肥料、水质、饲料、食品、生物等）的专门分析书籍和分析检测规程中均有规定。但总的原则是采集的样品必须要有代表性。

固体试样的制备包括风干、破碎、过筛、混匀和缩分。

缩分可用手工或机械（分样器）进行，常用的手工缩分方法为“四分法”，如图 4-1 所示。

图 4-1 “四分法”缩分试样

留下两份混匀，这样样品便缩减了一半，称为缩分一次。连续进行多次缩分直至所剩样品稍大于所需试样质量（一般 100～300g）为止。然后装入瓶中，贴上标签备用。

二、试样的称取和分解

称取试样的过程又叫称样，称样量的多少应根据待测组分的含量、测定方法的准确度、仪器的精密度及分析的目的要求等来确定。

将试样分解制成试液是分析工作的重要步骤之一。在分解试样时必须注意：①试样分解必须完全，处理后的溶液中不应留有原试样的残渣或粉末；②试样分解过程中待测组分不应有损失；③试样分解过程中不应引入待测组分和干扰物质。由于试样的性质不同，采用的分解试样方法也有所不同。

（1）溶解分解法

溶解分解法是采用适当的溶剂将试样溶解制成溶液的一种较为简便的方法。常用的溶剂有水、酸、碱和混合酸等。常用的酸溶剂有：盐酸、硫酸、硝酸、高氯酸、氢氟酸、磷酸和一些混酸等；碱溶剂主要有：氢氧化钠和氢氧化钾溶液。

（2）熔融分解法

熔融分解法是将试样与固体熔剂混合，在高温下加热使试样的全部组分转化成易溶于水或酸的化合物。常用的酸性熔剂有焦硫酸钾（$K_2S_2O_7$）、硫酸氢钾和铵盐混合物等；碱性熔剂有碳酸钠、碳酸钾、氢氧化钠、氢氧化钾和过氧化钠等。

具体试样的分解方法可参考有关分析资料。

三、测定方法的选择

对某种组分的测定往往有多种分析方法，这时应根据被测组分的性质、被测组分的含量、对测定的具体要求以及实验室的条件选择合适的分析方法进行测定。这些都是建立在对各种方法了解、掌握的基础上进行的。因此，首先需要熟悉各种方法的原理及特点，以便在需要时能正确选择合适的分析方法。

四、干扰组分的处理

所测定试样或试液常含有多种组分，当这些共存组分对测定彼此干扰时，就必须在测定前或测定中设法消除干扰。通常按以下思路考虑：在采用选择性高、干扰少的分析方法的基础上，首先考虑用掩蔽的方法（配位掩蔽法、沉淀掩蔽法和氧化还原掩蔽法等）消除干扰组分的影响，如仍不能消除干扰的话，则必须采用各种分离方法（沉淀分离法、萃取分离法和色谱分离法等）进行分离处理以消除干扰。

此外，随着计算机技术和化学计量学方法的发展，很多干扰问题可在仪器测试中或通过计算机处理来解决。

五、计算分析结果

根据试样的用量、测量所得数据和分析过程中有关反应的计量关系等，计算出待测组分的含量。固体试样通常以质量分数 w 表示，液体试样通常用质量浓度 ρ 表示，气体试样以体积分数表示。

分析结果以待测组分实际存在形式的含量表示。如果待测组分实际存在形式不清楚或有多种形式存在时，则分析结果最好以元素形式或氧化物形式的含量表示。

第三节　定量分析误差

一、误差的来源及分类

根据误差性质的不同，可以分为系统误差和随机误差两大类。

1. 系统误差

系统误差又称可测误差，是由某些固定的原因造成的。主要有以下几类。

（1）方法误差

指由分析方法本身所造成的误差。例如，在滴定分析中，反应进行不完全、化学计量点和滴定终点不相符、有副反应发生、干扰离子的影响等；在沉淀重量法中，沉淀的溶解、共沉淀，灼烧时沉淀的分解或挥发等，都将导致测定结果系统偏高或偏低。

（2）仪器误差

仪器误差来源于仪器本身不够精确，如天平两臂不等长，砝码质量、容量器皿刻度和仪表刻度不准确等。

（3）试剂误差

试剂误差来源于试剂不纯，如试剂和蒸馏水中含有被测物质或干扰物质等，将导致测定结果系统偏高或偏低。

（4）操作误差

是由分析人员所掌握的分析操作与正确的分析操作有差别所引起的。例如，滴定条件控制不当，在辨别滴定终点颜色时敏感性不同，读数时有习惯性偏向，称取试样时未注意防止试样吸湿等。

系统误差具有单向性、重复性和可测性。理论上，系统误差的大小、正负是可以测定的，因此，系统误差是可以校正的。

2. 随机误差

随机误差又称偶然误差，它是由一些难以控制的、随机的、偶然的原因造成的。例如，测量时环境温度、湿度和气压的微小波动，仪器性能的微小变化，分析人员在平行测定时操作上的微小差别等，都将使测定结果在一定范围内波动而引起随机误差。随机误差是可变的，有时大、有时小、有时正、有时负，故而又称为不定误差。

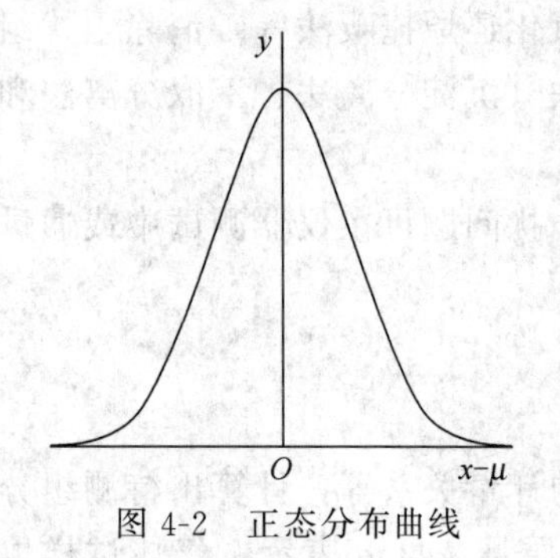

图 4-2　正态分布曲线

对于有限次的测定，随机误差似乎无规律可言。但若重复测定相当多次时，就会发现随机误差的出现符合一般的统计规律，即符合正态分布曲线，①大小相近的正、负误差出现的概率相等；②小误差出现的机会多，大误差出现的机会少，特别大的正、负误差出现的概率非常小。如图 4-2 所示。

由此可见，系统误差和随机误差性质不同，但两者并无严格的界限，经常同时存在，有时也难以分清，而且还可以相互转化。我们讨论误差的目的在于揭示误差的规律性，便于“对症下药”，尽量减小或消除误差。

应该指出，除系统误差和随机误差外，还有一类“过失误差”。过失误差是指工作中的差错造成的。例如，器皿不洁净、溶液溅失、加错试剂、读错刻度、记错数据和计算错误等，这些不属于误差范畴，对有错误的测定结果，应直接剔除。

二、准确度与误差

真值（x_T）是试样中某组分客观存在的真实含量，测定值（x）与真值（x_T）相接近的程度称为准确度。测定值（x）与真值（x_T）愈接近，其误差的绝对值愈小，测定结果的准确度愈高。因此，误差的大小是衡量准确度的尺度。

误差可用绝对误差（E）和相对误差（E_r）来表示：

绝对误差
$$E=x-x_T \tag{4-1}$$

相对误差
$$E_r=\frac{E}{x_T}=\frac{x-x_T}{x_T}\times 100\% \tag{4-2}$$

绝对误差和相对误差都有正值和负值。正值表示测定结果偏高；负值表示测定结果偏低。绝对误差以测量单位为单位，而相对误差表示误差在真值中所占的百分率，没有量纲。

例如，用分析天平称量两试样的质量分别为 1.4320g 和 0.1432g，假定两者的真值分别为 1.4321g 和 0.1433g，则两者称量的绝对误差分别为：

1.4320g－1.4321g＝－0.0001g，0.1432g－0.1433g＝－0.0001g

两者称量的相对误差分别为：

$$\frac{-0.0001\text{g}}{1.4321\text{g}}\times 100\%=-0.007\%,\quad \frac{-0.0001\text{g}}{0.1433\text{g}}\times 100\%=-0.07\%$$

由此可见，绝对误差相等，相对误差并不一定相等。同样的绝对误差，当被测定的真值结果较大时，相对误差就比较小，测定的准确度也就比较高，因此，用相对误差来表示各种情况下测定结果的准确度更为确切些。

三、精密度与偏差

精密度是指在相同条件下各次平行测定结果之间相互接近的程度。如果各次平行测定结果比较接近，表示测定结果的精密度高，反之则低。有时用重复性和再现性表示不同情况下分析结果的精密度，前者表示同一分析人员在同一条件下所得结果的精密度，后者表示不同分析人员或不同实验室之间在各自的条件下所得结果的精密度。用偏差来衡量所得分析结果的精密度。

1. 绝对偏差、平均偏差和相对平均偏差

绝对偏差（d_i）是指各单次测定值（x_i）与平均值（$\overline{x}$）之间的差值，即：

$$d_i=x_i-\overline{x}\qquad(i=1,2,3,\cdots,n)\tag{4-3}$$

平均偏差（$\overline{d}$）为各单次测定值绝对偏差的绝对值之和的平均值。

$$\overline{d}=\frac{|d_1|+|d_2|+\cdots+|d_n|}{n}=\frac{1}{n}\sum_{i=1}^{n}|d_i|\tag{4-4}$$

相对平均偏差（$\overline{d}_r$）表示平均偏差（$\overline{d}$）占平均值（$\overline{x}$）的百分率。

$$\overline{d}_r=\frac{\overline{d}}{\overline{x}}\times 100\%\tag{4-5}$$

平均偏差和相对平均偏差由于取了绝对值，因而都是正值。一般来说，平均偏差或相对平均偏差越小，精密度越高，反之亦然。

2. 样本标准偏差和相对标准偏差

由于在一系列测定值中，偏差小的值总是占多数，这样按总测定次数来计算平均偏差时会使所得的结果偏小，大偏差值将得不到充分的反映。因此在数理统计中，一般不采用平均偏差来衡量数据的精密度，而是在测定次数为有限次测定（n＜20 次）时，采用样本标准偏差（s）来衡量数据的精密度。

$$s=\sqrt{\frac{\sum_{i=1}^{n}(x_i-\overline{x})^2}{n-1}}\tag{4-6}$$

式中，($n-1$) 称为自由度，以 f 表示。

相对标准偏差（s_r）又称变异系数（CV），样本的相对标准偏差为：

$$s_r=\frac{s}{\overline{x}}\times 100\%\tag{4-7}$$

【例 4-1】 甲乙两人分别测定同一试样中氯的含量，10 次平行测定结果如下：（甲）20.30%，19.80%，19.60%，20.20%，20.10%，20.40%，20.00%，19.70%，20.20%，19.70%；（乙）20.00%，20.10%，19.50%，20.20%，19.90%，9.80%，20.50%，19.70%，20.40%，19.90%。分别计算两人测定数据的平均偏差和相对平均偏差，标准偏差和相对标准偏差，并比较二者测定结果精密度的优劣。

解：$\overline{x}(甲)=\frac{1}{10}\sum_{i=1}^{10}x_i(甲)=20.0\%$

$$\overline{x}(乙)=\frac{1}{10}\sum_{i=1}^{10}x_i(乙)=20.0\%$$

$$\overline{d}(甲)=\frac{1}{10}\sum_{i=1}^{10}|x_i(甲)-\overline{x}(甲)|$$

$$=\frac{0.30\%+0.20\%+0.40\%+0.20\%+0.10\%+0.40\%+0.00\%+0.30\%+0.20\%+0.30\%}{10}$$

$$=0.24\%$$

同理可得：$\overline{d}(乙)=0.24\%$

$$\overline{d}_r(甲)=\frac{\overline{d}(甲)}{\overline{x}(甲)}\times100\%=\frac{0.24\%}{20.00\%}\times100\%=1.2\%$$

$$\overline{d}_r(乙)=\frac{\overline{d}(乙)}{\overline{x}(乙)}\times100\%=\frac{0.24\%}{20.00\%}\times100\%=1.2\%$$

$$s(甲)=\sqrt{\frac{\sum_{i=1}^{n}d_i^2(甲)}{n-1}}$$

$$=\sqrt{\frac{2\times(0.40\%)^2+3\times(0.30\%)^2+3\times(0.20\%)^2+(0.10\%)^2}{10-1}}=0.28\%$$

同理　$s(乙)=0.31\%$

$$s_r(甲)=\frac{s(甲)}{\overline{x}(甲)}\times100\%=\frac{0.28\%}{20.0\%}\times100\%=1.4\%$$

$$s_r(乙)=\frac{s(乙)}{\overline{x}(乙)}\times100\%=\frac{0.31\%}{20.0\%}\times100\%=1.6\%$$

从平均偏差和相对平均偏差来看，甲和乙的数值相等，二者的精密度应该相同。但实际上，甲乙两人所测数据的离散程度相差较大，甲的数据比较集中，乙的数据中有两个偏离较远的测定值，所以二者的精密度显然有所区别，可是用平均偏差和相对平均偏差都不能充分体现，但标准偏差和相对标准偏差则能正确地反映两者数据精密度的优劣。显然 $s(甲)<s(乙)$，$s_r(甲)<s_r(乙)$，所以甲的测定精密度优于乙。

四、准确度与精密度的关系

准确度和精密度是衡量分析结果的两个重要且相关的概念，两者既有区别又有联系。从上面的讨论可知，精密度只检验平行测定值之间的接近程度，与真值无关，因而精密度只能反映测量的随机误差的大小。而准确度既能反映测量的系统误差，也能反映测量的随机误差，是衡量两者大小的综合指标。所以精密度是保证准确度的先决条件，精密度高的分析结果才有可能获得高准确度。只有在消除了系统误差之后，精密度高其准确度必然高。

在实际分析工作中，对准确度和精密度的要求应视具体情况而定。例如，滴定分析一般要求相对误差小于0.2%；某些微量组分的分析，一般要求相对误差小于8%。应根据分析要求，分析对象，样品中被测组分含量、组成、性质、分析方法、仪器设备等情况，并参照有关部门对各类分析所能允许的最大误差范围的具体规定进行工作。

第四节　提高分析结果准确度的方法

一、选择合适的分析方法

各种分析方法的准确度和灵敏度是不相同的，应根据分析工作的要求、组分含量的高低、分析试样的组成和实验室所具备的条件等，对某一试样选择一种合适的分析方法。

一般来说，对于常量组分的测定，常选用化学分析如滴定分析法和沉淀重量法等，其灵敏度虽不高，但能获得比较准确的结果，其方法的相对误差≤0.2%；对于微量或痕量组分的测定，常选择仪器分析的方法进行测定。因为仪器分析法一般来说灵敏度较高，其相对误差虽比较大，但对于低含量组分的测定，引入的绝对误差并不大；对于组分较为复杂的试样，应尽量选用共存组分不会干扰即选择性较好的分析方法。

二、减小测量误差

分析仪器和量器的测量误差是定量分析中产生系统误差的因素之一，所以尽量减小测量误差，可以提高分析结果的准确度。例如，一般分析天平的称量误差为±0.0001g，若采用差减法进行称量，一份样品需称两次，可能引起称量的绝对误差为±0.0002g。

根据式(4-2)，称量的相对误差为：

$$E_r=\frac{E}{m(s)}\times 100\%$$

式中，$m(s)$ 为试样质量。为了使称量的相对误差≤0.1%，称样量必须：

$$m(s)\geqslant\frac{0.0002g}{0.1\%}=0.2g$$

同理，在滴定分析中，滴定管读数常有±0.01mL的误差，记录一次体积需要读数两次，可造成±0.02mL的绝对误差。所以为了使体积测量时的相对误差控制在0.1%以下，消耗滴定剂的体积必须≥20mL。若使用25mL的滴定管，滴定剂的体积一般控制在20～30mL。

对于微量组分的测定，一般允许较大的相对误差。例如，用分光光度法测定试样中微量铜时，设方法的相对误差为2%，则在称取0.5g试样时，试样的称量误差小于0.5g×2%=0.01g就行了，没有必要像滴定分析法那样强调将试样称准至±0.0001g。为了能将称样的误差忽略，常将称量的准确度提高约一个数量级，本例中，宜称准至±0.001g左右。

三、减小随机误差

随机误差符合正态分布规律，并且具有相消性。因此，在消除了系统误差的前提下，平行测定次数越多，平均值越接近真值。故而可以通过增加平行测定次数，然后取平均值的办法来减小随机误差。在一般的定量分析中，平行测定3～5次即可，如对测定结果的准确度要求较高时，可以再增加测定次数，通常为10次左右。

四、检验和消除系统误差

由于系统误差是由某些固定的原因造成的，因而可以检验和消除系统误差，以提高分析结果的准确度。通常根据具体情况，采用以下方法来检验和消除系统误差。

(1) 对照试验

对照试验是检验系统误差的有效方法之一。

① 与标准试样的标准结果对照　标准试样可以是管理样和合成试样。管理样是指事先经过很多有经验的分析人员用多种方法反复多次分析，结果比较可靠的未经权威机构认可的试样；合成试样是指用纯化合物配制成的与分析样品组成相近，含量已知的试样。一般应尽量选择与试样组成相近的标准试样进行对照分析，将测定结果与标准值进行比较，用统计方法进行检验，确定有无系统误差。

② 与标准方法进行对照　一般选用国家颁布的标准分析方法或公认的经典分析方法进行对照试验。对测定结果用统计方法进行检验以判断有否系统误差。

③ 回收试验　如果对试样组成不完全清楚，则可采用回收试验法。它是指先向试样中加入已知量的待测组分，与未加的另一份同量试样进行平行测定，进行对照试验，然后计算加入的待测组分是否被定量回收，以此判断是否存在系统误差。

④“内检”和“外检”　“内检”是安排本单位不同分析人员对同一试样进行对照试验；“外检”是在不同单位之间对同一试样进行对照试验。“内检”和“外检”可以检验分析人员之间、实验室之间是否存在系统误差和其他问题。

(2) 空白试验

由蒸馏水、试剂和器皿等带进杂质所造成的系统误差，可以做空白试验加以扣除。空白试验是指在不加入待测试样的情况下，按照试样分析同样的操作步骤和条件进行的试验。试验所得的结果为空白值，从试样分析结果中扣除空白值，就可得到较可靠的分析结果。当空白值较大时，应找出原因并加以消除。

(3) 校准仪器

仪器不准确引起的系统误差，可以通过校准仪器的方法来减小。例如：在滴定分析中，滴定管、移液管、容量瓶等的刻度必须进行校正，并在测定结果中采用校正值。

第五节　有限测定实验数据的统计处理

一、平均值的置信区间

通常分析测定次数是有限的，而有限测定的样本平均值不能明确说明测定的可靠性。但随机误差的分布规律表明，测定值总是在以总体平均值 μ 为中心的一定范围内波动，并有着向 μ 集中的趋势。因此，可以用有限的测定结果来估计 μ 可能存在的范围。称之为平均值的置信区间。

平均值的置信区间，是指在一定置信度 p（或称置信水平）下，以平均值为中心，包含总体平均值（真值）的取值范围。

$$\mu=\overline{x}\pm ts_{\overline{x}}=\overline{x}\pm\frac{ts}{\sqrt{n}} \tag{4-8}$$

不同自由度（$f=n-1$）和置信度（p）的 t 值见表 4-2。

表 4-2　t 分布值表

测定次数 n	自由度（f）	置信度（p）				
		50%	90%	95%	99.0%	99.5%
3	2	0.82	2.92	4.30	9.92	14.09
4	3	0.76	2.35	3.18	5.84	7.45
5	4	0.74	2.13	2.78	4.60	5.60
6	5	0.73	2.02	2.57	4.03	4.77
7	6	0.72	1.94	2.45	3.71	4.32
8	7	0.71	1.90	2.36	3.50	4.03
9	8	0.71	1.86	2.31	3.35	3.83
10	9	0.70	1.83	2.26	3.25	3.60
11	10	0.70	1.81	2.23	3.17	3.58

二、离群值的取舍

在进行多次平行测定时，往往有个别数据与其他相差较远，这种数据称为离群值，又称可疑值或异常值。对离群值不能随意取舍，特别是在测定次数较少时。取舍时应考虑两个方面的问题，一方面，如果是由于过失造成的误差，此离群值应舍去；另一方面，离群值若并非由“过失误差”引起，则应按一定的统计学方法进行处理。统计学处理离群值的方法很多，下面仅介绍两种简单的处理方法。

1. Q 检验法

用 Q 检验法判断离群值取舍的步骤如下：

① 将一组数据从小到大排列起来：x_1，x_2，…，x_{n-1}，x_n，其中离群值为 x_1 或 x_n。

② 按下式计算舍弃商 Q。Q 为统计量，定义为：

$$Q=\frac{\text{邻差}}{\text{极差}} \tag{4-9}$$

若 x_1 为离群值时，则
$$Q=\frac{x_2-x_1}{x_n-x_1} \tag{4-10a}$$

若 x_n 为离群值时，则
$$Q=\frac{x_n-x_{n-1}}{x_n-x_1} \tag{4-10b}$$

③ 将计算出的 Q 值与表 4-3 中 $Q_{p,n}$ 统计值相比较，若 $Q>Q_{p,n}$，则该离群值应舍去，否则应保留。

表 4-3　$Q_{p,n}$ 值表

测定次数 n	置信度（p）			测定次数 n	置信度（p）		
	90%	95%	99%		90%	95%	99%
3	0.94	0.98	0.99	7	0.51	0.59	0.68
4	0.76	0.85	0.93	8	0.47	0.54	0.63
5	0.64	0.73	0.82	9	0.44	0.51	0.60
6	0.56	0.64	0.74	10	0.41	0.48	0.57

2. 格鲁布斯法

用格鲁布斯法判断离群值取舍的步骤如下：

① 一组数据从小到大排列起来：x_1，x_2，…，x_{n-1}，x_n，其中离群值为 x_1 或 x_n。

② 求 $\overline{x}$ 和样本标准偏差 s。

③ 计算统计量 G 值：

若 x_1 为离群值时，则
$$G=\frac{\overline{x}-x_1}{s} \tag{4-11a}$$

若 x_n 为离群值时，则
$$G=\frac{x_n-\overline{x}}{s} \tag{4-11b}$$

④ 将计算出的 G 值与表 4-4 中 $G_{p,n}$ 统计值相比较，若 $G>G_{p,n}$，则该离群值应舍去，否则应保留。

表 4-4 $G_{p,n}$ 值表

测定次数 n	置信度(p)		测定次数 n	置信度(p)	
	95%	99%		95%	99%
3	1.15	1.15	8	2.03	2.22
4	1.46	1.49	9	2.11	2.32
5	1.67	1.75	10	2.18	2.41
6	1.82	1.94	11	2.23	2.48
7	1.94	2.10	12	2.29	2.55

格鲁布斯法最大的优点是在判断离群值的过程中，引入了正态分布中的两个最重要的样本参数——平均值 $\overline{x}$ 和标准偏差 s，故该方法的准确度较 Q 检验法高。

【例 4-2】 测定某药物中钴的含量（$\mu g \cdot g^{-1}$），4 次平行测定结果数据为 1.25、1.27、1.31 和 1.40，试问用格鲁布斯检验法（置信度为 95%），判断 1.40 这个数据是否应该保留？

解： $\overline{x}=1.31$，$s=0.066$

$$G=\frac{x_n-\overline{x}}{s}=\frac{1.40-1.31}{0.066}=1.36$$

查表 4-4，$G_{0.95,4}=1.46$，$G<G_{0.95,4}$，故 1.40 这个数据应予保留。

三、有效数字及运算规则

在定量分析中，为了得到准确的分析结果，不仅要克服实验过程中可能产生的各种误差，还要注意正确地记录测量数据和正确地进行运算。因此，必须了解有效数字的意义，掌握有效数字的运算规则。

1. 有效数字

有效数字是实际能测量得到的数字，它包括所有的确定数字和其后一位不确定数字（估读数字），记录数据和计算结果时，究竟应该保留几位有效数字，必须根据测定方法和使用仪器的精确程度来确定。有效数字的位数不仅表示测量值的大小，而且反映测量的精确度。

对于任一物理量的测定，其准确度都是有一定限度的。例如，如果记录体积为 20.00mL，说明前 3 位是准确数字，第 4 位数字是在最小刻度线之间估计出来的，这 4 位数字都是有效数字，该体积测量的相对误差为±0.1%，由滴定管测量得到；如果记录体积为 20.0mL，说明前 2 位是准确数字，第 3 位数字是在最小刻度线之间估计出来的，这 3 位数字都是有效数字，该体积测量的相对误差为±1%，由量筒测量得到。

关于有效数字的位数，请看下例：

0.3100	25.40%	4位有效数字
2.06	2.25×10^{-6}	3位有效数字
1.0	0.0020	2位有效数字
pH=12.68	pM=0.20	2位有效数字
0.06	3×10^{3}	1位有效数字
3800	100	有效数字位数较含糊

从以上数据可以看出：

① 非零数字都是有效数字

②“0”具有双重意义，是否是有效数字取决于它在数字中的作用和位置。例如，在2.06中，“0”是有效数字；在0.06中，“0”只起定位作用，不是有效数字，如果将单位缩小100倍，则0.06就变成了6；在0.0020中，前面3个“0”不是有效数字，后面1个“0”是有效数字；像3800，一般可看成4位有效数字，但它可能是2位或3位有效数字，其有效数字位数较含糊，对于这样的情况，应根据实际的有效数字位数，分别写成3.8×10^{3}和3.80×10^{3}较好。

③ 对数值，如pH、pM、lg$c$、lg$K$等，它们的有效数字位数仅取决于小数部分（尾数）数字的位数，因整数部分只代表该数的方次。如pH=12.68，换算为H^{+}浓度时，$c(H^{+})=2.1\times10^{-13}\ mol\cdot L^{-1}$，为2位有效数字，而不是4位。

④ 计算式中的系数、常数（如π、e等）、倍数、分数或自然数，可视为无限多位有效数字，其位数的多少视具体情况而定。因为这些数据不是测量得到的。

2. 有效数字的修约和运算规则

舍弃多余数字的过程称为“数字修约过程”。它所遵循的规则称为“数字修约规则”，分析化学中一般采用“四舍六入五留双”的规则。当被修约的那个数字等于或小于4时，该数字应舍去；等于或大于6时则进位。当被修约的那个数字等于5时，且5后面没有数字或全为零时，5前面是偶数则舍，是奇数则入；当5后面有不为零的任何数时，则无论5前面是偶数还是奇数皆进一位。例如，将下列测量值修约为3位有效数字：

$$0.23449\rightarrow0.234;\ 11.55\rightarrow11.6;\ 11.650\rightarrow11.6;\ 11.651\rightarrow11.7$$

注意，在修约数字时，只允许一次修约到所需位数，不能分步修约。例如，0.23549修约为3位有效数字时，不能先修约为0.2355，再修约为0.236。

有效数据的运算规则如下。

① 加减规则　几个数据相加或相减时，有效数字位数的保留，应以小数点后位数最少的数字为根据。因为加减法中误差按绝对误差的方式传递，运算结果的误差应与各数中绝对误差最大者相对应。

例如：0.254+22.2+2.2345=?

修约：0.3+22.2+2.2

计算：0.3+22.2+2.2=24.7

因为在上例中22.2的绝对误差最大，为±0.1，它决定了总和的绝对误差也应为±0.1。所以，在计算过程中，各数应以22.2为准，先进行修约，再进行加和，保留3位有效数字。

② 乘除规则　在乘除法运算中，有效数字的位数与各个数中相对误差最大的数相对应，

即是根据有效数字位数最少的数来进行修约，与小数点的位置无关。

例如：0.254×22.150÷2.2345=？

修约：0.254×22.2÷2.23

计算：0.254×22.2÷2.23=2.53

3. 几点说明

① 在乘除运算中，有时会遇到首位数为 9 的数，如，9.06、99.6 等，它们的相对误差约为 0.1%，与 10.06 和 100.6 这些 4 位有效数字的数值的相对误差接近，通常将它们当作 4 位有效数字进行处理。

② 在计算过程中，可以暂时多保留 1 位数字，得到最后结果时，再根据“四舍六入五留双”的规则，弃去多余的数字。

③ 正确表达分析结果。对于组分含量>10%的测定，分析结果一般要求 4 位有效数字；组分含量为 1%～10%的测定，一般要求 3 位有效数字；对于组分含量<1%的测定，一般要求 2 位有效数字即可。

④ 记录测量结果时，只需保留 1 位可疑数字。测量仪器的不同，测量的误差也就不同，应根据具体情况，正确记录测量数据。例如，用万分之一的分析天平称量时记为 $m=23.5568g$，滴定管读数记为 $V=25.43mL$，吸光度记为 $A=0.434$ 等。

⑤ 有关化学平衡的计算结果（如求平衡状态下某离子的浓度），一般应保留 2 位或 3 位有效数字。

⑥ 大多数情况下，表示误差和偏差时，取 1 位有效数字即可，最多取 2 位有效数字。如，相对误差 $E_r=0.1\%$或 $E_r=0.15\%$都可。

⑦ 在使用计算器进行多步运算时，过程中不必对每一步的计算结果进行修约，但应根据其准确度的要求，正确保留最后结果的有效数字。

第六节 滴定分析法概述

滴定分析法又称为容量分析法。这种方法是采用滴定的方式，将一种已知准确浓度的溶液（称为标准溶液），滴加到被测物质的溶液中（或者将被测物质的溶液滴加到标准溶液中），直到所滴加的标准溶液与被测物质按一定的化学计量关系定量反应为止，然后根据标准溶液的浓度和用量，计算出被测物质的含量。

通常将标准溶液通过滴定管滴加到被测物质溶液中的过程称为滴定。滴加的标准溶液称为滴定剂。被滴定的试液，称为滴定液。滴定剂与滴定液按一定的化学计量关系恰好定量反应完全的这一点，称为化学计量点（stoichiometric point，简称计量点 sp）。在滴定中，一般利用指示剂颜色的变化来判断化学计量点的到达，指示剂颜色发生突变而终止滴定的这一点称为滴定终点（end point，简称终点 ep）。滴定终点与化学计量点不一定恰好吻合，由此造成的误差称为终点误差或滴定误差（以 E_t 表示）。

滴定分析法是化学分析中重要的分析方法，操作简便、快捷。主要用于常量组分分析，具有较高的准确度，一般情况下，测定的相对误差小于 0.2%，常作为标准方法使用，其应用十分广泛。

一、滴定分析方法中的滴定方式

基于化学反应类型的不同，滴定分析法可分为酸碱滴定法、沉淀滴定法、配位滴定法和氧化还原滴定法四大滴定方法。

不是任何化学反应都能用于滴定分析的。用于滴定分析的化学反应必须符合下列条件。

① 反应必须定量地进行。这是定量计算的基础。它包含双重含义：一是反应必须具有确定的化学计量关系，即反应按一定的反应方程式进行；二是反应转化率达到99.9%以上。

② 反应必须具有较快的反应速率。对于反应速率较慢的反应，有时可通过加热或加入催化剂来加速反应的进行。

③ 必须有适当简便的方法确定滴定终点。

凡是满足上述要求的反应，都可以采用直接滴定方法，否则采用其他的滴定方式进行。下面介绍滴定分析方法中的四种滴定方式。

1. 直接滴定法

凡能满足上述条件的化学反应，都可采用直接滴定法进行。即选用适当的标准溶液直接滴定被测物质。直接滴定法是滴定分析法中最常用和最基本的滴定方法。

2. 返滴定法

当试液中待测组分与滴定剂反应很慢（如 Al^{3+} 与 EDTA 的反应），或滴定的是固体试样（如用 HCl 滴定 $CaCO_3$ 固体），或滴定的物质不稳定（如滴定 $NH_3 \cdot H_2O$）等可采用返滴定法。即先准确地加入已知过量的标准溶液，使之与试液中的被测物质或固体试样进行反应，待反应完成后，再用另一种标准溶液滴定反应后剩余的标准溶液。例如，不能用 HCl 标准溶液直接滴定 $CaCO_3$ 固体，可先加入已知并过量的 HCl 标准溶液与 $CaCO_3$ 固体反应，反应后剩余的 HCl 用标准 NaOH 溶液返滴定。

3. 置换滴定法

当待测组分所参与的反应不能定量进行时，则可采用置换滴定法。即先选用适当的试剂与待测组分反应，使其定量地置换出另一种物质，再用标准溶液滴定这种物质。例如 Ag^+ 与 EDTA 的配合物不够稳定（$\lg K_{AgY}=7.32$），不能用 EDTA 直接滴定。若在含 Ag^+ 的试液中加入过量的 $[Ni(CN)_4]^{2-}$，反应将按下式定量进行：

$$2Ag^+ + [Ni(CN)_4]^{2-} = 2[Ag(CN)_2]^- + Ni^{2+}$$

$[Ni(CN)_4]^{2-}$ 十分稳定，不会与 EDTA 发生反应。待以上置换反应完成后，在 pH=10 的氨性缓冲溶液中，以紫脲酸铵为指示剂，用 EDTA 标准溶液滴定置换出来的 Ni^{2+}，从而可求得银的含量。

4. 间接滴定法

有些不能与滴定剂直接起反应的物质，可以通过另外的化学反应定量转化为可被滴定的物质，再用标准溶液进行滴定，即以间接滴定方式进行测定。例如，Ca^{2+} 在溶液中没有可变价态，不能用氧化还原法直接滴定。但若先将 Ca^{2+} 沉淀为 CaC_2O_4，过滤洗净后，用 H_2SO_4 溶解，再用 $KMnO_4$ 标准溶液滴定 $C_2O_4^{2-}$，从而可间接测定 Ca^{2+} 的含量。

由于不同滴定方式的应用，大大扩展了滴定分析法的应用范围。

二、基准物质和标准溶液

1. 基准物质

滴定分析中离不开标准溶液，能用于直接配制或标定标准溶液的物质称为基准物质。基准物质应符合下列要求。

① 纯度要足够高（质量分数在99.9%以上）。

② 组成恒定。试剂的实际组成与它的化学式完全相符（包括结晶水）。

③ 性质稳定。不易与空气中的 O_2 及 CO_2 反应，亦不吸收空气中的水分。

④ 有较大的摩尔质量，以降低称量时的相对误差。

⑤ 试剂参加滴定反应时，应定量进行。

一些常用的基准物质的干燥条件和应用见表4-5。

表4-5 一些常用基准物质的干燥条件和应用

基准物质		干燥后的组成	干燥条件	标定对象
名称	分子式			
碳酸氢钠	$NaHCO_3$	Na_2CO_3	270～300℃	酸
碳酸钠	$Na_2CO_3 \cdot 10H_2O$	Na_2CO_3	270～300℃	酸
硼砂	$Na_2B_4O_7 \cdot 10H_2O$	$Na_2B_4O_7 \cdot 10H_2O$	放在含NaCl和蔗糖饱和溶液的干燥器中	酸
碳酸氢钾	$KHCO_3$	K_2CO_3	270～300℃	酸
草酸	$H_2C_2O_4 \cdot 2H_2O$	$H_2C_2O_4 \cdot 2H_2O$	室温空气干燥	碱或 $KMnO_4$
邻苯二甲酸氢钾	$KHC_8H_4O_4$	$KHC_8H_4O_4$	110～120℃	碱
重铬酸钾	$K_2Cr_2O_7$	$K_2Cr_2O_7$	140～150℃	还原剂
溴酸钾	$KBrO_3$	$KBrO_3$	130℃	还原剂
碘酸钾	KIO_3	KIO_3	130℃	还原剂
铜	Cu	Cu	室温干燥器中保存	还原剂
三氧化二砷	As_2O_3	As_2O_3	室温干燥器中保存	氧化剂
草酸钠	$Na_2C_2O_4$	$Na_2C_2O_4$	130℃	氧化剂
碳酸钙	$CaCO_3$	$CaCO_3$	110℃	EDTA
锌	Zn	Zn	室温干燥器中保存	EDTA
氧化锌	ZnO	ZnO	900～1000℃	EDTA
氯化钠	NaCl	NaCl	500～600℃	$AgNO_3$
氯化钾	KCl	KCl	500～600℃	$AgNO_3$
硝酸银	$AgNO_3$	$AgNO_3$	280～290℃	氯化物

2. 标准溶液的配制

标准溶液的配制方法有直接法和标定法两种。

(1) 直接法

凡符合基准物质条件的试剂，可用直接法进行配制。其步骤为：准确称取一定量基准物质，溶解后定量转入一定体积的容量瓶中定容，然后根据基准物质的质量和溶液的体积，计算出该标准溶液的准确浓度。例如，准确称取4.9039g基准物质 $K_2Cr_2O_7$，用水溶解后，置于1L容量瓶中定容，即得浓度为 $0.01667mol \cdot L^{-1}$ $K_2Cr_2O_7$ 标准溶液。

(2) 标定法（又称间接法）

有很多试剂不符合基准物质的条件，就不能用直接法配制标准溶液。这时，可采用标定法配制。其步骤为：先配制成近似于所需浓度的溶液，然后用基准物质（或已经用基准物质标定过的标准溶液）通过滴定来确定它的准确浓度，这一过程称为标定。例如，欲配制 $0.1mol \cdot L^{-1}$ NaOH标准溶液，可先配成近似浓度的 $0.1mol \cdot L^{-1}$ 的NaOH溶液，然后称取一定量的基准物质如 $H_2C_2O_4 \cdot 2H_2O$，进行标定，或者用已知准确浓度的HCl标准溶液进行标定，根据标定的有关数据，便可求得NaOH标准溶液的准确浓度。

注意，标准溶液配好后，应视标准溶液的性质用细口玻璃瓶或聚乙烯塑料瓶保存，防止水分蒸发和灰尘落入。

3. 标准溶液浓度的表示方法

(1) 物质的量浓度

物质的量浓度是指单位体积溶液中所含溶质B的物质的量，以符号 $c(\mathrm{B})$ 表示，即：

$$c(\mathrm{B})=\frac{n(\mathrm{B})}{V(\mathrm{B})} \tag{4-12}$$

式中，B代表溶质的化学式；$n(\mathrm{B})$ 为溶质B的物质的量，单位是mol或mmol；$V(\mathrm{B})$ 表示溶液的体积，单位是L或mL；$c(\mathrm{B})$ 为物质的量浓度，单位是 $\mathrm{mol \cdot L^{-1}}$。

(2) 质量浓度

在微量或痕量组分分析中，常用质量浓度表示标准溶液的浓度。质量浓度是指单位体积溶液中所含溶质B的质量，用符号 $\rho(\mathrm{B})$ 表示，即：

$$\rho(\mathrm{B})=m(\mathrm{B})/V(\mathrm{B}) \tag{4-13}$$

式中，$m(\mathrm{B})$ 为溶液中溶质B的质量，单位可以用kg、g、mg或μg等；$V(\mathrm{B})$ 为溶液的体积，单位为L、mL等；$\rho(\mathrm{B})$ 的单位为 $\mathrm{kg \cdot L^{-1}}$、$\mathrm{g \cdot L^{-1}}$、$\mathrm{mg \cdot mL^{-1}}$ 或 $\mathrm{\mu g \cdot mL^{-1}}$ 等。

例如：浓度为 $0.1000\mathrm{g \cdot L^{-1}}$ 的铜标准溶液，可表示为 $\rho(\mathrm{Cu^{2+}})=0.1000\mathrm{g \cdot L^{-1}}$。

(3) 滴定度

在生产单位的例行分析中，为了简化计算，常用滴定度（T）表示标准溶液的浓度。滴定度是指每毫升（mL）标准溶液B相当于被测物质A的质量（g或mg），以符号 T（A/B）表示，即：

$$T(\mathrm{A/B})=m(\mathrm{A})/V(\mathrm{B})=\frac{n(\mathrm{A})M(\mathrm{A})}{V(\mathrm{B})} \tag{4-14}$$

式中，$m(\mathrm{A})$ 为被测物质A的质量，g或mg；$V(\mathrm{B})$ 为标准溶液（或滴定剂）B的体积，mL；$M(\mathrm{A})$ 为被测物质A的摩尔质量，$\mathrm{g \cdot moL^{-1}}$；$T$ 的单位为 $\mathrm{g \cdot mL^{-1}}$ 或 $\mathrm{mg \cdot mL^{-1}}$。

例如，滴定度 $T(\mathrm{Fe/K_2Cr_2O_7})=0.005000\mathrm{g \cdot mL^{-1}}$ 的 $K_2Cr_2O_7$ 标准溶液，即表示每毫升 $K_2Cr_2O_7$ 溶液恰好能与 0.005000g Fe^{2+} 反应。如果采用该标准溶液滴定 Fe^{2+}，消耗体积为23.50mL，则被滴定溶液中铁的质量为：

$$m(\mathrm{Fe})=0.005000\mathrm{g \cdot mL^{-1}}\times 23.50\mathrm{mL}=0.1175\mathrm{g}$$

一般来说，滴定剂写在括号内的右边，被测物写在括号内的左边，中间的斜线只表示“相当于”的意思，并不表示分数关系。

(4) 滴定度与物质的量浓度关系

标准溶液B与被测组分A的反应方程式为：

$$a\mathrm{A}+b\mathrm{B} = c\mathrm{C}+d\mathrm{D}$$

则有

$$n(\mathrm{A})=\frac{a}{b}n(\mathrm{B})$$

代入式(4-14)，得：

$$T(\mathrm{A/B})=\frac{\frac{a}{b}n(\mathrm{B})M(\mathrm{A})}{V(\mathrm{B})}$$

将 $n(\mathrm{B})=c(\mathrm{B})V(\mathrm{B})$ 代入上式，并把体积的单位换算成mL，得：

$$T(\text{A/B})=\frac{a}{b}c(\text{B})M(\text{A})\times10^{-3}\text{g}\cdot\text{mL}^{-1} \tag{4-15}$$

或

$$c(\text{B})=\frac{b}{a}\times\frac{T(\text{A/B})\times10^{3}}{M(\text{A})}\text{mol}\cdot\text{L}^{-1} \tag{4-16}$$

三、滴定分析的计算依据和基本公式

标准溶液B与被测组分A的反应方程式为：

$$a\text{A}+b\text{B} \xlongequal{} c\text{C}+d\text{D}$$

当滴定恰好到达化学计量点时，滴定剂B的物质的量$n(\text{B})$与被测组分A的物质的量$n(\text{A})$满足如下关系，

$$n(\text{A}):n(\text{B})=a:b$$

故有

$$n(\text{A})=\frac{a}{b}n(\text{B}) \tag{4-17}$$

若被测组分A的浓度为$c(\text{A})$、体积为$V(\text{A})$，到达化学计量点时用去滴定剂的浓度为$c(\text{B})$、体积为$V(\text{B})$，根据式(4-17)，则：

$$c(\text{A})V(\text{A})=\frac{a}{b}c(\text{B})V(\text{B}) \tag{4-18}$$

若已知物质A的摩尔质量$M(\text{A})$，则被测组分的质量为$m(\text{A})$，则：

$$m(\text{A})=n(\text{A})M(\text{A})=c(\text{A})V(\text{A})M(\text{A}) \tag{4-19}$$

将式(4-18)代入式(4-19)，得：

$$m(\text{A})=\frac{a}{b}c(\text{B})V(\text{B})M(\text{A}) \tag{4-20}$$

设试样的质量为$m(\text{s})$，测得其中待测组分A的质量为$m(\text{A})$，则待测组分在试样中的质量分数$w(\text{A})$为：

$$w(\text{A})=m(\text{A})/m(\text{s}) \tag{4-21}$$

将式(4-20)代入式(4-21)得：

$$w(\text{A})=\frac{\frac{a}{b}c(\text{B})V(\text{B})M(\text{A})}{m(\text{s})} \tag{4-22}$$

在进行滴定分析计算时应注意，滴定体积$V(\text{B})$一般以mL为单位，而浓度$c(\text{B})$的单位为$\text{mol}\cdot\text{L}^{-1}$，因此必须将$V(\text{B})$的单位由mL换算为L，即乘以$10^{-3}$。$w(\text{A})$可表示为小数或百分数，若用百分数表示质量分数，则将上式乘以100%即可。

四、滴定分析计算示例

【例4-3】 准确称取基准物质$K_2Cr_2O_7$ 1.471g，溶解后定量转移到250.0mL容量瓶中。问此$K_2Cr_2O_7$溶液的浓度为多少？

解： 根据式(4-12)，$c(K_2Cr_2O_7)=n(K_2Cr_2O_7)/V(K_2Cr_2O_7)$

又 $n(K_2Cr_2O_7)=\dfrac{m(K_2Cr_2O_7)}{M(K_2Cr_2O_7)}$，得

$$c(K_2Cr_2O_7)=\frac{m(K_2Cr_2O_7)}{V(K_2Cr_2O_7)M(K_2Cr_2O_7)}$$

已知 $M(K_2Cr_2O_7)=294.2\text{g}\cdot\text{mol}^{-1}$，则

$$c(K_2Cr_2O_7)=\frac{1.471g}{0.2500L\times 294.2g\cdot mol^{-1}}=0.02000mol\cdot L^{-1}$$

【例 4-4】 称取硼砂（$Na_2B_4O_7\cdot 10H_2O$）0.4710g，标定 HCl 溶液，用去 HCl 溶液 25.20mL。求 HCl 溶液的浓度。

解： 滴定反应式为

$$Na_2B_4O_7+2HCl+5H_2O = 4H_3BO_3+2NaCl$$

故 $n(HCl)=2n(Na_2B_4O_7\cdot 10H_2O)$

根据式(4-20)，$m(Na_2B_4O_7\cdot 10H_2O)=\frac{1}{2}c(HCl)V(HCl)M(Na_2B_4O_7\cdot 10H_2O)$，则

$$c(HCl)=\frac{2m(Na_2B_4O_7\cdot 10H_2O)}{M(Na_2B_4O_7\cdot 10H_2O)V(HCl)}$$

$$=\frac{2\times 0.4710g}{381.36g\cdot mol^{-1}\times 25.20\times 10^{-3}L}=0.09802mol\cdot L^{-1}$$

【例 4-5】 如果要求在标定浓度约为 $0.1mol\cdot L^{-1}$ HCl 溶液时，消耗的 HCl 溶液体积在 20～30mL 之间，问应称取硼砂（$Na_2B_4O_7\cdot 10H_2O$）的质量称量范围是多少克？

解： 根据上例，有

$$m(Na_2B_4O_7\cdot 10H_2O)=\frac{1}{2}c(HCl)V(HCl)M(Na_2B_4O_7\cdot 10H_2O)$$

由题意可得：

$$m_1(Na_2B_4O_7\cdot 10H_2O)=\frac{1}{2}\times 0.1mol\cdot L^{-1}\times 0.020L\times 381g\cdot mol^{-1}\approx 0.4g$$

$$m_2(Na_2B_4O_7\cdot 10H_2O)=\frac{1}{2}\times 0.1mol\cdot L^{-1}\times 0.030L\times 381g\cdot mol^{-1}\approx 0.6g$$

故 $Na_2B_4O_7\cdot 10H_2O$ 的质量称量范围是 0.4～0.6g

【例 4-6】 称取分析纯试剂 $MgCO_3$ 1.850g 溶解于过量的 HCl 溶液 48.48mL 中，待两者反应完全后，过量的 HCl 需 3.83mL NaOH 溶液返滴定。已知 30.33mL NaOH 溶液可以中和 36.40mL HCl 溶液。计算该 HCl 和 NaOH 溶液的浓度。

解： 按题意，可列方程

$$\begin{cases}0.03033L\times c(NaOH)=0.03640L\times c(HCl)\\0.04848L\times c(HCl)=(1.850g/84.32g\cdot mol^{-1})\times 2+0.00383L\times c(NaOH)\end{cases}$$

解方程组，得 $c(HCl)=1.000mol\cdot L^{-1}$

$$c(NaOH)=1.200mol\cdot L^{-1}$$

【例 4-7】 称取铁矿石试样 0.3348g，将其溶解，加入 $SnCl_2$ 使全部 Fe^{3+} 还原成 Fe^{2+}，用 $0.02000mol\cdot L^{-1}$ $K_2Cr_2O_7$ 标准溶液滴定至终点时，用去 $K_2Cr_2O_7$ 标准溶液 22.60mL。计算①$0.02000mol\cdot L^{-1}$ $K_2Cr_2O_7$ 标准溶液对 Fe 和 Fe_2O_3 的滴定度？②试样中 Fe 和 Fe_2O_3 的质量分数各为多少？

解： ①有关反应： $Fe_2O_3+6H^+ = 2Fe^{3+}+3H_2O$

$2Fe^{3+}+Sn^{2+} = 2Fe^{2+}+Sn^{4+}$，$6Fe^{2+}+Cr_2O_7^{2-}+14H^+ = 6Fe^{3+}+2Cr^{3+}+7H_2O$

由以上反应可知： $n(Fe)=6n(K_2Cr_2O_7)$

$n(Fe_2O_3)=\frac{1}{2}n(Fe)=\frac{1}{2}\times 6n(K_2Cr_2O_7)=3n(K_2Cr_2O_7)$，则：

$$T(Fe/K_2Cr_2O_7)=\frac{m(Fe)}{V(K_2Cr_2O_7)}=\frac{n(Fe)M(Fe)}{V(K_2Cr_2O_7)}=\frac{6n(K_2Cr_2O_7)M(Fe)}{V(K_2Cr_2O_7)}$$

$$=\frac{6c(K_2Cr_2O_7)V(K_2Cr_2O_7)M(Fe)}{V(K_2Cr_2O_7)}$$

$$=\frac{6\times 0.02000mol\cdot L^{-1}\times 55.85g\cdot mol^{-1}}{1000mL\cdot L^{-1}}$$

$$=0.006702g\cdot mL^{-1}$$

同理：$T(Fe_2O_3/K_2Cr_2O_7)=\frac{3c(K_2Cr_2O_7)M(Fe_2O_3)}{1000mL\cdot L^{-1}}$

$$=\frac{3\times 0.02000mol\cdot L^{-1}\times 159.7g\cdot mol^{-1}}{1000mL\cdot L^{-1}}$$

$$=0.009582g\cdot mL^{-1}$$

② Fe 和 Fe_2O_3 的含量的计算：

$$w(Fe)=\frac{m(Fe)}{m(s)}=\frac{T(Fe/K_2Cr_2O_7)V(K_2Cr_2O_7)}{m(s)}$$

$$=\frac{0.006702g\cdot mL^{-1}\times 22.60mL}{0.3348g}$$

$$=0.4524$$

同理：$w(Fe_2O_3)=\frac{T(Fe_2O_3/K_2Cr_2O_7)V(K_2Cr_2O_7)}{m(s)}$

$$=\frac{0.009582g\cdot mL^{-1}\times 22.60mL}{0.3348g}$$

$$=0.6468$$

【例 4-8】 称取含铝试样 0.2000g，溶解后加入 $0.02082mol\cdot L^{-1}$ EDTA 标准溶液 30.00mL，控制条件使 Al^{3+} 与 EDTA 配合完全。然后以 $0.02012mol\cdot L^{-1}$ 标准溶液返滴定，消耗 Zn^{2+} 溶液 7.20mL，计算试样中 Al_2O_3 的质量分数。已知 $M(Al_2O_3)=102.0g\cdot mol^{-1}$。

解： EDTA(H_2Y^{2-}) 滴定 Al^{3+} 的反应式为

$$Al^{3+}+H_2Y^{2-}=\!=\!=AlY^-+2H^+$$

故有 $n(Al_2O_3)=\frac{1}{2}n(Al)=\frac{1}{2}n(EDTA)$

$$w(Al_2O_3)=\frac{\frac{1}{2}\times(0.02082mol\cdot L^{-1}\times 30.00\times 10^{-3}L-0.02012mol\cdot L^{-1}\times 7.20\times 10^{-3}L)\times 102.0g\cdot mol^{-1}}{0.2000g}$$

$$=0.1223$$

【例 4-9】 吸取 25.00mL 钙离子溶液，加入适当过量的 $Na_2C_2O_4$ 溶液，使 Ca^{2+} 完全形成 CaC_2O_4 沉淀。将沉淀过滤洗净后，用 $6mol\cdot L^{-1}$ H_2SO_4 溶解，以 $0.1800mol\cdot L^{-1}$ $KMnO_4$ 标准溶液滴定至终点，耗去 25.50mL。求原始溶液中 Ca^{2+} 的质量浓度。

解： 与测量有关的反应有

$$Ca^{2+}+C_2O_4^{2-}=\!=\!=CaC_2O_4\downarrow$$

$$CaC_2O_4+2H^+=\!=\!=Ca^{2+}+H_2C_2O_4$$

$$2MnO_4^- + 5H_2C_2O_4 + 6H^+ \xlongequal{\quad} 2Mn^{2+} + 10CO_2\uparrow + 8H_2O$$

由以上反应可知

$$n(Ca^{2+}) = n(CaC_2O_4) = n(H_2C_2O_4) = \frac{5}{2}n(KMnO_4)$$

$$\rho(Ca) = \frac{\frac{5}{2}c(KMnO_4)V(KMnO_4)M(Ca^{2+})}{V(Ca^{2+})}$$

$$= \frac{\frac{5}{2}\times 0.1800\text{mol}\cdot\text{L}^{-1}\times 25.50\times 10^{-3}\text{L}\times 40.08\text{g}\cdot\text{mol}^{-1}}{25.00\text{mL}}$$

$$= 0.01840\text{g}\cdot\text{mL}^{-1}$$

本章小结

一、误差和分析数据的处理

1. 基本概念

定量分析方法的分类和过程；系统误差和随机误差的来源和特点；准确度和精密度之间的关系；离群值的取舍；有效数字的意义、位数；提高分析结果准确度的方法。

2. 衡量准确度的尺度是误差

误差的绝对值越小，准确度越好。

绝对误差 $E = x - x_T$　　相对误差 $E_r = \frac{E}{x_T}\times 100\% = \frac{x - x_T}{x_T}\times 100\%$

衡量精密度的尺度是偏差：偏差越小，精密度越好。

平均偏差 $\bar{d} = \frac{|d_1| + |d_2| + \cdots + |d_n|}{n} = \frac{1}{n}\sum_{i=1}^{n}|d_i|$

相对平均偏差 $\bar{d}_r = \frac{\bar{d}}{\bar{x}}\times 100\%$

样本标准偏差 $s = \sqrt{\frac{\sum_{i=1}^{n}(x_i - \bar{x})^2}{n-1}}$　　相对标准偏差 $s_r = \frac{s}{\bar{x}}\times 100\%$

3. 有效数字的修约和运算规则

修约规则：四舍六入五留双。

加减规则：几个数据相加或相减时，运算结果有效数字位数的保留，应以小数点后位数最少的数字为根据。

乘除规则：在乘除法运算中，运算结果有效数字的位数是根据有效数字位数最少的数字为根据。

二、滴定分析法概述

1. 基本概念

滴定分析法的分类；可采用直接滴定法的化学反应必须符合的条件；基准物质应符合的要求；标准溶液的配制（直接法和标定法）。

2. 标准溶液浓度的表示方法

物质的量浓度 $c(\mathrm{B})=\dfrac{n(\mathrm{B})}{V(\mathrm{B})}$　　质量浓度 $\rho(\mathrm{B})=m(\mathrm{B})/V(\mathrm{B})$

滴定度 $T(\mathrm{A/B})=m(\mathrm{A})/V(\mathrm{B})=\dfrac{n(\mathrm{A})M(\mathrm{A})}{V(\mathrm{B})}$

3. 滴定度与物质的量浓度关系

$T(\mathrm{A/B})=\dfrac{a}{b}c(\mathrm{B})M(\mathrm{A})\times10^{-3}\mathrm{g\cdot mL^{-1}}$　或　$c(\mathrm{B})=\dfrac{b}{a}\times\dfrac{T(\mathrm{A/B})\times10^{3}}{\mathrm{M(A)}}\mathrm{mol\cdot L^{-1}}$

4. 滴定分析的计算依据和基本公式

$$a\mathrm{A}+b\mathrm{B} = c\mathrm{C}+d\mathrm{D}$$

$n(\mathrm{A})=\dfrac{a}{b}n(\mathrm{B})$　　$c(\mathrm{A})V(\mathrm{A})=\dfrac{a}{b}c(\mathrm{B})V(\mathrm{B})$

$m(\mathrm{A})=\dfrac{a}{b}c(\mathrm{B})V(\mathrm{B})M(\mathrm{A})$　　$w(\mathrm{A})=\dfrac{\frac{a}{b}c(\mathrm{B})V(\mathrm{B})M(\mathrm{A})}{m(\mathrm{s})}$

思考题与习题

1. 下列情况各引起什么误差？如果是系统误差，应如何消除？
   (1) 电子天平未经校准；
   (2) 容量瓶与移液管不配套；
   (3) 滴定时从锥形瓶中溅出一滴溶液；
   (4) 试剂中含有微量待测组分；
   (5) 标定 HCl 溶液用的 NaOH 标准溶液中吸收了 CO_2；
   (6) 读取滴定管读数时最后一位数字估计不准。
2. 滴定管的读数误差为±0.02mL。如果滴定中用去标准溶液的体积分别为 2.00mL 和 20.00mL，读数的相对误差各是多少？从相对误差的大小说明了什么问题？
3. 能用于滴定分析的化学反应必须符合哪些条件？
4. 解释下列术语：①滴定分析；②化学计量点；③滴定终点；④终点误差；⑤基准物质；⑥标准溶液；⑦返滴定；⑧间接滴定。
5. 确定标准溶液浓度的方法有几种？各有何优缺点？
6. 基准物质应具备哪些条件？基准物质应具备的条件之一是要具有较大的摩尔质量，对这个条件如何理解？
7. 什么叫滴定度？滴定度与物质的量浓度如何换算？
8. 若 $H_2C_2O_4\cdot2H_2O$ 基准物质不密封，长期置于放有干燥剂的干燥器中，用它标定 NaOH 溶液的浓度时，结果是偏高，偏低，还是无影响？
9. 标定酸溶液时，无水 Na_2CO_3 和硼砂（$Na_2B_4O_7\cdot10H_2O$）都可以作为基准物质，你认为选择哪一种更好？为什么？
10. 下列数据各包括了几位有效数字？
    (1) 0.0030；(2) 64.120；(3) 200；(4) 4.80×10^{-5}；(5) $\mathrm{p}K_a=4.74$；(6) pH=5.2
11. 测定某试样中氮的质量分数时，6 次平行测定的结果分别是 20.48%，20.55%，20.58%，20.60%，20.53%，20.50%。试计算这组数据的平均值、相对平均偏差、标准偏差、相对标准偏差；若此样品是标准样品，其中氮的质量分数为 20.45%，计算以上测定结果的绝对误差和相对误差。

12. 测定锑的相对原子质量的 4 次平行测定结果为：121.771，121.787，121.803，121.781 分别用 Q 检验法和格鲁布斯检验法判断是否可舍去 121.803 这一数据（置信度 P 为 95%）？

13. 根据有效数字的运算规则，计算下列各式结果：

(1) $12.469+0.437-0.0356+2.10=?$

(2) $0.0325\times5.103\times60.06\div139.8=?$

(3) $\dfrac{0.1000\times(25.00-1.52)\times264.47}{1.0000\times1000}=?$

(4) $pH=2.10$，$[H^+]=?$

14. 两位分析者同时测定某一合金中铬的质量分数，每次称取试样均为 2.00g，分别报告结果如下：甲：1.02%，1.03%，1.01%；乙：1.018%，1.020%，1.024%。问哪一份报告是合理的，为什么？

15. 已知浓硫酸的质量密度为 $1.84g\cdot mL^{-1}$，其中 H_2SO_4 含量约为 96%。如欲配制 1L $0.20mol\cdot L^{-1}$ H_2SO_4 溶液，应取这种浓硫酸多少毫升？

16. 计算下列溶液的滴定度

① 用 $0.2015mol\cdot L^{-1}$ HCl 溶液测定 Na_2CO_3；

② 用 $0.1896mol\cdot L^{-1}$ NaOH 溶液测定 CH_3COOH。

17. 要求在滴定时消耗 $0.2mol\cdot L^{-1}$ NaOH 溶液 25～30mL。问应称取基准物质邻苯二甲酸氢钾多少克？如果改用 $H_2C_2O_4\cdot2H_2O$ 作基准物质，其称量范围为多少？

18. 含 S 有机试样 0.4710g，在氧气中燃烧，使 S 氧化为 SO_2，用预先中和过的 H_2O_2 将 SO_2 吸收，全部转化为 H_2SO_4，以 $0.1080mol\cdot L^{-1}$ KOH 标准溶液滴定至化学计量点，消耗 28.20mL，求试样中 S 的质量分数。

19. 测定氮肥中 NH_3 的含量。称取试样 1.6160g，溶解后在 250mL 容量瓶中定容，移取 25.00mL，加入过量 NaOH 溶液，将产生的 NH_3 导入 40.00mL，$0.05010mol\cdot L^{-1}$ 的 H_2SO_4 标准溶液中吸收，剩余的 H_2SO_4 需 17.00mL，$0.09600mol\cdot L^{-1}$ NaOH 溶液中和。计算氮肥中 NH_3 的质量分数。

20. 0.2500g 不纯 $CaCO_3$ 试样中不含干扰测定的组分。加入 25.00mL $0.2600mol\cdot L^{-1}$ HCl 溶解，煮沸除去 CO_2，用 $0.2450mol\cdot L^{-1}$ NaOH 溶液返滴过量的酸，消耗 6.50mL。计算试样中 $CaCO_3$ 的质量分数，并换算成含 CaO 和 Ca 的质量分数。

第五章 酸碱平衡和酸碱滴定分析

第一节 酸碱质子理论

人们对酸碱的认识经历了一个由表及里、由低级到高级的过程。最初，人们认为具有酸味的物质是酸，能够抵消酸性物质的是碱。1884 年阿伦尼乌斯（Svante August Arrhenius, Sweden）提出了近代的酸碱电离理论（ionic disassociation theory）。他认为：在水溶液中，解离出的阳离子全是 H^+ 的化合物为酸，解离出的阴离子全是 OH^- 的化合物为碱。该理论对化学科学的发展起了积极作用，至今还被应用。但该理论存在一定的局限性，它把酸、碱仅局限于水溶液，因此，无法基于电离理论在无水和非水溶剂中无法定义酸和碱。如化合物 NH_4Cl、$AlCl_3$ 的水溶液呈酸性，但化合物自身不解离出 H^+；Na_2CO_3、Na_3PO_4 的水溶液呈碱性，但化合物自身不解离出 OH^-。然而，随后发展的酸碱质子理论、路易斯电子理论等对此给出了很好的解释，在此，仅介绍应用较为广泛的酸碱质子理论。

1923 年，布朗斯特（Bronsted J N）和劳莱（Lowry T M）在酸碱电离理论的基础上，提出了酸碱质子理论。此理论定义：凡是能给出质子（H^+）的物质就是酸，凡是能接受质子的物质就是碱；在一定条件下可以给出质子而在另一条件下又可以接受质子的物质，为两性物质（amphiprotic）。例如 HCl、NH_4^+ 等都是酸，因为它们都能给出质子；OH^-、CO_3^{2-} 等都是碱，因为它们都能接受质子；简而言之，酸是质子的给予体，碱是质子的接受体。HCO_3^-、H_2O、$H_2PO_4^-$、NH_4Ac 等为两性物质，因为它们既能给出质子又能接受质子。判断一种物质是酸还是碱，要在具体的环境中分析其发挥的作用。

按照酸碱质子理论，酸和碱并不是彼此孤立的，而是相互依存的。酸失去质子后就成为相应的碱，而碱接受质子后就成为相应的酸，这一关系可以表示为：

$$\text{酸} \rightleftharpoons \text{碱} + \text{质子}$$

例如：

$$H_2O \rightleftharpoons OH^- + H^+$$

$$HCN \rightleftharpoons CN^- + H^+$$

$$H_2S \rightleftharpoons HS^- + H^+$$

$$HS^- \rightleftharpoons S^{2-} + H^+$$

$$H_2CO_3 \rightleftharpoons HCO_3^- + H^+$$

$$HCO_3^- \rightleftharpoons CO_3^{2-} + H^+$$

酸与碱之间的这种依赖关系称为共轭关系。相应的一对酸碱称为共轭酸碱对，即在共轭酸碱对中，酸与碱仅相差一个质子。如 CO_3^{2-} 的共轭酸是 HCO_3^-；H_2O 的共轭酸是 H_3O^+、共轭碱是 OH^-。酸越强（表示酸越容易释放 H^+），则其共轭碱越弱（表示共轭碱越难结合 H^+），反之亦然。

一个共轭酸碱对的质子得失反应，称为酸碱半反应。根据酸碱质子理论，酸碱平衡是两个共轭酸碱对共同作用的结果，酸碱反应的实质是质子的转移。例如 HAc 在 H_2O 中的解离反应就是在 HAc 分子与 H_2O 分子之间进行的质子转移：

$$HAc + H_2O \rightleftharpoons H_3O^+ + Ac^-$$

HAc 将质子传给了 H_2O，转化为它的共轭碱（Ac^-）；而 H_2O 得到质子后，转化为它的共轭酸（H_3O^+）。式中，H_3O^+ 称为水化质子，通常简写成 H^+。

上述酸碱反应可简化为： $HAc \rightleftharpoons H^+ + Ac^-$

再如：$HAc(\text{酸}1) + NH_3(\text{碱}2) \rightleftharpoons NH_4^+(\text{酸}2) + Ac^-(\text{碱}1)$

$HAc(\text{酸}1) + H_2O(\text{碱}2) \rightleftharpoons H_3O^+(\text{酸}2) + Ac^-(\text{碱}1)$

$Ac^-(\text{碱}1) + H_2O(\text{酸}2) \rightleftharpoons HAc(\text{酸}1) + OH^-(\text{碱}2)$

酸碱质子理论扩大了酸碱的范围，酸碱中和、解离和盐的水解反应均为质子的传递反应。其中同种分子之间的质子转移，称为质子自递反应。例如水分子之间的质子转移：

$$H_2O + H_2O \rightleftharpoons H_3O^+ + OH^-$$

水的质子自递反应平衡常数，简称水的离子积，用 $K_w^\ominus$ 表示，即：

$$K_w^\ominus = \{c_{eq}(H_3O^+)/c^\ominus\}\{c_{eq}(OH^-)/c^\ominus\}$$

若将 H_3O^+ 简写成 H^+，则： $K_w^\ominus = \{c_{eq}(H^+)/c^\ominus\}\{c_{eq}(OH^-)/c^\ominus\}$

$K_w^\ominus$ 随着温度的升高而增大，25℃时 $K_w^\ominus = 1.0 \times 10^{-14}$。

注：平衡常数是无量纲的。在平衡常数表达式中各物质的浓度应该用其活度（有效浓度）来表示，但当溶液较稀时，常用其浓度来代替。$c^\ominus = 1mol \cdot L^{-1}$，计算中通常将其省略，省略后不会影响数值，只会影响量纲。

第二节　弱电解质的解离平衡

一、一元弱酸、碱的解离平衡

一元弱酸的解离平衡式为：

$$HB + H_2O \rightleftharpoons H_3O^+ + B^-$$

通常简写为：

$$HB \rightleftharpoons H^+ + B^-$$

其标准平衡常数的表达式为：

$$K_a^\ominus = \frac{\{c_{eq}(H_3O^+)/c^\ominus\}\{c_{eq}(B^-)/c^\ominus\}}{\{c_{eq}(HB)/c^\ominus\}}$$

通常简写为：

$$K_a^{\ominus}=\frac{c_{eq}(H^+)c_{eq}(B^-)}{c_{eq}(HB)} \tag{5-1}$$

本教材中凡涉及水溶液中的解离平衡，其平衡常数表达式均按此方式处理。弱酸的解离常数表明酸的相对强弱，在相同温度下，酸越强，$K_a^{\ominus}$值越大，其共轭碱就越弱；反之，酸越弱，$K_a^{\ominus}$值越小，其共轭碱就越强。确定了质子酸碱的强弱，就可判断酸碱反应的方向。酸碱反应总是由较强的酸和较强的碱向生成较弱的酸和较弱的碱方向进行。

同理，一元弱碱的解离平衡式为：

$$B^- + H_2O \rightleftharpoons OH^- + HB$$

其标准平衡常数的表达式为（忽略溶剂水的浓度）：

$$K_b^{\ominus}=\frac{c_{eq}(OH^-)c_{eq}(HB)}{c_{eq}(B^-)} \tag{5-2}$$

式(5-1)×式(5-2) 得：

$$K_a^{\ominus}\times K_b^{\ominus}=\frac{c_{eq}(H^+)c_{eq}(B^-)}{c_{eq}(HB)}\times\frac{c_{eq}(OH^-)c_{eq}(HB)}{c_{eq}(B^-)}=c_{eq}(H^+)\cdot c_{eq}(OH^-)=K_w^{\ominus}$$

可见，共轭酸碱对中弱酸的$K_a^{\ominus}$与其共轭碱的$K_b^{\ominus}$还存在如下的定量关系：

$$K_a^{\ominus}\cdot K_b^{\ominus}=K_w^{\ominus} \tag{5-3}$$

一些常见的弱酸和弱碱的平衡常数值见附录九、附录十。一般教科书和化学手册上往往只列出分子酸的$K_a^{\ominus}$和分子碱的$K_b^{\ominus}$，离子酸和离子碱的$K_a^{\ominus}$和$K_b^{\ominus}$可由式(5-3) 计算得到。

【例 5-1】 已知弱酸 HClO 的 $K_a^{\ominus}=2.95\times10^{-8}$，弱碱 NH_3 的 $K_b^{\ominus}=1.8\times10^{-5}$，求弱碱 ClO^- 的 $K_b^{\ominus}$ 和弱酸 NH_4^+ 的 $K_a^{\ominus}$。

解： 由式(5-3)，可得

$$K_b^{\ominus}(ClO^-)=\frac{K_w^{\ominus}}{K_a^{\ominus}(HClO)}=\frac{1.0\times10^{-14}}{2.95\times10^{-8}}=3.4\times10^{-7}$$

$$K_a^{\ominus}(NH_4^+)=\frac{K_w^{\ominus}}{K_b^{\ominus}(NH_3)}=\frac{1.0\times10^{-14}}{1.8\times10^{-5}}=5.6\times10^{-10}$$

二、多元弱酸、弱碱的解离平衡

多元弱酸、弱碱的解离是分步进行的，一元弱酸、弱碱的解离平衡原理，同样适用多元弱酸、弱碱。现以 H_2S 二元弱酸为例来讨论多元弱酸的解离平衡。

$$H_2S \rightleftharpoons H^+ + HS^- \quad K_{a1}^{\ominus}=\frac{c_{eq}(H^+)c_{eq}(HS^-)}{c_{eq}(H_2S)}$$

$$HS^- \rightleftharpoons H^+ + S^{2-} \quad K_{a2}^{\ominus}=\frac{c_{eq}(H^+)c_{eq}(S^{2-})}{c_{eq}(HS^-)}$$

总的解离反应：

$$H_2S \rightleftharpoons 2H^+ + S^{2-} \quad K_a^{\ominus}=\frac{c_{eq}^2(H^+)c_{eq}(S^{2-})}{c_{eq}(H_2S)}=K_{a1}^{\ominus}\times K_{a2}^{\ominus}$$

$K_{a1}^{\ominus}$ 和 $K_{a2}^{\ominus}$ 分别称为 H_2S 的一级和二级解离常数。一般情况下，多元酸的 $K_{a1}^{\ominus}>K_{a2}^{\ominus}>K_{a3}^{\ominus}$…多元酸解离时，第二步远比第一步困难，第三步又远比第二步困难，且第一步解离出

来的 H^+ 对下面的解离产生同离子效应。

多元碱解离平衡的处理与多元酸类似，例：

$$CO_3^{2-}+H_2O \rightleftharpoons OH^-+HCO_3^- \quad K_{b1}^{\ominus}=\frac{c_{eq}(OH^-)c(HCO_3^-)}{c(CO_3^{2-})}$$

$$HCO_3^-+H_2O \rightleftharpoons OH^-+H_2CO_3 \quad K_{b2}^{\ominus}=\frac{c_{eq}(OH^-)c(H_2CO_3)}{c(HCO_3^-)}$$

总水解反应：

$$CO_3^{2-}+2H_2O \rightleftharpoons 2OH^-+H_2CO_3 \quad K_{b}^{\ominus}=\frac{c_{eq}^2(OH^-)c(H_2CO_3)}{c(CO_3^{2-})}=K_{b1}^{\ominus}K_{b2}^{\ominus}$$

$K_{b1}^{\ominus}$ 和 $K_{b2}^{\ominus}$ 分别称为 CO_3^{2-} 的一级和二级解离常数。一般情况下，多元碱的 $K_{b1}^{\ominus}>K_{b2}^{\ominus}>K_{b3}^{\ominus}$…同理，多元碱解离时，第二步远比第一步困难，第三步又远比第二步困难，且第一步解离出来的 OH^- 对下面的解离产生同离子效应。

三、两性物质的解离平衡

既可给出质子又可以接受质子的物质称为两性物质，它们在溶液中既起酸的作用又起碱的作用。较重要的两性物质有酸式盐、弱酸弱碱盐和氨基酸等。例如 $NaHCO_3$ 是两性物质，HCO_3^- 在溶液中存在如下平衡：

(1) $$HCO_3^- \rightleftharpoons H^+ + CO_3^{2-}$$

(2) $$HCO_3^- + H_2O \rightleftharpoons OH^- + H_2CO_3$$

由于反应(1) 生成的 H^+ 与反应(2) 生成的 OH^- 相互中和，从而促进两反应均向右移动。

$$K_{a2}^{\ominus}=\frac{c_{eq}(H^+)c_{eq}(CO_3^{2-})}{c_{eq}(HCO_3^-)},K_{b2}^{\ominus}=\frac{c_{eq}(OH^-)c_{eq}(H_2CO_3)}{c_{eq}(HCO_3^-)}$$

四、同离子效应和盐效应

1. 同离子效应

如果往弱酸或弱碱溶液中加入与其含有相同离子的强电解质时，例如，在 HAc 溶液中加入一些 NaAc，则会对 HAc 的解离平衡产生什么样的影响？NaAc 是强电解质，它在水溶液中全部解离，使得溶液中 Ac^- 的浓度大大增加，从而促使 HAc 的解离平衡向左移动，降低了 HAc 的解离度，即：

$$HAc \rightleftharpoons H^+ + Ac^-$$

$$NaAc \longrightarrow Na^+ + Ac^-$$

$$\longleftarrow \text{平衡移动方向}$$

这种由于在弱电解质溶液中，加入与其含有相同离子的强电解质，而使弱电解质解离度降低的效应，称为同离子效应。

2. 盐效应

在弱电解质溶液中加入不含相同离子的强电解质，使弱电解质的解离度稍有增加的效应称为盐效应。这是由于溶液中离子总浓度增大，离子间相互牵制作用增强，使得弱电解质解离的阴、阳离子结合形成分子的机会减小，从而使弱电解质分子浓度减小，离子浓度相应增大，解离度增大的缘故。例如在 $0.1mol \cdot L^{-1}$ HAc 溶液中加入 $0.1mol \cdot L^{-1}$ 的 NaCl 溶液，

氯化钠完全电离成 Na^+ 和 Cl^-，使溶液中的离子总数增加，离子之间的静电作用增强。这时 Ac^- 和 H^+ 被众多异号离子（Na^+ 和 Cl^-）包围，Ac^- 和 H^+ 结合成 HAc 的机会减少，使 HAc 的电离度增大（可从 1.34%增大到 1.68%）。在难溶电解质溶液中加入具有不同离子的强电解质后，使难溶电解质溶解度增大的效应，也称为盐效应。这里必须注意：在发生同离子效应时，由于也外加了强电解质，所以也伴随有盐效应的发生，只是这时同离子效应远大于盐效应，往往忽略盐效应的影响。

第三节 缓冲溶液

一、缓冲溶液的作用原理

1. 缓冲溶液

能抵抗外来少量强酸、强碱或稍加稀释不引起溶液 pH 值发生明显变化的作用，称为缓冲作用；具有缓冲作用的溶液，称为缓冲溶液。

2. 作用原理

以 HAc-NaAc 缓冲溶液为例，说明缓冲溶液之所以能抵抗少量强酸或强碱使 pH 值稳定的原理。醋酸是弱酸，在溶液中的离解度较小，溶液中主要以 HAc 分子形式存在。醋酸钠是强电解质，在溶液中全部解离成 Na^+ 和 Ac^-，由于同离子效应，加入 NaAc 后使 HAc 解离平衡向左移动，HAc 的解离度减小，HAc 浓度增大。所以，在 HAc-NaAc 混合溶液中，存在着大量的 HAc 和 Ac^-，即：

$$\underset{\text{大量}}{(\text{抗碱})HAc} \rightleftharpoons \underset{\text{极少量}}{H^+} + \underset{\text{大量}}{Ac^-(\text{抗酸})}$$

往溶液中加入少量强酸（如 HCl），则增加了溶液的 H^+ 浓度。假设不发生其他反应，溶液的 pH 值应该减小。但是由于 H^+ 浓度的增加，抗酸成分 Ac^- 与增加的 H^+ 结合成 HAc，破坏了 HAc 原有的解离平衡，使平衡左移即向生成共轭碱 HAc 分子的方向移动，直至建立新的平衡。因为加入 H^+ 较少，溶液中 Ac^- 浓度较大，所以加入的 H^+ 绝大部分转变成弱酸 HAc，因此溶液的 pH 值不发生明显的降低。

往溶液中加入少量强碱（如 NaOH），则增加了溶液中 OH^- 的浓度。假设不发生其他反应，溶液的 pH 值应该增大。但由于溶液中的 H^+ 立即与加入的 OH^- 结合成更难解离的 H_2O，破坏了 HAc 的解离平衡，促使平衡向右移动，即不断向生成 H^+ 和 Ac^- 的方向移动，直至加入的 OH^- 绝大部分转变成 H_2O，建立新的平衡为止。由于加入的 NaOH 少，溶液中抗碱成分 HAc 的浓度较大，溶液的 pH 值不发生明显增大。

溶液稍加稀释时，虽然 H^+ 降低了，但 Ac^- 同时降低了，同离子效应减弱，促使 HAc 的解离度增加，所产生的 H^+ 可维持溶液的 pH 值不发生明显的变化。因此，HAc-NaAc 溶液具有抗酸、抗碱和抗稀释作用。

缓冲溶液主要用于控制溶液的酸度，组成缓冲溶液的共轭酸碱对也称为缓冲对。缓冲溶液的组成一般有三种类型。常见的由弱酸（碱）及其共轭碱（酸）组成，如 HAc-NaAc，NH_4Cl-$NH_3 \cdot H_2O$ 等；第二类是由两性物质组成，如 $NaHCO_3$-Na_2CO_3，KH_2PO_4-K_2HPO_4，其中 HCO_3^--CO_3^{2-} 和 $H_2PO_4^-$-HPO_4^{2-} 是缓冲对；第三类是由强酸溶液（pH≤

2）或强碱溶液（pH≥12）组成。常见的缓冲溶液见表 5-1。

表 5-1　常见的缓冲溶液

弱　酸	共轭碱	$K_a^{\ominus}$	pH 值范围
$C_6H_4(COOH)_2$	$C_6H_4(COOH)COOK$	1.3×10^{-3}	1.9～3.9
HAc	NaAc	1.8×10^{-5}	3.7～5.7
NaH_2PO_4	Na_2HPO_4	6.3×10^{-8}	6.2～8.2
Na_2HPO_4	Na_3PO_4	4.4×10^{-13}	11.3～13.3
$NaHCO_3$	Na_2CO_3	5.6×10^{-11}	9.3～11.3
NH_4Cl	NH_3H_2O	4.5×10^{-13}	8.3～10.3

二、缓冲溶液 pH 值的计算

以 HAc-NaAc 缓冲溶液为例，溶液中存在下列平衡：

$$\underset{\text{大量}}{HAc} \rightleftharpoons \underset{\text{极少量}}{H^+} + \underset{\text{大量}}{Ac^-}$$

$$K_a^{\ominus}=\frac{c_{eq}(H^+)c_{eq}(Ac^-)}{c_{eq}(HAc)}\approx\frac{c_{eq}(H^+)c(Ac^-)}{c(HAc)}=\frac{c_{eq}(H^+)c(\text{共轭碱})}{c(\text{弱酸})}$$

$$c_{eq}(H^+)=K_a^{\ominus}\frac{c(\text{弱酸})}{c(\text{共轭碱})},\ pH=pK_a^{\ominus}+\lg\frac{c(\text{共轭碱})}{c(\text{弱酸})} \tag{5-4}$$

缓冲溶液的共轭酸碱对的浓度之比称为缓冲比，实际上，缓冲比就是它们的物质的量之比，即若以 V 代表缓冲溶液的体积，$c(\text{弱酸})V=n(\text{弱酸})$，$c(\text{共轭碱})V=n(\text{共轭碱})$，则

$$pH=pK_a^{\ominus}+\lg\frac{n(\text{共轭碱})}{n(\text{弱酸})} \tag{5-5}$$

如果是由弱碱及其共轭酸组成的缓冲溶液，只需将式(5-4) 或式(5-5) 中的 pH 换成 pOH、共轭碱换成共轭酸、弱酸换成弱碱。

【例 5-2】 25℃时，1.0L HAc-NaAc 缓冲溶液中含有 0.10mol HAc 和 0.20mol NaAc。(1) 计算此缓冲溶液的 pH；(2) 向 100mL 该缓冲溶液中加入 10mL $0.10mol\cdot L^{-1}$ HCl 溶液后，计算缓冲溶液的 pH；(3) 向 100mL 该缓冲溶液中加入 10mL $0.10mol\cdot L^{-1}$ NaOH 溶液后，计算缓冲溶液的 pH；(4) 向 100mL 该缓冲溶液中加入 1L 水稀释后，计算缓冲溶液的 pH。

解：(1) 25℃时，HAc 的 $K_a^{\ominus}=1.8\times10^{-5}$

$$pH=pK_a^{\ominus}+\lg\frac{c(\text{共轭碱})}{c(\text{弱酸})}=-\lg(1.8\times10^{-5})+\lg\frac{0.20}{0.10}$$

$$=4.74+0.30=5.04$$

(2) 100mL 缓冲溶液中加入 10mL $0.10mol\cdot L^{-1}$ 的 HCl 溶液，则：

$$c(HAc)=\frac{100mL\times0.10mol\cdot L^{-1}+10mL\times0.10mol\cdot L^{-1}}{100mL+10mL}=0.10mol\cdot L^{-1}$$

$$c(Ac^-)=\frac{100mL\times0.20mol\cdot L^{-1}-10mL\times0.10mol\cdot L^{-1}}{100mL+10mL}=0.17mol\cdot L^{-1}$$

$$pH=pK_a^{\ominus}+\lg\frac{c(\text{共轭碱})}{c(\text{弱酸})}=4.74+\lg\frac{0.17}{0.10}=4.97$$

$$=4.74+0.30=5.04$$

（3）100mL 缓冲溶液中加入 10mL 0.10mol·L^{-1}的 NaOH 溶液，则：

$$c(\mathrm{HAc})=\frac{100\mathrm{mL}\times0.10\mathrm{mol\cdot L^{-1}}-10\mathrm{mL}\times0.10\mathrm{mol\cdot L^{-1}}}{100\mathrm{mL}+10\mathrm{mL}}=0.082\mathrm{mol\cdot L^{-1}}$$

$$c(\mathrm{Ac^-})=\frac{100\mathrm{mL}\times0.20\mathrm{mol\cdot L^{-1}}+10\mathrm{mL}\times0.10\mathrm{mol\cdot L^{-1}}}{100\mathrm{mL}+10\mathrm{mL}}=0.19\mathrm{mol\cdot L^{-1}}$$

$$\mathrm{pH}=\mathrm{p}K_{\mathrm{a}}^{\ominus}+\lg\frac{c(\text{共轭碱})}{c(\text{弱酸})}=4.74+\lg\frac{0.19}{0.082}=5.10$$

（4）100mL 缓冲溶液中加入 1L 水，则：

$$c(\mathrm{HAc})=\frac{100\mathrm{mL}\times0.10\mathrm{mol\cdot L^{-1}}}{100\mathrm{mL}+1000\mathrm{mL}}=9.1\times10^{-3}\mathrm{mol\cdot L^{-1}}$$

$$c(\mathrm{Ac^-})=\frac{100\mathrm{mL}\times0.20\mathrm{mol\cdot L^{-1}}}{100\mathrm{mL}+1000\mathrm{mL}}=1.8\times10^{-2}\mathrm{mol\cdot L^{-1}}$$

$$\mathrm{pH}=\mathrm{p}K_{\mathrm{a}}^{\ominus}+\lg\frac{c(\text{共轭碱})}{c(\text{弱酸})}=4.74+\lg\frac{1.8\times10^{-2}}{9.1\times10^{-3}}=5.04$$

该例说明缓冲溶液具有抵抗少量强酸和强碱的能力及抗稀释的作用。

三、缓冲容量和缓冲范围

从缓冲溶液的 pH 计算公式中可以看出，影响溶液酸度的因素有两个：一是弱酸本身的解离常数；二是缓冲比。对于一定的缓冲体系，在一定温度下，解离常数值不变，加入少量强酸或强碱引起溶液 pH 值的改变，其原因就在于改变了缓冲比数值。如果 c(共轭酸）和 c(共轭碱）数值越大，加入一定量的酸、碱，缓冲比的相对改变量就越小，pH 值的改变就越小。即共轭酸碱对的浓度越大，缓冲体系的缓冲能力就越强；如果缓冲溶液的浓度太小，或加入的酸碱量太大，都会使缓冲对比值变化很大，甚至失去缓冲作用。所以，缓冲溶液的缓冲能力是有一定限度的，缓冲能力用缓冲容量 β 来表示，其定义式为：

$$\beta=\frac{\mathrm{d}n_{\mathrm{B}}}{\mathrm{dpH}}=-\frac{\mathrm{d}n_{\mathrm{A}}}{\mathrm{dpH}} \tag{5-6}$$

其意义是：1L 溶液的 pH 增加 dpH 单位时所需强碱的物质的量（$\mathrm{d}n_{\mathrm{B}}$），或是降低 dpH 单位时所需强酸的物质的量（$\mathrm{d}n_{\mathrm{A}}$）。加酸使 pH 降低，故在$\frac{\mathrm{d}n_{\mathrm{A}}}{\mathrm{dpH}}$前加“－”号以使 β 为正值。显然，β 越大，缓冲能力就越大。下面来看影响缓冲容量的因素。

1. 缓冲容量与缓冲溶液总浓度的关系

假设有四份体积都是 1.0L 的 HAc-NaAc 缓冲溶液，其中 HAc 和 NaAc 浓度彼此相等，即 $\frac{c(\mathrm{Ac^-})}{c(\mathrm{HAc})}=1$，只是它们的总浓度不同，依次为 1.0mol·L^{-1}，0.40mol·L^{-1}，0.20mol·L^{-1}和 0.10mol·L^{-1}。表 5-2 列出这四份溶液分别加入 0.02mol·L^{-1}的 NaOH 后 pH 变化的情况。

表 5-2　总浓度与缓冲容量的关系

项　目	1	2	3	4
c(总)/mol·L^{-1}	1.0	0.40	0.20	0.10
$c(\mathrm{Ac^-})/c(\mathrm{HAc})$	0.50/0.50	0.20/0.20	0.10/0.10	0.05/0.05
加 NaOH 前 pH	4.75	4.75	4.75	4.75
加 NaOH 后 pH	4.78	4.84	4.93	5.12
ΔpH	0.03	0.09	0.18	0.37

由表中数据可以看出，总浓度越大，加碱后 pH 变化越小，即缓冲容量越大。但是在实际应用时，只要缓冲溶液能达到对 pH 控制的要求，缓冲溶液的总浓度不宜太大，这样不仅可以节约试剂，还可减少高浓度对研究体系带来的不利影响。通常总浓度控制在 0.01～1.0mol·L^{-1}。

2. 缓冲容量与缓冲对浓度比值的关系

假设有四份体积都是 1.0L 的 HAc-NaAc 缓冲溶液，而且 HAc 和 NaAc 的浓度之和都等于 1.0mol·L^{-1}，但$\frac{c(Ac^-)}{c(HAc)}$的比值不同，依次为 1、9、19 和 32。表 5-3 列出了这四份溶液分别加入 0.02mol·L^{-1}的 NaOH 后 pH 变化的情况。

表 5-3 缓冲对浓度比值与缓冲容量的关系

项目	1	2	3	4
c(总)/mol·L^{-1}	1.0	1.0	1.0	1.0
$c(Ac^-)/c(HAc)$	(0.50/0.50)=1	(0.90/0.10)=9	(0.95/0.05)=19	(0.94/0.03)=32
加 NaOH 前 pH	4.75	5.70	6.03	6.26
加 NaOH 后 pH	4.78	5.81	6.26	6.75
ΔpH	0.03	0.11	0.23	0.49

由表中数据可以看出，$c(Ac^-)/c(HAc)$ 的比值越接近 1，加碱后 pH 变化越小，即缓冲容量越大。当缓冲对彼此浓度正好相等时，则：

$$pH = pK_a^{\ominus} + \lg\frac{c(\text{共轭碱})}{c(\text{弱酸})} = pK_a^{\ominus}$$

为了获得最大的缓冲容量，选择缓冲对时，其弱酸的 $pK_a^{\ominus}$ 应正好等于所要求配制的 pH，以保证所需溶液有足够的缓冲容量，但是这样的缓冲对往往不一定能找到。一般来说，当 c(共轭碱)/c(弱酸)之值在$\frac{10}{1}$～$\frac{1}{10}$时，缓冲溶液的缓冲容量不会太小。所以，缓冲溶液的有效缓冲范围应该为 $pH = pK_a^{\ominus} \pm 1$。例如，要配 pH=5 的缓冲溶液，可选择 HAc-NaAc 缓冲对（HAc 的 $pK_a^{\ominus}=4.75$）；要配制 pH=7 的缓冲溶液，可选择 NaH_2PO_4-Na_2HPO_4 缓冲对（$H_2PO_4^-$ 的 $pK_a^{\ominus}=7.21$）；要配制 pH=9 的缓冲溶液，可选择 NH_4Cl-$NH_3 \cdot H_2O$ 缓冲对（NH_4^+ 的 $pK_a^{\ominus}=9.25$）。一些常用缓冲溶液的 pH 范围见附录十一。

因此，缓冲溶液的共轭酸碱对的总浓度越大，缓冲能力越强，缓冲容量就越大；在共轭酸碱对的总浓度固定的情况下，$\frac{c(\text{共轭碱})}{c(\text{弱酸})}=1$，$pH=pK_a^{\ominus}$ 时，缓冲容量有极大值，缓冲能力最强，缓冲容量最大。

【例 5-3】 用 1.0mol·L^{-1}的氨水和固体 NH_4Cl 为原料，如何配制 1.0L pH 为 9.00，其中氨水浓度为 0.10mol·L^{-1}的缓冲溶液？

解： 本题的缓冲对是 NH_4^+-$NH_3 \cdot H_2O$，其弱酸的 $K_a^{\ominus}$ 为，

$$K_a^{\ominus} = \frac{K_w^{\ominus}}{K_b^{\ominus}(NH_3 \cdot H_2O)} = \frac{1.0\times10^{-14}}{1.8\times10^{-5}} = 5.6\times10^{-10}$$

$$pK_a^{\ominus} = -\lg(5.6\times10^{-10}) = 9.25$$

$$pH = pK_a^{\ominus} + \lg\frac{c(\text{共轭碱})}{c(\text{弱酸})}, 9.00 = 9.25 + \lg\frac{c(\text{共轭碱})}{c(\text{弱酸})}$$

$$\frac{c(\text{共轭碱})}{c(\text{弱酸})}=0.56, c(\text{弱酸})=\frac{0.10\text{mol}\cdot\text{L}^{-1}}{0.56}=0.18\text{mol}\cdot\text{L}^{-1}$$

需要 NH_4Cl 的质量为，$m=0.18\text{mol}\cdot\text{L}^{-1}\times1.0\text{L}\times53.5\text{g}\cdot\text{mol}^{-1}=9.6\text{g}$

需要氨水的体积为，$V=\frac{0.1\text{mol}\cdot\text{L}^{-1}\times1.0\text{L}}{1.0\text{mol}\cdot\text{L}^{-1}}=0.10\text{L}$

配制时，先将 9.6g 固体 NH_4Cl 溶于少量水中，然后加入 $1.0\text{mol}\cdot\text{L}^{-1}$ 的氨水 0.10L，最后用水释至 1.0L。

缓冲溶液在工业、农业及生物、医学、化学等方面具有重要意义。例如，土壤中含有 Na_2CO_3-$NaHCO_3$，Na_2HPO_4-NaH_2PO_4，以及腐殖质酸及其盐等组成的多种缓冲对，所以能使土壤维持在一定的 pH 范围内，从而保证了植物的正常生长。动植物体内也有复杂的缓冲体系维持着体液的 pH，以保证生命的正常活动。人体的血液含有许多缓冲对，主要有 H_2CO_3-$NaHCO_3$，Na_2HPO_4-NaH_2PO_4，血浆蛋白-血浆蛋白盐，血红朊-血红朊盐等，其中以 H_2CO_3-$NaHCO_3$ 缓冲对起主要作用。当人体新陈代谢过程中产生酸（如磷酸、乳酸等）进入血液时，HCO_3^- 便与其结合生成 H_2CO_3，后者被血液带至肺部并以 CO_2 的形式排出体外；当来源于食物的碱性物质（如柠檬酸钠、钾盐、磷酸氢二钠、碳酸氢钠等）进入血液时，血液中的 H^+ 便与它结合，H^+ 的消耗由 H_2CO_3 来补充。血液中的几个缓冲对的相互制约，使血液 pH 维持在 7.40±0.03 范围内。超过这个范围就会导致“酸中毒”或“碱中毒”，若改变量超过 0.4pH 单位，就会有生命危险。

缓冲溶液在化学上也有广泛应用，例如，用氨水分离 Al^{3+} 和 Mg^{2+} 时，如果 OH^- 浓度过高，$Al(OH)_3$ 沉淀不完全，而 Mg^{2+} 还会有少量沉淀；如果 OH^- 浓度过低，则 Al^{3+} 沉淀不完全。若用 NH_4Cl-$NH_3\cdot H_2O$ 缓冲溶液来维持 pH=9 左右，则可保证 Al^{3+} 沉淀完全而 Mg^{2+} 不沉淀。缓冲溶液在化学上的应用在本课程后面还将陆续介绍。

第四节　酸度对水溶液中弱酸（碱）型体分布的影响

一、溶液中酸碱平衡处理的方法

分析化学中常利用物料平衡式、电荷平衡式和质子平衡式处理酸碱平衡，使处理的方法变得简单、容易、准确。

1. 物料平衡式（MBE）

在一个化学平衡体系中，某一组分的总浓度（即分析浓度，c）等于该组分各有关型体的平衡浓度之和，其数学表达式称为物料平衡方程（mass balance equation），简写为 MBE。

例如，$0.1\text{mol}\cdot\text{L}^{-1}$ H_2CO_3 溶液的物料平衡式为：

$$0.1\text{mol}\cdot\text{L}^{-1}=c_{eq}(CO_3^{2-})+c_{eq}(HCO_3^-)+c_{eq}(H_2CO_3)$$

浓度为 c 的 NH_4Cl 溶液的物料平衡式为：

$$c=c_{eq}(NH_4^+)+c_{eq}(NH_3)$$

$$c=c_{eq}(Cl^-)$$

2. 电荷平衡式（CBE）

在一个化学平衡体系中，溶液是电中性的，即溶液中阳离子所带正电荷的量与阴离子所带负电荷的量相等，其数学表达式称为电荷平衡方程（charge balance equation），简写为CBE。

例如，0.1mol·L^{-1} NaAc溶液的电荷平衡式为：

$$c_{eq}(Na^{+})+c_{eq}(H^{+})=c_{eq}(Ac^{-})+c_{eq}(OH^{-})$$

或：

$$0.1mol\cdot L^{-1}+c_{eq}(H^{+})=c_{eq}(Ac^{-})+c_{eq}(OH^{-})$$

浓度为c的$MgSO_4$溶液的电荷平衡式为：

$$2c_{eq}(Mg^{2+})+c_{eq}(H^{+})=2c_{eq}(SO_4^{2-})+c_{eq}(HSO_4^{-})+c_{eq}(OH^{-})$$

或：

$$2c+c_{eq}(H^{+})=2c_{eq}(SO_4^{2-})+c_{eq}(HSO_4^{-})+c_{eq}(OH^{-})$$

3. 质子平衡式（PBE）

酸碱反应达到平衡时，酸给出质子的量与碱所接受质子的量相等，其数学表达式称为质子平衡方程（proton balance equation），也称质子条件式，简写为PBE。

质子平衡式可以通过物料平衡式和电荷平衡式推出，也可以由酸碱组分得失质子关系直接求得，后者也称参考水平法。方法要点如下。

① 选取在水溶液中大量存在并直接参与质子转移的原始酸碱组分作为零水准物质。

② 根据零水准物质判断其得质子后的产物及物质的量（写在左边），以及其失去质子后的产物及物质的量（写在右边）。

③ 根据得失质子物质的量相等原则，写出质子平衡式。

④ 质子平衡式中不出现零水准物质和未参与质子传递的物质。

例如，对于一元弱酸HB的水溶液，其中大量存在并参与质子转移的物质是HB和H_2O，因此一元弱酸HB溶液的参考水平为HB和H_2O，其得失质子的情况如图所示：

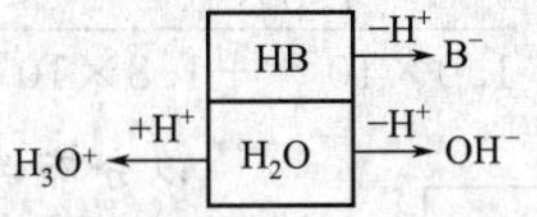

HB —$-H^+$→ B^-
H_3O^+ ←$+H^+$— H_2O —$-H^+$→ OH^-

H_3O^+一般简写为H^+，所以一元弱酸HB溶液的质子平衡式为：

$$c_{eq}(H^{+})=c_{eq}(OH^{-})+c_{eq}(B^{-})$$

再如，Na_2HPO_4的水溶液中大量存在并参与质子转移的物质是H_2O和HPO_4^{2-}，因此以H_2O和HPO_4^{2-}为零水准物质，其得失质子的情况如下图所示：

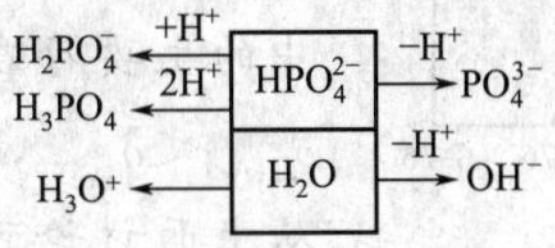

$H_2PO_4^-$ ←$+H^+$— HPO_4^{2-} —$-H^+$→ PO_4^{3-}
H_3PO_4 ←$2H^+$—
H_3O^+ ←— H_2O —$-H^+$→ OH^-

其质子条件式为：

$$c_{eq}(H^{+})+c_{eq}(H_2PO_4^{-})+2c_{eq}(H_3PO_4)=c_{eq}(OH^{-})+c_{eq}(PO_4^{3-})$$

二、酸度对弱酸（碱）各型体分布的影响

弱酸（碱）平衡体系中，通常同时存在有多种型体，这些型体的浓度，随着溶液中H^+浓度的变化而变化。溶液中某酸碱型体的平衡浓度占其总浓度的分数，称为分布系数或分布分数（distribution fraction），用δ表示。分布系数能定量说明溶液中各种酸碱型体的分布

情况，这在分析化学中有着十分重要的意义。

1. 酸度对一元弱酸（碱）各型体分布的影响

分析浓度为 c 的一元弱酸（HB）在溶液中以 HB 和 B^- 两种型体存在，其平衡浓度与分析浓度的关系符合物料平衡式：$c(HB)=c_{eq}(HB)+c_{eq}(B^-)$。

根据分布分数的定义和 $K_a^{\ominus}$ 的表达式，HB 和 B^- 的分布分数分别为：

$$\delta(HB)=\frac{c_{eq}(HB)}{c(HB)}=\frac{c_{eq}(HB)}{c_{eq}(HB)+c_{eq}(B^-)}=\frac{1}{1+\frac{c_{eq}(B^-)}{c_{eq}(HB)}}=\frac{1}{1+\frac{K_a^{\ominus}}{c_{eq}(H^+)}}$$

即：
$$\delta(HB)=\frac{c_{eq}(H^+)}{c_{eq}(H^+)+K_a^{\ominus}} \tag{5-7}$$

$$\delta(B^-)=\frac{c_{eq}(B^-)}{c(HB)}=\frac{c_{eq}(B^-)}{c_{eq}(HB)+c_{eq}(B^-)}=\frac{1}{\frac{c_{eq}(HB)}{c_{eq}(B^-)}+1}=\frac{1}{\frac{c_{eq}(H^+)}{K_a^{\ominus}}+1}$$

即：
$$\delta(B^-)=\frac{K_a^{\ominus}}{c_{eq}(H^+)+K_a^{\ominus}} \tag{5-8}$$

$$\delta(HB)+\delta(B^-)=1 \tag{5-9}$$

【例 5-4】 计算 pH＝4.00 时，HAc 和 Ac^- 的分布系数。

解： $\delta_{HAc}=\frac{c_{eq}(H^+)}{c_{eq}(H^+)+K_a^{\ominus}}=\frac{1.0\times10^{-4}}{1.0\times10^{-4}+1.8\times10^{-5}}=0.85$

$\delta_{Ac^-}=\frac{K_a^{\ominus}}{c_{eq}(H^+)+K_a^{\ominus}}=\frac{1.8\times10^{-5}}{1.0\times10^{-4}+1.8\times10^{-5}}=0.15$

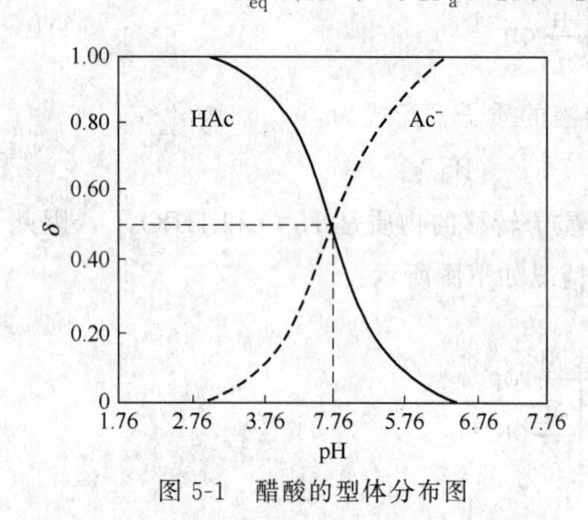

图 5-1 醋酸的型体分布图

以分布系数为纵坐标，pH 值为横坐标作图，得酸碱型体分布图。图 5-1 为醋酸的型体分布图，从图中可知，δ_{HAc} 随 pH 值的升高而减小，δ_{Ac^-} 随 pH 值的增高而增大。当 pH＝p$K_a^{\ominus}$（4.76）时，$\delta_{HAc}=\delta_{Ac^-}=0.50$，HAc 与 Ac^- 各占一半；当 pH＜p$K_a^{\ominus}$ 时，$\delta_{HAc}>\delta_{Ac^-}$，溶液中的主要存在形式是 HAc；当 pH＞p$K_a^{\ominus}$ 时，$\delta_{HAc}<\delta_{Ac^-}$，溶液中的主要存在形式是 Ac^-。从上面讨论可知，分布系数与酸的浓度无关，它仅是 pH 或 p$K_a^{\ominus}$ 的函数，通过控制酸度，可得到所需要的型体。该结论适合于各种一元弱酸（碱）溶液。

2. 酸度对多元弱酸（碱）各型体分布的影响

以二元弱酸草酸为例，它在溶液中以 $H_2C_2O_4$、$HC_2O_4^-$ 和 $C_2O_4^{2-}$ 三种形式存在。若 $H_2C_2O_4$ 的浓度为 $c(H_2C_2O_4)$，其他各型体的平衡浓度分别为 $c_{eq}(H_2C_2O_4)$、$c_{eq}(HC_2O_4^-)$ 和 $c_{eq}(C_2O_4^{2-})$，若以 δ_0，δ_1 和 δ_2 分别表示 $H_2C_2O_4$、$HC_2O_4^-$ 和 $C_2O_4^{2-}$ 的分布系数，则：

$$\delta_0=\frac{c_{eq}(H_2C_2O_4)}{c(H_2C_2O_4)}=\frac{c_{eq}(H_2C_2O_4)}{c_{eq}(H_2C_2O_4)+c_{eq}(HC_2O_4^-)+c_{eq}(C_2O_4^{2-})}$$

$$=\frac{1}{1+c_{eq}(HC_2O_4^-)/c_{eq}(H_2C_2O_4)+c_{eq}(C_2O_4^{2-})/c_{eq}(H_2C_2O_4)}$$

$$=\frac{1}{1+K_{a1}^{\ominus}/c_{eq}(H^+)+K_{a1}^{\ominus}K_{a2}^{\ominus}/c_{eq}^2(H^+)}$$

$$=\frac{c_{eq}^2(H^+)}{c_{eq}^2(H^+)+K_{a1}^{\ominus}c_{eq}(H^+)+K_{a1}^{\ominus}\cdot K_{a2}^{\ominus}}$$

同理可得，$\delta_1=\frac{c_{eq}(HC_2O_4^-)}{c(H_2C_2O_4)}=\frac{K_{a1}^{\ominus}c_{eq}(H^+)}{c_{eq}^2(H^+)+K_{a1}^{\ominus}c_{eq}(H^+)+K_{a1}^{\ominus}K_{a2}^{\ominus}}$

$$\delta_2=\frac{c_{eq}(C_2O_4^{2-})}{c(H_2C_2O_4)}=\frac{K_{a1}^{\ominus}K_{a2}^{\ominus}}{c_{eq}^2(H^+)+K_{a1}^{\ominus}c_{eq}(H^+)+K_{a1}^{\ominus}K_{a2}^{\ominus}}$$

$$\delta_0+\delta_1+\delta_2=1$$

草酸的各型体分布曲线如图 5-2 所示。

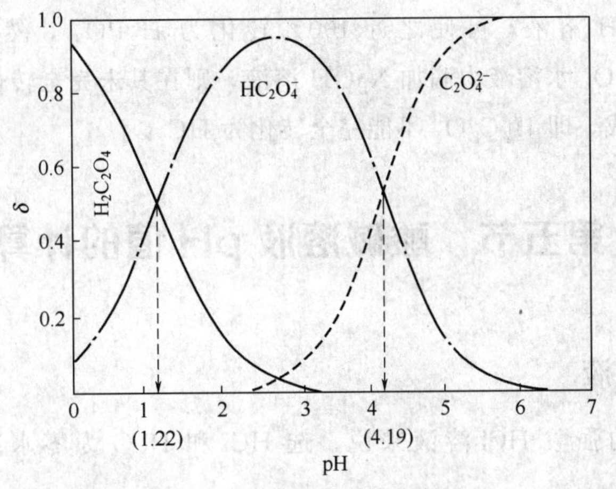

图 5-2　草酸的各型体分布图

对于三元酸，例如磷酸，采用同样的方法处理，得到：

$$\delta_0=\frac{c_{eq}(H_3PO_4)}{c(H_3PO_4)}=\frac{c_{eq}^3(H^+)}{c_{eq}^3(H^+)+K_{a1}^{\ominus}c_{eq}^2(H^+)+K_{a1}^{\ominus}K_{a2}^{\ominus}c_{eq}(H^+)+K_{a1}^{\ominus}K_{a2}^{\ominus}K_{a3}^{\ominus}}$$

$$\delta_1=\frac{c_{eq}(H_2PO_4^-)}{c(H_3PO_4)}=\frac{K_{a1}^{\ominus}c_{eq}^2(H^+)}{c_{eq}^3(H^+)+K_{a1}^{\ominus}c_{eq}^2(H^+)+K_{a1}^{\ominus}K_{a2}^{\ominus}c_{eq}(H^+)+K_{a1}^{\ominus}K_{a2}^{\ominus}K_{a3}^{\ominus}}$$

$$\delta_2=\frac{c_{eq}(HPO_4^{2-})}{c(H_3PO_4)}=\frac{K_{a1}^{\ominus}K_{a2}^{\ominus}c_{eq}(H^+)}{c_{eq}^3(H^+)+K_{a1}^{\ominus}c_{eq}^2(H^+)+K_{a1}^{\ominus}K_{a2}^{\ominus}c_{eq}(H^+)+K_{a1}^{\ominus}K_{a2}^{\ominus}K_{a3}^{\ominus}}$$

$$\delta_3=\frac{c_{eq}(PO_4^{3-})}{c(H_3PO_4)}=\frac{K_{a1}^{\ominus}K_{a2}^{\ominus}K_{a3}^{\ominus}}{c_{eq}^3(H^+)+K_{a1}^{\ominus}c_{eq}^2(H^+)+K_{a1}^{\ominus}K_{a2}^{\ominus}c_{eq}(H^+)+K_{a1}^{\ominus}K_{a2}^{\ominus}K_{a3}^{\ominus}}$$

$$\delta_0+\delta_1+\delta_2+\delta_3=1$$

磷酸的型体分布图如图 5-3 所示。

从图 5-3 和图 5-2 可知，$\delta_{H_2PO_4^-}$ 和 $\delta_{HPO_4^{2-}}$ 最大值都近于达到 1.00，而 $\delta_{HC_2O_4^-}$ 的最大值明显低于 1.00（约为 0.94），此时 $H_2C_2O_4$ 和 $C_2O_4^{2-}$ 的存在均不容忽略。这是因为，H_3PO_4 相邻二级的 $K_a^{\ominus}$ 相差较大，而 $H_2C_2O_4$ 相邻二级的 $K_a^{\ominus}$ 相差较小。因此，向 H_3PO_4

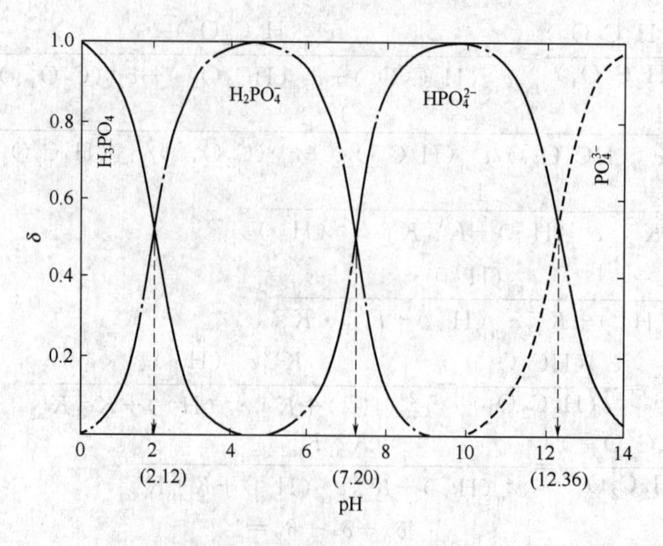

图 5-3　磷酸的型体分布图

水溶液中滴加 NaOH 溶液，可使之近 100% 转化为 $H_2PO_4^-$，然后再近 100% 转化为 HPO_4^{2-}；而向 $H_2C_2O_4$ 水溶液中滴加 NaOH 溶液，则在其未完全转化为 $HC_2O_4^-$ 时，已有一定量的 $C_2O_4^{2-}$ 生成，即 $H_2C_2O_4$ 不能完全转化为 $HC_2O_4^-$。

第五节　酸碱溶液 pH 值的计算

一、强酸（碱）溶液

对于浓度为 c 的强酸 HCl 溶液来说，选 HCl 和 H_2O 为零水准物质，其质子条件式为：

$$c_{eq}(H^+)=c_{eq}(OH^-)+c_{eq}(Cl^-)$$

因为 HCl 在水溶液中基本上全部解离，$c_{eq}(Cl^-)\approx c$ 则

$$c_{eq}(H^+)=c_{eq}(OH^-)+c$$

根据水的解离平衡，得到：$c_{eq}(H^+)=K_w^{\ominus}/c_{eq}(H^+)+c$

$$c_{eq}^2(H^+)-c\cdot c_{eq}(H^+)-K_w^{\ominus}=0 \tag{5-10}$$

式(5-10)是计算一元强酸溶液氢离子浓度的精确式。

一般来讲，只要强酸的浓度不是很低，$c\geqslant 10^{-6}\,mol\cdot L^{-1}$，则可忽略水解离产生的 H^+，于是得到：

$$c_{eq}(H^+)=c \tag{5-11}$$

式(5-11) 是计算一元强酸溶液酸度的最简式。

对于一元强碱溶液，其 $c_{eq}(OH^-)$ 的计算与强酸溶液 $c_{eq}(H^+)$ 的计算类似，只需将 $c_{eq}(H^+)$ 改为 $c_{eq}(OH^-)$，酸的浓度改为碱的浓度即可，这里不再赘述。

【例 5-5】 计算 $2.0\times10^{-7}\,mol\cdot L^{-1}$ HCl 溶液的 pH 值。

解： 由于浓度很稀 $c<10^{-6}\,mol\cdot L^{-1}$，由式(5-10) 得：

$$c_{eq}^2(H^+) - 2.0\times10^{-7}c_{eq}(H^+) - 1.0\times10^{-14} = 0$$

解方程得：$c_{eq}(H^+) = 2.4\times10^{-7}(mol\cdot L^{-1})$，　$pH = 6.62$

二、一元弱酸（碱）溶液

对于一元弱酸 HB 溶液，选 HB 和 H_2O 为零水准物质，其质子条件式为：

$$c_{eq}(H^+) = c_{eq}(OH^-) + c_{eq}(B^-)$$

HB 的解离常数为 $K_a^\ominus$，根据解离平衡，得到：

$$c_{eq}(H^+) = \frac{K_w^\ominus}{c_{eq}(H^+)} + \frac{K_a^\ominus c_{eq}(HB)}{c_{eq}(H^+)}$$

$$c_{eq}^2(H^+) - K_a^\ominus c_{eq}(HB) - K_w^\ominus = 0$$

若将 $c_{eq}(HB) = \delta(HB)c(HB) = \dfrac{c_{eq}(H^+)}{c_{eq}(H^+) + K_a^\ominus}c(HB)$ 代入上式，得：

$$c_{eq}^3(H^+) - K_a^\ominus c_{eq}^2(H^+) - [c(HB)K_a^\ominus + K_w^\ominus]c_{eq}(H^+) - K_a^\ominus K_w^\ominus = 0 \tag{5-12}$$

式(5-12）是计算一元弱酸溶液中 $c_{eq}(H^+)$ 的精确公式，在允许有±5%误差时，可合理地对精确式进行近似处理。

① 若 $K_a^\ominus\cdot c(HB) \geqslant 20K_w^\ominus$，且 $c(HB)/K_a^\ominus < 500$，可忽略水的解离，将式(5-12）简化，得到计算一元弱酸溶液 $c_{eq}(H^+)$ 的近似式：

$$c_{eq}(H^+) = \frac{-K_a^\ominus + \sqrt{(K_a^\ominus)^2 + 4K_a^\ominus c(HB)}}{2} \tag{5-13}$$

② 若 $K_a^\ominus\cdot c(HB) < 20K_w^\ominus$，且 $c(HB)/K_a^\ominus \geqslant 500$，可忽略弱酸的解离，将式(5-12）简化，得到计算一元弱酸溶液 $c_{eq}(H^+)$ 的近似式：

$$c_{eq}(H^+) = \sqrt{K_a^\ominus c(HB) + K_w^\ominus} \tag{5-14}$$

③ 当 $K_a^\ominus\cdot c(HB) \geqslant 20K_w^\ominus$，且 $c(HB)/K_a^\ominus \geqslant 500$ 时，式(5-12）可进一步简化，得到计算一元弱酸溶液 $c_{eq}(H^+)$ 的最简式：

$$c_{eq}(H^+) = \sqrt{K_a^\ominus c(HB)} \tag{5-15}$$

【例 5-6】 计算 $0.010mol\cdot L^{-1}$ HAc 溶液的 pH 值。

解： 已知 $K_a^\ominus = 1.8\times10^{-5}$；$c(HAc) = 0.010mol\cdot L^{-1}$

因为 $K_a^\ominus\cdot c(HAc) > 20K_w^\ominus$，且 $c(HAc)/K_a^\ominus > 500$，故采用最简公式计算：

$$c_{eq}(H^+) = \sqrt{K_a^\ominus c(HAc)} = \sqrt{1.8\times10^{-5}\times0.010} = 4.2\times10^{-4}mol\cdot L^{-1}$$

则 $pH = 3.38$

【例 5-7】 计算 $1.0\times10^{-4}mol\cdot L^{-1}$ HCN 溶液的 pH 值。

解： 已知 $K_a^\ominus = 6.2\times10^{-10}$；$c(HCN) = 1.0\times10^{-4}mol\cdot L^{-1}$

因为 $K_a^\ominus c(HCN) < 20K_w^\ominus$，但 $c(HCN)/K_a^\ominus > 500$，代入式(5-14）得到

$$\begin{aligned} c_{eq}(H^+) &= \sqrt{K_a^\ominus c(HCN) + K_w^\ominus} \\ &= \sqrt{6.2\times10^{-10}\times1.0\times10^{-4} + 1.0\times10^{-14}} \\ &= 2.7\times10^{-7}mol\cdot L^{-1} \quad pH = 6.57 \end{aligned}$$

对于一元弱碱溶液，可按照前面所讨论的计算一元弱酸溶液中 H^+ 浓度的有关公式进行近似处理，只需将 $K_a^\ominus$ 换成 $K_b^\ominus$，$c_{eq}(H^+)$ 换成 $c_{eq}(OH^-)$ 即可，这里不再赘述。

弱酸或弱碱在水中的解离程度常用解离度 α 表示。α 为已解离的浓度与总浓度之比。例如，总浓度为 c 的一元弱酸的解离度近似计算：

$$\alpha=\frac{c_{eq}(H^+)}{c}=\frac{\sqrt{K_a^\ominus c}}{c}=\sqrt{\frac{K_a^\ominus}{c}} \tag{5-16}$$

所以，弱酸或弱碱的浓度越稀，解离度越大。

三、多元酸（碱）溶液

以二元弱酸 H_2B 溶液为例，其解离常数为 $K_{a1}^\ominus$ 和 $K_{a2}^\ominus$，选 H_2B 和 H_2O 为零水准物质，则此溶液的质子条件式为：

$$c_{eq}(H^+)=c_{eq}(OH^-)+c_{eq}(HB^-)+2c_{eq}(B^{2-})$$

若 $K_{a1}^\ominus c(H_2B)\geqslant 20K_w^\ominus$，$H_2B$ 溶液呈酸性，可忽略水的解离，$c_{eq}(OH^-)$ 项可忽略，质子条件式简化为：

$$c_{eq}(H^+)=c_{eq}(HB^-)+2c_{eq}(B^{2-})$$

利用 H_2B 的 $K_{a1}^\ominus$ 和 $K_{a2}^\ominus$ 表达式将质子条件式中各项转化成 $c_{eq}(H_2B)$ 和 $c_{eq}(H^+)$ 的函数，得到计算二元弱酸溶液 $c_{eq}(H^+)$ 的精确式：

$$c_{eq}(H^+)=\frac{K_{a1}^\ominus c_{eq}(H_2B)}{c_{eq}(H^+)}\left[1+\frac{2K_{a2}^\ominus}{c_{eq}(H^+)}\right] \tag{5-17}$$

当 $\dfrac{2K_{a2}^\ominus}{c_{eq}(H^+)}\approx\dfrac{2K_{a2}^\ominus}{\sqrt{K_{a1}^\ominus c(H_2B)}}<0.05$，则在忽略水解离产生的 H^+ 的同时，二元弱酸 H_2B 的第二级解离产生的 H^+ 也可忽略。实际上，大多数多元酸的第一级解离是主要的，第二级解离弱于第一级解离，第三级解离弱于第二级解离……故常将其作为一元弱酸处理，即：

① 若 $K_{a1}^\ominus c(H_2B)\geqslant 20K_w^\ominus$，且 $c(H_2B)/K_{a1}^\ominus<500$，按近似式计算多元弱酸溶液的 $c_{eq}(H^+)$：

$$c_{eq}(H^+)=\frac{-K_{a1}^\ominus+\sqrt{(K_{a1}^\ominus)^2+4K_{a1}^\ominus c(H_2B)}}{2} \tag{5-18}$$

② 若 $K_{a1}^\ominus c(H_2B)<20K_w^\ominus$，且 $c(H_2B)/K_{a1}^\ominus\geqslant 500$，按近似式计算多元弱酸溶液的 $c_{eq}(H^+)$：

$$c_{eq}(H^+)=\sqrt{K_{a1}^\ominus c(H_2B)+K_w^\ominus} \tag{5-19}$$

③ 若 $K_{a1}^\ominus c(H_2B)\geqslant 20K_w^\ominus$，且 $c(H_2B)/K_{a1}^\ominus\geqslant 500$，按最简式计算多元弱酸溶液的 $c_{eq}(H^+)$：

$$c_{eq}(H^+)=\sqrt{K_{a1}^\ominus c(H_2B)} \tag{5-20}$$

对于多元弱碱溶液，可按照前面所讨论的计算多元弱酸溶液 H^+ 浓度的有关公式进行近似处理，只要将相应 $K_a^\ominus$ 换成 $K_b^\ominus$、$c_{eq}(H^+)$ 换成 $c_{eq}(OH^-)$ 即可。

【例 5-8】 计算 $0.10\text{mol}\cdot L^{-1}$ Na_2CO_3 溶液的 pH 值。

解： 已知 $K_{b1}^\ominus=K_w^\ominus/K_{a2}^\ominus=1.8\times10^{-4}$，$K_{b2}^\ominus=K_w^\ominus/K_{a1}^\ominus=2.4\times10^{-8}$

$K_{b1}^\ominus c(CO_3^{2-})\geqslant 20K_w^\ominus$，$\dfrac{2K_{b2}^\ominus}{c_{eq}(OH^-)}\approx\dfrac{2K_{b2}^\ominus}{\sqrt{K_{b1}^\ominus c(CO_3^{2-})}}<0.05$，且 $c(CO_3^{2-})/K_{b1}^\ominus>500$，故可用

最简式计算：

$$c_{eq}(OH^-)=\sqrt{K_{b1}^{\ominus}c(CO_3^{2-})}=\sqrt{1.8\times10^{-4}\times0.10}=4.2\times10^{-3}\text{mol·L}^{-1}$$

$$pOH=2.38,\ pH=14.00-2.38=11.62$$

【例 5-9】 计算 0.10mol·L^{-1} $H_2C_2O_4$ 溶液的 pH 值。

解： 已知 $K_{a1}^{\ominus}=5.9\times10^{-2}$；$K_{a2}^{\ominus}=6.4\times10^{-5}$

$$K_{a1}^{\ominus}c(H_2C_2O_4)>20K_w^{\ominus},\frac{2K_{a2}^{\ominus}}{c_{eq}(H^+)}\approx\frac{2K_{a2}^{\ominus}}{\sqrt{K_{a1}^{\ominus}c(H_2C_2O_4)}}<0.05,$$

但 $c(H_2C_2O_4)/K_{a1}^{\ominus}<500$，故采用近似式计算，

$$c_{eq}(H^+)=\frac{-K_{a1}^{\ominus}+\sqrt{(K_{a1}^{\ominus})^2+4K_{a1}^{\ominus}c(H_2C_2O_4)}}{2}$$

$$=\frac{-5.9\times10^{-2}+\sqrt{(5.9\times10^{-2})^2+4\times5.9\times10^{-2}\times0.10}}{2}$$

$$=5.3\times10^{-2}\quad pH=1.28$$

四、两性物质溶液

在溶液中既起酸的作用又起碱的作用的物质称为两性物质。较重要的两性物质有酸式盐、弱酸弱碱盐和氨基酸等，下面主要讨论酸式盐溶液中有关酸度的计算。

以二元弱酸的酸式盐 NaHA 为例，在此溶液中，可选择 HA^-、H_2O 为零水准物质，故其质子条件式为

$$c_{eq}(H^+)+c_{eq}(H_2A)=c_{eq}(OH^-)+c_{eq}(A^{2-})$$

将 $$K_{a1}^{\ominus}=\frac{c_{eq}(H^+)c_{eq}(HA^-)}{c_{eq}(H_2A)},K_{a2}^{\ominus}=\frac{c_{eq}(H^+)c_{eq}(A^{2-})}{c_{eq}(HA^-)}$$

代入质子条件式后得，

$$c_{eq}(H^+)+\frac{c_{eq}(H^+)c_{eq}(HA^-)}{K_{a1}^{\ominus}}=\frac{K_w^{\ominus}}{c_{eq}(H^+)}+\frac{K_{a2}^{\ominus}c_{eq}(HA^-)}{c_{eq}(H^+)}$$

整理后，得到

$$c_{eq}(H^+)=\sqrt{\frac{K_{a1}^{\ominus}[K_{a2}^{\ominus}c_{eq}(HA^-)+K_w^{\ominus}]}{K_{a1}^{\ominus}+c_{eq}(HA^-)}}\tag{5-21}$$

当 $K_{a1}^{\ominus}$ 远大于 $K_{a2}^{\ominus}$ 时，HA^- 的酸式解离和碱式解离的倾向都很小，因此 HA^- 消耗甚少，溶液中 HA^- 的平衡浓度约等于其原始浓度，即 $c_{eq}(HA^-)\approx c(HA^-)$，代入式(5-21)得到

$$c_{eq}(H^+)=\sqrt{\frac{K_{a1}^{\ominus}[K_{a2}^{\ominus}c(HA^-)+K_w^{\ominus}]}{K_{a1}^{\ominus}+c(HA^-)}}\tag{5-22}$$

当 $K_{a2}^{\ominus}c(HA^-)<20K_w^{\ominus}$，但 $c(HA^-)\geqslant20K_{a1}^{\ominus}$ 时，式(5-22) 分子中的 $K_w^{\ominus}$ 不可略去，而可略去分母中的 $K_{a1}^{\ominus}$，则式(5-22) 简化为，

$$c_{eq}(H^+)=\sqrt{\frac{K_{a1}^{\ominus}[K_{a2}^{\ominus}c(HA^-)+K_w^{\ominus}]}{c(HA^-)}}\tag{5-23}$$

当 $K_{a2}^{\ominus}c(HA^-)\geqslant20K_w^{\ominus}$，且 $c(HA^-)\geqslant20K_{a1}^{\ominus}$ 时，不仅可略去式(5-22) 分子中的 $K_w^{\ominus}$

而且可略去分母中的 $K_{a1}^{\ominus}$，则式(5-22) 可简化为，

$$c_{eq}(H^+)=\sqrt{K_{a1}^{\ominus}K_{a2}^{\ominus}} \tag{5-24}$$

式(5-24) 是计算酸式盐溶液中 $c_{eq}(H^+)$ 的最简式，也是较常用的公式。

【例 5-10】 计算 $5.0\times10^{-2}\,mol\cdot L^{-1}\ Na_2HPO_4$ 溶液的 pH 值。

解：已知 H_3PO_4 的 $K_{a2}^{\ominus}=6.3\times10^{-8}$，$K_{a3}^{\ominus}=4.4\times10^{-13}$

因为 $K_{a3}^{\ominus}\cdot c(HPO_4^{2-})<20K_w^{\ominus}$，$c(HPO_4^{2-})>20K_{a2}^{\ominus}$，则

$$c_{eq}(H^+)=\sqrt{\frac{K_{a2}^{\ominus}[K_{a3}^{\ominus}c(HPO_4^{2-})+K_w^{\ominus}]}{c(HPO_4^{2-})}}$$

$$=\sqrt{\frac{6.3\times10^{-8}[4.4\times10^{-13}\times5.0\times10^{-2}+1.0\times10^{-14}]}{5.0\times10^{-2}}}$$

$$=2.0\times10^{-10}(mol\cdot L^{-1})$$

$$pH=9.69$$

第六节　酸碱指示剂

能够利用自身颜色的改变来指示溶液 pH 变化的物质，称为酸碱指示剂 (acid-baseindicator)。在酸碱滴定过程中，溶液外观一般没有明显的变化，常需要加入能在化学计量点附近发生颜色变化的指示剂来指示终点。

一、酸碱指示剂的作用原理

酸碱指示剂一般是有机弱酸或有机弱碱，它们的酸式和碱式具有不同的颜色，当溶液的 pH 改变时，指示剂因获得质子或失去质子发生结构变化，从而引起颜色的变化。

例如：甲基橙是一种有机弱碱，在水溶液中有以下解离平衡：

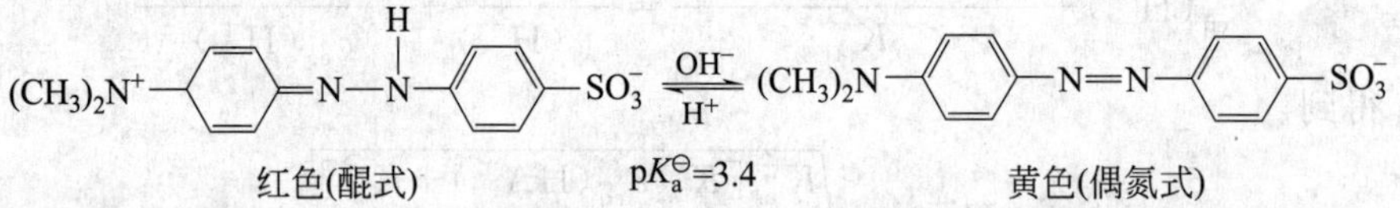

$$(CH_3)_2N^+=\!\!C_6H_4\!=\!N-NH-C_6H_4-SO_3^- \underset{H^+}{\overset{OH^-}{\rightleftharpoons}} (CH_3)_2N-C_6H_4-N=N-C_6H_4-SO_3^-$$

红色(醌式)　　$pK_a^{\ominus}=3.4$　　黄色(偶氮式)

由平衡关系可以看出，当溶液 $pH<pK_a^{\ominus}$ 时，甲基橙主要以醌式结构存在，溶液呈红色；当溶液 $pH>pK_a^{\ominus}=3.4$ 时，主要以偶氮式结构存在，所以溶液显黄色。

再如酚酞，它在溶液中存在下列平衡和颜色变化：

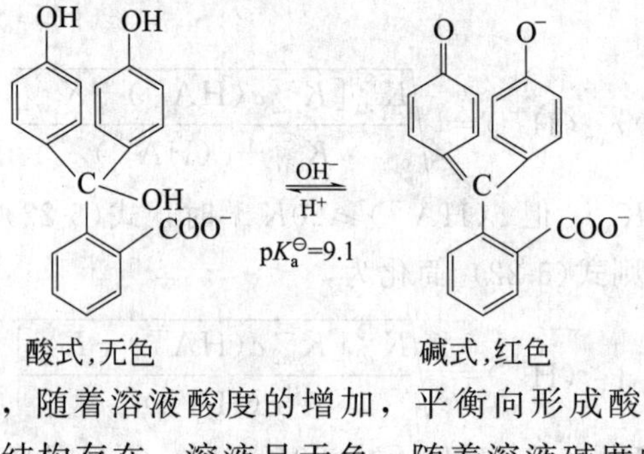

OH　OH　　　　　　　O　O⁻

C—OH　COO⁻　$\underset{H^+}{\overset{OH^-}{\rightleftharpoons}}$　$pK_a^{\ominus}=9.1$　C　COO⁻

酸式,无色　　　　碱式,红色

由平衡关系可以看出，随着溶液酸度的增加，平衡向形成酸的方向移动，即当 $pH<pK_a^{\ominus}$时，酚酞主要以酸式结构存在，溶液呈无色；随着溶液碱度的增加，平衡向形成碱的

方向移动，即当 $pH>pK_a^{\ominus}$ 时，酚酞主要以碱式结构存在，溶液呈红色。

二、酸碱指示剂的变色范围

以有机弱酸型指示剂 HIn 为例，其在水溶液存在以下平衡：

$$\underset{\text{酸式色}}{HIn} \rightleftharpoons H^+ + \underset{\text{碱式色}}{In^-}$$

$$K_a^{\ominus}=\frac{c_{eq}(H^+)\cdot c_{eq}(In^-)}{c_{eq}(HIn)}$$

整理，得：

$$\frac{c_{eq}(In^-)}{c_{eq}(HIn)}=\frac{K_a^{\ominus}}{c_{eq}(H^+)}$$

溶液的颜色取决于$\frac{c_{eq}(In^-)}{c_{eq}(HIn)}$的比值。对一定的指示剂，在一定条件下，$K_a^{\ominus}$ 为一常数，故$\frac{c_{eq}(In^-)}{c_{eq}(HIn)}$是 $c_{eq}(H^+)$ 的函数。需要指出的是，并非$\frac{c_{eq}(In^-)}{c_{eq}(HIn)}$比值的微小改变都能使人观察到溶液颜色的变化。一般来说，若两种形式的浓度相差 10 倍以上，人眼可能观察到的就是浓度较大的那种型体的颜色，因此溶液的 pH 值与指示剂呈现的颜色有如下关系：

① 当 $c_{eq}(In^-)=c_{eq}(HIn)$时，$pH=pK_a^{\ominus}$，呈碱式和酸式各一半的混合色；

② 当$\frac{c_{eq}(In^-)}{c_{eq}(HIn)}\geqslant 10$ 时，$pH\geqslant pK_a^{\ominus}+1$，呈碱式（$In^-$）的颜色；

③ 当$\frac{c_{eq}(In^-)}{c_{eq}(HIn)}\leqslant 0.1$ 时，$pH\leqslant pK_a^{\ominus}-1$，呈酸式（HIn）的颜色；

④ 当$0.1<\frac{c_{eq}(In^-)}{c_{eq}(HIn)}<10$ 时，pH 在 $pK_a^{\ominus}\pm 1$ 之间，呈酸式和碱式的逐渐变化的混合色。

$pH=pK_a^{\ominus}$ 称为指示剂的理论变色点，$pH=pK_a^{\ominus}\pm 1$ 称为指示剂的理论变色范围。指示剂的实际变色范围是依靠人的眼睛观测出来的，与理论计算结果是有差别的。例如甲基橙 $pK_a^{\ominus}=3.4$，其理论变色范围为 2.4（红）～4.4（黄），而实际变色范围为 3.1～4.4，这是因为人的眼睛对红色较之对黄色更为敏感的缘故。

酸碱指示剂的种类很多，由于它们的解离常数不同，所以它们的变色点和变色范围也各不相同。常用的酸碱指示剂见表 5-4。

三、影响酸碱指示剂变色范围的主要因素

1. 温度

$K_a^{\ominus}$ 与温度有关，温度的变化会导致指示剂变色范围发生改变。如常温下甲基橙的变色范围为 3.1～4.4，而在 100℃时为 2.5～3.7。

2. 指示剂的用量

由于指示剂本身就是弱的有机酸或有机碱，用量过大，会消耗一定量的滴定剂而引入误差。对双色指示剂来说，指示剂浓度过大，会因颜色过深而使终点颜色不易判断；对于单色指示剂，指示剂用量的改变会引起变色范围的改变。例如，酚酞是单色指示剂，将 0.1%的酚酞溶液 2～3 滴加入到 50～100mL 酸碱溶液中，在 pH≈9 时出现微红色。若在相同条件下加入 10～15 滴的酚酞溶液时，则在 pH≈8 时出现微红色。因此，在不影响指示剂变色灵

敏度的情况下，一般以少量为宜。

表 5-4 常用的酸碱指示剂及其变色范围

指示剂	变色范围 pH	颜色		$pK_a^\ominus$	浓度
		酸色	碱色		
百里酚蓝(第一步解离)	1.2～2.8（第一次变色）	红	黄	1.6	0.1%的20%乙醇溶液
甲基黄	2.9～4.0	红	黄	3.3	0.1%的90%乙醇溶液
甲基橙	3.1～4.4	红	黄	3.4	0.05%水溶液
溴酚蓝	3.1～4.6	黄	紫	4.1	0.1%的20%乙醇溶液
溴甲酚绿	3.8～5.4	黄	蓝	4.9	0.1%水溶液，每100mg指示剂加0.05$mol\cdot L^{-1}$ NaOH2.9mL
甲基红	4.4～6.2	红	黄	5.2	0.1%的60%乙醇溶液
溴百里酚蓝	6.0～7.6	黄	蓝	7.3	0.1%的20%乙醇溶液或其钠盐的水溶液
中性红	6.8～8.0	红	黄橙	7.4	0.1%的60%乙醇溶液
酚红	6.7～8.4	黄	红	8.0	0.1%的60%乙醇溶液或其钠盐的水溶液
酚酞	8.0～9.6	无	红	9.1	0.1%的90%乙醇溶液
百里酚蓝(第二步解离)	8.0～9.6（第二次变色）	黄	蓝	8.9	0.1%的20%乙醇溶液
百里酚酞	9.4～10.6	无	蓝	10.0	0.1%的90%乙醇溶液

3. 变色方向

指示剂的变色方向也会影响颜色变化的敏锐程度，如酚酞，从无色变为红色时颜色变化明显，容易辨别。若从红色变为无色时则不易辨别，滴定剂易过量。又如甲基橙，由黄色变为红色就比由红色变为黄色更易辨别。因此强碱滴定强酸时一般选酚酞指示剂；而强酸滴定强碱时，选甲基橙指示剂就是这个道理。

4. 电解质

电解质的存在，会增大溶液的离子强度，使指示剂的解离常数发生改变，从而影响其变色范围。此外，电解质的存在还会影响指示剂对光的吸收，使其颜色的强度发生变化。

5. 溶剂

溶剂不同指示剂的解离常数不同，从而影响其变色范围。例如甲基橙在水溶液中 $pK_a^\ominus=3.4$，而在甲醇中则为3.8。

四、混合指示剂

以上介绍的酸碱指示剂都是单一指示剂，变色范围较宽，而在有些酸碱滴定中，需要把滴定终点限制在很窄的pH范围内，以达到一定的准确度。这就需要变色范围比单一指示剂更窄、颜色变化更加敏锐的指示剂。混合指示剂（mixed indicator）在某种程度上可满足这些要求。

混合指示剂，是由一种指示剂与一种颜色不随溶液pH值变化的惰性染料混合而成，或是由 $pK_a^\ominus$ 相近的两种或两种以上指示剂混合而成。混合指示剂是利用颜色互补，使得指示剂的变色范围变窄、变色更加敏锐。

常用的酸碱混合指示剂见表5-5。

表 5-5　常用的酸碱混合指示剂

指示剂溶液的组成	变色点 pH	颜色		备　注
		酸色	碱色	
一份 0.1%甲基黄乙醇溶液 一份 0.1%亚甲基蓝乙醇溶液	3.25	蓝	绿	pH＝3.4 绿色 pH＝3.2 蓝紫色
一份 0.1%甲基橙水溶液 一份 0.25%靛蓝二磺酸钠水溶液	4.1	紫	黄绿	pH＝4.1 灰色
三份 0.1%溴甲酚绿乙醇溶液 一份 0.2%甲基红乙醇溶液	5.1	酒红	绿	pH≤5.0 酒红色 pH≥5.2 绿色
一份 0.1%溴甲酚绿钠盐水溶液 一份 0.1%氯酚红钠盐水溶液	6.1	黄绿	蓝紫	pH＝5.4 蓝绿色 pH＝5.8 蓝色 pH＝6.0 蓝带紫色 pH＝6.2 蓝紫色
一份 0.1%中性红乙醇溶液 一份 0.1%亚甲基蓝乙醇溶液	7.0	蓝紫	绿	pH＝7.0 紫蓝色
一份 0.1%甲酚红钠盐水溶液 三份 0.1%百里酚蓝钠盐水溶液	8.3	黄	紫	pH＝8.2 玫瑰色 pH＝8.4 紫色
一份 0.1%酚酞乙醇溶液 一份 0.1%甲基绿乙醇溶液	8.9	绿	紫	pH＝8.8 浅蓝色 pH＝9.0 紫色
一份 0.1%酚酞乙醇溶液 一份 0.1%百里酚酞乙醇溶液	9.9	无	紫	pH＝9.6 玫瑰色 pH＝10.0 紫色
二份 0.1%百里酚酞乙醇溶液 一份 0.1%茜素黄乙醇溶液	10.2	无	紫	

第七节　酸碱滴定曲线和指示剂的选择

酸碱滴定过程中，溶液 pH 值如何随滴定的进行而改变，如何选择合适的指示剂正确指示终点，从而获得准确的结果是至关重要的。根据酸碱平衡原理，通过计算，以溶液的 pH 值为纵坐标，滴定分数或滴定剂的加入量为横坐标作图，所得的曲线为滴定曲线（titration curve）。下面介绍几种典型的酸碱滴定曲线，以了解滴定过程中溶液 pH 值的变化规律、滴定突跃及其影响因素和如何正确地选择指示剂。

一、强酸与强碱的滴定

例如 HCl、HNO_3、$HClO_4$ 与 NaOH、KOH 之间的相互滴定，由于它们在溶液中是全部解离的，酸以 H^+ 形式存在，碱以 OH^- 形式存在，滴定的基本反应为：$H^+ + OH^- \rightleftharpoons H_2O$，滴定反应的平衡常数为：$K_t^\ominus = 1/[c_{eq}(H^+)c_{eq}(OH^-)] = 1/[K_w^\ominus = 1.0\times10^{14}$，$K_t^\ominus$ 称为滴定常数（titration constant），其值越大，反应进行得越完全。

现以 $0.1000mol\cdot L^{-1}$ NaOH 滴定 20.00mL $0.1000mol\cdot L^{-1}$ HCl 为例，讨论滴定过程中，溶液 pH 值的变化及指示剂的选择。整个滴定过程分为以下 4 个阶段。

1. 滴定前

溶液的酸度取决于 HCl 的浓度，$c_{eq}(H^+) = c(HCl) = 0.1000mol\cdot L^{-1}$，pH＝1.00。

2. 滴定开始至化学计量点前

溶液的酸度取决于剩余 HCl 的浓度，$c_{eq}(H^+)=\dfrac{c(HCl)V(HCl)-c(NaOH)V(NaOH)}{V(HCl)+V(NaOH)}$

当加入 18.00mL NaOH 溶液时，有

$$c_{eq}(H^+)=\frac{0.1000mol\cdot L^{-1}\times 20.00mL-0.1000mol\cdot L^{-1}\times 18.00mL}{20.00mL+18.00mL}$$

$$=5.26\times 10^{-3}mol\cdot L^{-1}\qquad pH=2.28$$

当加入 19.98mL NaOH 溶液时（−0.1%），有

$$c_{eq}(H^+)=\frac{0.1000mol\cdot L^{-1}\times 20.00mL-0.1000mol\cdot L^{-1}\times 19.98mL}{20.00mL+19.98mL}$$

$$=5.00\times 10^{-5}mol\cdot L^{-1}\qquad pH=4.30$$

3. 化学计量点时

加入 20.00mL NaOH 溶液时，滴入的 NaOH 与 HCl 全部反应，溶液呈中性，

$$c_{eq}(H^+)=c_{eq}(OH^-)=1.00\times 10^{-7}(mol\cdot L^{-1})\quad pH=7.00$$

4. 化学计量点后

溶液的碱度取决于过量 NaOH 的浓度，$c_{eq}(OH^-)=\dfrac{c(NaOH)V(NaOH)-c(HCl)V(HCl)}{V(NaOH)+V(HCl)}$

当加入 20.02mL NaOH 溶液时（+0.1%），

$$c_{eq}(OH^-)=\frac{0.1000mol\cdot L^{-1}\times 20.02mL-0.1000mol\cdot L^{-1}\times 20.00mL}{20.02mL+20.00mL}$$

$$=5.00\times 10^{-5}mol\cdot L^{-1}$$

$$pH=pK_w^{\ominus}-pOH=14.00-4.30=9.70$$

如此逐一计算，将结果列于表 5-6 中。

表 5-6　0.1000mol·L⁻¹ NaOH 滴定 20.00mL 0.1000mol·L⁻¹ HCl 的 pH 值变化

加入 NaOH 的体积 V/mL	剩余 HCl 的体积 V/mL	过量 NaOH 的体积 V/mL	滴定分数/%	pH
0.00	20.00		0.00	1.00
18.00	2.00		90.00	2.28
19.80	0.20		99.00	3.30
19.98	0.02		99.90	4.30
20.00	0.00		100.0	7.00
20.02		0.02	100.1	9.70
20.20		0.20	101.0	10.70
22.00		2.00	110.0	11.70
40.00		20.00	200.0	12.52

若将滴定过程中溶液的 pH 值为纵坐标，NaOH 滴入体积或滴定分数（所加滴定剂与被滴定组分的物质的量之比）为横坐标作图，即得到 NaOH 滴定 HCl 的滴定曲线，如图 5-4 所示。

表 5-6 和图 5-4 表明，在滴定开始时，溶液中存在大量 HCl，加入的 NaOH 溶液对溶液的 pH 值影响不大，曲线较平坦。随着滴定的进行，溶液 pH 值的变化稍有增大。当加入 19.98mL NaOH 溶液，距化学计量点仅差 0.02mL，−0.1% 相对误差时，溶液的 pH＝

4.30；再加入0.04mL（约1滴）NaOH溶液，过量0.02mL，+0.1%相对误差时，溶液的pH值发生较大的变化，由4.30猛增到9.70，增大了5.4个pH。此后再继续滴加NaOH溶液，其pH值变化又逐渐减小，曲线又比较平坦。我们把滴定过程中，±0.1%相对误差范围内溶液pH值的变化范围，称为滴定的突跃范围。

在滴定分析中，指示剂的选择主要以突跃范围为依据：凡是变色范围全部或部分落在突跃范围内的指示剂都可用来指示滴定终点。上述滴定的突跃范围为pH=4.30～9.70，因此，选择酚酞pH=8.0～10.0（滴至微红色pH=9）、甲基红pH=4.4～6.2（滴至橙色pH=5.0）和甲基橙pH=3.1～4.4（滴至恰为黄色）为指示剂，它们均能保证终点误差在±0.1%以内。

若用0.1000mol·L^{-1} HCl滴定20.00mL 0.1000mol·L^{-1} NaOH，滴定曲线如图5-4中的虚线部分所示，其突跃范围为pH=9.70～4.30，可选择酚酞（滴至微红色恰好消失）、甲基红（滴至橙色）为指示剂。若选甲基橙（滴至恰好变为橙色）为指示剂，滴定误差将超过+0.2%。

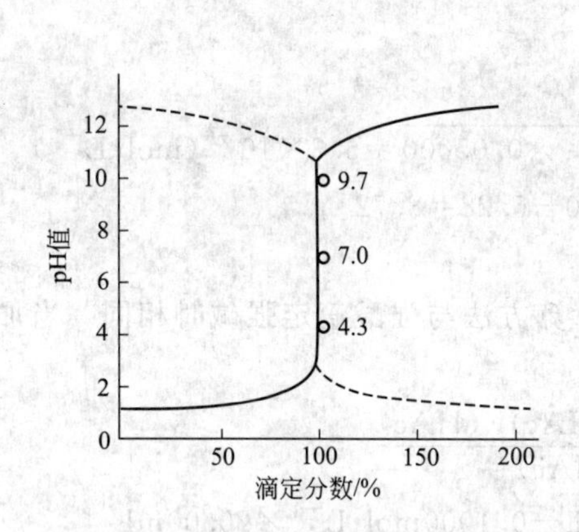

图5-4 0.1000mol·L^{-1} NaOH滴定20.00mL 0.1000mol·L^{-1} HCl的滴定曲线

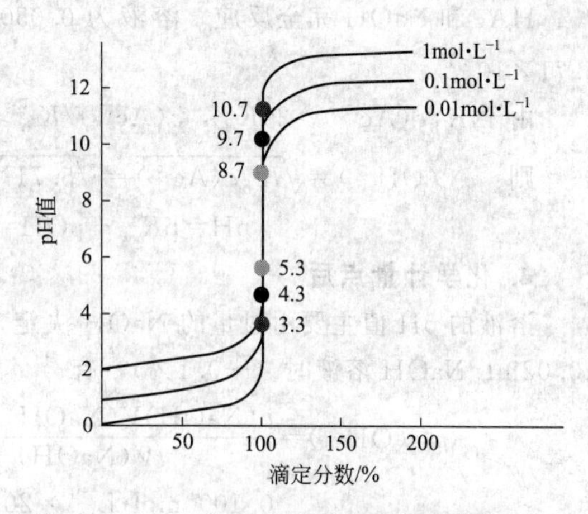

图5-5 不同浓度NaOH滴定不同浓度HCl溶液的滴定曲线

滴定曲线突跃范围的大小受溶液浓度的影响，如图5-5所示。浓度越大，突跃范围越大。酸碱浓度增大10倍，突跃范围增大2个pH单位。对于0.01000mol·L^{-1} NaOH滴定20.00mL 0.01000mol·L^{-1}的HCl，突跃范围为pH=5.30～8.70。

二、一元弱酸（碱）的滴定

如用氢氧化钠溶液滴定甲酸、乙酸、乳酸等有机酸；用盐酸滴定氨、乙胺、乙醇胺等均属这类滴定。基本反应及平衡常数为：

$$OH^- + HB \rightleftharpoons H_2O + B^- \qquad K_t^{\ominus} = K_a^{\ominus}/K_w^{\ominus}$$

$$H^+ + B \rightleftharpoons HB^+ \qquad K_t^{\ominus} = K_b^{\ominus}/K_w^{\ominus}$$

这类滴定反应的平衡常数均较强酸强碱滴定反应的平衡常数小，表明反应的完全程度较差。弱酸的$K_a^{\ominus}$或弱碱的$K_b^{\ominus}$值越大，则$K_t^{\ominus}$值越大，滴定反应就越完全。

现以0.1000mol·L^{-1}的NaOH滴定20.00mL 0.1000mol·L^{-1}的HAc为例，讨论滴定过程中，溶液pH值的变化及指示剂的选择。整个滴定过程分为以下4个阶段。

1. 滴定前

溶液中仅有0.1000mol·L^{-1}的HAc，其$K_a^{\ominus}=1.75\times10^{-5}$

由于$K_a^{\ominus}c(HA)>20K_w^{\ominus}$，$c(HA)/K_a^{\ominus}>500$，则

$c_{eq}(H^+)=\sqrt{K_a^{\ominus}c(HAc)}=\sqrt{1.75\times10^{-5}\times0.1000}=1.34\times10^{-3}$ (mol·L^{-1})　pH=2.88

2. 滴定开始至化学计量点前

溶液为HAc与Ac$^-$的缓冲体系，按式(5-4)计算pH，当加入19.98mL NaOH溶液时，有

$$c_{eq}(HAc)=0.1000mol\cdot L^{-1}\times\frac{20.00mL-19.98mL}{20.00mL+19.98mL}=5.00\times10^{-5}\ (mol\cdot L^{-1})$$

$$c_{eq}(Ac^-)=0.1000mol\cdot L^{-1}\times\frac{19.98mL}{20.00mL+19.98mL}=5.00\times10^{-2}\ (mol\cdot L^{-1})$$

$$pH=pK_a^{\ominus}+\lg\frac{c\ (Ac^-)}{c\ (HAc)}=-\lg1.75\times10^{-5}+\lg\frac{5.00\times10^{-2}}{5.00\times10^{-5}}=7.76$$

3. 化学计量点时

HAc和NaOH完全反应，溶液为0.05000mol·L^{-1}的Ac$^-$溶液，其$K_b^{\ominus}=K_w^{\ominus}/K_a^{\ominus}=5.71\times10^{-10}$。

由于$K_b^{\ominus}c(Ac^-)>20K_w^{\ominus}$，$c(Ac^-)/K_b^{\ominus}>500$

则：$c_{eq}(OH^-)=\sqrt{K_b^{\ominus}c(Ac^-)}=\sqrt{5.71\times10^{-10}\times0.05000}=5.3\times10^{-6}$(mol·L^{-1})

$$pH=pK_w^{\ominus}-pOH=14.00-5.28=8.72$$

4. 化学计量点后

溶液的pH值主要由过量的NaOH决定，其计算方法与强酸滴定强碱时相同。当加入20.02mL NaOH溶液时（+0.1%），有

$$c_{eq}(OH^-)=\frac{c(NaOH)V(NaOH)-c(HAc)V(HAc)}{V(NaOH)+V(HAc)}$$

$$=\frac{0.1000mol\cdot L^{-1}\times20.02mL-0.1000mol\cdot L^{-1}\times20.00mL}{20.02mL+20.00mL}$$

$$=5.00\times10^{-5}mol\cdot L^{-1}$$

$$pH=pK_w^{\ominus}-pOH=14.00-4.30=9.70$$

如此逐一计算，将计算结果列于表5-7中，并绘成图5-6。

表5-7　0.1000mol·L^{-1}NaOH滴定20.00mL 0.1000mol·L^{-1} HAc的pH值变化

加入NaOH的体积 V/mL	剩余HAc的体积 V/mL	过量NaOH的体积 V/mL	滴定分数/%	pH
0.00	20.00		0.00	2.88
18.00	2.00		90.00	5.71
19.80	0.20		99.00	6.76
19.98	0.02		99.90	7.76
20.00	0.00		100.0	8.73
20.02		0.02	100.1	9.70
20.20		0.20	101.0	10.70
22.00		2.00	110.0	11.70
40.00		20.00	200.0	12.52

由图 5-6 可知，与滴定同浓度的 HCl 相比较，滴定前弱酸溶液的 pH 值比强酸溶液大。滴定开始后，反应产生的 Ac^- 抑制了 HAc 的解离，溶液中的 pH 值很快增加，这段曲线斜率较大。随着 NaOH 不断加入，溶液中 HAc 不断减少，Ac^- 不断增加，由 HAc 和 Ac^- 组成的缓冲溶液的缓冲能力也逐渐增加，溶液的 pH 值变化变缓，当 HAc 被滴定 50% 时，$c_{eq}(HAc)=c_{eq}(Ac^-)$，此时溶液的缓冲能力最大，这一段曲线的斜率最小。接近化学计量点时，HAc 浓度已很低，溶液的缓冲作用显著减弱，继续加入 NaOH，溶液的 pH 值变化又加快。化学计量点时，滴定产物 Ac^- 是弱碱，溶液呈碱性。化学计量点后，溶液为 Ac^- 与 NaOH 组成的混合液，溶液 pH 值的变化规律与滴定强酸时相似。

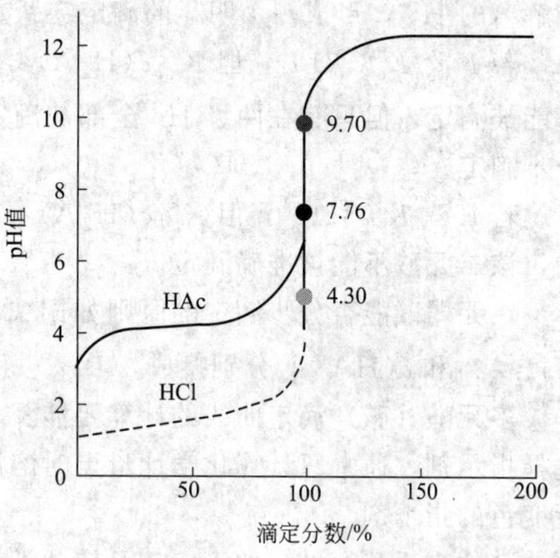

图 5-6　$0.1000mol \cdot L^{-1}$ NaOH 滴定 20.00mL $0.1000mol \cdot L^{-1}$ HAc 的滴定曲线

由表 5-7 可知，$0.1000mol \cdot L^{-1}$ 的 NaOH 滴定 20.00mL $0.1000mol \cdot L^{-1}$ 的 HAc 的突跃范围为 pH＝7.76～9.70，比滴定同样浓度的 HCl 的突跃范围（4.30～9.70）小得多，而且是在弱碱性区域，所以，只能选择在碱性区域内变色的指示剂，如酚酞、百里酚蓝等。强碱滴定弱酸突跃范围的大小，受酸的浓度和强度的影响。当浓度一定时，$K_a^{\ominus}$ 值越大，突跃范围越大；当 $K_a^{\ominus}$ 值一定时，浓度越大，突跃范围越大。实践证明，突跃范围必须在 0.6 个 pH 单位以上，人们才能通过目视观察指示剂的变色来准确判断滴定终点。要有 0.6 个 pH 单位的突跃，必须满足 $K_a^{\ominus}c(HB) \geqslant 10^{-8}$ 这一条件。所以，这就是一元弱酸能否被强碱准确滴定的判断式，终点误差不大于±0.2%。

关于强酸滴定一元弱碱，如 HCl 滴定 NH_3，溶液中各阶段的 pH 值的计算与强碱滴定一元弱酸相似，滴定曲线与 NaOH 滴定 HAc 也相似，只是变化方向相反，滴定的突跃范围落在酸性区域，应选择在酸性范围内变色的指示剂如甲基橙、甲基红等。

与一元弱酸的滴定一样，只有当 $K_b^{\ominus}c(B) \geqslant 10^{-8}$ 时，该一元弱碱才能直接被强酸准确滴定。

三、多元酸（碱）与混合酸（碱）的滴定

多元酸（碱）在水中是分级解离的。如二元酸 H_2A 在水溶液中存在下列解离平衡：

$$H_2A \rightleftharpoons H^+ + HA^-$$

$$HA^- \rightleftharpoons H^+ + A^{2-}$$

在滴定过程中，它们能否分步滴定，即每一化学计量点处是否能形成一个明显的突跃，这与多元酸（碱）的各级解离常数和浓度的大小有关。

若分步滴定允许误差 $|E_t| \leqslant 0.5\%$，$\Delta pH = \pm 0.2$，则二元弱酸能否分步滴定可按下列原则大致判断：

若 $K_{a1}^{\ominus}/K_{a2}^{\ominus} \geqslant 10^4$，且 $K_{a1}^{\ominus}c(H_2A) \geqslant 10^{-8}$，$K_{a2}^{\ominus}c(HA^-) \geqslant 10^{-8}$，可分步准确滴定，形成两个明显的滴定突跃。

若 $K_{a1}^{\ominus}/K_{a2}^{\ominus} \geqslant 10^4$，且 $K_{a1}^{\ominus}c(H_2A) \geqslant 10^{-8}$，$K_{a2}^{\ominus}c(HA^-) < 10^{-8}$，可分步准确滴定第一

步解离的 H^+，形成一个明显的滴定突跃。

若 $K_{a1}^{\ominus}/K_{a2}^{\ominus}<10^4$，但 $K_{a1}^{\ominus}c(H_2A)\geqslant10^{-8}$，$K_{a2}^{\ominus}c(HA^-)\geqslant10^{-8}$，则二元酸的两级 H^+ 都能被滴定，但只有在两级 H^+ 全部被滴定后才出现一个明显的滴定突跃，即两级 H^+ 不能分步滴定。

若 $K_{a1}^{\ominus}/K_{a2}^{\ominus}<10^4$，但 $K_{a1}^{\ominus}c(H_2A)\geqslant10^{-8}$，$K_{a2}^{\ominus}c(HA^-)<10^{-8}$，由于第二级解离的影响，该二元酸不能被准确滴定。

二元弱碱能否分步滴定的原则如同二元弱酸，只需将 $K_{a1}^{\ominus}$、$K_{a2}^{\ominus}$ 分别换成 $K_{b1}^{\ominus}$、$K_{b2}^{\ominus}$，$c(H_2A)$ 和 $c(HA^-)$ 分别换成 $c(B^{2-})$ 和 $c(HB^-)$。

多元酸（碱）滴定曲线的计算要涉及多重平衡，数学处理较为麻烦。实际工作中，为了选择指示剂，通常只计算化学计量点时溶液的 pH 值，并以此为依据，选择在化学计量点附近变色的指示剂。

其他多元酸（碱）的滴定，可依此类推。

【例 5-11】 用 $0.1000mol\cdot L^{-1}$ 的 NaOH 滴定 20.00mL $0.1000mol\cdot L^{-1}$ 的 H_3PO_4，有几个突跃？各选什么指示剂？（H_3PO_4 的 $K_{a1}^{\ominus}=6.9\times10^{-3}$，$K_{a2}^{\ominus}=6.2\times10^{-8}$，$K_{a3}^{\ominus}=4.8\times10^{-13}$）

解： $K_{a1}^{\ominus}c(H_3PO_4)\geqslant10^{-8}$；$K_{a2}^{\ominus}c(H_2PO_4^-)\approx10^{-8}$；$K_{a3}^{\ominus}c(HPO_4^{2-})<10^{-8}$

故，第一、第二级 H^+ 可被滴定，第三级 H^+ 不能被滴定

又因 $K_{a1}^{\ominus}/K_{a2}^{\ominus}\geqslant10^4$，$K_{a2}^{\ominus}/K_{a3}^{\ominus}\geqslant10^4$，所以第一和第二级 H^+ 可分步滴定。

第一化学计量点的产物是 $0.05000mol\cdot L^{-1}$ 的 NaH_2PO_4，溶液的 pH 值按下式计算：

$$c_{eq}(H^+)=\sqrt{\frac{K_{a1}^{\ominus}K_{a2}^{\ominus}c(H_2PO_4^-)}{K_{a1}^{\ominus}+c(H_2PO_4^-)}}=\sqrt{\frac{6.9\times10^{-3}\times6.2\times10^{-8}\times0.05000}{6.9\times10^{-3}+0.05000}}$$

$$=1.9\times10^{-5}\ (mol\cdot L^{-1})\qquad pH=4.74$$

可选甲基红（$pK_a^{\ominus}=5.2$）或溴甲酚绿（$pK_a^{\ominus}=4.9$）为指示剂。

第二化学计量点时的产物是 $0.03333mol\cdot L^{-1}$ 的 Na_2HPO_4，溶液的 pH 值按下式计算：

$$c_{eq}(H^+)=\sqrt{\frac{K_{a2}^{\ominus}[K_{a3}^{\ominus}c(HPO_4^{2-})+K_w^{\ominus}]}{c(HPO_4^{2-})}}=\sqrt{\frac{6.2\times10^{-8}\times(4.8\times10^{-13}\times0.03333+1.0\times10^{-14})}{0.03333}}$$

$$=2.2\times10^{-10}\ (mol\cdot L^{-1})\qquad pH=9.66$$

选酚酞（$pK_a^{\ominus}=9.1$）或百里酚酞（$pK_a^{\ominus}=10.0$）为指示剂。

因 $K_{a3}^{\ominus}$ 太小，第三步解离产生的 H^+ 不能被直接滴定，可通过加入 $CaCl_2$，使 HPO_4^{2-} 转化为 $Ca_3(PO_4)_2$ 而将其中的 H^+ 释放出，然后用 NaOH 滴定释放出的 H^+。

H_3PO_4 被 NaOH 溶液滴定的曲线如图 5-7 所示。

【例 5-12】 用 $0.1000mol\cdot L^{-1}$ 的 HCl 滴定 20.00mL $0.1000mol\cdot L^{-1}$ 的 Na_2CO_3，有几个突跃？各选什么指示剂？（H_2CO_3 的 $K_{a1}^{\ominus}=4.3\times10^{-7}$，$K_{a2}^{\ominus}=5.6\times10^{-11}$）

解： $K_{b1}^{\ominus}=K_w^{\ominus}/K_{a2}^{\ominus}=1.8\times10^{-4}$；$K_{b2}^{\ominus}=K_w^{\ominus}/K_{a1}^{\ominus}=2.3\times10^{-8}$

因为 $K_{b1}^{\ominus}c(CO_3^{2-})\geqslant10^{-8}$，$K_{b2}^{\ominus}c(HCO_3^-)\approx10^{-8}$，故第一、第二级解离产生的 OH^- 可被滴定，又因为 $K_{b1}^{\ominus}/K_{b2}^{\ominus}\approx10^4$，故第一和第二级 OH^- 可分步滴定。

第一化学计量点是 $0.05000mol\cdot L^{-1}$ 的 $NaHCO_3$ 溶液，pH 按下式计算：

$$c_{eq}(H^+)=\sqrt{K_{a1}^{\ominus}K_{a2}^{\ominus}}=4.9\times10^{-9}(mol\cdot L^{-1})$$

$$pH=8.31$$

可选酚酞（$pK_a^\ominus=9.1$）为指示剂。

第二化学计量点时的产物是 H_2CO_3，在常温常压下其饱和溶液的浓度为 $0.040mol·L^{-1}$，pH 按下式计算：

$$c_{eq}(H^+)=\sqrt{K_{a1}^\ominus c(H_2CO_3)}=\sqrt{4.3\times10^{-7}\times0.040}=1.3\times10^{-4}(mol·L^{-1})$$

$$pH=3.89$$

甲基橙（$pK_a^\ominus=3.4$）是合适的指示剂，HCl 滴定 Na_2CO_3 的滴定曲线如图 5-8 所示。

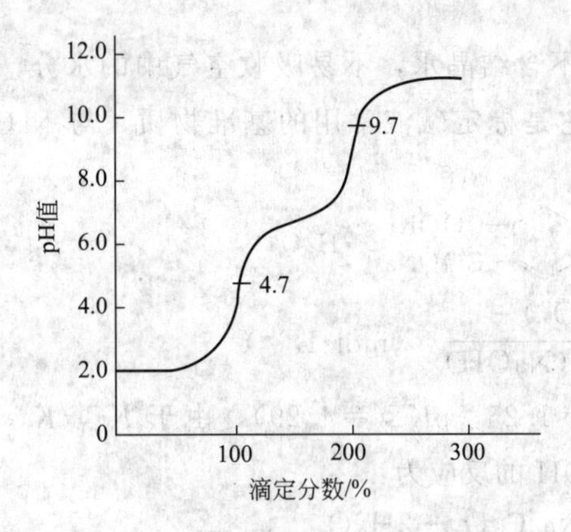

图 5-7　NaOH 滴定 H_3PO_4 的滴定曲线

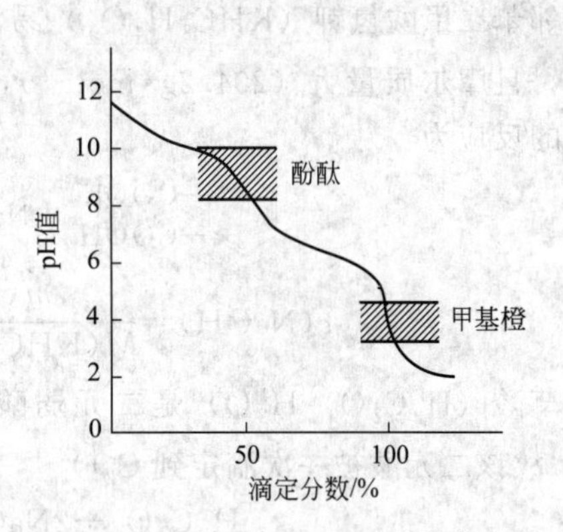

图 5-8　HCl 滴定 Na_2CO_3 的滴定曲线

第八节　酸碱滴定分析的应用

一、酸碱标准溶液的配制和标定

由于强酸、强碱标准溶液既可以滴定各种强碱、强酸，也可以滴定各种弱碱、弱酸，应用较为广泛，所以，一般用强酸或强碱配制标准溶液。酸碱滴定中最常用的标准溶液是 $0.1mol·L^{-1}$ 的 HCl 溶液和 $0.1mol·L^{-1}$ 的 NaOH 溶液，而 HCl 和 NaOH 都不是基准物质，必须用标定法配制。

1. HCl 标准溶液

标定 HCl 的基准物质有无水碳酸钠和硼砂等。

纯品碳酸钠容易制备，价格便宜，但有强烈的吸湿性，因此，使用前需在 270～300℃ 加热约 1h，于干燥器中冷却后备用。标定时可选择甲基红或甲基橙作指示剂，标定反应如下：

$$Na_2CO_3+2HCl \rightleftharpoons 2NaCl+CO_2+H_2O$$

根据等物质的量规则，有

$$c(HCl)=\frac{2m(Na_2CO_3)}{M(Na_2CO_3)V(HCl)}\ (mol·L^{-1})$$

硼砂（$Na_2B_4O_7·10H_2O$）标定 HCl 的反应如下：

$$Na_2B_4O_7·10H_2O+2HCl \rightleftharpoons 4H_3BO_3+2NaCl+5H_2O$$

它与 HCl 反应的物质的量之比也是 1∶2，但由于其摩尔质量较大（381.4g·mol^{-1}），直接称取基准物标定时，称量误差较小，硼砂无吸湿性，也容易提纯。但是在空气中易失去部分结晶水，因此常保存在相对湿度为 60% 的恒湿器中，滴定时选甲基红为指示剂。

$$c(\text{HCl})=\frac{2m(\text{Na}_2\text{B}_4\text{O}_7\cdot 10\text{H}_2\text{O})}{M(\text{Na}_2\text{B}_4\text{O}_7\cdot 10\text{H}_2\text{O})V(\text{HCl})}\ (\text{mol}\cdot\text{L}^{-1})$$

2. 碱标准溶液

NaOH 具有很强的吸湿性，也容易吸收空气中的 CO_2。常用来标定 NaOH 标准溶液的基准物质有邻苯二甲酸氢钾和草酸等。

邻苯二甲酸氢钾（$KHC_8H_4O_4$）易溶于水，不含结晶水，不易吸收空气中的水分，易保存，且摩尔质量大（204.2g·mol^{-1}），因此，它是标定碱液常用的基准物质，与 NaOH 溶液的反应为：

$$\text{C}_6\text{H}_4(\text{COOK})(\text{COOH}) + \text{NaOH} = \text{C}_6\text{H}_4(\text{COOK})(\text{COONa}) + \text{H}_2\text{O}$$

$$c(\text{NaOH})=\frac{m(\text{KHC}_8\text{H}_4\text{O}_4)}{M(\text{KHC}_8\text{H}_4\text{O}_4)V(\text{NaOH})}\ (\text{mol}\cdot\text{L}^{-1})$$

草酸（$H_2C_2O_4\cdot H_2O$）是二元弱酸（$pK_{a1}^{\ominus}=1.25$，$pK_{a2}^{\ominus}=4.29$），由于 $K_{a1}^{\ominus}/K_{a2}^{\ominus}<10^4$，故该二元酸被一次滴定到 $C_2O_4^{2-}$，它与 NaOH 的反应为：

$$\text{H}_2\text{C}_2\text{O}_4+2\text{NaOH} \rightleftharpoons \text{Na}_2\text{C}_2\text{O}_4+2\text{H}_2\text{O}$$

$$c(\text{NaOH})=\frac{2m(\text{H}_2\text{C}_2\text{O}_4\cdot 2\text{H}_2\text{O})}{M(\text{H}_2\text{C}_2\text{O}_4\cdot 2\text{H}_2\text{O})V(\text{NaOH})}\ (\text{mol}\cdot\text{L}^{-1})$$

二、CO_2 对酸碱滴定的影响

CO_2 对酸碱滴定的影响，主要有以下几个方面。

① NaOH 试剂吸收了空气中的 CO_2　若标定该溶液时，以酚酞为指示剂，到终点时 Na_2CO_3 被中和为 $NaHCO_3$。如果用此标准溶液直接滴定样品，也以酚酞为指示剂，则对测定结果影响不大；若以甲基红或甲基橙为指示剂，到终点时 Na_2CO_3 被中和为 H_2CO_3，则对结果产生误差。

② NaOH 标准溶液吸收了空气中的 CO_2　标定好的 NaOH 标准溶液，因保存不当，吸收了空气中的 CO_2。如果用它直接滴定样品，若以酚酞为指示剂，到滴定终点时，所吸收的 CO_2 最终以 $NaHCO_3$ 形式存在，则测定结果偏高，产生负误差；若以甲基橙为指示剂，到滴定终点时，所吸收的 CO_2 最终以 H_2CO_3 形式存在，则对测定结果影响不大。

③ 蒸馏水中含有 CO_2　蒸馏水中含有 CO_2 时，会有 $CO_2+H_2O \rightleftharpoons H_2CO_3$，$H_2CO_3$ 与 NaOH 标准溶液反应。用酚酞作指示剂时，常使滴定终点不稳定，稍放置，粉红色又褪去，这是由于 CO_2 不断转变为 H_2CO_3 所致。

为消除 CO_2 对酸碱滴定的影响，应注意如下几点。

① 滴定中所用蒸馏水应先加热煮沸以除去 CO_2。

② 应配制不含 Na_2CO_3 的 NaOH 标准溶液。可先配制成 NaOH 的饱和溶液（约 50%），此时 Na_2CO_3 的溶解度很小，沉于溶液底部。取上层清液稀释至所需浓度。

③ 妥善保存 NaOH 标准溶液。配制好的 NaOH 标准溶液，应装在配有碱石灰管的瓶中，以防止吸收空气中的 CO_2。当 NaOH 标准溶液久置后，使用前应重新标定。

④ 标定和测定应尽可能用同一指示剂，在相同条件下进行，以抵消 CO_2 对测定结果的影响。

三、应用实例

1. 氮含量的测定

生物细胞中主要化学成分是碳水化合物、蛋白质、核酸和脂类，其中蛋白质、核酸和部分脂类都是含氮化合物。因此，氮是生命活动过程中不可缺少的元素之一。对于氮含量的测定，通常是将试样中各种含氮化合物中的氮都转化为氨态氮，再进行测定。

（1）蒸馏法　将处理好的含 NH_4^+ 的试液置于蒸馏瓶中，加入过量的浓 NaOH 溶液使 NH_4^+ 转化为 NH_3，加热蒸馏，用一定量、过量的 HCl 标准溶液吸收 NH_3，生成 NH_4Cl，蒸馏完毕，用 NaOH 标准溶液返滴定剩余的 HCl，以甲基红为指示剂指示滴定终点，氮的含量可按下式计算：

$$w(\mathrm{N})=\frac{[c(\mathrm{HCl})V(\mathrm{HCl})-c(\mathrm{NaOH})V(\mathrm{NaOH})]M(\mathrm{N})}{m_{\mathrm{s}}}$$

式中，m_s 为试样的质量；$M(\mathrm{N})$为氮的摩尔质量。

蒸馏出来的 NH_3 也可用过量、但不需要计量的 H_3BO_3 吸收：

$$NH_3+H_3BO_3 \xlongequal{} NH_4^+ + H_2BO_3^-$$

以甲基红为指示剂，用 HCl 标准溶液滴定生成的 $H_2BO_3^-$。此法的优点在于只需要一种标准溶液（HCl），过量的 H_3BO_3 不干扰滴定，它的浓度和体积都不需要准确已知，只需过量即可。

对于蛋白质、胺、酰胺以及尿素等有机化合物中氮含量的测定，可先用浓 H_2SO_4 消化处理使有机物分解，反应需加 $CuSO_4$ 作催化剂，并加 K_2SO_4 以提高溶液的沸点。待试样消化分解完全，有机物中的氮转化为 NH_4^+ 后，再用蒸馏法测定。而对于含硝基、亚硝基或偶氮基等的有机化合物，在消化前必须先用还原剂如亚铁盐、硫代硫酸盐、葡萄糖等处理后，再按上述方法测定。这种测定有机物中氮含量的方法称为凯氏（Kjeldahl）定氮法。

（2）甲醛法　　将甲醛与铵盐反应，定量地生成质子化的六亚甲基四胺和 H^+，反应如下：

$$4NH_4^+ + 6HCHO \xlongequal{} (CH_2)_6N_4H^+ + 3H^+ + 6H_2O$$

以酚酞作指示剂，用 NaOH 标准溶液滴定，因 $(CH_2)_6N_4H^+$ 的 $pK_a^{\ominus}=5.13$，它与反应中生成的 H^+ 均被滴定，氮含量为：

$$w(\mathrm{N})=\frac{c(\mathrm{NaOH})V(\mathrm{NaOH})M(\mathrm{N})}{m_{\mathrm{s}}}$$

试样中如果含有游离酸，事先需以甲基红为指示剂，用 NaOH 溶液中和，不能用酚酞，否则，会有部分 NH_4^+ 被中和。甲醛中常含有少量甲酸，使用前也需用 NaOH 溶液中和，以酚酞为指示剂。

2. 混合碱的测定

（1）烧碱中 NaOH 和 Na_2CO_3 含量的测定　一般用双指示剂法，即用两种指示剂（酚酞和甲基橙）进行连续滴定，根据不同化学计量点颜色变化得到两个终点，根据各终点时所消耗的酸标准溶液，计算各成分的含量。滴定过程如图 5-9 所示。

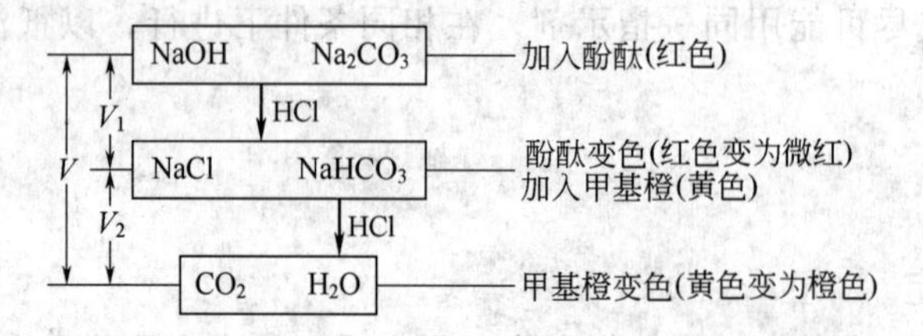

图 5-9　双指示剂法测定 NaOH 和 Na_2CO_3 混合碱

由图 5-9 可看出，V_2 是滴定 $NaHCO_3$ 时所消耗的标准溶液体积，而 Na_2CO_3 被中和到 $NaHCO_3$ 与 $NaHCO_3$ 被中和到 H_2CO_3 所消耗的 HCl 体积相等。所以：

$$w(\mathrm{NaOH})=\frac{[c(\mathrm{HCl})V_1(\mathrm{HCl})-c(\mathrm{HCl})V_2(\mathrm{HCl})]M(\mathrm{NaOH})}{m_s}$$

$$w(\mathrm{Na_2CO_3})=\frac{c(\mathrm{HCl})V_2(\mathrm{HCl})M(\mathrm{Na_2CO_3})}{m_s}$$

（2）纯碱中 Na_2CO_3 和 $NaHCO_3$ 含量的测定　Na_2CO_3 和 $NaHCO_3$ 混合碱的测定，与测定烧碱的方法相类似，滴定过程如图 5-10 所示。

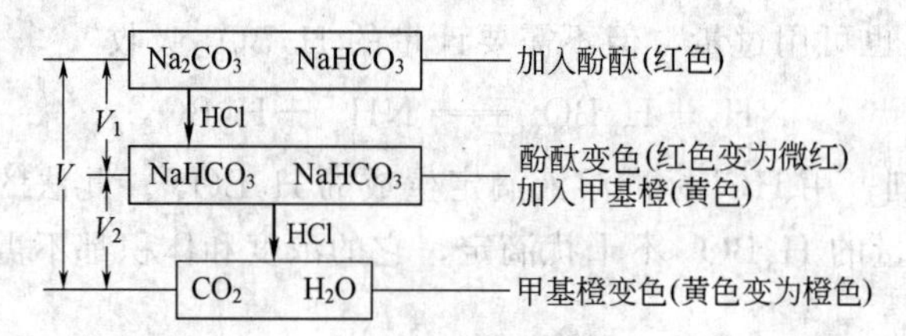

图 5-10　Na_2CO_3 和 $NaHCO_3$ 混合物的测定

由图 5-10 可得：

$$w(\mathrm{Na_2CO_3})=\frac{c(\mathrm{HCl})V_1(\mathrm{HCl})M(\mathrm{Na_2CO_3})}{m_s}$$

$$w(\mathrm{NaHCO_3})=\frac{[c(\mathrm{HCl})V_2(\mathrm{HCl})-c(\mathrm{HCl})V_1(\mathrm{HCl})]M(\mathrm{NaHCO_3})}{m_s}$$

本章小结

1. 酸碱质子理论的相关概念

酸；碱；共轭酸碱对；酸碱反应。

2. 弱电解质的解离平衡

标准平衡常数的表达式；影响解离平衡的因素（同离子效应；盐效应）。

3. 缓冲溶液的相关概念及计算应用

（1）作用原理和 pH 值的计算：$\mathrm{pH}=\mathrm{p}K_a^\ominus+\lg\dfrac{n(\text{共轭碱})}{n(\text{弱酸})}$

（2）缓冲容量 $\beta=\dfrac{\mathrm{d}n_B}{\mathrm{dpH}}=-\dfrac{\mathrm{d}n_A}{\mathrm{dpH}}$

缓冲溶液共轭酸碱对的总浓度越大，缓冲容量越大；在共轭酸碱对总浓度固定的情况下，$\frac{c(\text{共轭碱})}{c(\text{弱酸})}=1$，缓冲容量最大。

(3) 缓冲范围 $pH=pK_a^{\ominus}\pm1$

4. 酸度对水溶液中弱酸（碱）型体分布的影响

(1) 溶液中酸碱平衡处理的方法：物料平衡式；质子平衡式；电荷平衡式。

(2) 酸度对一元弱酸（HB）溶液各型体分布的影响：

$$\delta(HB)=\frac{c_{eq}(HB)}{c(HB)}=\frac{c_{eq}(H^+)}{c_{eq}(H^+)+K_a^{\ominus}};\quad \delta(B^-)=\frac{c_{eq}(B^-)}{c(HB)}=\frac{K_a^{\ominus}}{c_{eq}(H^+)+K_a^{\ominus}}$$

$$\delta(HB)+\delta(B^-)=1$$

(3) 酸度对多元弱酸（H_nB）溶液各型体分布的影响

5. 酸碱溶液 pH 值的计算

(1) 强酸（碱）溶液 pH 值的计算

$c(\text{酸})<10^{-6}\text{mol·L}^{-1}$时，$c_{eq}^2(H^+)-c_{eq}(H^+)-K_w^{\ominus}=0$

$c(\text{酸})\geqslant10^{-6}\text{mol·L}^{-1}$时，$c_{eq}(H^+)=c(\text{酸})$

对于一元强碱溶液，只需将 $c_{eq}(H^+)$ 改为 $c_{eq}(OH^-)$，酸的浓度改为碱的浓度即可。

(2) 一元弱酸（碱）溶液 pH 值的计算

若 $K_a^{\ominus}c(HB)\geqslant20K_w^{\ominus}$，且 $c(HB)/K_a^{\ominus}<500$，$c_{eq}(H^+)=\frac{-K_a^{\ominus}+\sqrt{(K_a^{\ominus})^2+4K_a^{\ominus}c(HB)}}{2}$

若 $K_a^{\ominus}c(HB)<20K_w^{\ominus}$，且 $c(HB)/K_a^{\ominus}\geqslant500$，$c_{eq}(H^+)=\sqrt{K_a^{\ominus}c(HB)+K_w^{\ominus}}$

当 $K_a^{\ominus}c(HB)\geqslant20K_w^{\ominus}$，且 $c(HB)/K_a^{\ominus}\geqslant500$ 时，$c_{eq}(H^+)=\sqrt{K_a^{\ominus}c(HB)}$

对于一元弱碱溶液，只需将 $K_a^{\ominus}$ 换成 $K_b^{\ominus}$，$c_{eq}(H^+)$ 换成 $c_{eq}(OH^-)$ 即可。

(3) 多元弱酸（碱）溶液 pH 值的计算

(4) 两性物质——酸式盐溶液 pH 值的计算

6. 酸碱指示剂的基本知识

作用原理；指示剂的理论变色点（$pH=pK_a^{\ominus}$）、理论变色范围（$pH=pK_a^{\ominus}\pm1$）；影响酸碱指示剂变色范围的主要因素（温度、用量、变色方向、电解质和溶剂）。

7. 酸碱滴定曲线的基本知识

强酸强碱或一元弱酸（碱）滴定 4 个阶段 pH 值的计算；影响滴定突跃的因素；指示剂的选择；直接准确滴定一元酸（碱）的判据。多元酸（碱）分步滴定的判据。

8. 酸碱滴定法的应用

CO_2 对酸碱滴定的影响，酸碱标准溶液的配制及标定，混合碱的分析方法及铵盐中含氮量的测定方法。

思考题与习题

1. 用酸碱质子理论判断下列物质中哪些是酸？哪些是碱？哪些是两性物质？

   CO_3^{2-}，HS^-，HPO_4^{2-}，H_2O，Ac^-，NH_4^+，H_2CO_3，NH_3，NH_4Ac

2. 什么是共轭酸碱？共轭酸碱的 $K_a^\ominus$ 与 $K_b^\ominus$ 之间有什么关系？

3. 草酸在水溶液中的主要存在形式是如何随溶液酸度的降低而改变的？

4. 写出下列物质水溶液的质子条件式（PBE式）。

   （1）H_3PO_4；（2）$NH_4H_2PO_4$；（3）$NaHCO_3$；（4）NH_4Ac；（5）HCl+HAc

5. 0.010mol·L^{-1} HAc溶液的解离度为0.042，求HAc的解离常数和该溶液的 $c_{eq}(H^+)$？

6. 求算0.050mol·L^{-1} HClO溶液的 $[ClO^-]$、$c_{eq}(H^+)$ 及解离度。

7. 在1.0L 0.20mol·L^{-1} HAc溶液中，加入多少固体NaAc才能使 $c_{eq}(H^+)$ 为 6.5×10^{-5}mol·L^{-1}？

8. 欲配制250mL pH值为5.00的缓冲溶液，问在125mL 1.0mol·L^{-1} NaAc溶液中加入多少6.0mol·L^{-1} HAc和多少水？

9. 计算在pH=6.00时，0.10mol·L^{-1}的醋酸钠水溶液中HAc和Ac^-的平衡浓度。

10. 二元弱酸H_2B，在pH=1.87时，$\delta_0=\delta_1$；在pH=6.80时，$\delta_1=\delta_2$。计算H_2B的$K_{a1}^\ominus$和$K_{a2}^\ominus$，主要以HB^-型体存在时的pH值为多少？

11. 计算下列溶液的pH值。

    （1）0.0010mol·L^{-1}的HAc；（2）0.10mol·L^{-1}的H_3BO_3；（3）0.050mol·L^{-1} NaH_2PO_4；

    （4）2.0×10^{-7}mol·L^{-1}NaOH；（5）0.10mol·L^{-1}的Na_2S

12. 试说明酸碱指示剂的作用原理。什么是酸碱指示剂的理论变色点及理论变色范围？

13. 什么是酸碱滴定的突跃范围？影响滴定突跃范围的因素有哪些？

14. 下列各物质能否在水溶液中用0.1mol·L^{-1}的NaOH或HCl进行直接滴定？如果可以，选用何种指示剂？

    （1）0.1mol·L^{-1}的HF；（2）0.1mol·L^{-1}的H_3BO_3；（3）0.1mol·L^{-1}的NaCN；

    （4）0.1mol·L^{-1}的NH_4Cl

15. 下列多元酸能否在水溶液中用0.1mol·L^{-1}的NaOH进行直接滴定？如果可以，有几个滴定突跃？各选何种指示剂？

    （1）0.1mol·L^{-1}的酒石酸（$H_2C_4H_4O_4$的$K_{a1}^\ominus=9.1\times10^{-4}$，$K_{a2}^\ominus=4.3\times10^{-5}$）；

    （2）0.1mol·L^{-1}的砷酸（H_3AsO_4的$K_{a1}^\ominus=6.3\times10^{-3}$，$K_{a2}^\ominus=1.0\times10^{-7}$，$K_{a3}^\ominus=3.2\times10^{-12}$）。

16. 有人在测定NaAc含量时，先加入一定量过量的HCl标准溶液，然后用NaOH标准溶液返滴定过量的HCl。上述方法是否正确？试说明理由。

17. 试判断下列情况对测定结果的影响。

    （1）标定NaOH溶液时，所用邻苯二甲酸氢钾中混有邻苯二甲酸，标定结果将偏高还是偏低？

    （2）标定NaOH溶液时，所用$H_2C_2O_4\cdot2H_2O$已部分风化，标定结果将偏高还是偏低？

    （3）标定HCl溶液时，将准确称取的基准物质$Na_2C_2O_4$灼烧为Na_2CO_3时，部分Na_2CO_3分解为Na_2O，对标定结果有无影响？

    （4）浓度约为0.1mol·L^{-1}的NaOH标准溶液，因保存不当，吸收了空气中的CO_2。当用它测定HCl浓度，滴定至甲基橙变色时，对结果有何影响？当用它测定HAc浓度时，结果又如何？

18. 有一碱液，可能含有NaOH、Na_2CO_3或$NaHCO_3$，也可能是其中两者的混合物。如果用HCl标准溶液滴定，以酚酞为指示剂，消耗HCl的体积为V_1；又加入甲基橙为指示剂，继续用HCl标准溶液滴定，又消耗HCl的体积为V_2。当出现下列情况时，该碱液各由哪些物质组成？

    （1）$V_1=V_2\neq0$；（2）$V_1=0$，$V_2\neq0$；（3）$V_1\neq0$，$V_2=0$；

    （4）$V_1>V_2>0$；（5）$V_2>V_1>0$。

19. 准确称取基准物质 $Na_2C_2O_4$ 0.6040g，在一定温度下灼烧成 Na_2CO_3，用水溶解并稀释至 100.0mL。用移液管移取 25.00mL 溶液，以甲基橙为指示剂，用 HCl 溶液滴定至终点时，消耗 HCl 溶液 21.05mL。计算 HCl 溶液的物质的量浓度。
20. 有工业硼砂 1.000g，用 25.00mL 0.2000$mol \cdot L^{-1}$的 HCl 中和至化学计量点，试计算样品中 $Na_2B_4O_7 \cdot 10H_2O$、$Na_2B_4O_7$ 和 B 的质量分数。
21. 测定肥料中的铵态氮时，称取试样 0.2750g，加浓 NaOH 溶液进行蒸馏，产生的 NH_3 用过量的 50.00mL 0.1050$mol \cdot L^{-1}$的 HCl 标准溶液吸收，然后用 0.1080$mol \cdot L^{-1}$的 NaOH 标准溶液 11.69mL 滴定过量的 HCl 至终点，计算样品中的含氮量。
22. 用凯氏定氮法测定蛋白质中的含氮量，称取样品 0.3010g，用浓 H_2SO_4 和催化剂 $CuSO_4$ 消化，蛋白质全部转化为铵盐，然后加 NaOH 蒸馏，生成的 NH_3 收集在过量的硼酸溶液中。最后用 0.1000$mol \cdot L^{-1}$的 HCl 标准溶液滴定至甲基红变色，消耗 HCl 标准溶液 22.50mL。求试样中氮的质量分数。
23. 工业用 NaOH 常含有 Na_2CO_3，今取试样 1.500g，溶解在新煮沸除去 CO_2 的蒸馏水中，以酚酞为指示剂，用 0.5000$mol \cdot L^{-1}$的 H_2SO_4 标准溶液滴定至红色消失，需要 30.50mL。往该溶液中再加入甲基橙指示剂，继续滴定至橙色，又消耗 2.50mL。求试样中的 NaOH 和 Na_2CO_3 的质量分数。
24. 含有 Na_2CO_3、$NaHCO_3$ 和中性杂质试样 0.3010g，加水溶解，用 0.1060$mol \cdot L^{-1}$的 HCl 标准溶液滴定至酚酞终点，用去 20.10mL；继续滴定至甲基橙终点，又用去 26.60mL。计算试样中的 $NaHCO_3$ 和 Na_2CO_3 的质量分数。
25. 称取 Na_2CO_3 和 $NaHCO_3$ 的混合试样 0.6850g，溶于适量水中。以甲基橙为指示剂，用 0.2000$mol \cdot L^{-1}$的 HCl 标准溶液滴至终点时，消耗 50.00mL。如改用酚酞为指示剂，用上述 HCl 标准溶液滴至终点，需消耗多少毫升？

第六章

配位平衡和配位滴定分析

配位化合物简称配合物，是一类组成复杂、应用广泛的化合物。近几十年来，人们对配合物的合成、性质、结构和应用做了大量而广泛的研究，从而使配位化学得到了迅速发展。目前已成为无机化学的一个重要分支，并渗透到了其他学科领域，形成了一些边缘学科，如金属有机化合物、生物无机化合物等，使配合物应用更趋广泛，特别是在生物和医学方面，有着特殊的重要性。如生物上的金属离子，多以配合物的形式存在，并参与各种生化反应，而生物无机化学就是研究生物体内的各种金属元素配合物以及它们在生理生化、病理、药理等过程中所起的作用，对了解生命活动和治疗、控制疾病有着不可估量的作用。本章将对配合物的基础概念、配合物的化学键、配位平衡及配位滴定分析等方面进行讨论。

第一节　配位化合物的基本概念

一、配位化合物的定义和组成

瑞士化学家维尔纳（Werner A）在研究一些复杂化合物，如 $[Co(NH_3)_5H_2O]Cl_3$ 等时，发现它们不符合经典的化合价理论，用一般化学方法检测不出溶液中有 Co^{3+} 和 NH_3 的存在，说明这些复杂的化合物与简单的化合物不同。1893 年，维尔纳提出了配位理论学说，认为这些复杂的化合物是配合物。配合物中有一个金属原子或离子处于配合物的中央，称为中心原子，在它周围按一定的几何图形围绕着一些带负电荷的阴离子或中性分子，称为配位体（简称配体）。中心原子与配体构成配合物的内界，内界离子与外界离子构成配合物，如 $K_3[Fe(CN)_6]$。内界离子称为配离子，外界离子一般为简单离子。由中心离子或原子与一定数目的分子或离子以配位键结合而形成的物质称配位化合物（简称配合物）。中心原子是具有能接受电子对的空轨道的原子或离子，配位体是能给出电子对的离子或分子。

1. 中心原子

配合物的中心原子或离子，处于配合物的中心位置。一般是具有能接受电子对的空轨道的原子或离子，特别是过渡金属离子或某些金属原子，如：Cu^{2+}、Ag^{+}、Fe^{3+}、Co^{2+}、Ni^{2+}、Fe^{2+} 等，它们的配位能力很强，也有少数高氧化性的非金属元素作为中心原子，如：B(Ⅲ)、P(Ⅴ) 等。

2. 配位体和配位原子

配位体是含配位原子的离子或分子。配位体可以是简单阴离子，也可以是中性分子，如：F^-、OH^-、CN^-、H_2O、NH_3、CO、乙二胺等。在配位体中直接与中心原子连接的电负性较大的非金属原子，称为配位原子，如 NH_3 中的 N 原子，H_2O 中的 O 原子。作为配位原子，必须具有孤电子对，它们多是位于元素周期表右上方电负性较强的非金属原子。

只有一个配位原子的配体称为单齿（单基）配体，如 NH_3、H_2O 等；含有两个或两个以上配位原子的配体称为多齿（多基）配体，如乙二胺（简写 en）$NH_2—CH_2—CH_2—NH_2$、草酸根（$C_2O_4^{2-}$）是双基配体、乙二胺四乙酸（简称 EDTA）是六齿配体，结构式如下：

```
HOOC—CH2                    CH2—COOH
        \                  /
         N—CH2CH2—N
        /                  \
HOOC—CH2                    CH2—COOH
```

乙二胺四乙酸（EDTA）

3. 配位数

在配合物中，直接与中心原子结合的配位原子的数目称为配位数。配位数是中心原子的重要特征，中心原子配位数一般为 2,4,6，也有少数的奇数配位数（1,3,5,7）。对于单齿配体，中心原子的配位数就是配位体的数目，而对于多齿配体，配位数等于配位体的数目乘以该配体的齿数。如 $[Cu(en)_2]^{2+}$ 中，一个乙二胺中有两个配位原子，所以，其配位数为 4。

影响中心原子配位数的主要因素是中心原子的价层电子结构、配合物空间效应及中心原子和配体的电荷数。第二周期元素的价电子层最多只能容纳 4 对电子，其配位数最大为 4；第三周期及以后的元素，其配位数常为 4,6；中心原子的体积越大，配体的体积越小时，中心原子能结合的配体越多，配位数也就越大；中心原子的电荷越多，对配体的吸引力越强，配位数就越大；配体所带电荷越多，配体间的排斥力越大，越不利于配体与中心原子的结合，则配位数减小。

4. 内界与外界

内界是中心原子和配位体以配位键形成的离子或分子，一般放在方括号内。

外界是与内界电荷平衡的相反离子。

如 $\underline{[Cu(NH_3)_2]}SO_4$

↑ 内界　　↑ 外界

5. 配离子的电荷

配离子电荷等于中心离子和配体电荷的代数和。如 $[Fe(CN)_6]^{4-}$ 的电荷是 $(+2)+(-1)\times6=-4$。由于整个配合物是电中性的，因此也可以由外界离子电荷数来确定配离子的电荷，如 $K_3[Fe(CN)_6]$，外界有 3 个 K^+，可知 $[Fe(CN)_6]^{3-}$ 是 −3 价的，进而推断中心原子是 Fe^{3+}。

再如配合物 $[Cu(en)_2]SO_4$，该配合物的中心原子为 Cu，配体为双齿配体乙二胺(en)，配位数为 4，内界为 $[Cu(en)_2]^{2+}$，外界为 SO_4^{2-}。

二、配合物的分类和命名

1. 配合物的分类

配合物有多种分类方法，按中心原子数，可分为单核配合物和多核配合物；按配体数，可分为单齿（单基）配合物和多齿配合物；按配体种类，可分为水合配合物、氨合配合物、羰基配合物等；按成键类型，可分为经典配合物、簇状配合物、有机金属配合物等。从配合物整体考虑，将其分为简单配合物、螯合物和特殊配合物三种。

① 简单配合物　由一定数量的单基配体有规则地排在中心原子周围形成的配合物。如：$K[Ag(NH_3)_2]$、$Na_2[Cu(NH_3)_4]$等。

② 螯合物　由多齿配体与同一金属原子形成的具有环状结构的配合物称为螯合物。螯合物中的环称为螯环。螯合物具有特殊的稳定性，其中螯环又以五元环和六元环最稳定，且环越多越稳定。例如 $[Cu(en)_2]^{2+}$ 形成两个五元环。

```
H2C—H2N        NH2—CH2
 |      ↘    ↙      |
 |        Cu        |
 |      ↗    ↖      |
H2C—H2N        NH2—CH2
```

下列配合物的稳定性为：

$$[Cu(EDTA)]^{2-} > [Cu(en)_2]^{2+} > [Cu(NH_3)_4]^{2+}$$

金属螯合物在生物学中的应用颇广，许多酶的作用，均与其结构中含有螯合的金属离子有关。生物体中能量的转换、传递或电荷转移，化学键的形成或断裂以及伴随这些过程出现的能量变化和分配等，大多与金属离子和有机体生成的复杂螯合物有关。例如，叶绿素的骨架是 Mg^{2+} 与卟啉环生成的配合物；与生物体呼吸作用密切相关的血红蛋白是铁的配合物等。

③ 特殊配合物　除了以上两类配合物外，现介绍几种特殊配合物。

多核配合物：配合物的内界含有两个或两个以上的中心原子。如

```
              OH
             ╱  ╲
[(H2O)4Fe          Fe(H2O)4](SO4)2
             ╲  ╱
              OH
```

羰基配合物：过渡金属的低价离子（或中性原子）与羰基（CO）生成的配合物，如 $Ni(CO)_4$、$Fe(CO)_5$ 等。

不饱和烃配合物：烯烃、炔烃和环戊二烯基或苯等与中心原子形成的配合物。如：$[PtCl_3(C_2H_4)]^-$、$(C_5H_5)_2Fe$ 等，如图 6-1 所示。

金属簇状配合物（簇合物）：含有至少两个金属，并含有金属-金属键的配合物，如图 6-2 所示。

有机金属配合物：有机基团与金属原子之间生成碳-金属键的化合物（见图 6-3）。

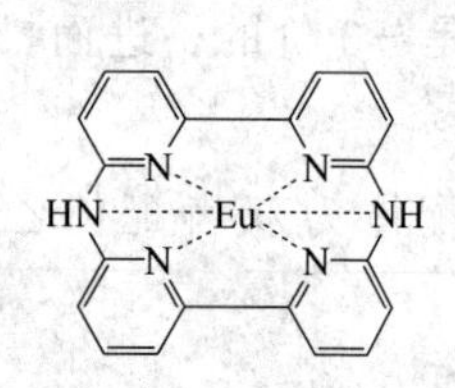

图 6-1　不饱和烃金属配合物

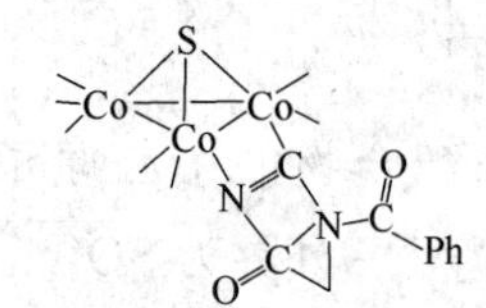

图 6-2　金属簇状配合物

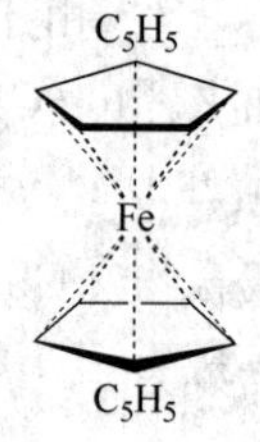

图 6-3　有机金属配合物

2. 配位化合物的命名

配位化合物的命名服从一般的无机化合物的命名原则。如在无机化合物中，若外界为简

单阴离子，称为“某化某”，如 Cl^-、OH^-；外界为复杂阴离子，称为“某酸某”，如 SO_4^{2-}、NO_3^-。在配位化合物中，若外界是正离子，配离子是负离子，则将配阴离子看成复杂酸根离子，称为“某酸某”，如 $K[PtCl_5(NH_3)]$；若外界只有 H^+ 的配合物，直接称为“某酸”。

配合物中内界配离子的命名方法一般依照如下规律：

配位体数—配位体名称—“合”—中心原子（氧化数）。配体数用中文数字一、二、三表示（配体数为“一”时可省略）；中心原子氧化数在其名称后加括号用罗马数字注明；若配体不止一种，不同配体之间以“·”隔开。

配离子含两个及两个以上配体时，配体的命名顺序为：

① 先离子后中性分子。如 $K[PtCl_3(NH_3)]$ 命名为：三氯·氨合铂(Ⅱ) 酸钾；

② 同是离子或同是分子，按配位原子元素符号的英文字母顺序排列，如：$[Co(NH_3)_5H_2O]Cl_3$ 命名为：氯化五氨·水合钴(Ⅲ)；

③ 配位原子相同，少原子在先；配位原子相同，且配体中含原子数目又相同，按非配位原子的元素符号英文字母顺序排列，例如：$[PtNH_2NO_2(NH_3)_2]$ 命名为：氨基·硝基·二氨合铂(Ⅱ)；

④ 先无机后有机，例如：$K[PtCl_3(C_2H_4)]$：三氯·乙烯合铂(Ⅱ) 酸钾。

某些配体的化学式相同，但提供的配位原子不同，其名称也不相同，命名时需注意。例如

—NO_2（以 N 配位）	硝基	—ONO（以 O 配位）	亚硝酸根
—SCN（以 S 配位）	硫氰根	—NCS（以 N 配位）	异硫氰根

有些配合物通常也用习惯名词。例如

$[Cu(NH_3)_4]^{2+}$	铜氨配离子
$[Ag(NH_3)^2]^+$	银氨配离子
$K_2[PtCl_6]$	氯铂酸钾
$K_3[Fe(CN)_6]$	铁氰化钾(俗名赤血盐)
$K_4[Fe(CN)_6]$	亚铁氰化钾(俗名黄血盐)

下面列举一些配合物的命名：

(1)配阴离子配合物

$H_2[SiF_6]$	六氟合硅(Ⅳ)酸
$K[PtCl_5(NH_3)]$	五氯·氨合铂(Ⅳ) 酸钾
$K_4[Fe(CN)_6]$	六氰合铁（Ⅱ）酸钾

(2) 配阳离子配合物

$[Zn(NH_3)_4]Cl_2$	二氯化四氨合锌(Ⅱ)
$[Co(NO_2)(NH_3)_5]SO_4$	硫酸硝基·五氨合钴(Ⅲ)
$[Co(NH_3)_5(H_2O)]Cl_3$	三氯化五氨·水合钴(Ⅲ)
$[CoCl(NH_3)(en)_2]SO_4$	硫酸氯·氨·二(乙二胺) 合钴（Ⅲ）

(3) 中性配合物

$[PtCl_2(NH_3)_2]$	二氯·二氨合铂(Ⅱ)
$[Co(NO_2)_3(NH_3)_3]$	三硝基·三氨合钴(Ⅲ)
$[Cr(OH)_3(H_2O)(en)]$	三羟基·水·乙二胺合铬(Ⅲ)

第二节　配位化合物的化学键理论

配合物的化学键是指中心原（离）子与配位体之间形成的化学键。为什么配合物具有许多独特的性质？具有空轨道的中心原子与具有孤对电子的配体之间如何形成稳定的化学键？阐明这种键的理论有价键理论、晶体场理论和配位体场理论等，它们分别从不同角度讨论配位体与中心原子之间的作用力，说明配离子中配位体与中心原子之间化学键的实质。配合物的价键理论是将杂化轨道理论应用到配合物结构研究中，它比较简单、明确，能解释许多配合物的配位数、空间结构、稳定性、磁性质等，这里仅介绍价键理论。

一、价键理论

价键理论认为：中心原子与配位体之间的化学键是配位键，是由中心原子 M 提供空的价电子轨道，接受配位体 L 提供的孤电子对，形成配位键 M←L；配位键的本性是共价性的；为了提高成键能力，中心原子的轨道在成键过程中进行各种形式的杂化；杂化轨道的类型决定配合物的空间构型。根据参与杂化的轨道能级不同，配合物分为外轨型和内轨型两种。

价键理论的基本要点：

1. 配离子中的配位原子可提供孤对电子，是电子对给予体，而形成体（中心原子）可提供与配位数相同数目的空轨道，是电子对的接受体。配位原子的孤对电子填入中心原子的空轨道中而形成配位键。

2. 中心原子所提供的空轨道先进行杂化，形成数目相等、能量相同、具有一定空间伸展方向的杂化轨道，中心原子的杂化轨道与配位原子的孤对电子沿键轴方向重叠成键。

3. 中心原子的杂化轨道具有一定的空间取向，这种空间取向决定了配体在中心原子周围有一定的排布方式，所以，配合物具有一定的空间构型。

二、外轨型配合物

配位键是一种极性共价键，因而具有一定的方向性和饱和性。如以 $[Ag(NH_3)_2]^+$ 为例，Ag^+ 的价电子轨道是

Ag^+　↑↓ ↑↓ ↑↓ ↑↓ ↑↓ (4d¹⁰)　□ (5s)　□□□ (5p)

Ag^+ 与 NH_3 形成 $[Ag(NH_3)_2]^+$ 时，Ag^+ 须提供两条空轨道以接受 NH_3 分子中 N 提供的孤电子对，实验证明 $[Ag(NH_3)_2]^+$ 中两个 σ 配位键的性质完全相同。按照价键理论，Ag^+ 是以一条 5s 和一条 5p 轨道杂化形成两条等性的 sp 杂化轨道，分别接受 NH_3 中提供的孤电子对，故 $[Ag(NH_3)_2]^+$ 的空间结构为直线形。

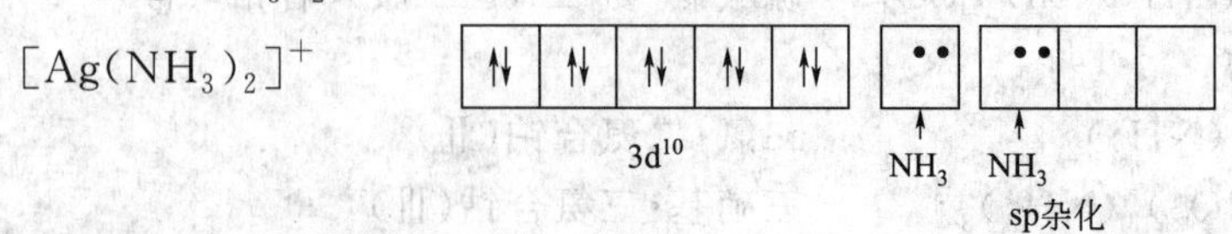

形成配位数为 4 的配合物如 $[Ni(NH_3)_4]^{2+}$ 时，是采用 sp^3 杂化轨道成键，空间构型

为正四面体。

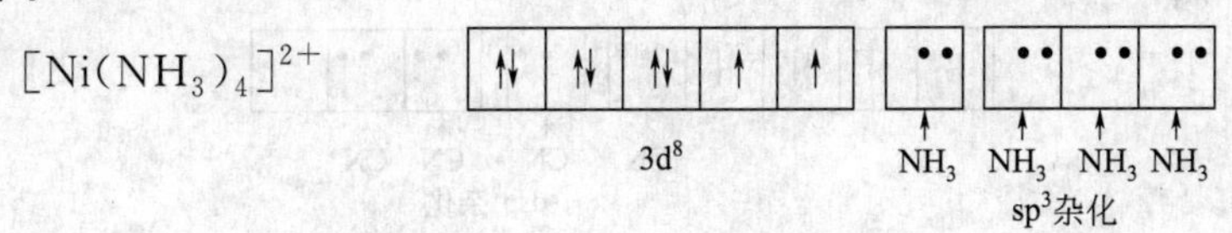

一些 d 轨道未充满的过渡金属离子在形成配合物时，d 轨道也参与杂化成键。例如 Fe^{3+} 的电子排布为

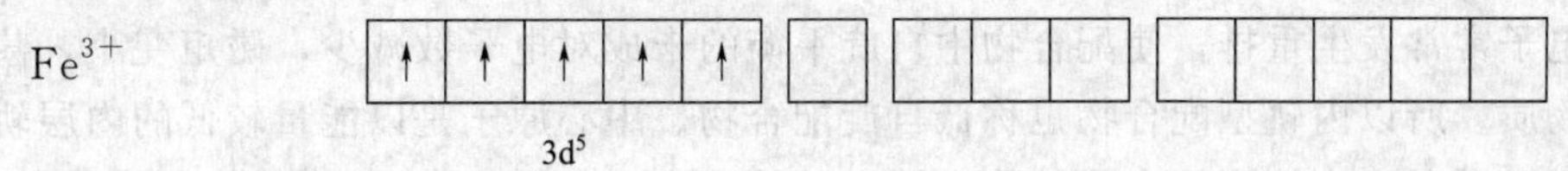

在与 F^- 形成 $[FeF_6]^{3-}$ 时，配位数为 6，需要提供 5 条空轨道。为了提高成键能力，Fe^{3+} 以一条 4s 轨道、三条 4p 轨道和两条 4d 轨道杂化，形成 6 条 sp^3d^2 杂化轨道，与 6 个 F^- 形成 6 个 σ 配位键。因此 $[FeF_6]^{3-}$ 配离子是正八面体构型。

$[FeF_6]_3^-$

3d^5　　sp^3d^2杂化

在上述配合物中，中心原子仍保持自由电子状态的电子结构，配体的孤对电子仅进入最外层空轨道而形成 sp，sp^2，sp^3 或 sp^3d^2 等外层杂化轨道的配离子，称为外轨型配离子，形成的配合物称为外轨型配合物。形成外轨型配合物时，中心原子的内层电子排布没有发生变化，未成对的 d 电子尽可能分占不同的轨道而自旋平行，所以外轨型配合物也称作高自旋型配合物。它们常常是顺磁性的，未成对电子数越多，磁性越大。由于中心原子以能量较高的最外层轨道杂化成键，故外轨型配合物的稳定性较小。

三、内轨型配合物

Fe^{3+} 与 CN^- 形成 $[Fe(CN)_6]^{3-}$ 时，与 $[FeF_6]^{3-}$ 情况不同。配体 CN^- 的电子式为如下：

$$[:C\equiv N:]^-$$

CN^- 对中心原子 d 电子的吸引力特别强，能使 Fe^{3+} 的 5 个 d 电子发生重排，“挤成”只占三条 d 轨道，空出两条 3d 轨道，空出的两条 d 轨道与一条 4s 轨道和三条 4p 轨道杂化，形成六条等性的 d^2sp^3 杂化轨道，分别接受 CN^- 中 C 原子提供的孤电子对，故 $[Fe(CN)_6]^{3-}$ 的空间结构为八面体。

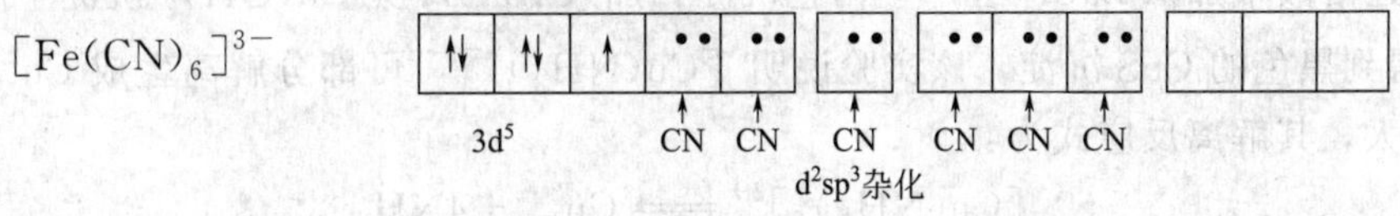

再如 Ni^{2+} 与 CN^- 形成 $[Ni(CN)_4]^{2-}$，Ni^{2+} 的价电子结构为：

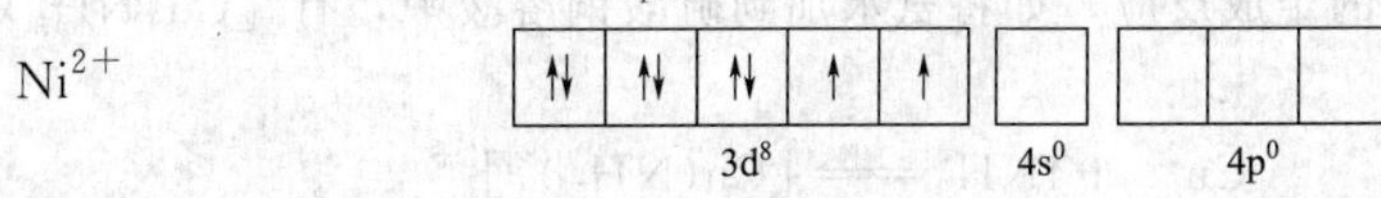

实验测得 $[Ni(CN)_4]^{2-}$ 配离子磁矩为零，空间构型为平面正方形，说明在 $[Ni(CN)_4]^{2-}$ 配离子中没有未成对电子存在。价键理论认为，在 CN^- 的影响下，Ni^{2+} 的 3d 电子发生重排，“挤入”四条 d 轨道，空出一条 3d 轨道，此空轨道与一条 4s、两条 4p 轨道杂化形成 4 个具有平面正方形的等性 dsp^2 杂化轨道。由于 3d 电子重排，电子成对后共占轨

道，所以在 $[Ni(CN)_4]^{2-}$ 配离子中无未成对电子存在，磁矩为零。

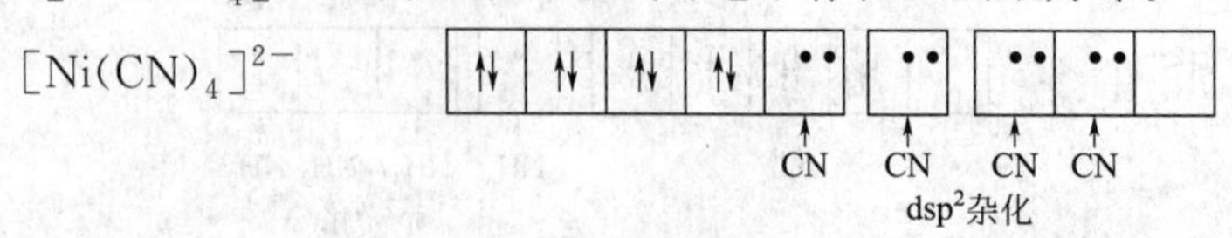

像 $[Fe(CN)_6]^{3-}$ 这类配离子，中心离子是以 $(n-1)$ d，ns，np 轨道杂化成键的。由于内层轨道参与了杂化成键，故称为内轨型配合物。形成内轨型配合物时，中心原子内层轨道 d 电子常常发生重排，使配合物中自旋平衡的未成对电子数减少，磁矩变小，甚至变为逆磁性物质。所以内轨型配合物也称低自旋配合物。中心原子是以能量较低的内层轨道参与杂化成键，所以，内轨型配合物的稳定性比外轨型大。

形成外轨型还是内轨型配合物，主要决定于中心原子和配体的性质。内层 d 轨道全充满离子（d^{10} 构型）如 Ag^+、Zn^{2+}、Cd^{2+} 等只能形成外轨型配合物，如：$[Zn(NH_3)_4]^{2+}$、$[HgI_4]^{2-}$ 等为 sp^3 杂化。同一元素作中心原子时，中心原子电荷越高越有利于形成低自旋的内轨型配合物。此外，对同一中心离子，则主要取决于配体性质。一般来说，以 CN^-，NO_2^-，CO 为配体易形成内轨型配合物；以 F^-，Br^-，I^-，H_2O，SCN^- 等为配体易形成外轨型配合物（$[Cr(H_2O)_6]^{3+}$ 和 $[Cu(H_2O)_4]^{2+}$ 例外）；以 Cl^-，NH_3 为配体的配合物，有时为内轨型，有时为外轨型。在什么情况下形成内轨型配合物或外轨型配合物，价键理论尚不能准确预见。从中心离子的价层电子构型来看，具有 $d^4 \sim d^7$ 构型的中心离子，既可能形成内轨型配合物，也可能形成外轨型配合物。配体的性质与形成内轨或外轨配合物的关系比较复杂，难以作出全面的概括，有时只能以实验事实为依据。

第三节　配位平衡

一、配位解离平衡和平衡常数

配合物是由内界及外界两部分组成的，配合物的内界与外界间以离子键结合，溶于水后能够完全解离，如：

$$[Cu(NH_3)_4]SO_4 = [Cu(NH_3)_4]^{2+} + SO_4^{2-}$$

在上述溶液中加入 $BaCl_2$ 会产生白色沉淀；加入 NaOH 无 $Cu(OH)_2$ 沉淀生成，而加入 Na_2S 可得到黑色的 CuS 沉淀。该实验说明 $[Cu(NH_3)_4]^{2+}$ 可部分解离生成 Cu^{2+}，但解离的程度不大，其解离反应式为：

$$[Cu(NH_3)_4]^{2+} \rightleftharpoons Cu^{2+} + 4NH_3$$

其逆反应为配合物的生成反应，如将氨水加到硫酸铜溶液中，有 $[Cu(NH_3)_4]^{2+}$ 生成，其生成反应为：

$$Cu^{2+} + 4NH_3 \rightleftharpoons [Cu(NH_3)_4]^{2+}$$

在一定条件下，解离和生成速率相等时，达到平衡状态，称为配位解离平衡，相应的平衡常数表达式为：

$$K_f^{\ominus} = \frac{c_{eq}([Cu(NH_3)_4]^{2+})}{c_{eq}(Cu^{2+})c_{eq}^4(NH_3)} \tag{6-1}$$

$K_f^\ominus$为配合物的标准稳定常数。它表示在标准状态下，中心原子配位体反应进行的程度及配合物的稳定性，$K_f^\ominus$愈大，配合物稳定性愈大。对于解离反应而言，相应的平衡常数称为不稳定常数，其表达式为：

$$K_f^{\ominus\prime}=\frac{c_{eq}(Cu^{2+})c_{eq}^4(NH_3)}{c_{eq}([Cu(NH_3)_4]^{2+})} \tag{6-2}$$

由式(6-2) 可知：$K_f^\ominus$和$K_f^{\ominus\prime}$互为倒数关系，$K_f^\ominus=\frac{1}{K_f^{\ominus\prime}}$。一些常见的配离子标准稳定常数见附录十二。

对于相同类型的配合物，其稳定性大小可以由标准稳定常数$K_f^\ominus$直接比较，如$[Ag(CN)_2]^-$稳定常数比$[Ag(NH_3)_2]^+$大得多，所以稳定性$[Ag(CN)_2]^- > [Ag(NH_3)_2]^+$。对于不同类型的配合物，其稳定性大小需通过计算才能做出比较。

实际上配离子在溶液中的生成与解离是分步进行的，因此溶液中存在着一系列的配位平衡，并有相应的平衡常数，称为逐级稳定常数或分步稳定常数。例如：

$$Ag^+ + NH_3 \rightleftharpoons [Ag(NH_3)]^+ \qquad K_{f1}^\ominus$$

$$[Ag(NH_3)]^+ + NH_3 \rightleftharpoons [Ag(NH_3)_2]^+ \qquad K_{f2}^\ominus$$

$K_{f1}^\ominus$、$K_{f2}^\ominus$…分别称为配离子的标准第一级稳定常数、标准第二级稳定常数…。

配离子的稳定性还可以用标准累积稳定常数$\beta_n^\ominus$来表示（常见配离子的标准累积稳定常数可查附表十三），标准累积稳定常数与标准逐级稳定常数的关系为：

$$\beta_1^\ominus=K_1^\ominus,\ \beta_2^\ominus=K_1^\ominus K_2^\ominus \beta_n^\ominus=K_1^\ominus K_2^\ominus \cdots K_n^\ominus \tag{6-3}$$

例如，生成$[Cu(NH_3)_4]^{2+}$的总反应式：$Cu^{2+}+4NH_3 \rightleftharpoons [Cu(NH_3)_4]^{2+}$，其累积稳定常数为$\beta_4^\ominus$。各分步反应为：

$$Cu^{2+} + NH_3 \rightleftharpoons [Cu(NH_3)]^{2+} \qquad K_{f1}^\ominus$$

$$[Cu(NH_3)]^{2+} + NH_3 \rightleftharpoons [Cu(NH_3)_2]^{2+} \qquad K_{f2}^\ominus$$

$$[Cu(NH_3)_2]^{2+} + NH_3 \rightleftharpoons [Cu(NH_3)_3]^{2+} \qquad K_{f3}^\ominus$$

$$[Cu(NH_3)_3]^{2+} + NH_3 \rightleftharpoons [Cu(NH_3)_4]^{2+} \qquad K_{f4}^\ominus$$

则有 $\beta_4^\ominus=K_{f1}^\ominus K_{f2}^\ominus K_{f3}^\ominus K_{f4}^\ominus=\frac{c_{eq}([Cu(NH_3)_4]^{2+})}{c_{eq}(Cu^{2+})c_{eq}^4(NH_3)}$

【例 6-1】 计算 $0.1mol\cdot L^{-1}$ $[Cu(NH_3)_4]SO_4$ 溶液中 Cu^{2+} 和 NH_3 的平衡浓度。

解： 查附录十三，$[Cu(NH_3)_4]^{2+}$ 的 $\beta_4^\ominus=1.38\times10^{12}$

	Cu^{2+}	$+\ 4NH_3$	$\rightleftharpoons\ [Cu(NH_3)_4]^{2+}$
初始浓度/$mol\cdot L^{-1}$	0	0	0.1
平衡浓度/$mol\cdot L^{-1}$	x	$4x$	$0.1-x\approx0.1$

$$\beta_4^\ominus=\frac{c_{eq}([Cu(NH_3)_4]^{2+})}{c_{eq}(Cu^{2+})c_{eq}^4(NH_3)}$$

$$=\frac{0.1}{x\cdot(4x)^4}=1.38\times10^{12}$$

$c_{eq}(Cu^{2+})=x=7.76\times10^{-4}mol\cdot L^{-1}$，$c_{eq}(NH_3)=4x=3.10\times10^{-3}mol\cdot L^{-1}$

【例 6-2】 在 $1.0mL$ $0.040mol\cdot L^{-1}$ $AgNO_3$ 溶液中，加入 $1.0mL$ $2.0mol\cdot L^{-1}$ 氨水溶

液，计算在平衡后溶液中 Ag^+ 的浓度。（已知 $\beta_2^{\ominus}=1.62\times10^7$）

解： 溶液体积加倍，设平衡时溶液中的 Ag^+ 的浓度为 x（$mol\cdot L^{-1}$），依题意得

$$Ag^+ \quad + \quad 2NH_3 \quad \rightleftharpoons \quad [Ag(NH_3)_2]^+$$

初始浓度/$mol\cdot L^{-1}$ 0.020 1.0

平衡浓度/$mol\cdot L^{-1}$ x $1.0-2\times(0.020-x)$ $0.020-x$

$$\beta_2^{\ominus}=\frac{c_{eq}([Ag(NH_3)_2]^+)}{c_{eq}(Ag^+)c_{eq}^2(NH_3)}=\frac{0.020-x}{x\cdot[1.0-2\ (0.020-x)\ ]^2}=1.62\times10^7$$

$$x=1.4\times10^{-9}\ (mol\cdot L^{-1})$$

平衡后溶液中的 Ag^+ 的浓度为 $1.4\times10^{-9}\,mol\cdot L^{-1}$

二、配位解离平衡的移动

配位平衡是建立在一定条件下的动态平衡。根据化学平衡原理，体系中任一组分浓度的改变，都会使配位平衡发生移动，在新的条件下建立新的平衡。在实际工作中，经常碰到配位平衡和其他平衡同时共存的情况，体系中配位平衡、酸碱平衡、沉淀溶解平衡、氧化还原平衡相互影响，相互制约。

1. 配位平衡和酸碱平衡

配合物的配体多为酸根离子或弱碱，当溶液中 H^+ 浓度增加时，配体便与 H^+ 结合成弱酸，降低了配体的浓度，使配位平衡向解离方向移动，配合物稳定性下降，这种作用称为配体的酸效应。配体的酸效应实际上包含了配位平衡和酸碱平衡的多重平衡。如在含有 $[Fe(C_2O_4)_3]^{3-}$ 的水溶液中加入盐酸，则发生下列反应：

$$[Fe(C_2O_4)_3]^{3-} \rightleftharpoons Fe^{3+}+3C_2O_4^{2-}$$

$$+$$

$$6H^+ \rightleftharpoons 3H_2C_2O_4$$

总反应： $$[Fe(C_2O_4)_3]^{3-}+6H^+ \rightleftharpoons Fe^{3+}+3H_2C_2O_4$$

又如：在 AgCl 沉淀中加入氨水，则沉淀溶解，再滴加稀 HNO_3，则沉淀重新析出。

$$AgCl+2NH_3 \rightleftharpoons [Ag(NH_3)_2]^+ + Cl^-$$

$$[Ag(NH_3)_2]^+ \rightleftharpoons Ag^+ + 2NH_3$$

$$+$$

$$2H^+ \rightleftharpoons 2NH_4^+$$

Ag^+ 浓度增大，$Q>K_{sp}^{\ominus}$，析出沉淀。

注：$K_{sp}^{\ominus}$ 为难溶化合物的沉淀溶解平衡常数，即溶度积常数，常见化合物的 $K_{sp}^{\ominus}$ 见附录十六。

2. 配位平衡和氧化还原平衡

在配位平衡体系中如果发生氧化还原反应，将会产生两种情况：一种情况是由于溶液中金属离子发生氧化还原反应，降低了金属离子浓度，从而改变配离子的稳定性；另一种情况是配位平衡对氧化还原反应产生影响。在氧化还原平衡中加入某种配位剂，由于配离子的形成，可能改变氧化还原反应的方向。

3. 配位平衡与沉淀平衡

一些难溶盐的沉淀可因形成配离子而溶解，同时，有些配离子却因加入沉淀剂生成沉淀而被破坏。这是沉淀平衡和配位平衡相互影响的结果。利用配离子的稳定常数和沉淀的溶度积常数，可具体分析和判断反应进行的方向。

在 AgCl 沉淀中加入 NH_3 时，NH_3 会与 Ag^+ 结合生成 $[Ag(NH_3)_2]^+$ 配离子，从而使 Ag^+ 浓度降低，促使沉淀溶解。

$$AgCl+2NH_3 \rightleftharpoons [Ag(NH_3)_2]^+ + Cl^-$$

该平衡是包含了配位平衡和沉淀溶解平衡的多重平衡。沉淀的溶度积越大，配合物的稳定性越大，则沉淀越易形成配合物而溶解。

而在 $[Ag(NH_3)_2]^+$ 溶液中加入 KBr 溶液时，Br^- 与 Ag^+ 结合生成溶度积比 AgCl 更小的乳黄色 AgBr 沉淀，使配位平衡向解离方向移动。

$$[Ag(NH_3)_2]^+ + 2Br^- \rightleftharpoons AgBr\downarrow + 2NH_3$$

生成沉淀的溶度积越小，配合物稳定性越弱，则配离子越易被破坏而转化为沉淀。

显然，配合反应可以促进沉淀溶解，沉淀反应也可以破坏配合物。沉淀能否被配位剂溶解，配合物能否被沉淀所破坏，主要取决于沉淀溶度积和配合物稳定性的相对大小，同时还与沉淀剂和配位剂的浓度有关。

【例 6-3】 用 200mL 氨水溶解 1.43g AgCl，求氨水的原始浓度至少为多少？

解：溶解后，有

$$c(Cl^-)=c\{[Ag(NH_3)_2]^+\}=\frac{m_{AgCl}}{M_{AgCl}\times V}=\frac{1.43}{143.4\times 0.200}=0.0500\ (mol\cdot L^{-1})$$

设氨水的原始浓度为 $x(mol\cdot L^{-1})$，则

$$AgCl \quad + \quad 2NH_3 \quad \rightleftharpoons \quad [Ag(NH_3)_2]^+ \quad + \quad Cl^-$$

初始：　1.43g　　x

平衡浓度/$mol\cdot L^{-1}$：　$x-2\times 0.0500$　　0.0500　　0.0500

$$K^{\ominus}=\frac{c_{eq}([Ag(NH_3)_2]^+)c_{eq}(Cl^-)}{c_{eq}^2(NH_3)}$$

$$=\frac{c_{eq}([Ag(NH_3)_2]^+)c_{eq}(Cl^-)c_{eq}(Ag^+)}{c_{eq}^2(NH_3)c_{eq}(Ag^+)}$$

$$=K_{sp}^{\ominus}(AgCl)K_f^{\ominus}([Ag(NH_3)_2^+])$$

$$K^{\ominus}=\frac{0.0500^2}{(x-2\times 0.0500)^2}=1.77\times 10^{-10}\times 1.62\times 10^7$$

$$x=1.1(mol\cdot L^{-1})$$

【例 6-4】 100mL 3mol·L^{-1} 氨水可溶解 AgBr 多少克？

解：设 AgBr 在 3mol·L^{-1}氨水中溶解度为 $x(mol\cdot L^{-1})$，则

$$AgBr(s) \quad + \quad 2NH_3 \quad \rightleftharpoons \quad [Ag(NH_3)_2]^+ + Br^-$$

平衡浓度/$mol\cdot L^{-1}$：　$3-2x$　　x　　x

$$K^{\ominus}=\frac{c_{eq}([Ag(NH_3)_2]^+)c_{eq}(Br^-)}{c_{eq}^2(NH_3)}$$

$$=K_{sp}^{\ominus}(AgBr)K_f^{\ominus}([Ag(NH_3)_2]^+)$$

$$\frac{x^2}{(3-2x)^2}=7.7\times 10^{-13}\times 1.62\times 10^7$$

$$x=1.1\times 10^{-2}(mol\cdot L^{-1})$$

可溶解的 AgBr：$1.1\times 10^{-2}mol\cdot L^{-1}\times 0.100L\times 187.8g\cdot mol^{-1}=0.20g$

第四节　配位滴定分析

以配位反应为基础的滴定分析方法，称为配位滴定分析法。几乎所有的金属离子都可以用该方法进行测定。

一、配位滴定分析概述

在配位反应中，配位剂的种类很多，它们通过配位反应形成的配位化合物种类繁多，但用作滴定分析的配位剂，必须满足以下条件：

（1）配位反应必须迅速，且有适当指示剂指示反应的终点。

（2）配位反应必须定量进行，且配位比固定。

（3）配位反应必须进行完全。也就是说，生成的配合物稳定性要足够高，即稳定常数要足够大。

与多元酸相似，简单配合物 ML_n 是逐级形成的，稳定性较差，而且各级配合物的稳定性没有显著的差别。所以，除个别反应（如 Ag^+ 与 CN^-、Hg^{2+} 与 Cl^- 等反应）外，大多数不能用于配位滴定。

在配位滴定中，得到广泛应用的是多齿配位体的配位剂。金属离子与多齿配位体配位时，形成具有环状结构的配合物，即螯合物。螯合物稳定性高，配位比恒定，符合配位滴定的要求。

常用的一类多齿配位体是氨羧配位剂。它是以氨基二乙酸为基体的有机螯合剂。以 N、O 为键合原子，与金属离子配位时，形成环状结构的配合物。其中较重要的有：氨三乙酸（NTA），环己二胺四乙酸（DCTA）和乙二胺四乙酸（EDTA）。

$$N(CH_2COOH)_3$$

NTA

$$C_6H_{10}[N(CH_2COOH)_2]_2$$

DCTA

$$(HOOCCH_2)_2N—CH_2—CH_2—N(CH_2COOH)_2$$

EDTA

其中应用最广泛的是 EDTA，本章主要介绍 EDTA 配位滴定法。

二、EDTA 及其配合物的特点

1. EDTA 的性质

乙二胺四乙酸（ethylenediaminetetraacetic acid）简称 EDTA。它是一种多元酸，用 H_4Y 表示。在水溶液中，分子中两个羧基上的 H 转移至 N 原子上，形成双极离子，其结构为：

$$
\begin{array}{c}
{}^{-}OOCH_2C \diagdown \quad\quad\quad\quad\quad\quad\quad\quad\quad\quad\quad\quad \diagup CH_2COOH \\
\overset{H}{N}{}^{+}-CH_2-CH_2-\overset{+}{\underset{H}{N}} \\
HOOCH_2C \diagup \quad\quad\quad\quad\quad\quad\quad\quad\quad\quad\quad\quad \diagdown CH_2COO^{-}
\end{array}
$$

（1）相当于质子化的六元酸　溶液的酸度较高时，EDTA 上的两个羧基可以再接受质子形成 H_6Y^{2+}，相当于一个六元酸。它在水溶液中存在六次解离平衡：

$$H_6Y^{2+} \rightleftharpoons H^+ + H_5Y^+ \qquad K_{a1}^{\ominus} = \frac{c_{eq}(H^+)c_{eq}(H_5Y^+)}{c_{eq}(H_6Y^{2+})} = 1.3\times10^{-1}$$

$$H_5Y^+ \rightleftharpoons H^+ + H_4Y \qquad K_{a2}^{\ominus} = \frac{c_{eq}(H^+)c_{eq}(H_4Y)}{c_{eq}(H_5Y^+)} = 2.5\times10^{-2}$$

$$H_4Y \rightleftharpoons H^+ + H_3Y^- \qquad K_{a3}^{\ominus} = \frac{c_{eq}(H^+)c_{eq}(H_3Y^-)}{c_{eq}(H_4Y)} = 1.0\times10^{-2}$$

$$H_3Y^- \rightleftharpoons H^+ + H_2Y^{2-} \qquad K_{a4}^{\ominus} = \frac{c_{eq}(H^+)c_{eq}(H_2Y^{2-})}{c_{eq}(H_3Y^-)} = 2.14\times10^{-3}$$

$$H_2Y^{2-} \rightleftharpoons H^+ + HY^{3-} \qquad K_{a5}^{\ominus} = \frac{c_{eq}(H^+)c_{eq}(HY^{3-})}{c_{eq}(H_2Y^{2-})} = 6.72\times10^{-7}$$

$$HY^{3-} \rightleftharpoons H^+ + Y^{4-} \qquad K_{a6}^{\ominus} = \frac{c_{eq}(H^+)c_{eq}(Y^{4-})}{c_{eq}(HY^{3-})} = 5.50\times10^{-11}$$

水溶液中的 EDTA 总是以 H_6Y^{2+}、H_5Y^+、H_4Y、H_3Y^-、H_2Y^{2-}、HY^{3-} 和 Y^{4-} 7 种形式存在，它们的分布系数和 pH 值有关。图 6-4 是 EDTA 溶液中各种存在型体的分布图（为书写方便，EDTA 的各种存在形式均略去电荷，用 H_6Y、H_5Y…表示）。

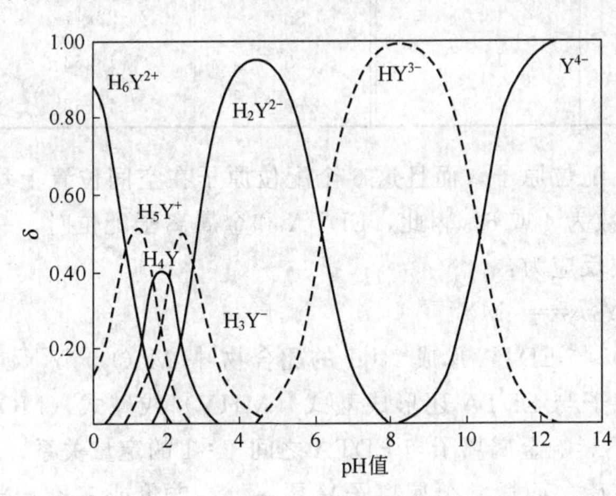

图 6-4　EDTA 各种型体的分布图

从图中看出，EDTA 在 pH<1 的强酸性溶液中，主要以 H_6Y 的形式存在；在 pH 值为 2.67～6.16 溶液中，主要以 H_2Y 形式存在；在 pH>10.26 的碱性溶液中，主要以 Y 形式存在。

这七种存在型体，一般 Y 与金属离子直接配位，生成稳定配合物。溶液的酸度越低，Y 分布系数越大。

（2）溶解度小　EDTA 在水中的溶解度小（20℃，0.02g/100g 水），难溶于酸和有机溶剂，易溶于 NaOH 或氨水，形成相应的盐溶液。通常使用的是其二钠盐，用 $Na_2H_2Y \cdot 2H_2O$ 表示。EDTA 二钠盐的溶解度较大，22℃时，每 100mL 水可溶解 11.1g，此饱和溶液的浓度约为 $0.3mol \cdot L^{-1}$，pH 值约为 4.4。

2. EDTA 与金属离子形成螯合物的特点

（1）普遍性　由于 EDTA 共有 6 个配位能力很强的配位原子，因此，周期表中绝大多数的金属离子均能与 EDTA 形成多个五元环结构的螯合物，如图 6-5 所示。

（2）稳定性　螯合物的稳定性与成环数目有关，当配位原子相同时，成环数越多，螯合物越稳定。螯合物的稳定性还与螯环的大小有关，一般五元或六元环最为稳定。

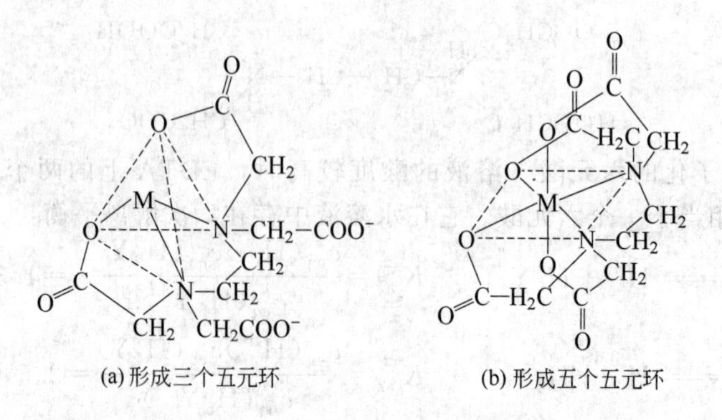

图 6-5　M-EDTA 配合物的结构

EDTA 与金属离子形成的螯合物均为五元环，大多数相当稳定，其稳定性可以用稳定常数（stability constant）表示。表 6-1 为部分 EDTA 螯合物的稳定常数值。从表中看出，除 Na^+、Li^+ 外，大多数 EDTA 的螯合物相当稳定。

表 6-1　EDTA 螯合物的 $\lg K^{\ominus}_{稳}$（$I=0.1$，$t=20\sim25$℃）

离　子	$\lg K^{\ominus}_{稳}$	离　子	$\lg K^{\ominus}_{稳}$	离　子	$\lg K^{\ominus}_{稳}$
Li^+	2.79	Co^{2+}	16.31	Hg^{2+}	21.70
Na^+	1.66	Zn^{2+}	16.50	Fe^{3+}	25.10
Be^{2+}	9.30	Cd^{2+}	16.46	Bi^{3+}	27.94
Mg^{2+}	8.70	Cu^{2+}	18.80	Cr^{3+}	23.40
Ca^{2+}	10.69	Pb^{2+}	18.04	Sn^{2+}	22.11
Sr^{3+}	8.73	Mn^{2+}	13.87	Ni^{2+}	18.62
Ba^{2+}	7.86	Al^{3+}	16.30	Fe^{2+}	14.32

（3）组成一定　由于 EDTA 具有 6 个配位原子，而且这 6 个配位原子在空间位置上均能与金属离子配位。通常金属离子的配位数为 4 或 6，因此，EDTA 和金属离子配位时，一般都生成配位比为 1∶1 的配合物，其配位反应为：

$$M^{n+} + Y^{4-} \rightleftharpoons MY^{n-4}$$

但有极少数高价金属离子如，Mo(Ⅴ) 与 EDTA 形成 2∶1 的配合物 $[(MoO_2)_2Y]^{2-}$，当溶液的酸度或碱度较高时，一些金属离子与 EDTA 还形成酸式（MHY）或碱式（MOHY）配合物。但它们大多数不稳定，并不影响金属离子与 EDTA 之间 1∶1 的定量关系。

（4）可溶性　由于 Y^{4-} 带有 4 个负电荷，而通常金属离子只是一价、二价或三价。当 EDTA 阴离子与金属形成螯合物时，在满足配位数的同时，螯合物负电荷而易溶于水。

（5）颜色变化　EDTA 与无色的金属离子生成无色的螯合物，与有色的金属离子一般生成颜色更深的螯合物。如果螯合物的颜色太深，将使目测终点发生困难。但大多数金属离子是无色的，因此有利于滴定终点的判断。表 6-2 为几种有色 EDTA 螯合物。

表 6-2　有色 EDTA 螯合物

螯合物	CoY^-	CrY^-	CuY^{2-}	FeY^-	MnY^{2-}	NiY^{2-}
颜色	紫红	深紫	蓝	黄	紫红	蓝绿

三、影响配位平衡的因素

1. 副反应及副反应系数

在配位滴定中，涉及的化学平衡是很复杂的，通常把 Y 与金属离子 M 之间的反应称为主反应。而把溶液中的 H^+ 对 Y 及产物 MY 的影响，共存离子 N 对 Y 的影响，掩蔽剂、缓冲剂中的配位剂 L 及 OH^- 对金属离子 M 和产物 MY 的影响等这些反应统称为副反应。这时溶液中总平衡关系用下式表示：

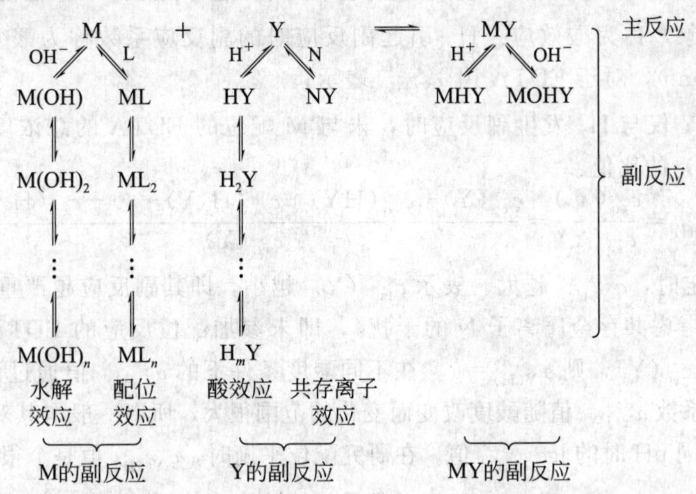

副反应的发生将对主反应产生影响：如果反应物（M 或 Y）发生副反应，不利于主反应的正向进行，反应产物（MY）发生副反应，则有利于主反应的正向进行，当各种副反应同时发生时，对主反应的影响，只有对各种平衡进行定量处理才能解决。

若无副反应存在，$K_f^{\ominus}$（MY）是衡量配位反应进行程度的标志。$K_f^{\ominus}$（MY）值越大，表示达平衡时，未参与反应的 M 和 Y 的浓度越小，形成的配合物 MY 的浓度越大，其反应进行得越完全。当有副反应发生时，未与 Y 配位的金属离子不仅有 M，还有 ML、ML_2、…、ML_n、MOH、$M(OH)_2$、…、$M(OH)_n$。因此，未与 Y 配位的金属离子的浓度是这些离子浓度的和，用 $c_{eq}(M')$ 来表示：

$$c_{eq}(M')=c_{eq}(M)+c_{eq}(ML)+c_{eq}(ML_2)+\cdots+c_{eq}(ML_n)+c_{eq}(MOH)+c_{eq}[M(OH)_2]+\cdots+c_{eq}[M(OH)_n]$$

未与 M 配位的配位剂不仅有 Y，还有 HY、H_2Y、…、H_6Y 及 NY，用 $c_{eq}(Y')$ 来表示：

$$c_{eq}(Y')=c_{eq}(Y)+c_{eq}(HY)+c_{eq}(H_2Y)+\cdots+c_{eq}(H_6Y)+c_{eq}(NY)$$

同理，产物的总浓度以 c(MY) 表示时，即得：

$$c_{eq}(MY')=c_{eq}(MY)+c_{eq}(MHY)+\cdots$$

或：

$$c_{eq}(MY')=c_{eq}(MY)+c_{eq}(MOHY)+\cdots$$

副反应进行的程度通常可用副反应系数（side reaction coefficient）α 来衡量。若金属离子 M 发生了副反应，其副反应系数 α_M 定义为：

$$\alpha_M=\frac{c_{eq}(M')}{c_{eq}(M)} \tag{6-4}$$

α_M 越大，表示金属离子 M^{n+} 发生的副反应越严重。

同理，滴定剂 Y 的副反应系数 α_Y 定义为：

$$\alpha_Y = \frac{c_{eq}(Y')}{c_{eq}(Y)} \tag{6-5}$$

α_Y 越大，表示 Y 发生的副反应越严重。

在以上这些副反应中，最重要的是由 H^+ 所引起的副反应。

2. EDTA 的酸效应及酸效应系数 $\alpha_{Y(H)}$

当 M 与 Y 进行配位反应时，如果有 H^+ 存在，就会与 Y 结合，形成 HY、H_2Y、…、H_6Y。此时，Y 的平衡浓度降低，使主反应受到影响。这种由于 H^+ 存在使配位体参加主反应能力降低的现象，称为酸效应。H^+ 引起副反应时的副反应系数称为酸效应系数（acidic effective coefficient），对于 EDTA 用 $\alpha_{Y(H)}$ 表示。

$\alpha_{Y(H)}$ 表示 Y 仅与 H^+ 发生副反应时，未与 M 配位的 EDTA 的总浓度 $c(Y')$ 与 Y 的平衡浓度 c_{eq}（Y）的比值：

$$\alpha_{Y(H)} = \frac{c_{eq}(Y')}{c_{eq}(Y)} = \frac{c_{eq}(Y) + c_{eq}(HY) + c_{eq}(H_2Y) + \cdots + c_{eq}(H_6Y)}{c_{eq}(Y)}$$

$c_{eq}(Y')$ 一定时，$\alpha_{Y(H)}$ 越大，表示 c_{eq}（Y）越小，即其副反应越严重。如果 H^+ 没有引起副反应（不考虑共存金属离子 N 的干扰），即未参加配位反应的 EDTA 全部以 Y 形式存在，$c_{eq}(Y') = c_{eq}(Y)$，则 $\alpha_{Y(H)} = 1$。在不同酸度条件下的 $\alpha_{Y(H)}$ 值通过计算求出。

由于酸效应系数 $\alpha_{Y(H)}$ 值随酸度改变而变化的范围很大，所以一般取其对数值。表 6-3 列出了 EDTA 在不同 pH 时的 $\lg\alpha_{Y(H)}$ 值。在研究配位平衡时，$\alpha_{Y(H)}$ 值是个很重要的数据。

表 6-3　EDTA 在不同 pH 时的 $\lg\alpha_{Y(H)}$ 值

pH	$\lg\alpha_{Y(H)}$	pH	$\lg\alpha_{Y(H)}$	pH	$\lg\alpha_{Y(H)}$
0.0	23.64	4.5	7.44	9.0	1.28
0.5	20.75	5.0	6.45	9.5	0.83
1.0	18.01	5.5	5.51	10.0	0.45
1.5	15.55	6.0	4.65	10.5	0.20
2.0	13.51	6.5	3.92	11.0	0.07
2.5	11.90	7.0	3.32	11.5	0.02
3.0	10.60	7.5	2.78	12.0	0.01
3.5	9.48	8.0	2.27	13.0	0.00
4.0	8.44	8.5	1.77		

3. 配位效应及配位效应系数

由于其他配位剂的存在使金属离子参加主反应能力降低的现象，称为配位效应。其他配位剂引起副反应时的副反应系数称为配位效应系数，用 $\alpha_{M(L)}$ 表示。

$\alpha_{M(L)}$ 表示只有配位效应时，未与 Y 配位的金属离子总浓度 $c_{eq}(M')$ 与游离金属离子平衡浓度 $c_{eq}(M)$ 的比值。

$$\alpha_{M(L)} = \frac{c_{eq}(M')}{c_{eq}(M)} = \frac{c_{eq}(M) + c_{eq}(ML) + c_{eq}(ML_2) + \cdots + c_{eq}(ML_n)}{c_{eq}(M)}$$

即：
$$\alpha_{M(L)} = 1 + \beta_1^{\ominus} c_{eq}(L) + \beta_2^{\ominus} c_{eq}^2(L) + \cdots + \beta_n^{\ominus} c_{eq}^n(L) \tag{6-6}$$

$\alpha_{M(L)}$ 越大，表示金属离子与配位剂 L 的副反应越严重。若 M 没有副反应，$c_{eq}(M') = c_{eq}(M)$，则 $\alpha_{M(L)} = 1$。当配位剂 L 的平衡浓度 $c_{eq}(L)$ 一定时，$\alpha_{M(L)}$ 为一定值。

4. 条件稳定常数

当有副反应存在时，EDTA 配位反应进行的程度，用绝对稳定常数 $K_f^{\ominus}(MY)$ 衡量已不能反映实际情况。必须用副反应系数进行校正后的实际稳定常数 $K_f^{\ominus\prime}(MY)$（即：条件稳定常数，conditional formation constant）衡量。它表示在发生副反应的情况下，配位反应进行的程度。$K_f^{\ominus}{}'(MY)$ 越大，EDTA 与 M 的配位反应进行得越完全。

$$K_f^{\ominus}{}'(MY)=\frac{c_{eq}(MY)}{c_{eq}(M')c_{eq}(Y')}$$

忽略其他副反应，只考虑酸效应和配位效应，则：

则：$K_f^{\ominus}{}'(MY)=\dfrac{c_{ep}(MY)}{\alpha_{M(L)}c_{eq}(M)\cdot\alpha_{Y(H)}\ c_{eq}(Y)}=K_f^{\ominus}(MY)\dfrac{1}{\alpha_{M(L)}\ \ \alpha_{Y(H)}}$ (6-7)

取对数，得到：$\lg K_f^{\ominus}{}'(MY)=\lg K_f^{\ominus}(MY)-\lg\alpha_{M(L)}-\lg\alpha_{Y(H)}$ (6-8)

当 $\alpha_{M(L)}=1$、$\alpha_{Y(H)}=1$ 时，$K_f^{\ominus}{}'(MY)=K_f^{\ominus}(MY)$

若溶液中不存在其他引起金属离子副反应的配位剂以及干扰离子，只有 EDTA 的酸效应，则：$\lg K_f^{\ominus}{}'(MY)=\lg K_f^{\ominus}(MY)-\lg\alpha_{Y(H)}$ (6-9)

根据以上计算式及表 6-3，可以得知，随着酸度的升高，$\alpha_{Y(H)}$ 值增加得很快，EDTA 配合物的实际稳定性明显降低。当 pH＞12 时，溶液酸度影响极小，此时 EDTA 的配位能力最强，生成的配合物最稳定，所以酸度对配合物的稳定性影响较大。

【例 6-5】 试判断 EDTA 与 Zn^{2+} 生成的配合物在 pH＝10.00 和 pH＝2.00 时是否稳定？

解： 分别求出在该酸度下 ZnY 的条件稳定常数，即可判断其稳定性。

由表 6-1、表 6-3 可知，$\lg K_f^{\ominus}(ZnY)=16.50$；pH＝10.00 时，$\lg\alpha_{Y(H)}=0.45$；pH＝2.00 时，$\lg\alpha_{Y(H)}=13.51$

代入 $\lg K_f^{\ominus}{}'(ZnY)=\lg K_f^{\ominus}(ZnY)-\lg\alpha_{Y(H)}$，在 pH＝10.00 时，$\lg K_f^{\ominus}{}'(ZnY)=16.50-0.45=16.05$

在 pH＝2.00 时，$\lg K_f^{\ominus}{}'(ZnY)=16.50-13.51=2.99$

所以，ZnY 在 pH＝10.00 时较为稳定，在 pH＝2.00 时不稳定。

因此，条件稳定常数是判断配合物的稳定性及配位反应进行程度的一个重要依据。

四、配位滴定的基本原理

1. 配位滴定曲线

在配位滴定中，随着配位剂的加入，金属离子浓度逐渐减小，在化学计量点附近，溶液的 pM 发生突变，若有副反应存在，pM′发生突变，利用指示剂可以确定滴定终点。若以 pM′为纵坐标，加入配位剂的量为横坐标作图，可以得到与酸碱滴定类似的滴定曲线。

以 pH＝12.00 时，$0.01000mol\cdot L^{-1}$ EDTA 标准溶液滴定 20.00mL $0.01000mol\cdot L^{-1}$ Ca^{2+} 溶液为例。

首先求出条件稳定常数 $K_f^{\ominus}{}'(CaY)$，查表：$\lg K_f^{\ominus}(CaY)=10.69$，pH＝12.00 时，$\lg\alpha_{Y(H)}=0.01$

得 $\lg K_f^{\ominus}{}'(CaY)=\lg K_f^{\ominus}(CaY)-\lg\alpha_{Y(H)}=10.69-0.01=10.68$ $K_f^{\ominus}{}'(CaY)=4.8\times10^{10}$

现计算滴定过程中溶液 pCa 的变化值（不考虑其他副反应的影响）。

（1）滴定前

溶液中的 Ca^{2+} 浓度为 $0.01000mol\cdot L^{-1}$，$pCa=-\lg c_{eq}(Ca^{2+})=-\lg0.01000=2.00$

（2）滴定开始至化学计量点前

溶液中未被滴定的 Ca^{2+} 与反应产物 CaY 同时存在。严格地讲，溶液中的 Ca^{2+} 来自剩余的 Ca^{2+} 及 CaY 的解离。但是，因为 $\lg K_f^{\ominus}{}'(CaY)$ 数值较大，CaY 较稳定，剩余的 Ca^{2+} 对 CaY 的解离又起抑制作用，所以由 CaY 解离的 Ca^{2+} 可忽略不计，近似用剩余的 Ca^{2+} 来

计算溶液中 Ca^{2+} 浓度。

加入 19.98mL EDTA 溶液（−0.1%相对误差）时，

$$c_{eq}(Ca^{2+})=0.01000\times\frac{(20.00-19.98)\times10^{-3}}{(20.00+19.98)\times10^{-3}}=5.0\times10^{-6}(mol\cdot L^{-1})\qquad pCa=5.30$$

化学计量点前其他各点的 pCa 值按同法计算。

（3）化学计量点时

由于配合物 CaY 比较稳定，化学计量点时 Ca^{2+} 与加入的 EDTA 几乎全部配位，于是：

$$c_{eq}(CaY)=0.01000\times\frac{20.00}{20.00+20.00}=5.0\times10^{-3}(mol\cdot L^{-1})$$

溶液中 Ca^{2+} 的浓度可近似地由 CaY 解离计算，$c_{eq}(Ca^{2+})=c_{eq}(Y')$

得 $$K_f^{\ominus}{}'(CaY)=\frac{c_{eq}(CaY)}{c_{eq}(Ca^{2+})c_{eq}(Y')}=\frac{5.0\times10^{-3}}{[c_{eq}(Ca^{2+})]^2}=4.8\times10^{10}$$

$$c_{eq}(Ca^{2+})=\sqrt{\frac{5.0\times10^{-3}}{4.8\times10^{-10}}}=3.0\times10^{-7}(mol\cdot L^{-1})\qquad pCa=6.50$$

（4）化学计量点后

此时由于溶液中有过量的 Y，抑制了 CaY 的解离。因此，近似地假设 $c_{eq}(CaY)=5.0\times10^{-3}mol\cdot L^{-1}$。当加入 20.02mL EDTA 标准溶液（+0.1%相对误差）时，过量 EDTA 的浓度为：

$$c_{eq}(Y')=0.01000\times\frac{(20.02-20.00)\times10^{-3}}{(20.00+20.02)\times10^{-3}}=5.0\times10^{-6}(mol\cdot L^{-1})$$

$$K_f^{\ominus}{}'(CaY)=\frac{c_{eq}(CaY)}{c_{eq}(Ca^{2+})c_{eq}(Y')}=\frac{5.0\times10^{-3}}{c_{eq}(Ca^{2+})\times5.0\times10^{-6}}=4.8\times10^{10}$$

$$c_{eq}(Ca^{2+})=2.0\times10^{-8}(mol\cdot L^{-1})\qquad pCa=7.70$$

化学计量点后其他各点 pCa 值按同法计算。计算结果列于表 6-4。

表 6-4　pH=12，用 $0.01000mol\cdot L^{-1}$ EDTA 滴定 20.00mL $0.01000mol\cdot L^{-1}$ Ca^{2+} 时溶液中 pCa 值的变化

加入 EDTA 的量		Ca^{2+} 被配位的%	过量 EDTA 的%	pCa
V/mL	%			
0.00	0			2.00
18.00	90	90.0		3.30
19.80	99	99.0		4.30
19.98	99.9	99.9		5.30 ↑
20.00	100	100.0	（化学计量点）	6.50 滴定突跃
20.02	100.1		0.1	7.70 ↓
20.20	101		1	8.7
40.00	200		100	10.70

将表 6-4 所列数据以 pCa 为纵坐标，加入 EDTA 标准溶液的量（%）为横坐标作图，得到用 EDTA 标准溶液滴定 Ca^{2+} 的滴定曲线，见图 6-6。从图中看出，在 pH=12.00 用 $0.01000mol\cdot L^{-1}$ EDTA 标准溶液滴定 $0.01000mol\cdot L^{-1}$ Ca^{2+} 溶液，化学计量点的 pCa 为 6.50，滴定突跃（±0.1%）的 pCa 值 5.30～7.70，突跃范围较大。

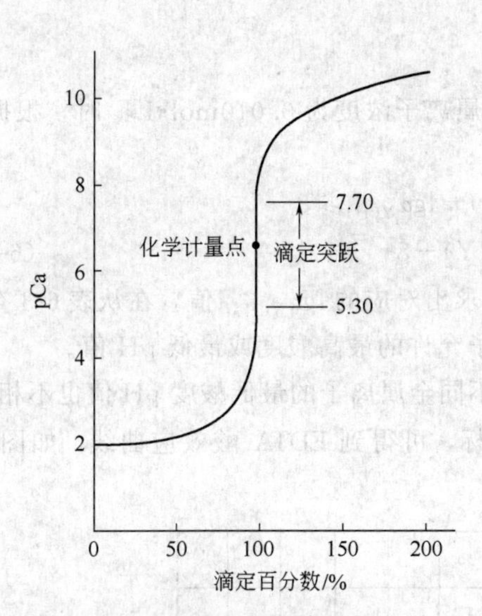

图 6-6　0.01000mol·L^{-1} EDTA 滴定 0.01000mol·L^{-1} Ca^{2+} 的滴定曲线（pH＝12）

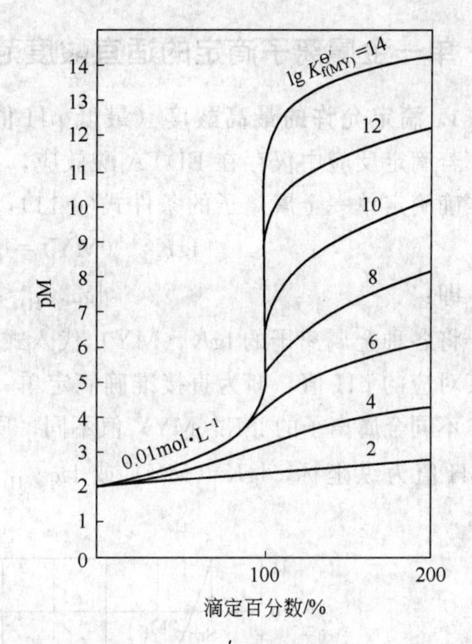

图 6-7　不同 $\lg K_f^{\ominus\prime}$（MY）时的滴定曲线

2. 影响滴定突跃的因素

配合物的条件稳定常数和被滴定金属离子的浓度，是影响滴定突跃的主要因素。

（1）条件稳定常数的影响

由图 6-7 知，若金属离子浓度一定，配合物的条件稳定常数越大，滴定突跃越大。一般情况下，影响配合物条件稳定常数的主要因素是溶液酸度。

当 $\lg K_f^{\ominus}$(MY) 一定时，酸度越高，$\lg\alpha_{Y(H)}$ 越大，$\lg K_f^{\ominus\prime}$(MY) 就越小。这样，滴定曲线中化学计量点后的平台部分降低，突跃减小。

（2）金属离子浓度对突跃的影响

若条件稳定常数 $\lg K_f^{\ominus\prime}$(MY) 一定，金属离子浓度越低，滴定曲线的起点就越高，滴定突跃就越小，见图 6-8。

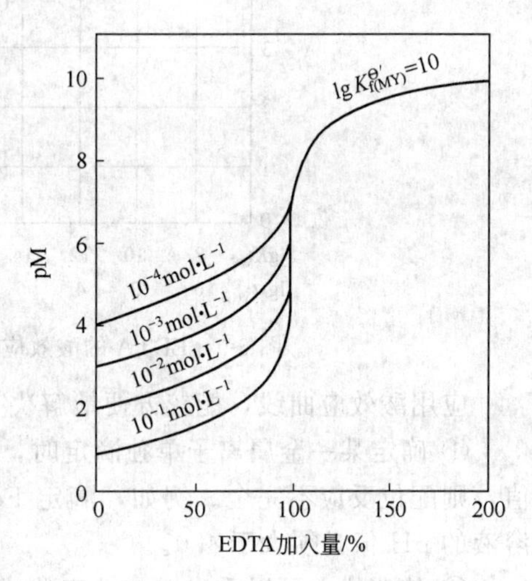

图 6-8　金属离子浓度对滴定突跃的影响

3. 单一金属离子准确滴定的条件

由前面的讨论可知，c(M) 一定、$\lg K_f^{\ominus\prime}$(MY) 越大、或 $\lg K_f^{\ominus\prime}$(MY) 一定、c(M) 越大，其滴定突跃范围越大。即 $c(M)K_f^{\ominus\prime}(MY)$值越大，滴定突跃范围越大，越有利于指示剂的选择，分析结果的准确度越高。在允许误差为±0.1%时，单一金属离子能被准确滴定的条件是：

$$\lg[c(M)K_f^{\ominus\prime}(MY)]\geqslant 6 \quad (6\text{-}10)$$

实际工作中，c(M) 常为 0.010mol·L^{-1}左右，此时，准确滴定的条件为：

$$\lg K_f^{\ominus\prime}(MY)\geqslant 8 \quad (6\text{-}11)$$

五、单一金属离子滴定的适宜酸度范围

1. 滴定允许的最高酸度（最低 pH 值）

若滴定反应中仅存在 EDTA 酸效应，在被测金属离子浓度为 $0.010\text{mol}\cdot\text{L}^{-1}$时，根据直接准确滴定单一金属离子的条件式(6-11)，有：

$$\lg K_f^{\ominus\prime}(\text{MY})=\lg K_f^{\ominus}(\text{MY})-\lg\alpha_{\text{Y(H)}}\geqslant 8$$

即：

$$\lg\alpha_{\text{Y(H)}}\leqslant\lg K_f^{\ominus}(\text{MY})-8 \tag{6-12}$$

将各种金属离子的 $\lg K_f^{\ominus}(\text{MY})$ 代入式(6-12)，求出对应的 $\lg\alpha_{\text{Y(H)}}$ 值，在从表 6-3 查得与其对应的 pH 值，即为直接准确滴定单一金属离子允许的最高酸度或最低 pH 值。

不同金属离子的 $\lg K_f^{\ominus}(\text{MY})$ 值不同，所以滴定不同金属离子的最低酸度 pH 值也不相同，以 pH 值为纵坐标，$\lg K_f^{\ominus}(\text{MY})$ 或 $\lg\alpha_{\text{Y(H)}}$ 为横坐标，可得到 EDTA 酸效应曲线，如图 6-9 所示。

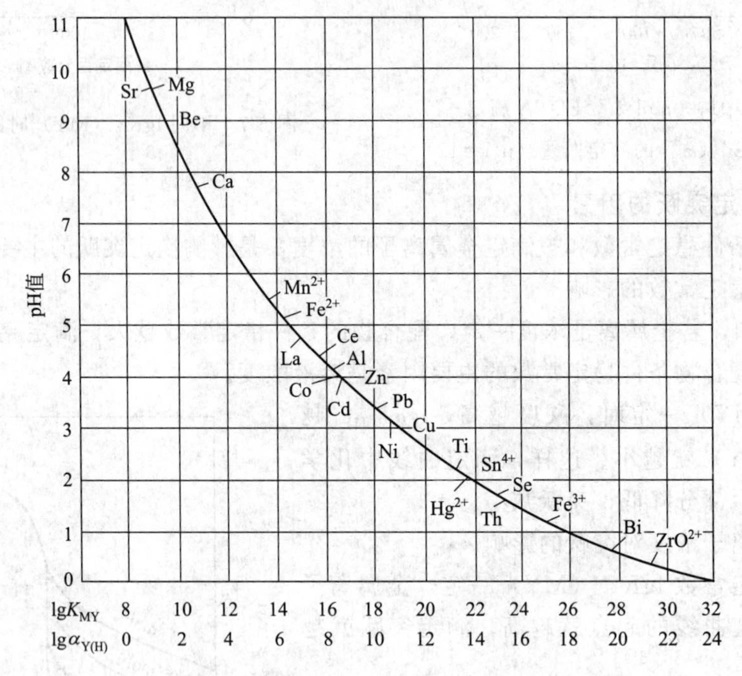

图 6-9　EDTA 的酸效应曲线（金属离子浓度为 $0.010\text{mol}\cdot\text{L}^{-1}$）

应用酸效应曲线，能较方便地解决一系列问题。

① 确定某一金属离子单独滴定时，所允许的最低 pH 值，若滴定时溶液的 pH 值小于该值，则配位反应不完全。例如，滴定 Fe^{3+} 时，溶液的 pH 值必须大于 1.1；滴定 Zn^{2+} 时，溶液的 pH 值必须大于 4.0。

② 从曲线上可以看出，在一定的 pH 值范围内哪些离子可以被滴定，哪些离子有干扰。例如在 pH＝10 条件下滴定 Mg^{2+}，溶液中若同时存在 Ca^{2+} 或 Mn^{2+} 等位于 Mg^{2+} 下面的离子都会对滴定有干扰，因为它们均可以同时被 EDTA 滴定（不考虑生成氢氧化物沉淀）。

③ 干扰离子的判断。在某一酸度下，金属离子 M 的 $K_f^{\ominus\prime}(\text{MY})\geqslant 10^8$ 时，则 M 能被准确滴定，理论推导和实践证明，在同一酸度下，另一浓度相近的金属离子 N 的 $K_f^{\ominus\prime}(\text{NY})\leqslant 10^3$ 时，则在滴定 M 时，N 几乎不被配位，即不发生干扰。换句话说。当 $\dfrac{K_f^{\ominus\prime}(\text{MY})}{K_f^{\ominus\prime}(\text{NY})}\geqslant 10^5$ 或

$\lg K_f^{\ominus\prime}(MY)-\lg K_f^{\ominus\prime}(NY)\geqslant 5$ 时［如果仅考虑酸效应时，$\lg K_f^{\ominus\prime}(MY)-\lg K_f^{\ominus}(NY)=\lg K_f^{\ominus}(MY)-\lg K_f^{\ominus}(NY)$］，就可以通过控制溶液酸度滴定 M 离子，而 N 离子不干扰。当 M、N 浓度不相等时，设它们的浓度分别为 $c(M)$ 和 $c(N)$，此时要求：

$$\frac{c(M)K_f^{\ominus\prime}(MY)}{c(N)K_f^{\ominus\prime}(NY)}\geqslant 10^5 \tag{6-13}$$

其中，
$$\Delta\lg K_f^{\ominus\prime}=\lg K_f^{\ominus\prime}(MY)-\lg K_f^{\ominus\prime}(NY)$$

根据上面的叙述，可概括判断干扰离子的干扰规律。

① 若 $\lg K_f^{\ominus\prime}(MY)$ 和 $\lg K_f^{\ominus\prime}(NY)$ 很接近，并且都大于 8 时，则 M、N 能同时被 EDTA 完全滴定，此时可测定 M、N 的总量。若欲分别测定它们的含量，则必须采取分离或掩蔽措施消除相互间的干扰。

② 若 M、N 浓度相近，而且 $\lg K_f^{\ominus\prime}(MY)-\lg K_f^{\ominus\prime}(NY)\geqslant 5$ 时，就可以控制溶液酸度滴定 M 离子，而 N 离子不干扰。

③ 若 M、N 浓度相近，$\lg K_f^{\ominus\prime}(MY)\geqslant 8$，而且 $\lg K_f^{\ominus\prime}(NY)\leqslant 3$ 时，即 $\Delta\lg K_f^{\ominus}\geqslant 5$，M 离子能被 EDTA 准确滴定，而 N 离于几乎不被滴定，因而不发生干扰。

酸效应曲线只考虑了酸度对配合物的影响，若条件发生变化，所求的最低 pH 值也会变化，即酸效应曲线是在特定条件下得出的。因此，它的实际应用范围有限。

2. 滴定允许的最低酸度（最高 pH 值）

配位滴定时，实际采用的 pH 值比允许的最低 pH 值稍高些，可使配位滴定进行得更完全。但是，若酸度过低，金属离子将发生羟合反应，甚至生成 $M(OH)_n$ 沉淀，妨碍 MY 的形成，使配位滴定不能进行。因此，对不同的金属离子，滴定时有不同的最高 pH 值（最低酸度）。在没有辅助配位剂存在下，最低酸度值可由 $M(OH)_n$ 的溶度积求得，即：

$$c_{eq}(OH^-)\leqslant\sqrt{\frac{K_{sp}^{\ominus}[M(OH)_n]}{c_{eq}(M^{n+})}} \tag{6-14}$$

【例 6-6】 求 $2.0\times10^{-2}\,mol\cdot L^{-1}$ EDTA 溶液滴定同浓度 Zn^{2+} 的最低酸度。

解： 根据溶度积原理，为防止滴定开始时生成 $Zn(OH)_2$ 沉淀，应使溶液的 pH 值满足

$$c_{eq}(OH^-)\leqslant\sqrt{\frac{K_{sp}^{\ominus}[Zn(OH)_2]}{c_{eq}(Zn^{2+})}}\leqslant\sqrt{\frac{1.2\times10^{-17}}{2.0\times10^{-2}}}=2.4\times10^{-8}(mol\cdot L^{-1})$$

或 $pH\leqslant 6.38$，此值即为滴定 Zn^{2+} 的最低酸度。

只要有合适的指示终点的方法，在最高酸度和最低酸度之间的范围内进行滴定，均能获得较准确的结果。因此通常将此酸度范围称为配位滴定的适宜酸度范围。上例滴定的适宜酸度范围为 $pH=4.0\sim6.4$，其他离子滴定的适宜酸度范围也可用类似方法得出。

在配位滴定中，不仅要调节滴定前溶液的酸度，同时也要注意在滴定过程中控制溶液酸度的变化。因为在配位滴定过程中，随着配合物的生成，不断有 H^+ 释出（$M+H_2Y=MY+2H^+$），溶液的酸度不断增大。因此在配位滴定中，通常需要加入缓冲溶液来控制溶液的 pH 值。

六、金属离子指示剂

在配位滴定中，利用一种能随金属离子浓度的变化而发生颜色变化的显色剂来指示理论终点的到达，这种显色剂称为金属离子指示剂（简称金属指示剂）。

1. 金属指示剂的作用原理

金属指示剂也是一种配位剂，用 EDTA 滴定金属离子（M）之前，加入少量指示剂（In）于试液中，会发生反应：

$$M+In(甲色) \rightleftharpoons MIn(乙色)$$

此时，溶液呈现 MIn（乙色）的颜色。滴定开始到化学计量点前，加入的 In 与溶液中游离的 M 形成配合物。此时，溶液呈现 MIn（乙色）的颜色（滴定反应：M＋Y＝MY）。化学计量点附近，与 In 配位的 M 被 EDTA 夺取出来，同时，将 In 游离出来。溶液的颜色由乙色变为甲色，指示终点的到达［$MIn(乙色)+Y \rightleftharpoons MY+In(甲色)$］。整个过程溶液体系的组成变化为：

$$M \xrightarrow{In} \underset{乙色}{\overset{MIn}{M}} \xrightarrow{Y} \overset{MIn}{MY} \xrightarrow{Y} \underset{终点}{\overset{MY}{MY}}+In(甲色)$$

金属指示剂应具备的条件：

① 指示剂与金属离子形成的配合物（MIn）的颜色与指示剂（In）本身的颜色应有显著差异，才能使终点变色明显。

② 指示剂与金属离子的显色反应要灵敏、迅速，具有良好的变色可逆性。

③ MIn 的稳定性要适当。既要有足够的稳定性，又要比 MY 的稳定性小。如果 MIn 的稳定性太低，终点就会提前，而且变色也不敏锐；如果稳定性太高，EDTA 不能夺取 MIn 中的金属离子，无法指示终点的到达。

④ 金属指示剂应比较稳定，便于贮藏和使用。此外，In 与 MIn 应易溶于水，否则，反应速度慢，不利于颜色的观察。如果生成胶体溶液和沉淀，则会使变色不明显。

2. 金属指示剂的选择

指示剂的选择合适与否是滴定分析中的一个重要问题，因为它直接影响滴定结果的准确度。被滴定金属离子 M 与指示剂形成有色配合物 MIn，在溶液中有下列解离平衡：

$$MIn \rightleftharpoons M+In$$

考虑指示剂的酸效应，

$$K_f^{\ominus}{}'(MIn)=\frac{c_{eq}(MIn)}{c_{eq}(M)c_{eq}(In')}$$

$$\lg K_f^{\ominus}{}'(MIn)=pM+\lg\frac{c_{eq}(MIn)}{c_{eq}(In')}$$

当达到指示剂的理论变色点时，$c_{eq}(MIn)=c_{eq}(In')$，此时，$\lg K_f^{\ominus}{}'(MIn)=pM$。

指示剂理论变色点的 pM 等于有色配合物 MIn 的 $\lg K_f^{\ominus}{}'(MIn)$，由于配位滴定中所用的指示剂一般为有机弱酸，存在着酸效应。它与金属离子 M 所形成的有色配合物的条件稳定常数 $K_f^{\ominus}{}'(MIn)$ 将随 pH 的变化而变化；指示剂的理论变色点的 pM 也随 pH 的变化而变化，不像酸碱指示剂一样，有一个确定的变色点。所以在选择金属指示剂时，必须考虑体系的酸度，使指示剂理论变色点的 pM 与反应的化学计量点的 pM 尽量一致，至少应在滴定的 pM 突跃范围内。

3. 金属指示剂的封闭、僵化现象及其消除

（1）指示剂的封闭现象及其消除

滴定到终点后，稍过量的 EDTA 并不能夺取 MIn 有色配合物中的金属离子，使指示剂在化学计量点附近不发生颜色变化，这种现象称为指示剂的封闭（blocking of indictor），产生指示剂封闭现象的原因如下。

① 由于溶液中存在能与指示剂形成更为稳定的有色配合物的某些干扰离子，因而产生封闭现象。对于这种情况，一般需要加入适当的掩蔽剂来消除这些离子的干扰。

② 由于有色配合物的颜色变化为不可逆反应而引起的。虽然 MIn 的稳定性不及 MY 的稳定性高。但由于动力学方面的原因，使得有色配合物并不能被 EDTA 破坏，指示剂无法游离出来而产生封闭现象。

在配位滴定中，常遇到一些离子对某些指示剂有封闭作用。这时需要根据不同情况采用不同的方法来消除。例如，以铬黑 T 为指示剂，用 EDTA 滴定 Ca^{2+}、Mg^{2+} 时，Fe^{3+}、Al^{3+} 对指示剂有封闭作用，可用三乙醇胺作掩蔽剂消除干扰；Cu^{2+}、Co^{2+}、Ni^{2+} 等对指示剂的封闭作用，可用 KCN 或 Na_2S 等作掩蔽剂来消除。若封闭现象是被滴定离子本身引起的，则可以先加入过量的 EDTA，然后进行返滴定来消除。

（2）指示剂的僵化现象及消除

有些金属指示剂本身及其与金属离子形成的配合物的溶解度很小，因而使终点的颜色变化不明显；有些金属指示剂 MIn 的稳定性只是稍微小于 MY，因而使 EDTA 与 MIn 之间的置换反应很慢，终点拖后，或颜色转变不敏锐，这种现象叫指示剂的僵化（ossification of indicator）。

解决的办法，可以加热以加快反应速率，或加入适当的溶剂来增大溶解度，从而使终点变色明显。如果僵化现象不严重，在接近终点时，采取快摇慢滴的操作，可得到较满意的结果。

（3）指示剂的氧化变质现象

大多数金属指示剂具有双键基团，易被日光、空气、氧化剂等分解，分解变质的速度与试剂的纯度有关。有些金属离子还会对分解起催化作用。例如，铬黑 T 在 Mn^{4+}、Ce^{4+} 存在下，数秒钟即被分解褪色。由于上述原因，指示剂在水溶液中不稳定，日久会变质。因此，一般将指示剂配成固体混合物，或加入还原性物质如抗坏血酸等，也可以现用现配。

4. 常用金属指示剂

（1）铬黑 T（简称 BT 或 EBT）

铬黑 T 的化学名称是 1-(1-羟基-2-萘偶氮基)-6-硝基-2-萘酚-4-磺酸，褐色粉末，带有金属光泽。有三个可解离的氢离子，其 $pK_{a1}^{\ominus}$、$pK_{a2}^{\ominus}$、$pK_{a3}^{\ominus}$ 分别为 3.9、6.3、11.55。$pK_{a2}^{\ominus}$、$pK_{a3}^{\ominus}$ 是从两个酚羟基上解离的，用符号 H_2In^- 表示。它在溶液中有下列酸碱平衡，并呈三种颜色：

$$\underset{\substack{\text{紫红色}\\ pH<6.3}}{H_2In^-} \xrightleftharpoons{pK_{a2}^{\ominus}=6.3} \underset{\substack{\text{蓝色}\\ 8\sim10}}{HIn^{2-}} \xrightleftharpoons{pK_{a3}^{\ominus}=11.55} \underset{\substack{\text{橙色}\\ pH>11.6}}{In^{3-}}$$

pH<6.3 时，呈紫红色；pH>11.6 时，呈橙色，均与铬黑 T 与金属离子形成的配合物红色接近，不易判断滴定终点。为使终点颜色变化明显，在使用铬黑 T 时理论上应控制溶液的 pH 值为 6.3～11.6，实际控制为 8～10 较为适宜，终点颜色由红色变为蓝色。

在 pH=10 的缓冲溶液中，用 EDTA 直接滴定 Mg^{2+}、Zn^{2+}、Cd^{2+}、Pb^{2+} 和 Hg^{2+} 等离子时，铬黑 T 是良好的指示剂，但 Al^{3+}、Fe^{3+}、Co^{2+}、Ni^{2+}、Cu^{2+}、Ti^{4+} 等对指示剂有封闭作用。Al^{3+}、Ti^{4+} 可用氟化物掩蔽；Fe^{3+} 可用抗坏血酸还原掩蔽；Co^{2+}、Ni^{2+}、

Cu^{2+} 用邻二氮菲掩蔽；Cu^{2+} 也可用硫化物形成沉淀掩蔽。

固体铬黑 T 性质稳定，其水溶液不稳定，只能保存几天，这是由于发生聚合反应和氧化反应的缘故。在 pH<6.5 的溶液中，聚合更为严重。指示剂聚合后，不能与金属离子显色，在配制溶液时，加入三乙醇胺可减慢聚合速度。

在碱性溶液中，Mn(Ⅳ)、Ce^{4+} 及空气中的 O_2 等能将铬黑 T 氧化并褪色。加入盐酸羟胺或抗坏血酸等还原剂，可防止其氧化。工作中，常使用铬黑 T 与干燥的纯 NaCl 按 1∶100 混合研细的混合物，并密闭保存在棕色瓶中。

(2) 钙指示剂（简称 NN）

钙指示剂的化学名称是：2-羟基-1-(2-羟基-4-磺酸-1-萘偶氨基)-3-萘甲酸。钙指示剂与 Ca^{2+} 的配合物显红色，在 pH=12～13 时测定 Ca^{2+}，终点由酒红色变为纯蓝色，变色很敏锐。受封闭的情况与铬黑 T 类似，但可用 KCN 和三乙醇胺联合掩蔽，消除指示剂的封闭现象。钙指示剂常用于 Ca^{2+}、Mg^{2+} 共存时滴定钙。

纯的钙指示剂是紫黑色粉末，它的水溶液或乙醇溶液都不稳定，所以一般采取固体钙指示剂与干燥的纯 NaCl 按 1∶100 混合均匀后使用。

(3) 二甲酚橙（简称 XO）

二甲酚橙（xylenol orange）属于三苯甲烷类显色剂，化学名称为 3-3′-2，2-(*N*,*N*-二羧甲基氨甲基)邻甲酚磺酞，紫色结晶，易溶于水，它有 7 级酸式解离。其中，H_7In 至 H_3In^{4-} 都是黄色，H_2In^{5-} 至 In^{7-} 是红色。在 pH=5～6 时，二甲酚橙主要以 H_3In^{4-} 形式存在。

$$\underset{黄}{H_3In^{4-}} \rightleftharpoons H^+ + \underset{红}{H_2In^{5-}}$$

pH>6.3 时，呈红色；pH<6.3，呈黄色；pH=6.3 时，呈中间颜色。二甲酚橙与金属离子形成的配合物都是红紫色。因此，它只适用于在 pH<6 的酸性溶液中。通常将其配成 0.5%的水溶液，大约可保存 2～3 周。

许多金属离子，如 ZrO^{2+}（pH<1）、Pr^{3+}（pH=1～2）、Th^{4+}（pH=2.5～3.5）、Pb^{2+}、Zn^{2+}、Cd^{2+}、Hg^{2+}、Tl^{3+} 等离子和稀土元素的离子（pH=5～6），都可用二甲酚橙作指示剂，终点由红色变为亮黄色，很敏锐。Fe^{3+}、Al^{3+}、Ni^{2+} 和 Cu^{2+} 等离子也可加入过量 EDTA 后用 Zn^{2+} 溶液返滴定。

Fe^{3+}、Al^{3+}、Ni^{2+} 和 Ti^{4+} 等离子封闭二甲酚橙，Fe^{3+} 和 Ti^{4+} 可用抗坏血酸还原，Al^{3+} 可用氟化物掩蔽，Ni^{2+} 可用邻二氮菲掩蔽。

七、提高配位滴定选择性的方法

实际测定的样品中常常是多种金属离子共存，而 EDTA 与金属离子又具有广泛的配位作用，这样就给分析工作带来困难。因此提高滴定的选择性是配位滴定中的一个重要的问题。

1. 控制溶液酸度进行分别滴定

滴定单一金属离子时，只要满足 $\lg c_M K_f^{\ominus\prime}(MY) \geqslant 6$ 的条件，就可以直接准确地进行滴定。误差小于或等于±0.1%，但是当溶液中有两种以上的金属离子共存时，情况就比较复杂。若溶液中含有金属离子 M 和 N，它们均可与 EDTA 形成配合物。两者浓度相同，且 $K_f^{\ominus}(MY) > K_f^{\ominus}(NY)$，用 EDTA 滴定时，首先被滴定的是 M。如果 $K_f^{\ominus}(MY)$ 与

$K_f^{\ominus}(NY)$ 相差足够大，则 EDTA 与 M 定量反应后再与 N 作用。这样就能在 N 存在下准确滴定 M。

混合离子的滴定中，要在干扰离子 N 存在下准确滴定 M 离子，必须满足 $\lg c_M \cdot K_f^{\ominus}{}'(MY) \geqslant 6$ 和 $\Delta \lg K_f^{\ominus}{}' + \lg(c_M/c_N) \geqslant 5$ 的要求。

若要控制溶液酸度，对两种共存的金属离子分别滴定时，就应同时具备 3 个条件：$\lg c_M \cdot K_f^{\ominus}{}'(MY) \geqslant 6$，$\lg c_N \cdot K_f^{\ominus}{}'(NY) \geqslant 6$，$\Delta \lg K_f^{\ominus}{}' + \lg(c_M/c_N) \geqslant 5$。

2. 利用掩蔽剂提高选择性

若待测离子配合物与干扰离子配合物的稳定常数差别不够大，即 $\Delta \lg K_f^{\ominus}{}' + \lg(c_M/c_N) \geqslant 5$ 或小于干扰离子配合物的稳定常数，就不能利用控制酸度的办法消除干扰，可利用掩蔽剂与干扰离子反应，以消除干扰，这就是掩蔽法。应用掩蔽法要求干扰离子存在的量不能太大，否则将得不到满意的结果。

掩蔽法按所用反应类型不同，可分为配位掩蔽法、沉淀掩蔽法和氧化还原掩蔽法等。此处只介绍用得最多的是配位掩蔽法。

利用配位反应降低干扰离子浓度的方法，称为配位掩蔽法。为了达到良好的掩蔽效果必须选择合适的掩蔽剂，还应注意控制溶液的酸度。表 6-5 列出了一些常用的掩蔽剂和被掩蔽的金属离子。

表 6-5　一些常用的掩蔽剂和被掩蔽的金属离子

掩蔽剂	被掩蔽的金属离子	使用条件
三乙醇胺	Al^{3+}，Fe^{3+}，Sn^{4+}，TiO^{2+}，Mn^{2+}	酸性溶液中加入三乙醇胺，然后调至碱性
氟化物	Al^{3+}，Sn^{4+}，TiO^{2+}，Zr^{4+}	溶液 pH>4
氰化物	Cd^{2+}，Hg^{+}，Cu^{2+}，Co^{2+}，Ni^{2+}，Fe^{2+}	溶液 pH>8
硫化物	Hg^{2+}，Cu^{+}	弱酸性溶液
2,3-二巯基丙醇	Cd^{2+}，Hg^{2+}，Bi^{3+}，Sb^{3+}	溶液 pH≈10
乙酰丙酮	Al^{3+}，Fe^{3+}，Be^{3+}，Pb^{2+}，$UO_2{}^{2+}$	溶液 pH=5～6
邻二氮菲	Cu^{2+}，Ni^{2+}，Co^{2+}	溶液 pH=5～6
柠檬酸	Bi^{3+}，Cr^{3+}，Fe^{3+}，Sn^{4+}，Tn^{4+}，Ti^{+}，Zr^{4+}，$UO_2{}^{2+}$	中性溶液
磺基水杨酸	Al^{3+}，Th^{4+}，Zr^{4+}	酸性溶液

3. 利用解蔽作用提高选择性

将一些离子掩蔽，对某种离子进行滴定以后，使用一种试剂以破坏这些被掩蔽的离子与掩蔽剂所生成的配合物，使该离子从配合物中释放出来，这种作用称为解蔽，所用试剂称为解蔽剂。利用某些选择性的解蔽剂，也可以提高配位滴定的选择性。

例如，当 Zn^{2+}、Pb^{2+} 两种离子共存，测定 Zn^{2+} 和 Pb^{2+} 时，先用氨水中和试液，加 KCN 以掩蔽 Zn^{2+}，然后在 pH=10 时，用铬黑 T 作指示剂，用 EDTA 滴定 Pb^{2+}。滴定后的溶液加入甲醛或三氯乙醛作解蔽剂，以破坏 $[Zn(CN)_4]^{2-}$ 配离子，释放出的 Zn^{2+}，再用 EDTA 继续滴定。

4. 预先分离

如果上述方法都不能消除干扰离子的影响，可采用预先分离的方法除去干扰离子。

第五节　配位滴定分析的应用

一、EDTA 标准溶液的配制和标定

常用 EDTA 标准溶液的浓度为 0.01～0.05$mol \cdot L^{-1}$，一般用 EDTA 的二钠盐 $Na_2H_2Y \cdot H_2O$ 配制，其摩尔质量为 372.24$g \cdot mol^{-1}$。由于蒸馏水中常含有杂质（Ca^{2+}、Mg^{2+}、Pb^{2+}、Sn^{2+} 等），所以，EDTA 标准溶液的配制大都采用标定的方法。

标定 EDTA 的基准物质很多，如金属锌、铜、ZnO、$CaCO_3$ 及 $MgSO_4 \cdot 7H_2O$ 等。金属锌的纯度高且稳定，Zn^{2+} 及 ZnY 均无色，既能在 pH＝5～6 时以二甲酚橙为指示剂来标定，又可在 pH＝10 的氨性溶液中以铬黑 T 为指示剂来标定，终点均很敏锐，所以实验室中多采用金属锌为基准物。金属锌的表面有一层氧化物，标定前要用稀 HCl 洗涤 2～3 次，然后用蒸馏水洗净，再用丙酮漂洗 1～2 次，沥干后于 110℃烘 5min 备用。

标定条件尽可能与测定条件一致，若能用待测元素的纯金属或化合物作基准物，可减小系统误差。

EDTA 标准溶液最好贮存在聚乙烯或硬质玻璃瓶中。若在软质玻璃瓶中存放，玻璃瓶的 Ca^{2+} 会被 EDTA 溶解，形成 CaY，从而使 EDTA 的浓度不断降低。较长时间保存的 EDTA 标准溶液，使用前应再行标定。

二、应用实例

1. 配位滴定分析结果的计算

由于 EDTA 通常与各种价态的金属离子以 1∶1 配位，因此分析结果的计算比较简单。

$$M + Y \rightleftharpoons MY$$

$$n(M) = n(Y) = c(Y)V(Y) \qquad w(M) = \frac{c(Y)V(Y)M(M)}{m_s}$$

式中，$n(M)$ 为金属离子（M）的物质的量，mol；$n(Y)$ 为 EDTA（以 Y 表示）的物质的量，mol；$c(Y)$ 为 EDTA 标准溶液的浓度，$mol \cdot L^{-1}$；$V(Y)$ 为滴定所消耗 EDTA 的体积，L；$M(M)$ 为金属离子（M）的摩尔质量，$g \cdot mol^{-1}$；m_s 为试样的质量，g。

2. 配位滴定方式及其实例

在配位滴定中，采用不同的滴定方式，不仅可以扩大配位滴定的应用范围，而且可以提高配位滴定的选择性。

（1）直接滴定

直接滴定是配位滴定中的基本滴定方式，这种方式是将试样处理成溶液后，调至所需要的酸度，加入必要的其他试剂和指示剂，直接用 EDTA 滴定，一般情况下引入误差较少，所以，在可能的情况下尽量采用直接滴定法。

实例：水的总硬度测定。

测定水的总硬度，就是测定水中 Ca^{2+}、Mg^{2+} 的总量，然后换算为相应的硬度单位。我国规定每升水含 10mg CaO 为 1 度。

取水样 V_s(mL)，加 NH_3-NH_4Cl 缓冲液，调节溶液的 pH=10，以铬黑 T 为指示剂，用 EDTA 滴定至溶液由酒红色变为纯蓝色即为终点。记下 EDTA 消耗的体积，计算水的总硬度。

$$总硬度(度)=\frac{c(Y)V(Y)M(CaO)}{10V_{水}}\times 1000$$

水中 Fe^{3+}、Al^{3+}、Cu^{2+}、Pb^{2+}、Mn^{2+} 等量较大时，对测定有干扰。应加掩蔽剂，Fe^{3+}、Al^{3+} 用三乙醇胺，Cu^{2+}、Pb^{2+} 等可用 KCN 或 Na_2S 等掩蔽。

(2) 返滴定

在配位滴定中，有些待测离子虽然能与 EDTA 形成稳定的配合物，但缺少合适的指示剂。或有些待测离子与 EDTA 配位的速率很慢，本身又易水解，此时一般采用返滴定。即先加入过量的 EDTA 标准溶液，使待测离子完全反应后，再用其他金属离子标准溶液返滴定过量的 EDTA。

实例：铝盐的测定。

由于 Al^{3+} 与 EDTA 的配位速率较慢，对二甲酚橙指示剂有封闭作用，还会与 OH^- 形成多羟基配合物，因此，常采用返滴定法测定。现以胃药中铝含量的测定为例，其中氢氧化铝含量以 Al_2O_3 计。

称取试样 m_s(g)，加入适量 1∶1 HCl，加热煮沸使其溶解，冷至室温，过滤，滤液定容于 250mL 容量瓶中。移取 25.00mL 试液，加氨水至恰好析出白色沉淀，再加稀 HCl 至沉淀刚好溶解。加 HAc-NaAc 缓冲液调至 pH=5，加入已知过量的 EDTA 标准溶液 V_1(mL)，煮沸，冷至室温，加二甲酚橙指示剂，以锌标准溶液滴定至溶液由黄色变为淡紫红色，记下消耗的锌标准溶液体积 V_2mL。

$$w(Al_2O_3)=\frac{[c(Y)V_1-c(Zn^{2+})V_2]M(Al_2O_3)\times 10^{-3}\times\frac{1}{2}}{m_S\times\frac{25.00}{250.00}}$$

(3) 置换滴定

置换滴定有两类：①利用置换反应，置换出相应数量的金属离子，然后用 EDTA 标准溶液滴定被置换出的金属离子；②置换出相应数量的 EDTA，然后用金属离子标准溶液滴定被置换出的 EDTA。

实例：Sn^{4+} 的测定。

测定 Sn^{4+} 时，可于试液中加入过量的 EDTA，将可能存在的 Pb^{2+}、Zn^{2+}、Cd^{2+}、Bi^{3+} 等一起与 Y 配位。然后用 Zn^{2+} 标准溶液滴定，除去过量的 Y，滴定完成后，加入 NH_4F 选择性地将 SnY 中的 EDTA 释放出来，再用 Zn^{2+} 标准溶液滴定释放出来的 EDTA，即可求得 Sn^{4+} 的含量。

(4) 间接滴定

有些金属离子和非金属离子不能与 EDTA 配位或生成的配合物不稳定。可采用间接滴定。

实例：钠盐的测定。

先将 Na^+ 沉淀为醋酸铀酰锌钠 $[NaAc\cdot Zn(Ac)_2\cdot 3UO_2(Ac)_2\cdot 9H_2O]$，分离出沉淀，洗净并将其溶解，然后用 EDTA 滴定 Zn^{2+}，从而求出试样中 Na^+ 的含量。

间接滴定步骤较繁，引入误差的机会也较多，不是一种理想的方法。

本章小结

1. 配合物的定义、命名和组成。

2. 配合物价键理论的要点。

3. 配位平衡常数的有关概念和计算：标准稳定常数 $K_f^{\ominus}$；标准逐级稳定常数 $K_{fn}^{\ominus}$；标准累积稳定常数 $\beta_n^{\ominus}$。$\beta_n^{\ominus}=K_1^{\ominus}K_2^{\ominus}\cdots K_n^{\ominus}$

4. EDTA 及其配合物的特点。

5. 副反应和副反应系数的有关概念和计算：$\alpha_M=\dfrac{c_{eq}(M')}{c_{eq}(M)}$　　$\alpha_Y=\dfrac{c_{eq}(Y')}{c_{eq}(Y)}$

$$\alpha_{M(L)}=1+\beta_1 c_{eq}(L)+\beta_2 c_{eq}^2(L)+\cdots+\beta_n c_{eq}^n(L)$$

6. 条件稳定常数 $K_f^{\ominus}{}'(MY)$ 与标准稳定常数 $K_f^{\ominus}$、酸效应系数 $\alpha_{Y(H)}$、配位效应系数 $\alpha_{M(L)}$ 的关系：

$$\lg K_f^{\ominus}{}'(MY)=\lg K_f^{\ominus}(MY)-\lg\alpha_{M(L)}-\lg\alpha_{Y(H)}$$

7. 配位滴定基本知识：配位滴定曲线；影响配位滴定曲线突跃大小的因素［$K_f^{\ominus}{}'(MY)$ 和 $c(M)$］、单一金属离子直接准确滴定的条件［$\lg c(M)K_f^{\ominus}{}'(MY)\geqslant 6$］及配位滴定的适宜酸度范围。

8. 金属指示剂的作用原理、金属指示剂的选择依据，常用的铬黑 T 和钙指示剂的使用。

9. 干扰离子的判断条件，控制溶液的酸度排除干扰离子和利用掩蔽法、解蔽法提高选择性的方法。

10. EDTA 标准溶液的配制与标定以及配位滴定法的应用。

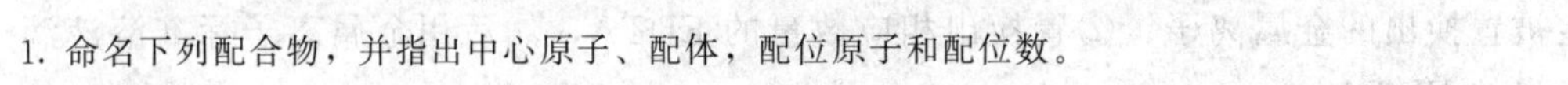

思考题与习题

1. 命名下列配合物，并指出中心原子、配体，配位原子和配位数。

(1) $[CoCl_2(H_2O)_4]Cl$　(2) $[PtCl_4(en)]$　(3) $K_4[Ni(CN)_4]$

(4) $[Cr(H_2O)_2(NH_3)_4]_2(SO_4)_3$　(5) $K_3[Fe(C_2O_4)_3]$　(6) $K[Pt(NH_3)Cl_5]$

(7) $[Co(NH_3)_5Cl]Cl_2$　(8) $[Co(NH_3)_6]Cl_3$　(9) $K_2[Pt(NH_3)_2(OH)_2Cl_2]$

2. 写出下列配合物（配离子）的化学式。

(1) 硫酸四氨合铜(Ⅱ)　(2) 四硫氰・二氨合铬(Ⅲ) 酸铵

(3) 二羟基・四水合铝(Ⅲ) 离子　(4) 三氯・三硝基合钴(Ⅲ) 酸钠

(5) 硫酸 氯・氨・二（乙二胺）合钴(Ⅲ)　(6) 氢氧化 水・乙二胺・草酸合铬(Ⅰ)

3. 根据配合物价键理论指出下列配离子中心原子的杂化轨道类型和配离子的空间结构。

(1) $[Cd(NH_3)_4]^{2+}$　(2) $[PtCl_4]^{2-}$　(3) $[Mn(CN)_6]^{4-}$

(4) $[CoF_6]^{2-}$　(5) $[Ag(CN)_2]^-$

4. 已知 $[Ag(CN)_4]^{3-}$ 的累积稳定常数 $\beta_2^{\ominus}=3.5\times10^7$，$\beta_3^{\ominus}=1.4\times10^9$，$\beta_4^{\ominus}=1.0\times10^{10}$，试求配合物的逐级稳定常数 $K_3^{\ominus}$ 和 $K_4^{\ominus}$。

5. 欲将 14.3mg AgCl 溶于 1.0mL 氨水中，问此氨水溶液的原始浓度至少应为多少？

6. 在 1.0mL 0.040mol·L^{-1} $AgNO_3$ 溶液中，加入 1.0mL 2.0mol·L^{-1}氨水溶液，计算在平衡后溶液中的 Ag^+ 浓度是多少？（已知 $\beta_2^{\ominus}[Ag(NH_3)_2]^+ = 1.62\times10^7$）

7. 计算 pH＝5.0 时，Mg^{2+} 与 EDTA 形成的配合物的条件稳定常数是多少？此时，Mg^{2+} 能否用 EDTA 准确滴定？当 pH＝10.0 时，情况如何？

8. 试求以 EDTA 标准溶液滴定浓度为 0.01mol·L^{-1}的 Fe^{3+} 溶液时，允许的 pH 范围是多少？

9. 取水样 100.0mL，控制溶液 pH 为 10.0，以铬黑 T 为指示剂，用 0.01000mol·L^{-1} EDTA 滴定至终点，共用去 21.56mL。求水的总硬度（用 CaO mg·L^{-1}表示）。

10. 用配位滴定法测定 $ZnCl_2$ 的含量。称取 0.2500g 试样，溶于水后，稀释至 250.0mL，吸取 25.00mL，在 pH＝5～6 时，用二甲酚橙作指示剂，用 0.01024mol·L^{-1}EDTA 标准溶液滴定，用去 17.16mL。计算试样中 $ZnCl_2$ 的质量分数。

11. 称取 0.1005g 纯 $CaCO_3$ 溶解后，用容量瓶配成 100.0mL 溶液。吸取 25.00mL，在 pH＞12 时，用钙指示剂指示终点，用 EDTA 标准溶液滴定，用去 24.90mL。试计算：EDTA 溶液的浓度。

12. 称取 1.0320g 氧化铝试样，溶解后，移入 250.0mL 容量瓶，稀释至刻度。吸取 25.00mL，加入 $T_{Al_2O_3/EDTA}$＝1.505mg·L^{-1}的 EDTA 标准溶液 10.00mL。以二甲酚橙为指示剂，用 $ZnAc_2$ 标准溶液进行返滴定至红紫色终点，消耗 $Zn(Ac)_2$ 标准溶液 12.20mL。已知 1mL $Zn(Ac)_2$ 溶液相当于 0.6812mLEDTA 溶液，求试样中 Al_2O_3 的质量分数。

13. 分析含铜、锌、镁混合试样时，称取 0.5000g 试样，溶解后配成 100.0mL 试液。吸取 25.00mL，调至 pH＝6，用 PAN 作指示剂，用 0.05000mol·L^{-1} EDTA 标准溶液滴定铜和锌，用去 37.30mL。另外，又吸取 25.00mL 试液，调至 pH＝10，加 KCN，以掩蔽铜和锌。用同浓度 EDTA 溶液滴定镁，用去 4.10mL。然后再滴加甲醛以解蔽锌，又用同浓度的 EDTA 溶液滴定，用去 13.40mL。计算试样中含铜、锌、镁的质量分数。

第七章 氧化还原平衡和氧化还原滴定分析

化学反应可分为两大类：一类是在化学反应过程中，反应物之间没有电子转移的非氧化还原反应，如酸碱反应、沉淀反应和配位反应等都是非氧化还原反应；另一类是在化学反应过程中，反应物之间有电子转移，这一类反应是本章要着重讨论的氧化还原反应。

氧化还原反应的范围极广。自然界的一些重要过程和以转换能量为目的而进行的所有化学反应，如生物的呼吸、食物的新陈代谢、植物的光合作用、燃料的燃烧、电池产生电流等都涉及氧化还原反应。此外，金属的冶炼、电解、金属的腐蚀与防腐等过程也与氧化还原反应有关。氧化还原滴定法是以氧化还原反应为基础的滴定分析方法，能直接或间接测定很多无机物和有机物，应用范围广。

第一节 氧化还原反应的基本概念

一、氧化值

氧化值是指某元素一个原子的表观电荷数，这个电荷数是假设把每一个化学键中的电子指定给电负性更大的原子而求得的。例如，在 NaCl 中，氯元素的电负性比钠元素大，因而 Na 的氧化值为+1，Cl 的氧化值为−1；又例如在 NH_3 分子中，三对成键的电子都归电负性大的氮原子所有，则 N 的氧化值为−3，H 的氧化值为+1。确定氧化值的一般规则如下。

① 在单质中，元素的氧化数值为零，如 H_2、N_2、O_2 中 H、N、O 的氧化值为 0。

② 在化合物中，所有元素原子的氧化值的代数和等于 0。

如 As_2S_3　　　　$2\times(+3)+3\times(-2)=0$

③ 在简单离子中，元素的氧化值等于该元素离子的电荷数；在复杂离子中，所有元素原子的氧化值的代数和等于该离子的电荷。

如 NO_3^-　　　　$1\times(+5)+3\times(-2)=-1$

④ 氧在化合物中的氧化值一般为−2；在过氧化物（如 H_2O_2、Na_2O_2 等）中为−1；在超氧化物（如 KO_2）中为$-\frac{1}{2}$；在 OF_2 中为+2。氢在化合物中的氧化值一般为+1，仅在与活泼金属生成的离子型氢化物（如 NaH、CaH_2）中为−1。

根据这些规则，就可以确定化合物中其他原子的氧化值。

【例 7-1】 计算 $Na_2S_2O_3$ 中 S 元素的氧化值。

解 在 $Na_2S_2O_3$ 中，O 元素的氧化值为−2，Na 元素的氧化值为+1。设 S 元素的氧化值为 x，则有：$2\times(+1)+2x+3\times(-2)=0$，解得 $x=+2$。

二、氧化和还原

根据氧化值的概念，在一个反应中，氧化值升高（失电子）的过程称为氧化，氧化值降低（得电子）的过程称为还原，反应中氧化过程和还原过程同时发生。一个完整的氧化还原反应是氧化反应和还原反应这两个半反应组成的。

在氧化还原反应中，若一种反应物的组成元素的氧化值升高，则必有另一种反应物的组成元素的氧化值降低。氧化值升高的物质叫做还原剂，还原剂是使另一种物质还原，本身被氧化。氧化值降低的物质叫作氧化剂，氧化剂是使另一种物质氧化，本身被还原。

$$\underset{\text{（氧化剂）}}{Na\overset{+1}{Cl}O}+\underset{\text{（还原剂）}}{2\overset{+2}{Fe}SO_4}+H_2SO_4 = \underset{\text{（还原产物）}}{Na\overset{-1}{Cl}}+\underset{\text{（氧化产物）}}{\overset{+3}{Fe_2}(SO_4)_3}+H_2O$$

在这个反应中，次氯酸钠是氧化剂，氯元素的氧化值从+1 降低到−1，它本身被还原，使硫酸亚铁氧化。硫酸亚铁是还原剂，铁元素的氧化值从+2 升高到+3，它本身被氧化，使次氯酸钠还原。在这个反应中，硫酸虽然也参加了反应，但氧化值没有改变，通常称硫酸溶液为介质。如果氧化数的升高和降低都发生在同一化合物中，这种氧化还原反应称为自氧化还原反应，如：

$$2K\overset{+5}{Cl}\overset{-2}{O_3}\xrightarrow[\triangle]{MnO_2}2K\overset{-1}{Cl}+3\overset{0}{O_2}$$

如果氧化数的升、降都发生在同一物质中的同一元素上，则这种氧化还原反应称为歧化反应，例如：

$$4K\overset{+5}{Cl}O_3\xrightarrow{\triangle}3K\overset{+7}{Cl}O_4+K\overset{-1}{Cl}$$

三、氧化还原电对

Cu^{2+} 与 Cu 分别是铜元素的氧化型（用符号 Ox 或 O 表示）和还原型（用符号 Red 或 R 表示），Cu^{2+} 被还原为 Cu，Cu 也可以被氧化为 Cu^{2+}，Cu^{2+} 与 Cu 的关系为共轭关系，Cu^{2+}/Cu 称为氧化还原电对（简称电对）；Zn^{2+}/Zn、H^+/H_2、Cl_2/Cl^-、Mg^{2+}/Mg 等也都是类似的氧化还原电对。

表示氧化还原电对时，通常氧化型物质在左侧，还原型物质在右侧，中间用斜线“/”隔开，即把电对写成 Ox/Red（或 O/R）。如：Cu^{2+}/Cu、Zn^{2+}/Zn、H^+/H_2。

在氧化还原电对中，氧化型物质的氧化数较高，在反应中做氧化剂；还原型物质氧化数较低，在反应中做还原剂。氧化型物质的氧化能力越强，其共轭还原型物质的还原能力就越弱；氧化型物质的氧化能力越弱，其共轭还原型物质的还原能力就越强。

四、氧化还原反应方程式的配平

氧化还原方程式相比于酸碱反应、沉淀反应、配位反应等的方程式要复杂得多，但要进行氧化还原反应平衡的有关计算，前提是必须先正确地写出有关方程式，包括方程式的配平。配平氧化还原方程式使用较多的有氧化数法和离子电子法。氧化数法较简单，易掌握；而离子电子法则可以更清楚地反映氧化还原反应的实质。本节重点介绍离子电子法。

任何一个氧化还原反应都可以看成是由两个半反应组成，先将两个半反应配平，再合并为总反应的方法称为离子电子配平法。离子电子法适用于水溶液中发生的离子反应方程式的配平。离子电子法的配平原则是氧化剂得电子数和还原剂失电子数相等。具体的配平步骤如下。

① 用离子形式写出基本的反应式。

② 将总反应分为两个半反应，一个氧化剂对应的反应——还原反应，一个还原剂对应的反应——氧化反应。

③ 先将两个半反应两边的原子数配平，再用电子将电荷数配平。

④ 将两个半反应分别乘以适当的系数使反应中得失的电子数相等。

⑤ 两半反应相加即得总反应。

配平过程中，氧、氢原子数的配平往往需要根据反应介质的酸、碱条件去调整。在酸性条件下，可用 H_2O、H^+ 来调整氢、氧原子数。在碱性条件下，可用 H_2O、OH^- 来调整氢、氧的原子数，任何条件下（包括酸性、碱性、中性）不允许反应式中同时出现 H_3O^+ 和 OH^-。具体见表 7-1。

表 7-1 不同介质中调整氧原子的方法

介质	反应物多一个氧原子	反应物少一个氧原子
酸性	$+2H^+ = H_2O$	$+H_2O = 2H^+$
碱性	$+H_2O = 2OH^-$	$+2OH^- = H_2O$
中性	$+H_2O = 2OH^-$	$+H_2O = 2H^+$

【例 7-2】 酸性介质中，$S_2O_8^{2-}$ 能将 Cr^{3+} 氧化为 $Cr_2O_7^{2-}$，自身还原为 SO_4^{2-}，写出配平的离子反应方程式。

解：基本反应

$$S_2O_8^{2-} + Cr^{3+} \longrightarrow Cr_2O_7^{2-} + SO_4^{2-}$$

分为两个半反应：

氧化反应： $Cr^{3+} \longrightarrow Cr_2O_7^{2-}$

还原反应： $S_2O_8^{2-} \longrightarrow SO_4^{2-}$

原子数、电荷配平：

$$2Cr^{3+} + 7H_2O = Cr_2O_7^{2-} + 14H^+ + 6e^-$$

$$S_2O_8^{2-} + 2e^- = 2SO_4^{2-}$$

将两个半反应乘以适当的系数后相加得

$$2Cr^{3+} + 3S_2O_8^{2-} + 7H_2O = Cr_2O_7^{2-} + 6SO_4^{2-} + 14H^+$$

第二节 原电池和电极电势

一、原电池

把一片金属锌插入 $CuSO_4$ 溶液中，可以看到蓝色的 $CuSO_4$ 溶液颜色逐渐变浅，而且在

Zn片上沉积着一层疏松的红色金属铜，这是由于发生了氧化还原反应：

$$Zn+Cu^{2+} = Zn^{2+}+Cu$$

在这个反应中，虽然有电子从Zn片转移到Cu^{2+}上，但是由于Zn片直接和Cu^{2+}接触，因而无电流。若将该反应设计在如图7-1所示的装置中进行，就可以使电子定向移动而产生电流。这种借助于氧化还原反应，把化学能转变成电能的装置称为原电池。

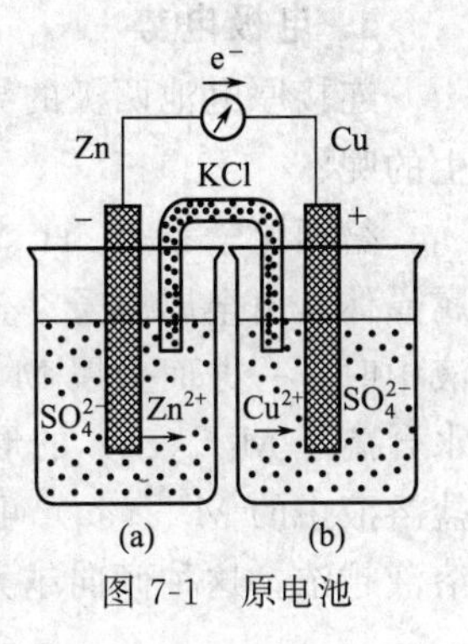

图7-1 原电池

在图7-1的容器(a)中盛有$1.0mol \cdot L^{-1}$的$ZnSO_4$溶液，并插入一块锌片；容器(b)中盛有$1.0mol \cdot L^{-1}$的$CuSO_4$溶液，插入一块铜片。两金属片间用导线串联一个灵敏检流计。当用由饱和KCl溶液和琼脂制成的倒置U形管作为盐桥将两容器中的溶液联通时，可以观察到：①检流计指针发生偏转（从Zn片指向Cu片）；②在铜片上有金属铜沉积，而锌片逐渐被溶解；③取出盐桥，检流计指针回至零点；放入盐桥，指针又发生偏转。

电路接通，检流计指针发生偏转，说明电路中有电流通过。这是由于Zn比Cu活泼，Zn在原电池中是电子的流出极，为负极，放出电子成为Zn^{2+}，在负极发生了氧化反应；Cu是电子的流入极，为正极，溶液中的Cu^{2+}在铜电极上得到电子而析出金属铜，在正极发生了还原反应。即：

负极（Zn） $Zn-2e^{-} = Zn^{2+}$ 氧化反应

正极（Cu） $Cu^{2+}+2e^{-} = Cu$ 还原反应

由于发生了以上反应，因而可以观察到铜片上有金属铜沉积，锌片逐渐溶解。原电池中的电极反应是分别在两个半电池中进行的，这种在半电池中进行的反应称为半反应。将两个半反应合并所得到的总反应，为电池反应。即：

$$Zn+Cu^{2+} = Zn^{2+}+Cu$$

原电池装置可以用符号表示，规定如下。

① 半电池中，两相间界面以“|”表示，同相的不同物种用“,”隔开。

② 两半电池之间的盐桥或隔膜，用“‖”表示。

③ 负极写在左边，正极写在右边，分别用符号（−）和（+）表示。

④ 溶液要注明活度或浓度，气体要注明分压。如不注明则为标准状态。规定：所有的离子浓度都为$1mol \cdot L^{-1}$，气体压力为100kPa，固体、液体为纯物质，此时的状态称为标准状态。

例如用原电池符号表示Cu-Zn原电池：$(-)Zn|Zn^{2+}(c_1)||Cu^{2+}(c_2)|Cu(+)$

⑤ 若组成半电池的氧化还原电对没有导电的电极，需借助一根惰性电极起导电作用，但要标明电极材料。有时介质对原电池反应的方向有影响，则在原电池符号中应标明。

【例7-3】 将氧化还原反应：$2MnO_4^{-}+10Cl^{-}+16H^{+} = 2Mn^{2+}+5Cl_2+8H_2O$设计成原电池，并写出该原电池的符号。

解： 先将氧化还原反应分为两个半反应，即

氧化反应： $2Cl^{-} \longrightarrow Cl_2+2e^{-}$

还原反应： $MnO_4^{-}+8H^{+}+5e^{-} \longrightarrow Mn^{2+}+4H_2O$

原电池的正极发生还原反应，负极发生氧化反应。因此组成原电池时，电对MnO_4^{-}/Mn^{2+}为正极，电对Cl_2/Cl^{-}为负极。故原电池符号为

$$(-)Pt|Cl^{-}(c_1)|Cl_2(p) \parallel H^{+}(c_2),MnO_4^{-}(c_3),Mn^{2+}(c_4)|Pt(+)$$

二、电极电势和标准电极电势

1. 电极电势

连接原电池两极的导线有电流通过，说明两电极之间有电势差存在。这电势差是怎样产生的呢？

德国化学家 W. H. Nernst 在 1889 年提出的“双电层理论”对电极电势给予了解释：金属晶体是由金属原子、金属离子和一定数量的自由电子组成。当把金属 M 棒放入它的盐溶液中时，一方面金属 M 表面构成晶格的金属原子和极性大的水分子互相吸引，失去电子以水合离子 M^{n+}(aq) 的形式进入溶液，金属越活泼，溶液越稀，这种倾向越大；另一方面，盐溶液中的 M^{n+}(aq) 可以从金属 M 表面获得电子而沉积在金属表面上，金属越不活泼，溶液越浓，这种倾向越大。这两种对立着的倾向在某种条件下达到暂时的平衡：

$$M \rightleftharpoons M^{n+}(aq) + ne^-$$

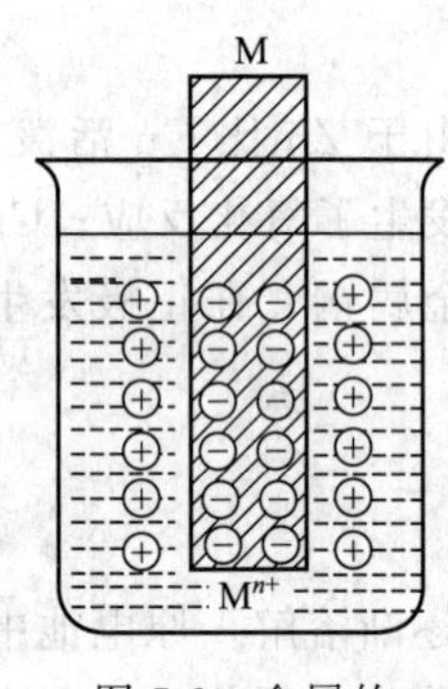

图 7-2　金属的电极电势

在某一给定浓度的溶液中，若失去电子的倾向大于获得电子的倾向，达到平衡时的最后结果将是金属离子 M^{n+} 进入溶液，使金属棒上带负电，靠近金属棒附近的溶液带正电，即在极板表面上形成“双电层”，如图 7-2 所示。这时在金属和盐溶液之间产生电位差，这种产生在金属和它的盐溶液之间的电势叫做金属的电极电势。

根据这个理论，可以很好地解释 Cu-Zn 原电池中检流计偏向的现象：因为 Zn 比 Cu 活泼，故 Zn 电极比 Cu 电极上的电子密度大（上述平衡更偏向右方），即 Zn^{2+}/Zn 电对的电极电势比 Cu^{2+}/Cu 低，所以电子从 Zn 极流向 Cu 极。

影响电极电势的因素很多，如电极的本性、金属离子的浓度、温度、介质等。当外界条件一定时，电极电势的高低就取决于电极的本性。对于金属电极，则取决于金属的活泼性大小。

电极电势是表示氧化还原电对所对应的氧化型物质或还原型物质得失电子能力（即氧化还原能力）相对大小的一个物理量。电极电势代数值越小，电对所对应的还原型物质还原能力越强，氧化型物质氧化能力越弱；电极电势代数值越大，电对所对应的还原型物质还原能力越弱，氧化型物质氧化能力越强。

2. 标准电极电势

(1) 标准氢电极

事实上，电极电势的绝对值目前尚无法测定，只能选定某一电对的电极电势作为参比标准，将其他电对的电极电势与它比较而求出各电对平衡电势的相对值。通常选作标准的是标准氢电极，如图 7-3 所示，其电极可表示为：

$$Pt|H_2(101.325kPa)|H^+(1mol \cdot L^{-1})$$

标准氢电极是将铂片镀上一层蓬松的铂黑，并把它浸入 H^+ 浓度为 $1mol \cdot L^{-1}$ 的稀盐酸溶液中，在 298.15K 时不断通入压力为 101.325kPa 的纯氢气，铂片在标准氢电极中只是作为电子的导体和氢气的载体，并未参加反应。H_2 电极与溶液中的 H^+ 建立了如下平衡：

$$H_2(g) \rightleftharpoons 2H^+(aq) + 2e^-$$

在标准氢电极和具有上述浓度的 H^+ 之间的电极电势称为标准氢电极的电极电势，人们规定它为零，即 $\varphi^{\ominus}_{H^+/H_2} = 0.0000V$。用标准氢电极与其他电极组成原电池，通过测定该原电池的电动势就可以计算各种电极的电极电势。

(2) 标准电极电势

如果参加电极反应的物质均处于标准态，这时的电极称为标准电极，对应的电极电势称为标准电极电势。用$\varphi^{\ominus}$表示，SI 单位为 V，通常测定时的温度为 298.15K。所谓标准态是指组成电极的离子浓度为 $1\text{mol}\cdot\text{L}^{-1}$，气体的分压为 101.325kPa，液体或固体都是纯净物质，温度可以任意指定，但通常为 298.15K。如果原电池的两个电极均为标准电极，这时的电池称为标准电池，对应的电动势称为标准电池电动势，用 $E^{\ominus}$ 表示：

$$E^{\ominus}=\varphi_{+}^{\ominus}-\varphi_{-}^{\ominus} \quad (7\text{-}1)$$

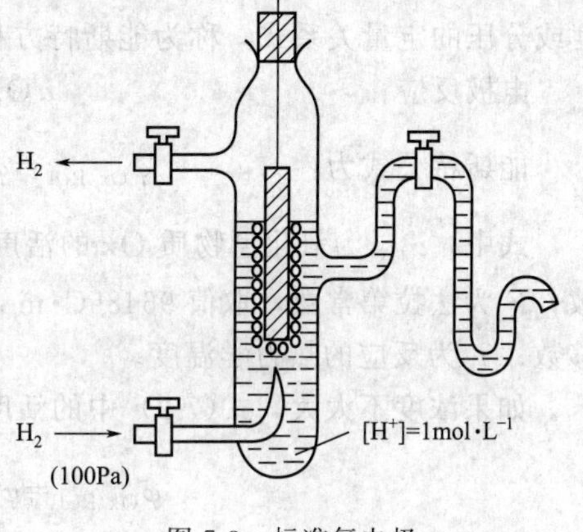

图 7-3　标准氢电极

(3) 标准电极电势的测定

将待测电极与标准氢电极组成原电池，用检流计确定电池的正负极，用电位计测得电池的电动势，即可求出待测电极的标准电极电势。

例如，测定 298K 时锌电极的标准电极电势$\varphi^{\ominus}_{Zn^{2+}/Zn}$：将标准锌电极与标准氢电极组成原电池。实验测得，锌为负极，电池的标准电动势 $E^{\ominus}=+0.76\text{V}$。

电池符号为：

$$(-)\text{Zn(s)}\,|\,\text{Zn}^{2+}(1\text{mol}\cdot\text{L}^{-1})\,\|\,\text{H}^{+}(1\text{mol}\cdot\text{L}^{-1})\,|\,\text{H}_2(101.325\text{kPa})\,|\,\text{Pt}(+)$$

$$E^{\ominus}=\varphi^{\ominus}_{H^+/H_2}-\varphi^{\ominus}_{Zn^{2+}/Zn}$$

$$\varphi^{\ominus}_{Zn^{2+}/Zn}=\varphi^{\ominus}_{H^+/H_2}-E^{\ominus}=0.00\text{V}-0.76\text{V}=-0.76\text{V}$$

用相同的方法测得下面电池 (298K)：

$$(-)\text{Pt}\,|\,\text{H}_2(101.325\text{kPa})\,|\,\text{H}^{+}(1\text{mol}\cdot\text{L}^{-1})\,\|\,\text{Ag}^{+}(1\text{mol}\cdot\text{L}^{-1})\,|\,\text{Ag(s)}(+)$$

$$E^{\ominus}=+0.799\text{V}$$

$$E^{\ominus}=\varphi^{\ominus}_{Ag^+/Ag}-\varphi^{\ominus}_{H^+/H_2},\ \varphi^{\ominus}_{Ag^+/Ag}=0.799\text{V}$$

在实际工作中，通常用待测电极与饱和甘汞电极组成原电池来进行测量。其他电极的标准电极电势可用类似的方法得到。附录十四给出了一些电极的标准电极电势。该表为 298.15K 时的标准电极电势，所以室温下一般均适用。但电极电势随温度和浓度等条件的变化而变化，因此该表不能用于非标准状态下，也不能用于非水溶液或熔融盐。表中$\varphi^{\ominus}$值只是反映了物质得失电子的倾向，与物质的量无关。因此，电极反应式乘以任何数时，$\varphi^{\ominus}$值不变。另外，电对的氧化态和还原态不会因电极反应进行的方向改变而改变，因此，将电极反应颠倒过来写，$\varphi^{\ominus}$值也不变。例如：

$$Cu^{2+}+2e^{-} \rightleftharpoons Cu \qquad \varphi^{\ominus}=+0.337\text{V}$$

$$2Cu^{2+}+4e^{-} \rightleftharpoons 2Cu \qquad \varphi^{\ominus}=+0.337\text{V}$$

$$Cu \rightleftharpoons Cu^{2+}+2e^{-} \qquad \varphi^{\ominus}=+0.337\text{V}$$

3. 能斯特方程

标准电极电势是在标准态及温度通常为 298.15K 时测得的。但化学反应往往是在非标准态下进行的，当浓度和温度改变时，电极电势也随之改变。影响电极电势的因素主要有：电极的本性、氧化态和还原态物质的浓度（或分压）以及温度等。

德国科学家能斯特（Nernst H W）从理论上推导出电极电势与反应温度、反应物的活度或分压的定量关系式，称为能斯特方程（Nernst 方程）。

电极反应：
$$a\mathrm{Ox}+n\mathrm{e} \rightleftharpoons b\mathrm{Red}$$

能斯特公式为：
$$\varphi_{\mathrm{Ox/Red}}=\varphi^{\ominus}_{\mathrm{Ox/Red}}+\frac{RT}{nF}\ln\frac{a^{a}(\mathrm{Ox})}{a^{b}(\mathrm{Red})} \tag{7-2}$$

式中，a_{Ox} 为氧化型物质 Ox 的活度；a_{Red} 为还原型物质 Red 的活度；R 为摩尔气体常数；F 为法拉第常数，取值 $96485\mathrm{C \cdot mol^{-1}}$ 或 $96485\mathrm{J \cdot V^{-1} \cdot mol^{-1}}$；$n$ 为电极反应的电子转移数；T 为反应的热力学温度。

如果浓度不太大，式(7-2) 中的活度常用浓度代替，即：
$$\varphi_{\mathrm{Ox/Red}}=\varphi^{\ominus}_{\mathrm{Ox/Red}}+\frac{RT}{nF}\ln\frac{c^{a}_{\mathrm{eq}}(\mathrm{Ox})}{c^{b}_{\mathrm{eq}}(\mathrm{Red})} \tag{7-3}$$

氧化还原反应一般在常温下进行，如反应不特别指明温度，通常指反应是在 298K 下进行的。在 298K 时，式(7-2) 和式(7-3) 可改写为
$$\varphi_{\mathrm{Ox/Red}}=\varphi^{\ominus}_{\mathrm{Ox/Red}}+\frac{0.0592\mathrm{V}}{n}\lg\frac{a^{a}(\mathrm{Ox})}{a^{b}(\mathrm{Red})} \tag{7-4}$$
$$\varphi_{\mathrm{Ox/Red}}=\varphi^{\ominus}_{\mathrm{Ox/Red}}+\frac{0.0592\mathrm{V}}{n}\lg\frac{c^{a}_{\mathrm{eq}}(\mathrm{Ox})}{c^{b}_{\mathrm{eq}}(\mathrm{Red})} \tag{7-5}$$

使用能斯特公式时，应注意以下问题。

① 电极反应中的纯固体、纯液体以及稀溶液中的溶剂，它们的浓度值（严格地说应为活度）可以取 1。

② 电极反应中的气体物质，能斯特公式中的浓度值用相对分压表示。

③ 电极反应中，若除了 Ox、Red 物质外，还有其他物质，如 H^{+}、OH^{-} 等，也必须根据反应式将这些物质代入能斯特公式。

例如：

$Cu^{2+}+2e^{-} = Cu$ 的能斯特公式为
$$\varphi_{\mathrm{Cu^{2+}/Cu}}=\varphi^{\ominus}_{\mathrm{Cu^{2+}/Cu}}+\frac{0.0592\mathrm{V}}{2}\lg c_{\mathrm{eq}}(\mathrm{Cu^{2+}})$$

$Br_2(l)+2e^{-} = 2Br^{-}$ 的能斯特公式为
$$\varphi_{\mathrm{Br_2/Br^-}}=\varphi^{\ominus}_{\mathrm{Br_2/Br^-}}+\frac{0.0592\mathrm{V}}{2}\lg\frac{1}{c^{2}_{\mathrm{eq}}(\mathrm{Br^-})}$$

$Cr_2O_7^{2-}+14H^{+}+6e^{-} = 2Cr^{3+}+7H_2O$ 的能斯特公式为
$$\varphi_{\mathrm{Cr_2O_7^{2-}/Cr^{3+}}}=\varphi^{\ominus}_{\mathrm{Cr_2O_7^{2-}/Cr^{3+}}}+\frac{0.0592\mathrm{V}}{6}\lg\frac{c_{\mathrm{eq}}(\mathrm{Cr_2O_7^{2-}})c^{14}_{\mathrm{eq}}(\mathrm{H^+})}{c^{2}_{\mathrm{eq}}(\mathrm{Cr^{3+}})}$$

$2H^{+}+2e^{-} \rightleftharpoons H_2$ 的能斯特公式为
$$\varphi_{\mathrm{H^+/H_2}}=\varphi^{\ominus}_{\mathrm{H^+/H_2}}+\frac{0.0592\mathrm{V}}{2}\lg\frac{c^{2}_{\mathrm{eq}}(\mathrm{H^+})}{\frac{p(\mathrm{H_2})}{p^{\ominus}}}$$

能斯特公式适用于电极反应和电池反应，将电池反应的两个半反应的能斯特公式合并即得电池反应的能斯特方程：
$$E=E^{\ominus}-\frac{RT}{nF}\ln Q \tag{7-6}$$

在 298K 时，

$$E=E^{\ominus}-\frac{0.0592\text{V}}{n}\lg Q \tag{7-7}$$

式中，Q 为活度商，详见式(2-32)。

三、原电池的电动势与自由能变化的关系

在等温等压过程中，体系吉布斯自由能的减少，等于体系所做的最大有用功（非膨胀功）。在电池反应中，如果非膨胀功只有电功，那么反应过程中吉布斯自由能的降低就等于电池所做的电功，即

$$\Delta_r G_m=-W(\text{电池电功})$$

电池电功

$$W=EQ=nFE$$

则

$$\Delta_r G_m=-nFE \tag{7-8}$$

若电池中所有物质都处于标准状态，电池的电动势就是标准电动势 $E^{\ominus}$。这时的 $\Delta_r G_m$ 就是标准吉布斯自由能变化 $\Delta_r G_m^{\ominus}$，则上式可写为：

$$\Delta_r G_m^{\ominus}=-nFE^{\ominus} \tag{7-9}$$

式中，F 的单位为 C·mol^{-1} 或 $\text{J·V}^{-1}\text{·mol}^{-1}$；$E^{\ominus}$ 的单位为 V；n 为氧化还原反应中得失电子数。

这个关系式把热力学和电化学联系起来。根据原电池的电动势 $E^{\ominus}$，可求出该电池的最大电功及反应的吉布斯自由能变化 $\Delta_r G_m^{\ominus}$；反之，已知反应的吉布斯自由能变化 $\Delta_r G_m^{\ominus}$ 的数据，就可求出该反应所构成原电池的电动势 $E^{\ominus}$。另外，由 $\Delta_r G_m^{\ominus}$（或 $E^{\ominus}$）还可判断氧化还原反应进行的方向和限度。

【例 7-4】 若把下列反应设计成电池，求电池的电动势 $E^{\ominus}$ 及反应的 $\Delta_r G_m^{\ominus}$。

$$Cr_2O_7^{2-}+6Cl^-+14H^+ \xlongequal{} 2Cr^{3+}+3Cl_2+7H_2O$$

解： 正极的电极反应 $Cr_2O_7^{2-}+14H^++6e^- \longrightarrow 2Cr^{3+}+7H_2O$　　$\varphi_+^{\ominus}=1.330\text{V}$

负极的电极反应　　$Cl_2+2e^- \longrightarrow 2Cl^-$　　$\varphi_-^{\ominus}=1.358\text{V}$

$$E^{\ominus}=\varphi_+^{\ominus}-\varphi_-^{\ominus}=1.330\text{V}-1.358\text{V}=-0.028\text{V}$$

$$\Delta_r G_m^{\ominus}=-nFE^{\ominus}=-6\times 96500\text{J·mol}^{-1}\text{·V}^{-1}\times(-0.028\text{V})=1.6\times 10^4\text{J·mol}^{-1}$$

四、条件电极电势

1. 条件电极电势

对于电极反应

$$a\text{Ox}+ne^- \rightleftharpoons b\text{Red}$$

298K 时，其电极电势 φ 可通过 Nernst 方程(7-4）求得。在氧化还原反应中，常常由于副反应的存在，改变了 Ox 和 Red 的活度，从而改变了 $\varphi_{\text{Ox/Red}}$ 值。那么有副反应发生时，计算电极电势的公式是什么呢？经过推导，可得到式(7-10)：

298K 时

$$\varphi_{\text{Ox/Red}}=\varphi_{\text{Ox/Red}}^{\ominus\prime}+\frac{0.0592\text{V}}{n}\lg\frac{c^a(\text{Ox})}{c^b(\text{Red})} \tag{7-10}$$

式中，$\varphi_{\text{Ox/Red}}^{\ominus\prime}$ 称为条件电极电势，在一定条件下为一常数。其物理意义为：当氧化态和还原态的分析浓度 [$c(\text{Ox})$ 和 $c(\text{Red})$] 均为 1mol·L^{-1}时，或 $\frac{c^a(\text{Ox})}{c^b(\text{Red})}=1$ 时溶液的实际电极电势。$\varphi^{\ominus\prime}$与$\varphi^{\ominus}$的关系为：

$$\varphi^{\ominus\prime}_{Ox/Red}=\varphi^{\ominus}_{Ox/Red}+\frac{0.0592V}{n}\lg\frac{\gamma^{a}_{Ox}\alpha^{b}_{Red}}{\gamma^{b}_{Red}\alpha^{a}_{Ox}} \tag{7-11}$$

式中，γ_{Ox} 为氧化态的活度系数；γ_{Red} 为还原态的活度系数；α_{Ox} 为氧化态的副反应系数；α_{Red} 为还原态的副反应系数。

条件电极电势是校正了各种外界因素后得到的实际电极电位，其大小反映了该电对在该条件下的实际氧化还原能力，引入条件电极电势来处理问题更符合实际情况。在处理氧化还原平衡问题时，应使用给定条件下的条件电极电势，目前$\varphi^{\ominus\prime}$的数据还不全，当查找不到指定条件下的$\varphi^{\ominus\prime}$时，可采用相近条件下的$\varphi^{\ominus\prime}$，若无相近条件下的$\varphi^{\ominus\prime}$，以$\varphi^{\ominus}$来代替$\varphi^{\ominus\prime}$作近似计算。

2. 影响条件电极电势的因素

(1) 离子强度的影响

由$\varphi^{\ominus\prime}_{Ox/Red}=\varphi^{\ominus}_{Ox/Red}+\frac{0.0592V}{n}\lg\frac{\gamma^{a}_{Ox}\alpha^{b}_{Red}}{\gamma^{b}_{Red}\alpha^{a}_{Ox}}$可知，活度系数 γ 将影响$\varphi^{\ominus\prime}$，即离子强度不同时，$\varphi^{\ominus\prime}$不同。如：$[Fe(CN)_6]^{3-}/[Fe(CN)_6]^{4-}$电对，不同离子强度的$\varphi^{\ominus\prime}$见表 7-2 ($\varphi^{\ominus}_{[Fe(CN)_6]^{3-}/[Fe(CN)_6]^{4-}}=0.358V$)。

表 7-2　不同离子强度下，$[Fe(CN)_6]^{3-}/[Fe(CN)_6]^{4-}$电对的$\varphi^{\ominus\prime}$

离子强度 I	0.00064	0.0016	0.0128	0.112	0.32	1.6
$\varphi^{\ominus\prime}$/V	0.3619	0.3664	0.814	0.4094	0.4276	0.4586

由表 7-2 可知，离子强度 I 愈大，$\varphi^{\ominus\prime}$与$\varphi^{\ominus}$的差值愈大；在极稀溶液中，离子强度较小，$\varphi^{\ominus\prime}$与$\varphi^{\ominus}$相近。各种副反应对条件电极电势的影响远比离子强度的影响大，且离子强度的影响又难以校正，因此一般可忽略离子强度的影响，在不考虑副反应时，可用$\varphi^{\ominus}$代替$\varphi^{\ominus\prime}$作近似计算。

(2) 副反应的影响

由$\varphi^{\ominus\prime}_{Ox/Red}=\varphi^{\ominus}_{Ox/Red}+\frac{0.0592V}{n}\lg\frac{\gamma^{a}_{Ox}\alpha^{b}_{Red}}{\gamma^{b}_{Red}\alpha^{a}_{Ox}}$可知，副反应系数 α 的大小将影响$\varphi^{\ominus\prime}$。

① 沉淀的生成　在氧化还原反应中，若氧化态生成沉淀将使电对的电极电势降低；还原态生成沉淀将使电对的电极电势升高。

如反应：$2Cu^{2+}+4I^{-}=2CuI\downarrow+I_2$，已知$\varphi^{\ominus}_{Cu^{2+}/Cu^{+}}=0.17V$，$\varphi^{\ominus}_{I_2/I^{-}}=0.54V$。若以标准电极电势判断应为 I_2 氧化 Cu^{+}，但事实上该反应进行得很完全，其原因就在于 CuI 沉淀的生成，溶液中 Cu^{+} 的浓度减少，使 Cu^{2+}/Cu^{+} 电对的电极电势显著增加，使 Cu^{2+} 氧化能力增强。

② 配合物的形成　由于溶液中金属离子的氧化态或还原态形成稳定性不同的配合物，从而改变氧化还原电对的电极电势。如：Fe^{3+}/Fe^{2+} 电对，其在不同介质中的条件电极电势见表 7-3。

表 7-3　Fe^{3+}/Fe^{2+} 电对在不同介质中的条件电极电势

介质($1mol\cdot L^{-1}$)	$HClO_4$	HCl	H_2SO_4	H_3PO_4	HF
$\varphi^{\ominus\prime}_{Fe^{3+}/Fe^{2+}}$/V	0.75	0.70	0.68	0.44	0.32

由条件电极电势可知，PO_4^{3-} 或 F^{-} 的配合物最稳定，而 ClO_4^{-} 的配合能力最小，基本

不能形成配合物。

③ 溶液酸度的影响　在有 H^+ 和 OH^- 参加的氧化还原反应中，酸度将直接影响电对的电极电势。有一些物质的氧化态或还原态本身是弱酸或弱碱，酸度还将影响其存在形式，从而影响电极电势。如：As(Ⅴ)/As(Ⅲ)电对，以上两方面的影响同时存在。在下列反应中

$$H_3AsO_4+2H^++3I^- \rlap{=}{=} HAsO_2+I_3^-+2H_2O$$

两电对的$\varphi^\ominus$相近，I_2/I^- 电对的电极电势与溶液 pH 无关，而 $H_3AsO_4/HAsO_2$ 电对的电极电势与溶液 pH 有关，增大溶液的酸度，其电极电势增大。

第三节　电极电势的应用

一、比较氧化剂或还原剂的相对强弱

不同的电极具有不同的电极电势，电极电势的大小与电对的性质有直接的关系。表 7-4 列出了一些电对的还原电势。表中标准电极电势$\varphi^\ominus_{Ox/Red}$ 的代数值越小，该电对的还原型越易失去电子，其还原型的还原能力越强；$\varphi^\ominus_{Ox/Red}$ 的代数值越大，该电对的氧化型越易得到电子，其氧化型的氧化能力越强。

要注意的是：这里的$\varphi^\ominus_{Ox/Red}$ 是水溶液体系的标准电极电势，对于非标准态、非水溶液体系，就不能用$\varphi^\ominus_{Ox/Red}$ 比较物质的氧化还原能力了。

表 7-4　某些电对的标准电极电势（298.15K）

电对		$Ox+ne^- \rlap{=}{=} Red$		$\varphi^\ominus_{Ox/Red}$/V	
K^+/K	氧化剂氧化能力增强（↓）	$K^++e^- = K$	还原剂还原能力增强（↑）	−2.925	代数值增大（↓）
Ca^{2+}/Ca		$Ca^{2+}+2e^- = Ca$		−2.870	
Na^+/Na		$Na^++e^- = Na$		−2.714	
Mg^{2+}/Mg		$Mg^{2+}+2e^- = Mg$		−2.370	
Al^{3+}/Al		$Al^{3+}+3e^- = Al$		−1.660	
Zn^{2+}/Zn		$Zn^{2+}+2e^- = Zn$		−0.763	
Fe^{2+}/Fe		$Fe^{2+}+2e^- = Fe$		−0.440	
Sn^{2+}/Sn		$Sn^{2+}+2e^- = Sn$		−0.136	
Pb^{2+}/Pb		$Pb^{2+}+2e^- = Pb$		−0.126	
H^+/H_2		$2H^++2e^- = H_2$		+0.0000	
Cu^{2+}/Cu		$Cu^{2+}+2e^- = Cu$		+0.3370	
Hg_2^{2+}/Hg		$Hg_2^{2+}+2e^- = 2Hg$		+0.7930	
Ag^+/Ag		$Ag^++e^- = Ag$		+0.7990	
Pt^{2+}/Pt		$Pt^{2+}+2e^- = Pt$		约+1.20	
Au^{3+}/Au		$Au^{3+}+3e^- = Au$		+1.500	

二、计算原电池的标准电动势 $E^\ominus$和电动势 E

在组成原电池的两个半电池中，电极电势代数值较大的半电池是原电池的正极，电极电势代数值较小的半电池是原电池的负极。原电池的电动势 E 与正、负极的电极电势φ 的关系如下：

$$E=\varphi_+-\varphi_- \tag{7-12}$$

在标准态时，有 $E^{\ominus}=\varphi_{+}^{\ominus}-\varphi_{-}^{\ominus}$

【例 7-5】 在 298.15K 时，将银丝插入 $AgNO_3$ 溶液中，铂片插入 $FeSO_4$ 和 $Fe_2(SO_4)_3$ 混合溶液中组成原电池。试分别计算在① $c_{eq}(Ag^+)=c_{eq}(Fe^{3+})=c_{eq}(Fe^{2+})=1.0mol\cdot L^{-1}$；② $c_{eq}(Ag^+)=c_{eq}(Fe^{2+})=0.010mol\cdot L^{-1}$，$c_{eq}(Fe^{3+})=1.0mol\cdot L^{-1}$ 时原电池的电动势，并写出原电池符号、电极反应和电池反应。

解：(1) 查附录十四可得 $\varphi_{Ag^+/Ag}^{\ominus}=0.799V$，$\varphi_{Fe^{3+}/Fe^{2+}}^{\ominus}=0.771V$

因为 $\varphi_{Ag^+/Ag}^{\ominus}>\varphi_{Fe^{3+}/Fe^{2+}}^{\ominus}$，故

$E^{\ominus}=\varphi_{+}^{\ominus}-\varphi_{-}^{\ominus}=\varphi_{Ag^+/Ag}^{\ominus}-\varphi_{Fe^{3+}/Fe^{2+}}^{\ominus}=0.799V-0.771V=0.028V$

原电池符号为

$$(-)Pt|Fe^{2+},Fe^{3+}\parallel Ag^+|Ag(+)$$

电极反应和电池反应分别为

正极反应： $Ag^+ + e^- \longrightarrow Ag$

负极反应： $Fe^{2+} \longrightarrow Fe^{3+} + e^-$

电池反应： $Ag^+ + Fe^{2+} \longrightarrow Fe^{3+} + Ag$

(2) 根据式(7-5)，得

$$\varphi_{Ag^+/Ag}=\varphi_{Ag^+/Ag}^{\ominus}+0.0592V\lg c_{eq}(Ag^+)=0.799V+0.0592V\times\lg0.010=0.681V$$

$$\varphi_{Fe^{3+}/Fe^{2+}}=\varphi_{Fe^{3+}/Fe^{2+}}^{\ominus}+0.0591V\lg\frac{c_{eq}(Fe^{3+})}{c_{eq}(Fe^{2+})}=0.771V+0.0592V\times\lg\frac{1}{0.010}=0.889V$$

因为 $\varphi_{Fe^{3+}/Fe^{2+}}>\varphi_{Ag^+/Ag}$，所以 Fe^{3+}/Fe^{2+} 为正极，Ag^+/Ag 为负极。

原电池电动势为

$$E=\varphi_{+}-\varphi_{-}=0.889V-0.681V=0.208V$$

原电池符号为

$$(-)Ag|Ag^+(0.010mol\cdot L^{-1})\parallel Fe^{3+},Fe^{2+}(0.010mol\cdot L^{-1})|Pt(+)$$

电极反应和电池反应分别为

正极反应： $Fe^{3+} + e^- \longrightarrow Fe^{2+}$

负极反应： $Ag \longrightarrow Ag^+ + e^-$

电池反应： $Fe^{3+} + Ag \longrightarrow Ag^+ + Fe^{2+}$

三、判断氧化还原反应进行的方向

在恒温恒压下，氧化还原反应进行的方向可由反应的吉布斯自由能变来判断。根据 $\Delta_r G_m=-nFE=-nF(\varphi_{+}-\varphi_{-})$，有：

$\Delta_r G_m<0$，$E>0$，$\varphi_{+}>\varphi_{-}$ 反应正向自发进行

$\Delta_r G_m=0$，$E=0$，$\varphi_{+}=\varphi_{-}$ 反应达到平衡

$\Delta_r G_m>0$，$E<0$，$\varphi_{+}<\varphi_{-}$ 反应逆向自发进行

如果是在标准状态下，则可用标准电动势 $E^{\ominus}$ 大小进行判断。例如：

$$2Fe^{3+}(aq)+Sn^{2+}(aq)\rightleftharpoons 2Fe^{2+}(aq)+Sn^{4+}(aq)$$

在标准状态下，反应是从左向右进行还是从右向左进行？查附录十四标准电极电势表：

$$\varphi_{-}^{\ominus}=\varphi_{Sn^{4+}/Sn^{2+}}^{\ominus}=0.14V,\varphi_{+}^{\ominus}=\varphi_{Fe^{3+}/Fe^{2+}}^{\ominus}=0.771V$$

因为 $\varphi_{Fe^{3+}/Fe^{2+}}^{\ominus}>\varphi_{Sn^{4+}/Sn^{2+}}^{\ominus}$ 所以反应自发向右进行。

由于电极电势φ的大小不仅与$\varphi^{\ominus}$有关，还与参加反应物质的浓度、酸度等因素有关。因此，如果有关物质的浓度不是$1mol \cdot L^{-1}$时，则需按能斯特方程分别算出氧化剂电对和还原剂电对的电极电势，然后再判断反应进行的方向。但大多数情况下，可以直接用$\varphi^{\ominus}$值来判断，因为一般情况下，$\varphi^{\ominus}$值在φ中占主要部分，当标准电动势$E^{\ominus}>0.2V$时，一般不会因浓度变化而使$E^{\ominus}$值改变符号。而$E^{\ominus}<0.2V$时，离子浓度改变时，氧化还原反应的方向常因参加反应物质的浓度或酸度等的变化而可能发生逆转。

四、判断氧化还原反应进行的次序

如果在一个体系中同时存在几种物质，它们都可以与同一种氧化剂或还原剂发生氧化还原反应，而且有关的氧化还原反应速率都足够快，那么，这些氧化还原反应是同时进行，还是按照一定的次序先后进行呢？实验证明，电极电势高的电对的氧化型物种（Ox）首先氧化电极电势较低的电对的还原型物种（Red），再依次氧化电极电势较高的电对的还原型物种（Red），即氧化剂首先氧化与其电势差较大的还原剂，再依次氧化与其电势差较小的还原剂。

【例 7-6】 在酸性Cl^-、Br^-和I^-的混合溶液中，滴加$KMnO_4$溶液，试问反应次序如何？

解： 查附录十四，得

$$\varphi^{\ominus}_{MnO_4^-/Mn^{2+}}=1.51V,\varphi^{\ominus}_{Cl_2/Cl^-}=1.358V$$

$$\varphi^{\ominus}_{Br_2/Br^-}=1.08V,\varphi^{\ominus}_{I_2/I^-}=0.621V$$

所以反应顺序是：$KMnO_4$先与I^-反应，然后与Br^-反应，最后与Cl^-反应。

五、氧化还原反应的平衡常数

根据标准摩尔吉布斯自由能和平衡常数的关系，可以计算氧化还原反应的平衡常数。

因为 $$\Delta_r G^{\ominus}_m=-RT\ln K^{\ominus}=-2.303RT\lg K^{\ominus}$$

而 $$\Delta_r G^{\ominus}_m=-nFE^{\ominus}$$

以上两式合并得：

$$nFE^{\ominus}=2.303RT\lg K^{\ominus}$$

故 $$\lg K^{\ominus}=\frac{nFE^{\ominus}}{2.303RT}$$

当温度为 298K 时，有 $$\lg K^{\ominus}=\frac{nE^{\ominus}}{0.0592V} \qquad (7\text{-}13)$$

【例 7-7】 求下列反应在 298K 时的平衡常数$K^{\ominus}$：

$$Zn+Cu^{2+}(1.0mol \cdot L^{-1}) \xlongequal{} Zn^{2+}(1.0mol \cdot L^{-1})+Cu$$

解： 查表得 $$\varphi^{\ominus}_{Zn^{2+}/Zn}=-0.763V,\ \varphi^{\ominus}_{Cu^{2+}/Cu}=0.337V$$

$$E^{\ominus}=0.337V-(-0.763V)=1.100V$$

$$\lg K^{\ominus}=\frac{2\times1.100V}{0.0592V}=37.16$$

$$K^{\ominus}=1.4\times10^{37}$$

【例 7-8】 已知$\varphi^{\ominus}_{Ag^+/Ag}=0.80V$，$\varphi^{\ominus}_{AgBr/Ag}=0.071V$，求标准状态下 AgBr 的溶度积常数。

解：可把上述两电对设计成两个电极，把它们的电极反应合并为电池反应，即可算出其溶度积常数。

$$Ag^+ + e^- \rightleftharpoons Ag \qquad \varphi^{\ominus}_{Ag^+/Ag} = 0.80V$$

$$Ag + Br^- - e^- \rightleftharpoons AgBr \qquad \varphi^{\ominus}_{AgBr/Ag} = 0.071V$$

两式相加得

$$Ag^+ + Br^- \rightleftharpoons AgBr$$

此反应的平衡常数就是溶度积常数的倒数，即

$$\lg K^{\ominus} = \lg \frac{1}{K^{\ominus}_{sp}(AgBr)} = \frac{E^{\ominus}}{0.0592V} = \frac{0.80V - 0.071V}{0.0592V} = 12.31$$

$$K^{\ominus}_{sp}(AgBr) = 4.9 \times 10^{-13}$$

第四节　元素电势图及其应用

一、元素标准电极电势图

同一元素的不同氧化态物质的氧化或还原能力不同，为了表示同一元素各不同氧化态物质的氧化还原能力以及它们相互之间的关系，拉蒂莫尔（Latimer W M）建议把同一元素的不同氧化态物质，按照从左到右其氧化值降低的顺序排列成以下图式，并在两种氧化态物质之间的连线上标出对应电对的标准电极电势的数值，如碘的元素电势见图 7-4。

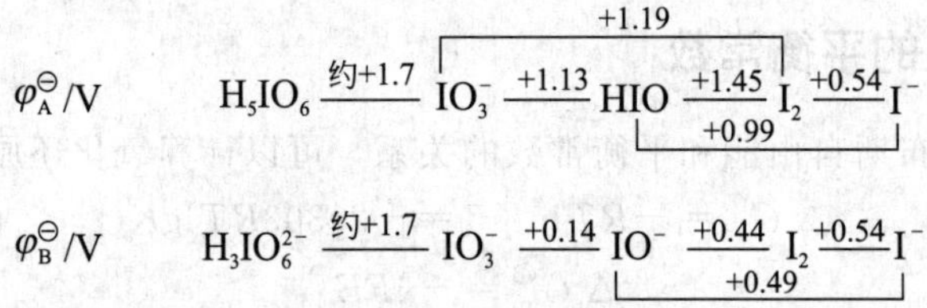

$$\varphi^{\ominus}_A/V \qquad H_5IO_6 \xrightarrow{约+1.7} IO_3^- \xrightarrow{+1.13} HIO \xrightarrow{+1.45} I_2 \xrightarrow{+0.54} I^- \quad (IO_3^- \to I_2: +1.19;\ HIO \to I^-: +0.99)$$

$$\varphi^{\ominus}_B/V \qquad H_3IO_6^{2-} \xrightarrow{约+1.7} IO_3^- \xrightarrow{+0.14} IO^- \xrightarrow{+0.44} I_2 \xrightarrow{+0.54} I^- \quad (IO^- \to I^-: +0.49)$$

图 7-4　碘的元素电势图

也可以列出其中一部分，例如：

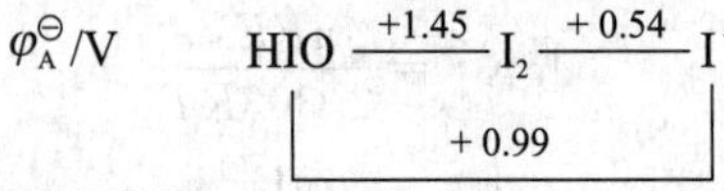

$$\varphi^{\ominus}_A/V \qquad HIO \xrightarrow{+1.45} I_2 \xrightarrow{+0.54} I^- \quad (HIO \to I^-: +0.99)$$

这种表示元素各种氧化态物质之间电极电势变化的关系图，叫做元素标准电极电势图（简称元素电势图或 Latimer 图）。它清楚地表明了同种元素的不同氧化态，其氧化、还原能力的相对大小。其中$\varphi^{\ominus}_A$ 代表 pH=0 时的标准电极电势，$\varphi^{\ominus}_B$ 代表 pH=14 时的标准电极电势。

二、元素标准电极电势图的应用

1. 判断是否发生歧化反应

同一元素的原子间发生的氧化还原反应称为歧化反应。在歧化反应中，同一元素的一部分原子氧化数升高，而另一部分原子的氧化数降低。例如：

$$Cl_2 + 2OH^- = ClO^- + Cl^- + H_2O$$

这就是 Cl_2 的歧化反应，反应中一部分 Cl 原子氧化数升高为+1，另一部分 Cl 原子氧

化数降低为－1。当电势图中某元素三种氧化数物质及对应的电对的电极电势值为：

$$A \xrightarrow{\varphi^{\ominus}_{A/B}} B \xrightarrow{\varphi^{\ominus}_{B/C}} C$$

当$\varphi^{\ominus}_{A/B} > \varphi^{\ominus}_{B/C}$（$\varphi^{\ominus}_{左} > \varphi^{\ominus}_{右}$），A与C能反歧化为B。

当$\varphi^{\ominus}_{B/C} > \varphi^{\ominus}_{A/B}$（$\varphi^{\ominus}_{右} > \varphi^{\ominus}_{左}$），B歧化为A、C。

例如，氧元素的电势图如下：

$$O_2 \xrightarrow{1.229} H_2O_2 \xrightarrow{1.77} H_2O \quad (O_2 \xrightarrow{0.682} H_2O_2 \text{ 下方连线标 } 0.682)$$

在氧元素的电势图中的 H_2O_2，$\varphi^{\ominus}_{右}=1.77V>\varphi^{\ominus}_{左}=1.229V$，所以 H_2O_2 会发生如下歧化反应：$2H_2O_2 \rightleftharpoons O_2+2H_2O$。

2. 计算标准电极电势

利用元素电势图，根据相邻电对的已知标准电极电势，可以求算任一未知电对的标准电极电势。假如有下列元素电势图：

$$A \xrightarrow[n_1]{\varphi_1^{\ominus}} B \xrightarrow[n_2]{\varphi_2^{\ominus}} C \quad (A \text{ 至 } C: \varphi_3^{\ominus})$$

将这三个电对分别与标准氢电极组成原电池，电池反应的标准摩尔吉布斯自由能分别为

$$A+\frac{n_1}{2}H_2 = B+n_1H^+ \tag{1}$$

$$\Delta_r G^{\ominus}_{m(1)}=-n_1FE_1^{\ominus}=-n_1F\varphi_1^{\ominus}$$

$$B+\frac{n_2}{2}H_2 = C+n_2H^+ \tag{2}$$

$$\Delta_r G^{\ominus}_{m(2)}=-n_2F\varphi_2^{\ominus}$$

式(1)＋式(2)，得： $$A+\frac{n_1+n_2}{2}H_2 = C+(n_1+n_2)H^+$$

$$\Delta_r G^{\ominus}_{m(3)}=-(n_1+n_2)F\varphi_3^{\ominus}$$

由于 $$\Delta_r G^{\ominus}_{m(3)}=\Delta_r G^{\ominus}_{m(1)}+\Delta_r G^{\ominus}_{m(2)}$$

因此 $$-(n_1+n_2)\varphi_3^{\ominus}=-n_1\varphi_1^{\ominus}-n_2\varphi_2^{\ominus}$$

$$\varphi_3^{\ominus}=\frac{n_1\varphi_1^{\ominus}+n_2\varphi_2^{\ominus}}{n_1+n_2}$$

若有 i 个相邻的电对：$A \frac{\varphi_1^{\ominus}}{n_1} B \frac{\varphi_2^{\ominus}}{n_2} C \cdots I \frac{\varphi_i^{\ominus}}{n_i} J$

则： $$\varphi^{\ominus}_{A/J}=\frac{n_1\varphi_1^{\ominus}+n_2\varphi_2^{\ominus}+\cdots+n_i\varphi_i^{\ominus}}{n_1+n_2+\cdots+n_i} \tag{7-14}$$

式中，n_1，n_2，…，n_i 分别代表各电对内转移的电子数。从元素电极电势图可以很方便地计算出相应电对的电极电势。

【例 7-9】 从实验测得$\varphi^{\ominus}_{Cu^{2+}/Cu}=0.37V$，$\varphi^{\ominus}_{Cu^{+}/Cu}=0.52V$，试计算$\varphi^{\ominus}_{Cu^{2+}/Cu^{+}}$。

解：Cu元素的电势图为

$$Cu^{2+} \xrightarrow{\varphi^{\ominus}_{Cu^{2+}/Cu^{+}}} Cu^{+} \xrightarrow{0.52} Cu \quad (Cu^{2+} \text{ 至 } Cu: 0.37)$$

$$n_3=n_1+n_2=2, \varphi^{\ominus}_{Cu^{2+}/Cu}=\frac{\varphi^{\ominus}_{Cu^{2+}/Cu^+}+\varphi^{\ominus}_{Cu^+/Cu}}{2}$$

则
$$\varphi^{\ominus}_{Cu^{2+}/Cu^+}=2\varphi^{\ominus}_{Cu^{2+}/Cu}-\varphi^{\ominus}_{Cu^+/Cu}$$
$$=2\times 0.37V-0.52V=0.22V$$

第五节　氧化还原滴定分析

以氧化还原反应为基础的滴定分析称为氧化还原滴定法（redox titration）。氧化还原反应的实质是电子的传递。在氧化还原滴定中用合适的氧化（或还原）剂作为标准溶液，不仅可以测定某些还原（或氧化）性的物质，对于有些不具有氧化性或还原性的物质，还可以通过化学反应使之转化为具有氧化性或还原性物质的形式进行间接滴定。因此，氧化还原滴定法应用较为广泛。

一、氧化还原滴定的基本原理

在氧化还原滴定过程中，随着标准溶液的加入，被滴定物质的氧化态和还原态的浓度逐渐变化，电对的电极电势也随之改变，这种变化可用滴定曲线来表示。滴定曲线可以通过实验测得的数据进行描绘，也可以应用 Nernst 方程进行计算，求出相应的数据后绘制。

现以 $0.1000mol\cdot L^{-1}$ $Ce(SO_4)_2$ 标准溶液滴定 20.00mL 的 $0.1000mol\cdot L^{-1}$ $FeSO_4$ 溶液为例，说明滴定曲线的理论计算方法。

设溶液的酸度为 $1.0mol\cdot L^{-1}$ H_2SO_4，此时 $\varphi^{\ominus\prime}_{Ce^{4+}/Ce^{3+}}=1.44V$，$\varphi^{\ominus\prime}_{Fe^{3+}/Fe^{2+}}=0.68V$，滴定反应为：

$$Ce^{4+}+Fe^{2+}=\!=\!=Ce^{3+}+Fe^{3+}$$

1. 滴定开始前

由于空气的氧化作用，$0.1000mol\cdot L^{-1}$ Fe^{2+} 溶液中必有极少量 Fe^{3+} 存在，组成 Fe^{3+}/Fe^{2+} 电对，但 Fe^{3+} 浓度未知，溶液的电极电势无法计算。

2. 滴定开始至化学计量点前

化学计量点前，溶液中存在剩余的 Fe^{2+}，滴定过程中电势的变化由 Fe^{3+}/Fe^{2+} 电对计算：

$$\varphi_{Fe^{3+}/Fe^{2+}}=\varphi^{\ominus\prime}_{Fe^{3+}/Fe^{2+}}+0.0592V\lg\frac{c(Fe^{3+})}{c(Fe^{2+})}$$

滴入 19.98mL Ce^{4+} 标准溶液（相对误差−0.1%）时，

$$\frac{c(Fe^{3+})}{c(Fe^{2+})}=\frac{\dfrac{0.1000mol\cdot L^{-1}\times 19.98mL}{20.00mL+19.98mL}}{\dfrac{0.1000mol\cdot L^{-1}\times(20.00-19.98)mL}{20.00mL+19.98mL}}=999$$

$$\varphi_{Fe^{3+}/Fe^{2+}}=0.68V+0.0592V\times\lg 999=0.86V$$

3. 化学计量点时

滴入 20.00mL Ce^{4+} 标准溶液时，反应达平衡，即：$\varphi_{Fe^{3+}/Fe^{2+}}=\varphi_{Ce^{4+}/Ce^{3+}}=\varphi_{sp}$

$$\varphi_{sp}=\varphi_{Fe^{3+}/Fe^{2+}}=0.68V+0.0592V\lg\frac{c(Fe^{3+})}{c(Fe^{2+})}$$

$$\varphi_{sp}=\varphi_{Ce^{4+}/Ce^{3+}}=1.44V+0.0592V\lg\frac{c(Ce^{4+})}{c(Ce^{3+})}$$

两式相加：$2\varphi_{sp}=0.68V+1.44V+0.0592V\lg\frac{c(Ce^{4+})}{c(Ce^{3+})}+0.0592V\lg\frac{c(Fe^{3+})}{c(Fe^{2+})}$

$$=0.68V+1.44V+0.0592V\lg\frac{c(Ce^{4+})c(Fe^{3+})}{c(Ce^{3+})c(Fe^{2+})}$$

根据等物质的量原则，化学计量点时：$c(Fe^{3+})=c(Ce^{3+})$，$c(Fe^{2+})=c(Ce^{4+})$

代入上式得：$2\varphi_{sp}=0.68V+1.44V+0.0592V\times\lg1$，即$\varphi_{sp}=\frac{0.68V+1.44V}{2}=1.06V$

4. 化学计量点后

化学计量点后溶液的电势由Ce^{4+}/Ce^{3+}电对计算：

$$\varphi_{Ce^{4+}/Ce^{3+}}=\varphi^{\ominus\prime}_{Ce^{4+}/Ce^{3+}}+0.0592V\lg\frac{c(Ce^{4+})}{c(Ce^{3+})}$$

滴入 20.02mL Ce^{4+}标准溶液（相对误差+0.1%）时，

$$\frac{c(Ce^{4+})}{c(Ce^{3+})}=\frac{\frac{0.1000mol\cdot L^{-1}\times(20.02-20.00)mL}{20.00mL+20.02mL}}{\frac{0.1000mol\cdot L^{-1}\times 20.00mL}{20.00mL+20.02mL}}=0.001$$

$$\varphi_{Ce^{4+}/Ce^{3+}}=1.44V+0.0592V\times\lg0.001=1.26V$$

用上述方法逐一计算，以Ce^{4+}标准溶液加入量与溶液电极电势变化绘成滴定曲线，见图 7-5。

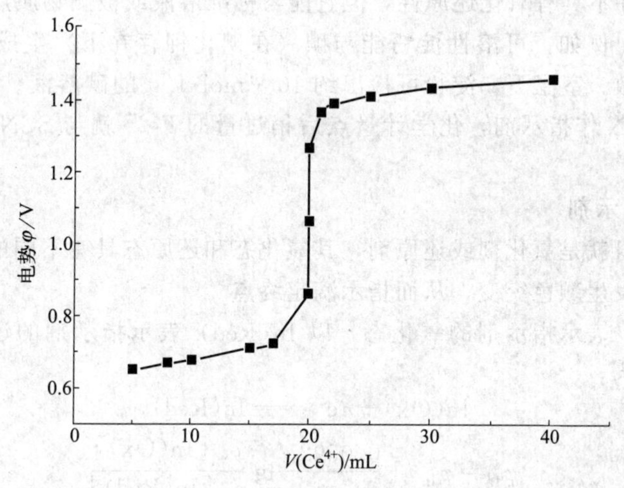

图 7-5　$0.1000mol\cdot L^{-1}$ Ce^{4+}滴定$0.1000mol\cdot L^{-1}$ Fe^{2+}的滴定曲线（$1mol\cdot L^{-1}$ H_2SO_4介质）

从滴定曲线可以看出，从化学计量点前Fe^{2+}剩余 0.1% 到化学计量点后Ce^{4+}过量 0.1%，溶液电势增加了 0.40V，有一个相当大的滴定突跃范围，据此可选择合适的指示剂。

氧化还原滴定突跃范围的大小，决定于两电对条件电极电势的差值。差值越大，滴定突跃范围越大。当差值大于或等于 0.40V 时，才可选用合适的指示剂指示终点。

上述Ce^{4+}滴定Fe^{2+}的反应中，两电对电子转移数相同且等于 1，化学计量点电势恰好处于滴定突跃范围（0.86～1.26V）的中心，化学计量点前后的曲线基本对称。

对于电子转移数不同的对称电对（对称电对是指氧化态与还原态的系数相同的电对，如

Fe^{3+}/Fe^{2+}、Cu^{2+}/Cu 等）之间的滴定反应，可以证明其化学计量点的电势为：

$$\varphi_{sp}=\frac{n_1\varphi_1^{\ominus\prime}+n_2\varphi_2^{\ominus\prime}}{n_1+n_2} \tag{7-15}$$

滴定突跃范围为：$\left(\varphi_1^{\ominus\prime}-\frac{3\times0.0592V}{n_1}\right)\sim\left(\varphi_2^{\ominus\prime}+\frac{3\times0.0592V}{n_2}\right)$

式中，$\varphi_1^{\ominus\prime}$ 为氧化剂所在半反应的条件电极电势；$\varphi_2^{\ominus\prime}$ 为还原剂所在半反应的条件电极电势；n_1 为氧化剂所在半反应转移的电子数；n_2 为还原剂所在半反应转移的电子数。

此时，由于 $n_1\neq n_2$，所以滴定曲线在化学计量点前后是不对称的，化学计量点电势不在滴定突跃范围的中心，而是偏向电子转移数较大的电对一方。

二、氧化还原指示剂

应用于氧化还原滴定的指示剂有以下三类。

1. 自身指示剂

在滴定中无需另加指示剂，而是利用标准溶液或被滴定物质本身在化学计量点前后的颜色明显变化来指示终点。例如，在高锰酸钾法中，$KMnO_4$ 为紫红色，当用它来滴定酸性介质中的一些无色或浅色的还原剂时，$KMnO_4$ 本身就是指示剂。因为在化学计量点前，滴加的 $KMnO_4$ 都被还原为近于无色的 Mn^{2+}，滴定到化学计量点时，微过量的 $KMnO_4$ 可使溶液呈现粉红色，由此确定终点的到达。实验证明，$KMnO_4$ 浓度为 $2\times10^{-6}mol\cdot L^{-1}$时就能观察到溶液呈粉红色。

2. 特殊指示剂

有些物质本身并不具有氧化还原性，但它能与标准溶液或被测物质产生特殊的颜色，由此来确定滴定终点。例如，可溶性淀粉能与碘（在碘化钾存在下）生成深蓝色的吸附化合物，反应特效且灵敏。室温下，淀粉可检出约 $10^{-5}mol\cdot L^{-1}$的碘溶液。又如，以 Fe^{3+} 滴定 Sn^{2+} 时，可用 KSCN 作指示剂，化学计量点后稍过量的 Fe^{3+} 就与 SCN^- 形成红色配合物，从而指示滴定终点。

3. 氧化还原指示剂

此类指示剂本身就是氧化剂或还原剂，其氧化态和还原态具有不同的颜色。在滴定中因被还原或被氧化而发生颜色突变，从而指示滴定终点。

通常以 In(Ox) 表示指示剂的氧化态，以 In(Red) 表示指示剂的还原态，n 表示其电子转移数，半反应为：

$$In(Ox)+ne^- \rightleftharpoons In(Red)$$

25℃时，
$$\varphi_{In}=\varphi_{In}^{\ominus\prime}+\frac{0.0592V}{n}\lg\frac{c_{eq}[In(Ox)]}{c_{eq}[In(Red)]}$$

式中，$c_{eq}[In(Ox)]$ 为平衡时指示剂氧化态的浓度，$mol\cdot L^{-1}$；$c_{eq}[In(Red)]$ 为平衡时指示剂还原态的浓度，$mol\cdot L^{-1}$。

当$\frac{c_{eq}[In(Ox)]}{c_{eq}[In(Red)]}\geqslant10$ 时，$\varphi_{In}\geqslant\varphi_{In}^{\ominus\prime}+\frac{0.0592V}{n}$，呈氧化态 In(Ox) 的颜色；

当$\frac{c_{eq}[In(Ox)]}{c_{eq}[In(Red)]}\leqslant\frac{1}{10}$时，$\varphi_{In}\leqslant\varphi_{In}^{\ominus\prime}-\frac{0.0592V}{n}$，呈还原态 In(Red) 的颜色。

$\varphi_{In}=\varphi_{In}^{\ominus\prime}\pm\frac{0.0592V}{n}$，为指示剂的理论变色范围。

当$\frac{c_{eq}[In(Ox)]}{c_{eq}[In(Red)]}=1$时，$\varphi_{In}=\varphi_{In}^{\ominus'}$，为指示剂的理论变色点。

表7-5列出了一些常用氧化还原指示剂的条件电势，选择这类指示剂的原则是：指示剂变色点的条件电势应处于滴定体系的电势突跃范围内，并尽量与反应的化学计量点电势一致。如，在1mol·L^{-1} H_2SO_4溶液中，用Ce^{4+}标准溶液滴定Fe^{2+}，突跃范围是0.86～1.26V。显然，选择邻二氮菲-亚铁（$\varphi^{\ominus'}=+1.06V$）与邻苯氨基苯甲酸（$\varphi^{\ominus'}=+0.89V$）为指示剂是适宜的。

表7-5 几种常用氧化还原指示剂的条件电势

指示剂	$\varphi_{In}^{\ominus}$/V $[c(H^+)=1mol\cdot L^{-1}]$	颜色变化	
		氧化态	还原态
亚甲基蓝	0.53	蓝	无
二苯胺	0.76	紫	无
二苯胺磺酸钠	0.84	紫红	无
邻苯氨基苯甲酸	0.89	紫红	无
邻二氮菲-亚铁	1.06	浅蓝	红
硝基邻二氮菲-亚铁	1.25	浅蓝	紫红

但值得注意的是，氧化还原指示剂本身的氧化还原作用也要消耗一定量的标准溶液。如0.1mL 0.2%的二苯胺磺酸钠将消耗0.017mol·L^{-1}的$K_2Cr_2O_7$溶液0.01mL，某些可逆性差的指示剂的消耗量还要大。

第六节 氧化还原滴定的预处理

一、进行预氧化或预还原处理的必要性

氧化还原滴定分析时，常常需预先对试样进行氧化或还原处理，使被测组分转化为能与滴定剂快速而又定量反应的特定价态。

如，测定铁矿中总铁含量。当用酸分解试样时，铁主要以Fe^{3+}存在，必须首先用$SnCl_2$-$TiCl_3$联合还原法将Fe^{3+}还原为Fe^{2+}，才能用氧化剂$K_2Cr_2O_7$标准溶液滴定。

二、对预氧化剂或还原剂的要求

滴定前所选用的预氧化剂或还原剂应符合下列条件。

① 必须将欲测组分定量地氧化或还原到所需价态，反应速率尽可能快。

② 反应要具有一定的选择性。采用电势大小合适的氧化剂或还原剂，其只能氧化（或还原）欲测组分为特定价态，而与其他共存组分不发生反应。

③ 过量的氧化剂或还原剂易于除去。

三、预处理常用的氧化剂和还原剂

表7-6和表7-7分别列出几种在预处理中常用的氧化剂和还原剂。在分析试样时，可根据实际情况选择使用。

表 7-6　在预处理中常用的氧化剂

氧化剂	反应条件	主要应用	过量氧化剂除去方法
$(NH_4)_2S_2O_8$	酸性(HNO_3 或 H_2SO_4)，催化剂 $AgNO_3$	$Mn^{2+} \longrightarrow MnO_4^-$ $Ce^{3+} \longrightarrow Ce^{4+}$ $Cr^{3+} \longrightarrow Cr_2O_7^{2-}$ $VO^{2+} \longrightarrow VO_3^-$	煮沸分解
$NaBiO_3$	酸性	$Mn^{2+} \longrightarrow MnO_4^-$ $Ce^{3+} \longrightarrow Ce^{4+}$ $Cr^{3+} \longrightarrow Cr_2O_7^{2-}$ $VO^{2+} \longrightarrow VO_3^-$	过滤除去
$HClO_4$	浓、热	$Cr^{3+} \longrightarrow Cr_2O_7^{2-}$ $VO^{2+} \longrightarrow VO_3^-$ $I^- \longrightarrow IO_3^-$	放冷并冲稀
氯气(Cl_2) 溴水(Br_2)	酸性或中性	$I^- \longrightarrow IO_3^-$	煮沸或通空气流
H_2O_2	$2mol \cdot L^{-1}$	$Cr^{3+} \longrightarrow CrO_4^{2-}$	煮沸分解(加少量 Ni^{2+} 或 I^- 可加速分解)
KIO_4	酸性、加热	$Mn^{2+} \longrightarrow MnO_4^-$	与 Hg^{2+} 生成 $Hg(IO_4)_2\downarrow$，过滤除去
Na_2O_2	熔融	$CrO_2^- \longrightarrow CrO_4^{2-}$	碱性溶液中煮沸

表 7-7　在预处理中常用的还原剂

还原剂	反应条件	主要应用	过量还原剂除去方法
$SnCl_2$	HCl 溶液加热	$Fe^{3+} \longrightarrow Fe^{2+}$ Mo(Ⅵ)⟶Mo(Ⅴ) As(Ⅴ)⟶As(Ⅲ)	加 $HgCl_2$ 氧化
SO_2	$H_2SO_4(1mol \cdot L^{-1})$ SCN^- 催化，加热	$Fe^{3+} \longrightarrow Fe^{2+}$ As(Ⅴ)⟶As(Ⅲ) Sb(Ⅴ)⟶Sb(Ⅲ) V(Ⅴ)⟶V(Ⅳ)	煮沸或通 CO_2 气
$TiCl_3$	酸性	$Fe^{3+} \longrightarrow Fe^{2+}$	加水稀释试液，$TiCl_3$ 被水中溶解的 O_2 氧化
联氨		As(Ⅴ)⟶As(Ⅲ) Sb(Ⅴ)⟶Sb(Ⅲ)	在浓 H_2SO_4 溶液中煮沸
Al	HCl 溶液	Sn(Ⅳ)⟶Sn(Ⅱ) Ti(Ⅳ)⟶Ti(Ⅲ)	过滤或加酸溶解
锌汞齐还原柱	H_2SO_4 介质	$Fe^{3+} \longrightarrow Fe^{2+}$ $Cr^{3+} \longrightarrow Cr^{2+}$ Ti(Ⅳ)⟶Ti(Ⅲ) $Cu^{2+} \longrightarrow Cu$ V(Ⅴ)⟶V(Ⅱ) Mo(Ⅵ)⟶Mo(Ⅲ)	

第七节　氧化还原滴定方法及应用

一、高锰酸钾法

1. 原理

高锰酸钾法是以 $KMnO_4$ 为氧化剂的氧化还原滴定分析方法。高锰酸钾是一种强氧化剂，它的氧化能力和还原产物均与溶液的 pH 有关。

在强酸性溶液中，MnO_4^- 被还原为 Mn^{2+}，为强氧化剂：

$$MnO_4^- + 8H^+ + 5e^- \longrightarrow Mn^{2+} + 4H_2O \qquad \varphi^\ominus = 1.51V$$

在中性或弱酸性溶液中，MnO_4^- 被还原为 MnO_2：

$$MnO_4^- + 4H^+ + 3e^- \longrightarrow MnO_2 + 2H_2O \qquad \varphi^\ominus = 0.595V$$

在强碱性溶液中，MnO_4^- 被还原为 MnO_4^{2-}，为较弱的氧化剂：

$$MnO_4^- + e^- \longrightarrow MnO_4^{2-} \qquad \varphi^\ominus = 0.57V$$

高锰酸钾作为氧化剂一般都在强酸性（$0.5 \sim 1mol \cdot L^{-1}$）条件下进行。常用 H_2SO_4 来控制溶液的酸度，而不用 HNO_3 或 HCl 来控制酸度。这是因为 HNO_3 具有氧化性，它可能氧化某些被滴定的还原性物质；HCl 具有还原性，能与 MnO_4^- 作用或发生诱导反应而干扰滴定；HAc 酸性太弱，也不宜用来控制溶液的酸度。

高锰酸钾法的优点是：氧化能力强，可在不同 pH 下测定多种无机物和有机物；MnO_4^- 本身有特殊的紫红色，滴定时一般不需另加指示剂。其缺点是 $KMnO_4$ 试剂含有少量杂质，需采用间接法配制标准溶液，且溶液不太稳定；$KMnO_4$ 反应历程比较复杂，易发生副反应；滴定的选择性不高。

2. 标准溶液的配制与标定

（1）$KMnO_4$ 溶液的配制

$KMnO_4$ 试剂纯度一般为 99%～99.5%，常含有少量 MnO_2 和其他杂质；由于蒸馏水中也常含有微量的还原性有机物质，它们可与 $KMnO_4$ 反应析出 $MnO(OH)_2$，MnO_2 和 $MnO(OH)_2$ 又会促进 $KMnO_4$ 进一步分解。因此不能直接用 $KMnO_4$ 试剂配制标准溶液，常按以下步骤进行：

① 称取稍多于理论量的 $KMnO_4$，溶解于一定体积的蒸馏水中；

② 将上述溶液加热至沸，保持微沸 1h，然后放置 2～3 天，使溶液中可能存在的还原性物质完全氧化；

③ 用微孔玻璃漏斗过滤，除去析出的沉淀；

④ 将过滤后的 $KMnO_4$ 溶液贮存于棕色瓶中，置于暗处，避免光对 $KMnO_4$ 的催化分解。若需用浓度较稀的 $KMnO_4$ 溶液，通常用蒸馏水临时稀释并立即标定使用，不宜长期贮存。

（2）$KMnO_4$ 溶液的标定

标定 $KMnO_4$ 溶液的基准物质很多，如 $Na_2C_2O_4$、$H_2C_2O_4 \cdot 2H_2O$、$(NH_4)_2Fe(SO_4)_2 \cdot H_2O$、$As_2O_3$ 和纯铁丝等。其中最常用的是 $Na_2C_2O_4$，它易于提纯，性质稳定；不含结晶水，在 105～110℃烘 2h 后即可使用。

在 H_2SO_4 溶液中，MnO_4^- 与 $C_2O_4^{2-}$ 的反应如下：

$$2MnO_4^- + 5C_2O_4^{2-} + 16H^+ \longrightarrow 2Mn^{2+} + 10CO_2 + 8H_2O$$

为使反应定量而又较快地进行，应注意以下滴定条件。

① 温度　反应在室温下速率缓慢，需加热至 70～80℃进行滴定。滴定完毕时，温度也不应低于 60℃，但温度也不宜过高，若高于 90℃，会使 $H_2C_2O_4$ 发生分解，导致标定结果偏高，即：

$$H_2C_2O_4 \xlongequal{} CO_2\uparrow + CO\uparrow + H_2O$$

② pH　若 pH 过高，MnO_4^- 会部分被还原为 MnO_2；若 pH 过低，则会促使 $H_2C_2O_4$ 分解。一般使用 H_2SO_4 控制滴定开始前的酸度为 0.5～1mol·L^{-1}。

③ 滴定速率　开始滴定时，MnO_4^- 与 $C_2O_4^{2-}$ 的反应速率很慢，此时若滴定速率过快，则使滴入的 $KMnO_4$ 来不及与 $C_2O_4^{2-}$ 反应，就在热的酸性溶液中发生分解，导致标定结果偏低：

$$4MnO_4^- + 12H^+ \xlongequal{} 4Mn^{2+} + 5O_2\uparrow + 6H_2O$$

④ 催化剂　用 $KMnO_4$ 滴定时，开始加入的几滴溶液褪色较慢，但当有 Mn^{2+} 生成后，反应速率逐渐加快。若在滴定前加入少量 $MnSO_4$ 作催化剂，则在滴定的最初阶段就能以较快的速率进行。

⑤ 指示剂　MnO_4^- 本身具有颜色，当溶液中有稍微过量的 MnO_4^- 就可以显出粉红色，故一般不需另加指示剂。但若 $KMnO_4$ 标准溶液浓度很稀（如≤0.002mol·L^{-1}）时，最好采用适当的氧化还原指示剂，如二苯胺磺酸钠、邻二氮菲-亚铁等确定终点。

⑥ 滴定终点　用 $KMnO_4$ 溶液滴定至终点时，溶液的粉红色不能持久，这是由于空气中的还原性气体和灰尘使 MnO_4^- 缓慢还原，故溶液的粉红色逐渐消失。所以，滴定时溶液中出现的粉红色在 0.5～1min 内不褪色，即为到达终点。

标定好的 $KMnO_4$ 溶液在放置一段时间后，若发现有 MnO_2 沉淀析出，应过滤并重新标定。

3. 滴定方式和测定示例

（1）直接滴定——H_2O_2 的测定

高锰酸钾氧化能力很强，能直接滴定许多还原性物质，如 Fe^{2+}、As^{3+}、Sb^{3+}、$C_2O_4^{2-}$、NO_2 和 H_2O_2 等。

以 H_2O_2 的测定为例，在酸性溶液中，H_2O_2 被 MnO_4^- 定量氧化，并释放出 O_2：

$$2MnO_4^- + 5H_2O_2 + 6H^+ \xlongequal{} 2Mn^{2+} + 5O_2\uparrow + 8H_2O$$

此反应在室温下即可顺利进行。滴定开始时反应较慢，随着 Mn^{2+} 的生成而反应速率加快，也可在滴定前先加入少量 Mn^{2+} 作催化剂。碱金属或碱土金属的过氧化物，可用同样的方法测定。

$$\rho(H_2O_2) = \frac{\frac{5}{2}c(KMnO_4)V(KMnO_4)M(H_2O_2)}{V_s} \quad (g\cdot L^{-1})$$

式中，V_s 为试样的体积。

（2）间接滴定——Ca^{2+} 的测定

Ca^{2+}、Th^{4+} 和 La^{3+} 等金属离子，在溶液中没有可变价态，但它们能与 $C_2O_4^{2-}$ 定量地生成沉淀，此时可用高锰酸钾间接测定。

如以测定稻谷中的 Ca^{2+} 为例。称取一定量的试样，采用灰化法或 HNO_3-H_2SO_4 消化法处理成溶液，用 $C_2O_4^{2-}$ 将 Ca^{2+} 沉淀为 CaC_2O_4，沉淀经过滤、洗涤后，溶于热的稀 H_2SO_4 溶液中，再以 $KMnO_4$ 为标准溶液滴定试液中的 $C_2O_4^{2-}$，根据消耗 $KMnO_4$ 的量，间接地求出稻谷中 Ca^{2+} 的量。

各步反应如下：

沉淀　　$Ca^{2+}+C_2O_4^{2-}$ ══ $CaC_2O_4\downarrow$

酸溶　　$CaC_2O_4+2H^+$ ══ $Ca^{2+}+H_2C_2O_4$

滴定　　$2MnO_4^-+5C_2O_4^{2-}+16H^+$ ══ $2Mn^{2+}+10CO_2\uparrow+8H_2O$

$$w(Ca)=\frac{\frac{5}{2}c(KMnO_4)V(KMnO_4)M(Ca^{2+})}{m_s}$$

式中，m_s 为试样质量。

(3) 返滴定——MnO_2 及有机物的测定

有些氧化性物质不能用 $KMnO_4$ 直接滴定，可首先加入一定量已知过量的还原剂（如亚铁盐、草酸盐等）还原后，再用 $KMnO_4$ 标准溶液返滴剩余的还原剂。

如：软锰矿中 MnO_2 含量的测定。称取 m_s g 矿样，准确加入 m g 过量的固体 $Na_2C_2O_4$ 基准试剂，然后在 H_2SO_4 介质中缓慢加热，待 MnO_2 与 $C_2O_4^{2-}$ 作用完毕，再用 $c\,mol\cdot L^{-1}$ 的 $KMnO_4$ 标准溶液滴定剩余的 $C_2O_4^{2-}$，消耗 $KMnO_4$ 标准溶液 VmL。反应式如下：

还原　　$MnO_2+C_2O_4^{2-}+4H^+$ ══ $Mn^{2+}+2CO_2\uparrow+2H_2O$

滴定：　$2MnO_4^-+5C_2O_4^{2-}+16H^+$ ══ $2Mn^{2+}+10CO_2\uparrow+8H_2O$

由 $Na_2C_2O_4$ 的加入量和 $KMnO_4$ 溶液的消耗量之差，按下式即可求出试样中 MnO_2 的质量分数：

$$w(MnO_2)=\frac{\left[\frac{m(Na_2C_2O_4)}{M(Na_2C_2O_4)}-\frac{5}{2}c(KMnO_4)V(KMnO_4)\right]M(MnO_2)}{m_s}$$

对于一些有机物的测定，$KMnO_4$ 在碱性溶液中氧化有机物的反应比在酸性溶液中快，可采用加入过量的 $KMnO_4$ 并加热的方法进一步加速反应。以测定甘油为例，加入一定量已知过量的 $KMnO_4$ 标准溶液于含有试样的 $2mol\cdot L^{-1}$ NaOH 溶液中，放置，其反应为：

$$C_3H_8O_3+14MnO_4^-+20OH^- = 3CO_3^{2-}+14MnO_4^{2-}+14H_2O$$

反应完成后，将溶液酸化，MnO_4^{2-} 歧化为 MnO_4^- 和 MnO_2，加入一定量过量的 $FeSO_4$ 标准溶液还原所有的高价锰为 Mn^{2+}，最后再以 $KMnO_4$ 标准溶液滴定剩余的 $FeSO_4$。由两次加入的 $KMnO_4$ 的量和 $FeSO_4$ 的量计算甘油的含量。

用此方法可测定甲酸、甲醛、甲醇、甘醇酸（羟基乙酸）、酒石酸、柠檬酸、苯酚、水杨酸、葡萄糖等有机物。

二、重铬酸钾法

1. 原理

重铬酸钾法是以 $K_2Cr_2O_7$ 为氧化剂的氧化还原滴定分析方法。在酸性溶液中：

$$Cr_2O_7^{2-}+14H^++6e^- = 2Cr^{3+}+7H_2O \qquad \varphi^\ominus=1.33V$$

重铬酸钾法具有如下优点。

① $K_2Cr_2O_7$ 容易提纯（可达 99.99%），在 100～110℃ 干燥后，可直接称量配制标准溶液。

② $K_2Cr_2O_7$ 溶液非常稳定，可以长期保存。据有关文献记载，一瓶 $0.017mol\cdot L^{-1}$ 的 $K_2Cr_2O_7$ 溶液，放置 24 年后，其浓度无明显改变。

③ $K_2Cr_2O_7$ 氧化能力较 $KMnO_4$ 弱，在室温下，当 HCl 浓度低于 $3mol\cdot L^{-1}$ 时，

$Cr_2O_7^{2-}$ 不能氧化 Cl^-，故可在 HCl 介质中滴定。

④ 在酸性介质中，橙色 $Cr_2O_7^{2-}$ 的还原产物是绿色 Cr^{3+}，颜色变化难以观察，故 $K_2Cr_2O_7$ 不能作为自身指示剂指示终点。

2. 重铬酸钾标准溶液的配制

将 $K_2Cr_2O_7$ 从水中重结晶，于 140～150℃烘干即得 $K_2Cr_2O_7$ 的基准试剂。精确称取 $K_2Cr_2O_7$ 基准试剂，可直接配制标准溶液。按下式计算重铬酸钾标准溶液的物质的量浓度。

$$c(K_2Cr_2O_7)=\frac{m(K_2Cr_2O_7)}{M(K_2Cr_2O_7)\times V}\quad (mol\cdot L^{-1})$$

3. 重铬酸钾法应用示例

(1) 铁矿石中含铁量的测定

重铬酸钾法是测定铁矿石中含铁量的经典方法。其步骤是：试样用热的浓盐酸分解完全后，趁热用 $SnCl_2$ 将大部分 Fe^{3+} 还原为 Fe^{2+}，使溶液呈浅黄色，再以 Na_2WO_4 为指示剂，加热，趁热用 $TiCl_3$ 将无色的 W(Ⅵ) 还原为蓝色的 W(Ⅴ)，表明 Fe^{3+} 已被完全还原，再用稀释 10 倍的 $K_2Cr_2O_7$ 标准溶液滴至蓝色刚好消失。加入 H_2SO_4-H_3PO_4 混合酸，以二苯胺磺酸钠作指示剂，用 $K_2Cr_2O_7$ 标准溶液滴定 Fe^{2+}，至溶液由绿色变为紫色即为终点。

$$Cr_2O_7^{2-}+6Fe^{2+}+14H^+ = 2Cr^{3+}+6Fe^{3+}+7H_2O$$

在试液中加入 H_3PO_4 的目的是为了降低 Fe^{3+}/Fe^{2+} 电对的电势，使二苯胺磺酸钠变色点电势落在滴定的突跃范围内，从而减小滴定误差。另外，由于使 Fe^{3+} 生成无色的稳定的 $Fe(HPO_4)_2^-$，消除了 Fe^{3+} 的黄色，有利于终点的观察。

(2) 利用 $Cr_2O_7^{2-}$ 与 Fe^{2+} 的反应测定其他物质

$Cr_2O_7^{2-}$ 与 Fe^{2+} 的反应可逆性强，速率快，无副反应发生，计量关系明确，指示剂变色明显。此反应除了直接用于测铁外，还可利用它间接地测定许多物质。

① 测定氧化剂　如 NO_3^- 可在一定条件下定量地氧化 Fe^{2+}：

$$NO_3^-+3Fe^{2+}+4H^+ = 3Fe^{3+}+NO\uparrow+2H_2O$$

在试液中加入一定量过量的 Fe^{2+} 标准溶液，待反应完全后，用 $K_2Cr_2O_7$ 标准溶液返滴定剩余的 Fe^{2+}，即可求得 NO_3^- 的含量。

② 测定还原剂　水中的还原性无机物和低分子量的直链有机物大部分都能被 $K_2Cr_2O_7$ 氧化，由此可测定水的“化学耗氧量（COD）”，用于表示水的污染程度。化学耗氧量是指在一定条件下，用强氧化剂处理水样时所消耗氧化剂的量，以氧的含量（$mg\cdot L^{-1}$）表示。对于工业废水，我国规定使用重铬酸钾法进行测定，其方法是：将水样用 H_2SO_4 酸化，以 Ag_2SO_4 为催化剂，加入一定量已知过量的 $K_2Cr_2O_7$ 标准溶液，反应完成后以邻二氮菲-亚铁为指示剂，用 Fe^{2+} 标准溶液滴定剩余的 $K_2Cr_2O_7$。测定水样的同时，按同样步骤作空白试验，根据水样和空白消耗的 Fe^{2+} 标准溶液的差值，即可计算水样的化学耗氧量。

③ 测定非氧化还原性物质　如测定 Pb^{2+}、Ba^{2+} 等，首先在一定条件下生成 $PbCrO_4$ 或 $BaCrO_4$ 沉淀，沉淀经过滤、洗涤后溶解于酸中，以 Fe^{2+} 标准溶液滴定 $Cr_2O_7^{2-}$，从而间接求出 Pb 或 Ba 的含量。凡是能与 CrO_4^{2-} 生成难溶化合物的离子，都可用此方法间接测定。

(3) 重铬酸钾法测定土壤中的腐殖质

腐殖质是土壤中结构复杂的有机物质，其含量与土壤的肥力有着密切的联系。测定方法是：在浓 H_2SO_4 存在下，用已知过量的 $K_2Cr_2O_7$ 溶液与土壤共热，使其中的碳被氧化，

而多余的 $K_2Cr_2O_7$ 以邻二氮菲-亚铁为指示剂，用标准 $(NH_4)_2Fe(SO_4)_2$ 溶液滴定，以所消耗的 $K_2Cr_2O_7$ 计算有机碳含量，再换算成腐殖质含量。其反应为：

$$2Cr_2O_7^{2-} + 16H^+ + 3C \xlongequal{} 4Cr^{3+} + 3CO_2\uparrow + 8H_2O$$

$$Cr_2O_7^{2-} + 14H^+ + 6Fe^{2+} \xlongequal{} 2Cr^{3+} + 6Fe^{3+} + 7H_2O$$

空白试验可用纯砂或灼烧过的土壤代替土样。根据 $K_2Cr_2O_7$ 标准溶液加入量和剩余量，计算出有机碳含量，再乘以校正系数 1.1 和换算系数 1.724（土壤中腐殖质氧化率平均仅为 90%，校正系数为 100/90=1.1。土壤有机质平均含碳量为 58%，若换算为有机碳含量换算系数为 100/58=1.724），即为土壤有机质含量。

三、碘量法

1. 原理

碘量法是利用 I_2 的氧化性或 I^- 的还原性进行测定的方法。由于固体 I_2 在水中的溶解度很小（$0.00133mol \cdot L^{-1}$），且易于挥发，通常将 I_2 溶解于 KI 溶液中，此时 I_2 在溶液中以 I_3^- 配离子形式存在，其半反应为：

$$I_3^- + 2e^- \xlongequal{} 3I^- \qquad \varphi^\ominus = 0.535V$$

为简化并强调化学计量关系，一般仍将 I_3^- 简写为 I_2。从 I_3^-/I^- 电对的电势大小，可知 I_2 是较弱的氧化剂，能与较强的还原剂作用；而 I^- 是中等强度的还原剂，能与许多氧化剂反应。因此，碘量法一般分为直接法和间接法两类。

2. 直接碘量法（碘滴定法）

以 I_2 作标准溶液，在酸性或中性溶液中，直接滴定还原性较强的物质，如 S^{2-}、$S_2O_3^{2-}$、Sn(Ⅱ)、Sb(Ⅲ)、As(Ⅲ)、维生素 C 等，但应用范围有限。

直接碘量法不能在 pH>9 的介质中进行，否则会发生歧化反应：

$$3I_2 + 6OH^- \xlongequal{} IO_3^- + 5I^- + 3H_2O$$

3. 间接碘量法（滴定碘法）

利用 I^- 的还原作用，将待测的氧化性物质与过量的 KI 反应，待反应完全后用 $Na_2S_2O_3$ 标准溶液滴定析出的 I_2，从而间接地测定氧化性物质。

如，在酸性溶液中 $KMnO_4$ 与过量的 KI 作用析出 I_2，其反应为：

$$2MnO_4^- + 10I^- + 16H^+ \xlongequal{} 2Mn^{2+} + 5I_2\uparrow + 8H_2O$$

析出的 I_2 用 $Na_2S_2O_3$ 标准溶液滴定：

$$I_2 + 2S_2O_3^{2-} \xlongequal{} 2I^- + S_4O_6^{2-}$$

间接碘量法可以测定能将 I^- 氧化成 I_2 的物质。如：Cu^{2+}、H_2O_2、NO_2^-、ClO^-、AsO_4^{3-}、BrO_3^-、IO_3^-、CrO_4^-、$Cr_2O_7^{2-}$、MnO_2、PbO_2、Br_2、Cl_2、Fe^{3+} 等，应用比直接碘量法广泛。

碘量法用淀粉作指示剂，其灵敏度较高，I_2 的浓度为 $1.0\times10^{-5}mol \cdot L^{-1}$ 即显蓝色。直接碘量法中，当溶液呈现蓝色即为终点；间接碘量法中当溶液的蓝色消失为终点。

碘量法的误差来源主要有两个，一是 I_2 的挥发，二是 I^- 被空气氧化。为减小误差，必须采取相应的措施。

防止 I_2 挥发的方法如下：

① 加入过量（一般为理论值的 2～3 倍）的 KI，使之与 I_2 形成 I_3^- 配离子；

② 溶液温度不宜高，一般在室温下进行反应；

③ 析出碘的反应最好在带有玻璃塞的碘量瓶中进行；

④ 滴定时不要剧烈地摇动溶液。

防止 I^- 被氧化的方法如下：

① 溶液 $c(H^+)$ 不宜太大，$c(H^+)$ 增大将会增加 O_2 氧化 I^- 的速率；

② 日光及 Cu^{2+}、NO_2^- 等杂质催化 O_2 氧化 I^-，故应将析出 I_2 的碘量瓶置于暗处，并事先除去以上杂质；

③ 析出 I_2 后，溶液不能久置，最好在析出 I_2 的反应完全后立即滴定；

④ 滴定速率宜适当加快。

4. 碘与硫代硫酸钠的反应

I_2 与 $S_2O_3^{2-}$ 的反应，酸度的控制尤为重要。在中性或弱酸性溶液中，I_2 与 $S_2O_3^{2-}$ 之间的反应迅速、完全：$I_2+2S_2O_3^{2-} = 2I^- + S_4O_6^{2-}$

在强酸性溶液中，会有：$S_2O_3^{2-}+2H^+ = H_2SO_3+S\downarrow$

同时，I^- 在酸性溶液中也易被空气氧化：$4I^- + O_2 + 4H^+ = 2I_2 + 2H_2O$

若溶液的 pH 过高，会有：$4I_2+S_2O_3^{2-}+10OH^- = 2SO_4^{2-}+8I_2+5H_2O$

且 I_2 在碱性溶液中会发生歧化反应，所以，用 $S_2O_3^{2-}$ 滴定 I_2，要求 pH<9。

5. 标准溶液的配制与标定

碘量法中需要配制 I_2 和 $Na_2S_2O_3$ 两种标准溶液。由于 I_2 易升华，而 $Na_2S_2O_3$ 不易纯制，且在空气中不稳定，因此两种标准溶液都需采用标定法配制。

(1) $Na_2S_2O_3$ 标准溶液的配制

纯结晶的 $Na_2S_2O_3 \cdot 5H_2O$ 容易风化，并常含有少量杂质，如 S、Na_2SO_3、Na_2SO_4、Na_2S、NaCl 等，且 $Na_2S_2O_3$ 溶液不稳定，其原因如下。

① 被酸分解，水中溶解的 CO_2 能使之发生分解：$S_2O_3^{2-}+CO_2+H_2O = HSO_3^- + HCO_3^- + S\downarrow$。

② 微生物的作用，水中的微生物会消耗 $Na_2S_2O_3$，使之变为 Na_2SO_3，这是 $Na_2S_2O_3$ 溶液浓度变化的主要原因。

③ 空气的氧化作用：$2S_2O_3^{2-}+O_2 = 2SO_4^{2-}+2S\downarrow$，少量 Cu^{2+} 等杂质会加速该反应的进行。

因此，配制 $Na_2S_2O_3$ 溶液时，应使用新煮沸并冷却的蒸馏水。其目的是除去水中的 CO_2 和 O_2，并杀死细菌；加入少量 Na_2CO_3 使溶液呈弱碱性，以抑制细菌生长；溶液贮藏于棕色瓶中并置于暗处，以防止光照分解。如放置一段时间后，溶液变浑浊表示有硫析出，应过滤后再标定。

(2) $Na_2S_2O_3$ 标准溶液的标定

标定 $Na_2S_2O_3$ 的基准试剂有 $K_2Cr_2O_7$、KIO_3、$KBrO_3$、$K_3[Fe(CN)_6]$ 等。以 $K_2Cr_2O_7$ 为例，先准确称取一定量的 $K_2Cr_2O_7$，使其在酸性溶液中与 KI 反应，置换出来的 I_2 用待标定的 $Na_2S_2O_3$ 溶液滴定。根据称取 $K_2Cr_2O_7$ 的质量和标定时消耗的 $Na_2S_2O_3$ 标准溶液的体积，可计算出 $Na_2S_2O_3$ 标准溶液的浓度。有关反应如下：

$$Cr_2O_7^{2-}+6I^-+14H^+ = 2Cr^{3+}+3I_2+7H_2O$$

$$I_2+2S_2O_3^{2-} = 2I^-+S_4O_6^{2-}$$

$Cr_2O_7^-$ 与 I^- 反应较慢，加入过量的 KI 并提高酸度可加速反应，然而酸度过高又会加速空气氧化 I^-。溶液的 $c(H^+)$ 一般控制在 $0.2\sim0.4mol\cdot L^{-1}$，并在暗处放置 5min，使反应完全。

用 $Na_2S_2O_3$ 滴定前，最好先将 $K_2Cr_2O_7$ 用蒸馏水稀释，一是降低 $c(H^+)$，可减少空气对 I^- 的氧化及防止 $S_2O_3^{2-}$ 的分解；二是使生成的 Cr^{3+} 的绿色减弱，便于观察终点。淀粉应在接近终点时加入，否则碘-淀粉吸附化合物会吸留 I_2，致使终点提前且不明显。

(3) I_2 标准溶液的配制

由于 I_2 的挥发性强，准确称量较困难，一般是先配成大致所需浓度的溶液后再标定。首先用托盘天平称取碘，置于研钵中，加入固体 KI，再加入少量水研磨至 I_2 全部溶解，然后稀释，倒入棕色瓶中于暗处保存。防止溶液遇热、见光以及与橡胶等有机物接触。

(4) I_2 标准溶液的标定

碘溶液可用 As_2O_3 基准物质标定，As_2O_3 难溶于水，可溶于 NaOH 溶液中，使之生成亚砷酸钠，其反应为：

$$As_2O_3+6OH^- \Longrightarrow 2AsO_3^{3-}+3H_2O$$

以 I_2 溶液滴定：

$$AsO_3^{3-}+I_2+H_2O \Longrightarrow AsO_4^{3-}+2I^-+2H^+$$

此反应在 pH=8 左右的中性或微碱性溶液中进行。为使反应顺利，可在溶液中加入固体 $NaHCO_3$，以中和反应生成的 H^+，若溶液碱性过强，I_2 在强碱性溶液中会发生副反应。

由于 As_2O_3 为剧毒物质，一般常用已知浓度的 $Na_2S_2O_3$ 标准溶液标定 I_2 溶液。

6. 碘量法应用示例

(1) 胆矾含量的测定

胆矾 $CuSO_4\cdot 5H_2O$ 是农药波尔多液的主要成分。将试样溶于弱酸溶液中，加入过量的 KI 反应完全后，用 $Na_2S_2O_3$ 标准溶液滴定析出的 I_2。其反应为：

$$2Cu^{2+}+4I^- \Longrightarrow 2CuI\downarrow+I_2,\quad I_2+2S_2O_3^{2-} \Longrightarrow 2I^-+S_4O_6^{2-}$$

由于 CuI 溶解度较大，反应不能进行完全，并且 CuI 表面易吸附 I_2 而导致分析结果偏低，为此常需加入 KSCN，使 CuI 沉淀转化为溶解度更小的 CuSCN 沉淀：

$$CuI+SCN^- \Longrightarrow CuSCN\downarrow+I^-$$

CuSCN 沉淀吸附 I_2 的倾向较小，这样就提高了测定的准确度。KSCN 应在接近终点时加入，否则 SCN^- 将还原 I_2，从而使分析结果偏低。

为防止 Cu^{2+} 的水解，反应必须在 pH=3.5～4.0 的弱酸性溶液中进行。由于 Cu^{2+} 与 Cl^- 形成配离子，因此酸化时常使用 H_2SO_4，而不能用 HCl。

Fe^{3+} 易氧化 I^- 为 I_2，使结果偏高，若试样中含有 Fe^{3+} 时，应加入 NaF 使 Fe^{3+} 形成 $[FeF_6]^{3-}$ 配离子，降低 Fe^{3+}/Fe^{2+} 电对的电极电势，排除 Fe^{3+} 的干扰。

铜含量可按下式计算：

$$w(Cu)=\frac{c(Na_2S_2O_3)V(Na_2S_2O_3)M(Cu)}{m_s}$$

式中，m_s 为样品质量。

(2) 有机物的测定

碘量法在有机分析中应用很广。如巯基乙酸（$HSCH_2COOH$）、四乙基铅 [$Pb(C_2H_5)_4$] 等。而对于葡萄糖、甲醛、丙酮及硫脲等，可用返滴定法进行测定。以葡萄糖为例，在葡萄糖的碱性试液中，加入一定量过量的 I_2 标准溶液，使葡萄糖的醛基氧化为羧基。反应过程如下：

$$I_2+2OH^-=\!=\!=IO^-+I^-+H_2O$$

$$CH_2OH(CHOH)_4CHO+IO^-+OH^-=\!=\!=CH_2OH(CHOH)_4COO^-+I^-+H_2O$$

剩余的 IO^- 在碱液中歧化为 IO_3^- 和 I^-：$3IO^-=\!=\!=IO_3^-+2I^-$

溶液酸化后又析出 I_2：$IO_3^-+5I^-+6H^+=\!=\!=3I_2+3H_2O$

最后用 $Na_2S_2O_3$ 标准溶液滴定析出的 I_2：$I_2+2S_2O_3^{2-}=\!=\!=2I^-+S_4O_6^{2-}$

在这一系列的反应中，1mol $I_2\Rightarrow$1mol $IO^-\Rightarrow$1mol 葡萄糖，根据 I_2 与 $S_2O_3^{2-}$ 的反应计量关系，从 I_2 标准溶液的加入量和滴定时 $S_2O_3^{2-}$ 的消耗量即可求出葡萄糖的含量。

四、其他氧化还原滴定法简介

1. 溴酸钾法

溴酸钾是一种强氧化剂（$\varphi^{\ominus}_{BrO_3^-/Br^-}=1.423V$），容易提纯，在130℃烘干后可直接配制标准溶液。在酸性溶液中，可用溴酸钾标准溶液直接滴定一些还原性物质，如As(Ⅲ)、Sb(Ⅲ)、Sn(Ⅱ) 和 Ti(Ⅰ) 等。

在实际应用上，溴酸钾法主要用于测定有机物。在称量 $KBrO_3$ 配制标准溶液时，加入过量的 KBr 于其中，配成 $KBrO_3$-KBr 标准溶液。在测定有机物时，将此标准溶液加到酸性试液中，这时 BrO_3^--Br^- 发生反应：

$$BrO_3^-+5Br^-+6H^+=\!=\!=3Br_2+3H_2O$$

生成的 Br_2 立即与有机物作用，这相当于即时配制的 Br_2 标准溶液。$KBrO_3$-KBr 标准溶液很稳定，只在酸化时才发生上述反应，这就解决了由于溴水不稳定而不适合配制标准溶液作滴定剂的问题。借助 Br_2 的取代作用，可以测定有机物的不饱和程度。溴与有机物反应的速率较慢，必须加入过量的标准溶液，待其与有机物反应完全后，过量的 Br_2 用碘量法测定。

$$Br_2+2I^-=\!=\!=2Br^-+I_2 \qquad I_2+2S_2O_3^{2-}=\!=\!=2I^-+S_4O_6^{2-}$$

2. 铈量法

硫酸铈 $Ce(SO_4)_2$ 是强氧化剂，在酸性溶液中，其半反应为：$Ce^{4+}+e^-=\!=\!=Ce^{3+}$，$\varphi^{\ominus}=1.61V$。

Ce^{4+}/Ce^{3+} 电对的条件电势在 H_2SO_4 介质中与 $KMnO_4$ 相近，凡是能用 $KMnO_4$ 滴定的物质，一般都可用铈量法测定。

铈量法的优点是：可以用纯的硫酸铈铵［$Ce(SO_4)_2\cdot 2(NH_4)_2SO_4\cdot 2H_2O$］直接配制标准溶液；溶液性质稳定，放置较长时间或加热煮沸也不易分解；Ce^{4+} 还原为 Ce^{3+}，无中间价态产物，反应简单，副反应少；能在 HCl 介质中或有机物（如乙醇、甘油、糖等）存在下直接滴定亚铁。

本章小结

1. 基本概念

氧化值、氧化还原反应、氧化作用、还原作用、氧化剂、还原剂、氧化还原电对、原电池、电池反应、电极反应、歧化反应、电极电势、标准电极电势。

2. 氧化还原方程式的配平

离子电子法。

3. 能斯特方程

$$a\text{Ox}+ne^- \rightleftharpoons b\text{Red}$$

$$\varphi=\varphi^{\ominus}+\frac{RT}{nF}\ln\frac{c_{eq}^{a}(\text{Ox})}{c_{eq}^{b}(\text{Red})}$$

298K 时，$\varphi_{\text{Ox/Red}}=\varphi^{\ominus}_{\text{Ox/Red}}+\frac{0.0592\text{V}}{n}\lg\frac{c_{eq}^{a}(\text{Ox})}{c_{eq}^{b}(\text{Red})}$

4. ΔG 变化与电池电动势的关系

$$\Delta_r G_m=-nFE$$

5. 电极电势的应用

（1）计算原电池的电动势：$E=\varphi_{+}-\varphi_{-}$（在标准态时，$E^{\ominus}=\varphi^{\ominus}_{+}-\varphi^{\ominus}_{-}$）

（2）判断氧化剂和还原剂的强弱、氧化还原反应的方向、氧化还原反应的次序和选择合适的氧化剂和还原剂。

（3）求平衡常数：$\lg K^{\ominus}=\frac{nFE^{\ominus}}{2.303RT}\left(298\text{K 时，}\lg K^{\ominus}=\frac{nE^{\ominus}}{0.0592\text{V}}\right)$

6. 元素电势图的应用

判断歧化反应能否发生，计算任意氧化态之间组成电对时的标准电极电势。

7. 氧化还原滴定原理

（1）影响滴定突跃范围大小的因素：两电对条件电极电势的差值，差值越大，滴定突跃范围越大。

（2）对称电对化学计量点电势：$\varphi_{sp}=\frac{n_1\varphi_1^{\ominus\prime}+n_2\varphi_2^{\ominus\prime}}{n_1+n_2}$

（3）对称电对滴定突越范围：$\left(\varphi_1^{\ominus\prime}-\frac{3\times0.0592\text{V}}{n_1}\right)\sim\left(\varphi_2^{\ominus\prime}+\frac{3\times0.0592\text{V}}{n_2}\right)$

8. 氧化还原指示剂

自身指示剂、特殊指示剂、氧化还原指示剂。

9. 氧化还原滴定方法

高锰酸钾法、重铬酸钾法、碘量法。

10. 氧化还原滴定预处理的必要性和要求

思考题与习题

1. 什么叫氧化还原反应、自身氧化还原反应和歧化反应？试各举例说明。
2. 氧化还原反应的平衡常数与电动势有关，还是与标准电动势有关？
3. 怎样利用电极电势来决定原电池的正、负极？电池电动势如何计算？在原电池中电子转移的方向怎样？正负离子移动的方向怎样？
4. 将下列反应设计成原电池，并写出原电池的符号。

（1）$Fe+Cu^{2+} = Fe^{2+}+Cu$　（2）$Ni+Pb^{2+} = Ni^{2+}+Pb$

（3）$Cu+2Ag^{+} = Cu^{2+}+2Ag$　（4）$Sn+2H^{+} = Sn^{2+}+H_2\uparrow$

5. 下列物质在一定条件下都可以作为氧化剂：$KMnO_4$，$K_2Cr_2O_7$，$CuCl_2$，$FeCl_3$，H_2O_2，I_2，Br_2，F_2，PbO_2。试根据标准电极电势的数据，把它们按氧化能力的大小排列成序，并写出它们在酸性介质中的还原产物。

6. 已知 $MnO_4^- + 8H^+ + 5e^- \rightleftharpoons Mn^{2+} + 4H_2O \quad \varphi^{\ominus} = 1.51V$

$Fe^{3+} + e^- \rightleftharpoons Fe^{2+} \quad \varphi^{\ominus} = 0.771V$

(1) 在标准状态下，判断下列反应的方向：

$MnO_4^- + 5Fe^{2+} + 8H^+ \longrightarrow Mn^{2+} + 4H_2O + 5Fe^{3+}$

(2) 将这两个半电池组成原电池，用电池符号表示该原电池的组成，标明电池的正负极，并计算其标准电动势。

(3) 当氢离子浓度为 $10mol \cdot L^{-1}$ 时，其他各离子浓度均为 $1mol \cdot L^{-1}$ 时，计算该电池的电动势。

7. 已知 $Hg_2Cl_2(s) + 2e^- \rightleftharpoons 2Hg(l) + 2Cl^- \quad \varphi^{\ominus} = 0.28V$

$Hg_2^{2+} + 2e^- \rightleftharpoons 2Hg(l) \quad \varphi^{\ominus} = 0.80V$

求 $K_{sp}^{\ominus}(Hg_2Cl_2)$。[提示：$Hg_2Cl_2(s) \rightleftharpoons Hg_2^{2+} + 2Cl^-$]

8. 已知铁、铜元素的标准电势图为：

$\varphi_A^{\ominus}/V \quad Fe^{3+} \xrightarrow{0.77} Fe^{2+} \xrightarrow{-0.44} Fe$；$Cu^{2+} \xrightarrow{0.17} Cu^+ \xrightarrow{0.52} Cu$

试分析，为什么金属铁能从铜溶液（Cu^{2+}）中置换出铜，而金属铜又能溶于三氯化铁溶液。

9. 计算 298K 时下列电池的电动势。

(1) $(-)Pb|Pb^{2+}(0.1mol \cdot L^{-1}) \| Cu^{2+}(0.5mol \cdot L^{-1})|Cu(+)$

(2) $(-)Pt, H_2(10^5 Pa)|H^+(1mol \cdot L^{-1}) \| Sn^{4+}(0.5mol \cdot L^{-1}), Sn^{2+}(0.1mol \cdot L^{-1})|Pt(+)$

10. 在 $1.0mol \cdot L^{-1}$ HCl 介质中，用 Fe^{3+} 滴定 Sn^{2+}，计算化学计量点时溶液的电势。在此滴定中应选用何种指示剂？(已知 $\varphi^{\ominus\prime}_{Sn^{4+}/Sn^{2+}} = 0.14V$，$\varphi^{\ominus\prime}_{Fe^{3+}/Fe^{2+}} = 0.68V$)

11. 在 $0.5mol \cdot L^{-1}$ H_2SO_4 介质中，$\varphi^{\ominus\prime}_{MnO_4^-/Mn^{2+}} = 1.45V$，$\varphi^{\ominus\prime}_{Fe^{3+}/Fe^{2+}} = 0.68V$，用 $KMnO_4$ 标准溶液滴定 Fe^{2+} 时：(1) 写出滴定反应方程式；(2) 求此反应的平衡常数；(3) 求化学计量点时溶液的电势。

12. 与酸碱滴定法比较，氧化还原滴定法有何特点？举例说明，如何创造条件使反应符合滴定分析的要求。

13. 用 $K_2Cr_2O_7$ 法测定铁矿石中的铁时，问：

(1) 配制 $0.00800mol \cdot L^{-1}$ $K_2Cr_2O_7$ 标准溶液 1.000L，应称取 $K_2Cr_2O_7$ 多少克？

(2) 称取铁矿 0.2000g，处理成亚铁离子溶液，用 $0.00800mol \cdot L^{-1}$ $K_2Cr_2O_7$ 标准溶液 35.82mL 滴定至终点，计算样品中 Fe 的质量分数。

(3) 有一批铁矿石，含铁量约为 50%，现用 $0.01660mol \cdot L^{-1}$ $K_2Cr_2O_7$ 标准溶液滴定，欲使 $K_2Cr_2O_7$ 消耗在 20～30mL 之间，应称取试样的质量范围是多少？

14. 今有不纯的 KI 试样 0.5180g，用 0.1940g $K_2Cr_2O_7$（过量的）处理后，将溶液煮沸，除去析出的碘，然后再用过量的 KI 处理，使之与剩余的 $K_2Cr_2O_7$ 作用，析出的碘用 $0.1000mol \cdot L^{-1}$ $Na_2S_2O_3$ 标准溶液滴定，用去 10.00mL，求试样中 KI 的质量分数。

15. 已知：$\varphi^{\ominus}_{Cu^{2+}/Cu^+} = 0.159V$，$\varphi^{\ominus}_{I_2/I^-} = 0.545V$，为什么用碘量法可以测 Cu^{2+}？若被测溶液中含 Fe^{3+}，应采取什么措施？何时加入淀粉指示剂和 KSCN？KSCN 的作用是什么？

16. 现有含 Na_2HAsO_3、As_2O_5 和惰性物质试样 0.2500g，将试样溶解后，用 $0.05154mol \cdot L^{-1}$ 碘标准溶液滴定至终点，消耗 15.80mL；再将溶液酸化后加入过量 KI，由此析出的碘又用 $0.1300mol \cdot L^{-1}$ $Na_2S_2O_3$ 标准溶液滴定，耗去 20.70mL。计算试样中 Na_2HAsO_3 及 As_2O_5 的含量。

17. 取家用漂白液 25.00mL 稀释至 250.0mL。吸取 50.00mL 稀释液，加入过量的 KI 并酸化，需要用 36.28mL 的 $0.09611mol \cdot L^{-1}$ $Na_2S_2O_3$ 滴定析出的碘，计算试样中有效氯的质量浓度。

18. 将等体积的 $0.40mol \cdot L^{-1}$ 的 Fe^{2+} 溶液和 $0.10mol \cdot L^{-1}$ Ce^{4+} 溶液相混合，若溶液中 H_2SO_4 浓度为 $0.5mol \cdot L^{-1}$，问反应达平衡后，Ce^{4+} 的浓度是多少？

19. 在 $1mol \cdot L^{-1}$ HCl 溶液中，用 Fe^{3+} 滴定 Sn^{2+}，计算下列滴定百分数时的电势：9%、50%、91%、99%、99.9%、100.0%、100.1%、101%、110%、200%，并绘制滴定曲线。

20. 称取含有 KI 试样 0.5000g，溶于水后先用 Cl_2 水将 I^- 氧化为 IO_3^-，煮沸除去过量 Cl_2；再加入过量 KI 试剂，滴定 I_2 时消耗了 $0.02082mol \cdot L^{-1}$ $Na_2S_2O_3$ 21.30mL。计算试样中 KI 的质量分数。

21. 称取含 Mn_3O_4（即 $2MnO+MnO_2$）试样 0.4052g，用 H_2SO_4-H_2O_2 溶解，此时锰以 Mn^{2+} 形式存在；煮沸分解 H_2O_2 后，加入焦磷酸，用 $KMnO_4$ 滴定 Mn^{2+} 至 Mn(Ⅲ)。共计消耗 $0.02012mol \cdot L^{-1}$ $KMnO_4$ 24.50mL，计算试样中 Mn_3O_4 的质量分数。

22. 称取锰矿 1.0000g，用 Na_2O_2 熔融后，得 Na_2MnO_4 溶液。煮沸除去过氧化物后酸化，此时 MnO_4^{2-} 歧化为 MnO_4^- 和 MnO_2，滤去 MnO_2，滤液与 $0.1000mol \cdot L^{-1} Fe^{2+}$ 标液反应，消耗了 25.00mL。计算试样中 MnO 的质量分数。

23. 为分析硅酸岩中铁、铝、钛含量，称取试样 0.6050g。除去 SiO_2 后，用氨水沉淀铁、铝、钛为氢氧化物沉淀。沉淀灼烧为氧化物后质量为 0.4120g，再将沉淀用 $K_2S_2O_7$ 熔融，浸取液定容于 100mL 容量瓶，移取 25.00mL 试液通过锌汞还原器，此时 $Fe^{3+} \longrightarrow Fe^{2+}$，$Ti^{4+} \longrightarrow Ti^{3+}$，还原液流入 Fe^{3+} 溶液中。滴定时消耗了 $0.01388mol \cdot L^{-1}$ $K_2Cr_2O_7$ 10.05mL；另移取 25.00mL 试液用 $SnCl_2$ 还原 Fe^{3+} 后，再用上述 $K_2Cr_2O_7$ 溶液滴定，消耗了 8.02mL。计算试样中 Fe_2O_3、Al_2O_3、TiO_2 的质量分数。

第八章 沉淀溶解平衡和沉淀滴定分析

在科学研究和生产实践中，经常要利用沉淀反应来进行物质的分离、提纯、离子的鉴定和定量分析等。如何判断沉淀能否生成？如何使沉淀生成的更完全？又如何使沉淀溶解？为了解决这些问题，需要研究在含有难溶电解质和水的体系中，所存在的固体和溶液中离子之间的平衡，这是一种多相离子平衡，即沉淀溶解平衡。

第一节 沉淀溶解平衡

一、溶度积

1. 沉淀溶解平衡和溶度积常数

自然界没有绝对不溶解的物质。当然，不同的物质在水中的溶解度也不尽相同，习惯上把 100g H_2O 中溶解度小于 0.01g 的物质，叫做“难溶物”。由于它们在水中微溶的部分是以离子状态存在的，所以又称为难溶电解质。将难溶电解质放入水中，溶液达到饱和后，会产生固态难溶电解质与水溶液中离子之间的化学平衡，即沉淀溶解平衡。

在一定温度下，将难溶电解质 AgCl 固体放入水中，由于水分子极性的作用，使一部分 Ag^+ 和 Cl^- 脱离开固体 AgCl 表面，成为水合离子而不断进入溶液中，这个过程称为 AgCl 的溶解；同时，溶液中的 Ag^+ 和 Cl^- 在不断地做无规则运动，其中一些碰到固体 AgCl 的表面时，受到固体表面的吸引，又重新回到固体表面上，这个过程称为 AgCl 的沉淀。沉淀和溶解的速率相等时，体系就达到了平衡状态，称为难溶电解质的沉淀溶解平衡。这是一种动态平衡，此时溶液为饱和溶液。溶液中的有关离子浓度不再改变。

AgCl 在水溶液中的多相平衡可以表示为：

$$AgCl(s) \rightleftharpoons Ag^+(aq) + Cl^-(aq)$$

其标准平衡常数也与其他化学平衡常数一样表示为：

$$K_{sp}^{\ominus}(AgCl) = c_{eq}(Ag^+)c_{eq}(Cl^-)$$

同理，对 $Ag_2CrO_4(s) \rightleftharpoons 2Ag^+(aq) + CrO_4^{2-}(aq)$，有

$$K_{sp}^{\ominus}(Ag_2CrO_4) = c_{eq}^2(Ag^+)c_{eq}(CrO_4^{2-})$$

对于难溶电解质 A_nB_m 在水溶液中的沉淀溶解平衡，可表示为：

$$A_nB_m(s) \rightleftharpoons nA^{m+}(aq)+mB^{n-}(aq)$$

平衡常数表达式为：

$$K_{sp}^{\ominus}(A_nB_m)=c_{eq}^{n}(A^{m+})c_{eq}^{m}(B^{n-}) \tag{8-1}$$

难溶电解质的沉淀-溶解反应的标准平衡常数 $K_{sp}^{\ominus}$ 称为难溶电解质的溶度积常数，简称溶度积。溶度积 $K_{sp}^{\ominus}$ 的大小仅取决于难溶电解质的本质，与温度有关，而与浓度无关。在溶液中，温度变化不大时，往往不考虑温度的影响，一律采用常温下的数值。一些常见难溶电解质的溶度积 $K_{sp}^{\ominus}$ 常数见附录十六。

2. 溶度积的计算及其与溶解度的关系

溶度积 $K_{sp}^{\ominus}$ 和溶解度 s 都可以表示难溶电解质的溶解能力，它们之间可以相互换算。但在换算时必须注意浓度单位要统一。

溶解度 s 是指一定温度下，1L 难溶电解质的饱和溶液中溶解溶质的物质的量，SI 单位为 $mol·L^{-1}$。

【例 8-1】 25℃时，AgCl 的 $K_{sp}^{\ominus}$ 为 1.77×10^{-10}，求 AgCl 的溶解度 s。

解：

$$AgCl(s) \rightleftharpoons \underset{s}{Ag^{+}(aq)}+\underset{s}{Cl^{-}(aq)}$$

$$K_{sp}^{\ominus}(AgCl)=c_{eq}(Ag^{+})c_{eq}(Cl^{-})=s^2$$

$$s=\sqrt{K_{sp}^{\ominus}}=1.33\times10^{-5}\,mol·L^{-1}$$

AgCl 的溶解度 s 为 $1.33\times10^{-5}\,mol·L^{-1}$

同理，AgBr 的 $K_{sp}^{\ominus}=7.70\times10^{-13}$，溶解度 $s=8.77\times10^{-7}\,mol·L^{-1}$。

【例 8-2】 在 25℃时，Ag_2CrO_4 的溶解度为 $0.022g·L^{-1}$，求 Ag_2CrO_4 的 $K_{sp}^{\ominus}$（Ag_2CrO_4 的摩尔质量为 $331.8g·mol^{-1}$）。

解： Ag_2CrO_4 的溶解度 $s=\dfrac{0.022g·L^{-1}}{331.8g·mol^{-1}}=6.6\times10^{-5}\,mol·L^{-1}$

$$Ag_2CrO_4(s) \rightleftharpoons \underset{2s}{2Ag^{+}(aq)}+\underset{s}{CrO_4^{2-}(aq)}$$

$$K_{sp}^{\ominus}(Ag_2CrO_4)=c_{eq}^{2}(Ag^{+})c_{eq}(CrO_4^{2-})=(2s)^2s=4s^3=4\times(6.6\times10^{-5})^3=1.15\times10^{-12}$$

所以 Ag_2CrO_4 的 $K_{sp}^{\ominus}$ 为 1.15×10^{-12}。

从以上例题可知，不同类型的难溶电解质的溶解度（s）和溶度积常数 $K_{sp}^{\ominus}$ 之间的换算关系是不同的。对于难溶电解质 A_nB_m 在纯水中的溶解度计算公式如下：

$$A_nB_m(s) \rightleftharpoons nA^{m+}(aq)+mB^{n-}(aq)$$

$$s=\sqrt[m+n]{\frac{K_{sp}^{\ominus}}{m^m n^n}} \tag{8-2}$$

溶度积和溶解度都可以反映物质的溶解能力。同类型的难溶电解质在相同温度下，$K_{sp}^{\ominus}$ 越大，溶解度也越大；反之亦然。但对不同类型的难溶电解质，不能只凭溶度积的大小而定，必须经过计算才能定论。如：AgCl 的 $K_{sp}^{\ominus}(1.77\times10^{-10})$ 比 AgBr 的 $K_{sp}^{\ominus}(7.70\times10^{-13})$ 大，AgCl 的溶解度 $s(1.33\times10^{-5}\,mol·L^{-1})$ 比 AgBr 的溶解度 $s(8.77\times10^{-7}\,mol·L^{-1})$ 大；而 Ag_2CrO_4 的 $K_{sp}^{\ominus}(1.1\times10^{-12})$ 比 AgCl 的 $K_{sp}^{\ominus}(1.77\times10^{-10})$ 的小，Ag_2CrO_4 的溶解度 $s(6.5\times10^{-5}\,mol·L^{-1})$ 却比 AgCl 的溶解度 $s(1.33\times10^{-5}\,mol·L^{-1})$ 大。

一定温度下，溶度积是常数，而溶解度会因离子浓度、介质酸碱性等条件而发生变化，所以溶度积常数更为常用。

$K_{sp}^{\ominus}$ 可由实验测定，但由于有些难溶电解质的溶解度太小，故很难直接测出。因此，也可以利用热力学函数计算 $K_{sp}^{\ominus}$。

【例 8-3】 已知 298K 时，$\Delta_f G_m^{\ominus}(AgCl) = -110kJ \cdot mol^{-1}$，$\Delta_f G_m^{\ominus}(Ag^+) = 76.98kJ \cdot mol^{-1}$，$\Delta_f G_m^{\ominus}(Cl^-) = -131.3kJ \cdot mol^{-1}$，求 298K 时 AgCl 溶度积 $K_{sp}^{\ominus}$。

解：

$$AgCl(s) \rightleftharpoons Ag^+(aq) + Cl^-(aq)$$

$$\begin{aligned}\Delta_r G_m^{\ominus} &= \Delta_r G_m^{\ominus}(Ag^+) + \Delta_r G_m^{\ominus}(Cl^-) - \Delta_r G_m^{\ominus}(AgCl)\\ &= (76.98kJ \cdot mol^{-1}) + (-131.3kJ \cdot mol^{-1}) - (-110kJ \cdot mol^{-1})\\ &= 55.68kJ \cdot mol^{-1}\end{aligned}$$

$$\Delta_r G_m^{\ominus} = -2.303RT\lg K_{sp}^{\ominus}$$

$$\lg K_{sp}^{\ominus} = -\frac{\Delta_r G_m^{\ominus}}{2.303RT} = -\frac{55.68 \times 10^3 J \cdot mol^{-1}}{2.303 \times 8.314J \cdot mol^{-1} \cdot K^{-1} \times 298K} = -9.76$$

$$K_{sp}^{\ominus} = 1.74 \times 10^{-10}$$

二、沉淀的生成和溶解

1. 溶度积规则

根据热力学原理可知，利用沉淀溶解反应的平衡常数（溶度积）和沉淀溶解反应的反应商，即可判断沉淀溶解反应的方向。

某难溶电解质溶液中，反应商通常用离子积来表示。对于难溶电解质 A_nB_m，在任意状态下，离子积 $Q = c^n(A^{m+})c^m(B^{n-})$。注意一定温度下沉淀溶解反应达平衡时，离子积即等于溶度积。

① 若 $Q > K_{sp}^{\ominus}$，溶液为过饱和溶液。此时沉淀溶解反应向生成沉淀的方向进行，直到达成新的平衡，即沉淀生成。

② 若 $Q = K_{sp}^{\ominus}$，溶液为饱和溶液，处于平衡状态。

③ 若 $Q < K_{sp}^{\ominus}$，溶液为不饱和溶液。若溶液中有固体存在，沉淀溶解反应向沉淀溶解的方向进行，直到达成新的平衡，即沉淀溶解。

以上三条规则称溶度积规则，它是难溶电解质多相离子平衡移动规则的总结。可以看出，改变离子浓度，可以使沉淀溶解反应平衡发生变化。

2. 沉淀的生成

根据溶度积规则，使我们能够理解沉淀生成和溶解的规律。欲使沉淀生成，必须使其离子积大于溶度积，即 $Q > K_{sp}^{\ominus}$，这就要增大离子浓度，使反应方向向生成沉淀的方向转化。

【例 8-4】 将 $0.01mol \cdot L^{-1}$ 的 $CaCl_2$ 与同浓度的 $Na_2C_2O_4$ 等体积混合，判断是否有沉淀生成？

解： 等体积混合后

$$c(Ca^{2+}) = 0.01mol \cdot L^{-1} \times 1/2 = 0.005mol \cdot L^{-1}$$

$$c(C_2O_4^{2-}) = 0.01mol \cdot L^{-1} \times 1/2 = 0.005mol \cdot L^{-1}$$

$$Q = c(Ca^{2+})c(C_2O_4^{2-}) = 0.005 \times 0.005 = 2.5 \times 10^{-5}$$

查表知 $K_{sp}^{\ominus}(CaC_2O_4)=2.30\times10^{-9}$

$Q>K_{sp}^{\ominus}$，故有 CaC_2O_4 沉淀生成。

【例 8-5】 向 $1.0mol\cdot L^{-1}$ 的 $CaCl_2$ 溶液中通入 CO_2 至饱和，有无沉淀生成？

解：饱和 CO_2 溶液，即 H_2CO_3 溶液中 $c(CO_3^{2-})=K_{a2}^{\ominus}=5.6\times10^{-11}mol\cdot L^{-1}$

$$c(Ca^{2+})=1.0mol\cdot L^{-1}$$

$$Q=c(Ca^{2+})c(CO_3^{2-})=1.0\times5.6\times10^{-11}=5.6\times10^{-11}$$

查表知 $K_{sp}^{\ominus}(CaCO_3)=8.7\times10^{-9}$

$Q<K_{sp}^{\ominus}$，所以，无 $CaCO_3$ 沉淀生成。

【例 8-6】 在 1L $0.002mol\cdot L^{-1}$ Na_2SO_4 溶液中加入 0.01mol 的 $BaCl_2$，能否使 SO_4^{2-} 沉淀完全？

解：$c(Ba^{2+})=0.01mol\cdot L^{-1}$　　$c(SO_4^{2-})=0.002mol\cdot L^{-1}$

Ba^{2+} 过量，反应达到平衡时，

$$c_{eq}(Ba^{2+})=0.01mol\cdot L^{-1}-0.002mol\cdot L^{-1}\approx0.008mol\cdot L^{-1}$$

$$c_{eq}(SO_4^{2-})c_{eq}(Ba^{2+})=K_{sp}^{\ominus}=1.08\times10^{-10}$$

$$c_{eq}(SO_4^{2-})=\frac{1.08\times10^{-10}}{0.008}=1.35\times10^{-8}$$

即沉淀反应达到平衡时，溶液中 SO_4^{2-} 的浓度为 $1.35\times10^{-8}mol\cdot L^{-1}$。

通常当溶液中离子浓度低于 $10^{-5}mol\cdot L^{-1}$ 时，用一般化学方法已无法定性检出；当溶液中离子浓度低于 $10^{-6}mol\cdot L^{-1}$ 时，造成定量分析测定结果的误差一般在可允许范围内。故化学科学中，通常将 $10^{-5}mol\cdot L^{-1}$ 和 $10^{-6}mol\cdot L^{-1}$ 作为离子定性和定量被沉淀完全的标准。

所以上述例题中，可以认为溶液中 SO_4^{2-} 已沉淀完全。

如果在难溶电解质的饱和溶液中，加入含有相同离子的强电解质时，例如在 AgCl 饱和溶液中加入 KCl，由于 Cl^- 的增加，可使原来的沉淀溶解平衡向左移动，

$$AgCl(s)\rightleftharpoons Ag^+(aq)+Cl^-(aq)$$

重新达平衡时，溶液中会多沉淀出一些 AgCl 固体，这就是同离子效应的作用。根据同离子效应，欲使溶液中某一离子充分地沉淀出来，必须加入过量的沉淀剂。但沉淀剂也不宜过量太多，一般过量 10%～20% 就足够。沉淀剂如果过量太多，溶液中电解质的总浓度太大时，会产生盐效应，反而增大溶解度。另外，加入过多沉淀剂，还会使被沉淀离子发生一些副反应，使难溶电解质的溶解度增大。例如，沉淀 Ag^+，若加入太多的 NaCl 溶液，则可能形成 $[AgCl_2]^-$、$[AgCl_4]^{3-}$ 等配离子，反而使溶解度增大。

【例 8-7】 计算 298K 时，AgCl 在 $0.02mol\cdot L^{-1}$ 的 NaCl 溶液中的溶解度（已知 AgCl 在纯水中的溶解度为 $1.33\times10^{-5}mol\cdot L^{-1}$）。

解：设 AgCl 在 $0.02mol\cdot L^{-1}$ 的 NaCl 溶液中的溶解度为 $x\,mol\cdot L^{-1}$。

$$AgCl(s)\rightleftharpoons Ag^+(aq)+Cl^-(aq)$$

$$x\qquad\quad x+0.02$$

$$K_{sp}^{\ominus}(AgCl)=c_{eq}(Ag^+)c_{eq}(Cl^-)=x(x+0.02)=1.77\times10^{-10}$$

因为 x 很小，所以 $x+0.02\approx0.02$

解得：$x=8.85\times10^{-9}mol\cdot L^{-1}$

该溶解度比 AgCl 在纯水中的溶解度小约 4 个数量级，说明同离子效应可使 AgCl 的溶解度大为降低，即可使溶液中的 Ag^+ 沉淀得更为完全。

3. 分步沉淀

以上讨论的是溶液中只有一种离子时，加入适当沉淀剂生成沉淀的情况。当溶液中同时含有多种离子时，加入一种沉淀剂，可能与多种离子都能生成难溶电解质沉淀。这时，沉淀情况将会如何？

例如，在含有 $0.01mol \cdot L^{-1}$ 的 Cl^-、I^- 和 CrO_4^{2-} 的溶液中，逐滴加入 $AgNO_3$ 溶液，沉淀产生的情况如何？

根据溶度积规则，谁先满足 $Q > K_{sp}^{\ominus}$，即开始沉淀时，所需沉淀剂的浓度最小，谁就先沉淀。

AgCl 开始沉淀时，所需 Ag^+ 的浓度为：

$$c_{eq}(Ag^+) = \frac{K_{sp}^{\ominus}(AgCl)}{c_{eq}(Cl^-)} = \frac{1.77 \times 10^{-10}}{0.01} = 1.77 \times 10^{-8}$$

$$c(Ag^+) = 1.77 \times 10^{-8} mol \cdot L^{-1}$$

AgI 开始沉淀时，所需 Ag^+ 的浓度为：

$$c_{eq}(Ag^+) = \frac{K_{sp}^{\ominus}(AgI)}{c_{eq}(I^-)} = \frac{1.5 \times 10^{-16}}{0.01} = 1.5 \times 10^{-14}$$

$$c(Ag^+) = 1.5 \times 10^{-14} mol \cdot L^{-1}$$

Ag_2CrO_4 开始沉淀时，所需 Ag^+ 的浓度为：

$$c_{eq}(Ag^+) = \sqrt{\frac{K_{sp}^{\ominus}(Ag_2CrO_4)}{c_{eq}(CrO_4^{2-})}} = \sqrt{\frac{9 \times 10^{-12}}{0.01}} = 3 \times 10^{-5}$$

$$c(Ag^+) = 3 \times 10^{-5} mol \cdot L^{-1}$$

从中可以看出 AgI 开始沉淀时，所需 Ag^+ 的浓度最少，故其最先沉淀。然后是 AgCl、Ag_2CrO_4 沉淀出现，这种向离子混合溶液中加入沉淀剂，离子以先后顺序被沉淀的现象称为分步沉淀。

当 AgCl 开始沉淀时，I^- 在溶液中的情况如何呢？

当 $c(Ag^+) = 1.77 \times 10^{-8} mol \cdot L^{-1}$ 时，AgCl 开始沉淀，溶液中 I^- 的浓度为：

$$c(I^-) = \frac{K_{sp}^{\ominus}(AgI)}{c(Ag^+)} = \frac{1.5 \times 10^{-16}}{1.77 \times 10^{-8}} = 8.47 \times 10^{-9} < 1.0 \times 10^{-6}$$

说明 I^- 已沉淀完全。

同理，当 Ag_2CrO_4 开始沉淀时，$c(Cl^-) = 5.9 \times 10^{-6} mol \cdot L^{-1}$，认为 Cl^- 也沉淀完全了。

沉淀的先后顺序与难溶电解质的溶解度有关，还与被沉淀离子的初始浓度有关。初始浓度相同，沉淀类型相同，$K_{sp}^{\ominus}$ 小的先沉淀。其他情况需经计算来判断。

利用分步沉淀的原理，可对溶液中不同的离子进行分离。在科研和生产实践中，常利用金属氢氧化物溶解度之间的差异，控制溶液酸度，使某些金属氢氧化物沉淀出来，另一些金属离子保留在溶液中，从而达到分离的目的。

【例 8-8】 溶液中含有 Fe^{2+} 和 Fe^{3+}，它们的浓度都是 $0.05mol \cdot L^{-1}$。如果要求 $Fe(OH)_3$ 沉淀完全（定量），而 Fe^{2+} 不生成 $Fe(OH)_2$ 沉淀，需控制 pH 为何值？

解： 查表知 $K_{sp}^{\ominus}[Fe(OH)_2] = 4.87 \times 10^{-17}$，$K_{sp}^{\ominus}[Fe(OH)_3] = 2.64 \times 10^{-39}$

(1) 先求 Fe^{3+} 被沉淀完全所需要的 OH^- 浓度

[沉淀完全时，$c(Fe^{3+})=1.0\times10^{-6}mol\cdot L^{-1}$]

$$c(OH^-)=\sqrt[3]{\frac{K_{sp}^{\ominus}[Fe(OH)_3]}{c(Fe^{3+})}}=\sqrt[3]{\frac{2.64\times10^{-39}}{1.0\times10^{-6}}}=1.38\times10^{-11}$$

$$pOH=-\lg c(OH^-)=10.86$$

$$pH=14.00-pOH=14.00-10.86=3.14$$

(2) 求 Fe^{2+} 开始沉淀时所需要的 OH^- 浓度

$$c(OH^-)=\sqrt{\frac{K_{sp}^{\ominus}[Fe(OH)_2]}{c(Fe^{2+})}}=\sqrt{\frac{4.87\times10^{-17}}{0.05}}=3.12\times10^{-8}$$

$$pOH=-\lg c(OH^-)=7.51$$

$$pH=14.00-pOH=14.00-7.51=6.49$$

从计算结果看出，溶液的 pH 值控制在 3.14～6.49 之间，即可使 Fe^{3+} 沉淀完全而 Fe^{2+} 又不沉淀。

4. 沉淀的溶解

根据溶度积规则，要使沉淀溶解，必须使 $Q<K_{sp}^{\ominus}$，即降低难溶电解质饱和溶液中某一离子的浓度，常用的方法如下。

(1) 利用酸碱反应

许多难溶电解质的阴离子是较强的碱，如 $Fe(OH)_3$、$Mg(OH)_2$、$CaCO_3$、FeS、ZnS 等，这些难溶物的阴离子均可与 H^+ 结合为不易解离的弱酸，从而降低了离子的浓度，使这类难溶电解质在酸中的溶解度比在纯水中大。如向 $CaCO_3$ 的饱和溶液中加入稀盐酸，能使 $CaCO_3$ 溶解，生成 CO_2 气体。这就是利用酸碱反应使（碱）的浓度降低，难溶电解质 $CaCO_3$ 的多相离子平衡发生移动，因而使沉淀溶解。难溶金属氢氧化物，如 $Mg(OH)_2$ 不仅可以溶于盐酸，而且还可以溶于某些铵盐中。

$$Mg(OH)_2(s)\rightleftharpoons Mg^{2+}(aq)+2OH^-(aq)$$

$$+$$

$$2NH_4^+\rightleftharpoons 2NH_3+2H_2O$$

总反应：
$$Mg(OH)_2+2NH_4^+\rightleftharpoons Mg^{2+}+2NH_3+2H_2O$$

上述溶解过程实际上是由沉淀溶解平衡和酸碱平衡共同建立的，又称竞争平衡。其平衡常数用 $K^{\ominus}$ 表示。

$$K^{\ominus}=\frac{c_{eq}(Mg^{2+})c_{eq}^2(NH_3)}{c_{eq}^2(NH_4^+)}=\frac{K_{sp}^{\ominus}[Mg(OH)_2]}{[K_b^{\ominus}(NH_3)]^2}$$

又如：$ZnS(s)\rightleftharpoons Zn^{2+}(aq)+S^{2-}(aq)$

$$+$$

$$2H^+\rightleftharpoons H_2S$$

总反应：
$$ZnS+2H^+\rightleftharpoons Zn^{2+}+H_2S$$

$$K^{\ominus}=\frac{c_{eq}(Zn^{2+})c_{eq}(H_2S)}{c_{eq}^2(H^+)}=\frac{K_{sp}^{\ominus}(ZnS)}{K_{a1}^{\ominus}(H_2S)K_{a2}^{\ominus}(H_2S)}$$

$K^{\ominus}$ 越大，反应越彻底，其大小与物质的本性有关，与溶液的浓度无关。

【例 8-9】 现有 0.1mol $Mg(OH)_2$ 和 0.1mol 的 $Fe(OH)_3$，问需用 1L 多大浓度的铵盐

才能使它们完全溶解？（已知，$K_{sp}^{\ominus}[Mg(OH_2)]=5.6\times10^{-12}$，$K_b^{\ominus}(NH_3)=1.8\times10^{-5}$，$K_{sp}^{\ominus}[Fe(OH)_3]=2.64\times10^{-39}$）

解：(1) $Mg(OH)_2$ 溶于 NH_4^+ 的竞争平衡为

$$Mg(OH)_2+2NH_4^+ \rightleftharpoons Mg^{2+}+2NH_3+2H_2O$$

平衡浓度/mol·L^{-1}　$c_{eq}(NH_4^+)$　　0.1　2×0.1

$$K^{\ominus}=\frac{c_{eq}(Mg^{2+})c_{eq}^2(NH_3)}{c_{eq}^2(NH_4^+)}=\frac{K_{sp}^{\ominus}[Mg(OH)_2]}{[K_b^{\ominus}(NH_3)]^2}=\frac{5.6\times10^{-12}}{(1.8\times10^{-5})^2}=0.017$$

$$c_{eq}(NH_4^+)=\sqrt{\frac{c_{eq}(Mg^{2+})c_{eq}^2(NH_3)}{K^{\ominus}}}=\sqrt{\frac{0.1\times(0.2)^2}{0.017}}=0.49$$

平衡时 $c_{eq}(NH_4^+)=0.49$mol·L^{-1}。由于使 $Mg(OH)_2$ 完全溶解需用去（2×0.1）mol·L^{-1} NH_4^+，所以，共需用 NH_4^+ 为 $0.2+0.49=0.69$mol·L^{-1}。

(2) $Fe(OH)_3$ 溶于 NH_4^+ 的竞争平衡为

$$Fe(OH)_3+3NH_4^+ \rightleftharpoons Fe^{3+}+3NH_3+3H_2O$$

平衡浓度/mol·L^{-1}　$c_{eq}(NH_4^+)$　　0.1　3×0.1

$$K^{\ominus}=\frac{c_{eq}(Fe^{3+})c_{eq}^3(NH_3)}{C_{eq}^3(NH_4^+)}=\frac{K_{sp}^{\ominus}[Fe(OH)_3]}{[K_b^{\ominus}(NH_3)]^3}=\frac{2.64\times10^{-39}}{(1.8\times10^{-5})^3}=4.53\times10^{-25}$$

$$c_{eq}(NH_4^+)=\sqrt[3]{\frac{c_{eq}(Fe^{3+})c_{eq}^3(NH_3)}{K^{\ominus}}}=\sqrt[3]{\frac{0.1\times(0.3)^3}{4.53\times10^{-25}}}=1.8\times10^7$$

平衡时 $c_{eq}(NH_4^+)=1.8\times10^7$mol·L^{-1}，铵盐浓度达如此之高，是不可能的。所以 $Fe(OH)_3$ 不溶于铵盐，可以溶于盐酸。

【例 8-10】 分别将 0.1mol FeS 和 0.1mol CuS 完全溶解于 1.0L 酸液中，酸液中 $c(H^+)$ 浓度至少为多大？可用什么酸溶解？

解：0.1mol FeS 完全溶解于 1.0L 酸液中达平衡：

$$FeS+2H^+ \rightleftharpoons Fe^{2+}+H_2S$$

平衡浓度/mol·L^{-1}　$c_{eq}(H^+)$　　0.1　0.1

$$K^{\ominus}=\frac{c_{eq}(Fe^{2+})c_{eq}(H_2S)}{c_{eq}^2(H^+)}=\frac{K_{sp}^{\ominus}(FeS)}{K_{a1}^{\ominus}(H_2S)K_{a2}^{\ominus}(H_2S)}=\frac{3.7\times10^{-19}}{1.3\times10^{-7}\times7.1\times10^{-15}}=400$$

$$c_{eq}(H^+)=\sqrt{\frac{c_{eq}(Fe^{2+})c_{eq}(H_2S)}{K^{\ominus}}}=\sqrt{\frac{0.1\times0.1}{400}}=0.005$$

平衡时 $c_{eq}(H^+)=0.005$mol·L^{-1}，再加上反应中消耗 0.2mol·L^{-1}，所需 $c(H^+)$ 至少为 0.205mol·L^{-1}，可用稀盐酸溶解。

0.1mol CuS 完全溶解于 1.0L 酸液中达平衡：

$$CuS+2H^+ \rightleftharpoons Cu^{2+}+H_2S$$

平衡浓度/mol·L^{-1}　$c_{eq}(H^+)$　　0.1　0.1

$$K^{\ominus}=\frac{c_{eq}(Cu^{2+})c_{eq}(H_2S)}{c_{eq}^2(H^+)}=\frac{K_{sp}^{\ominus}(CuS)}{K_{a1}^{\ominus}(H_2S)K_{a2}^{\ominus}(H_2S)}$$

$$=\frac{1.27\times10^{-36}}{1.3\times10^{-7}\times7.1\times10^{-15}}=1.37\times10^{-15}$$

$$c_{eq}(H^+)=\sqrt{\frac{c_{eq}(Cu^{2+})c_{eq}(H_2S)}{K^{\ominus}}}=\sqrt{\frac{0.1\times0.1}{1.37\times10^{-15}}}=2.7\times10^6$$

平衡时 $c_{eq}(H^+)=2.7\times10^6 mol\cdot L^{-1}$，再加上反应中消耗 $0.2mol\cdot L^{-1}$，所需 $c(H^+)$ 的数量级至少为 $10^6 mol\cdot L^{-1}$，一般的酸不能提供这么大的浓度。但加入 HNO_3 溶液，通过发生氧化还原反应，可以将 CuS 溶解。

(2) 利用氧化还原反应

CuS 不溶于盐酸，但可溶于硝酸，是因为在金属硫化物中加入氧化剂或还原剂，有效地减少了溶液中的 S^{2-} 浓度，析出了 S，从而使其顺利溶解。

$$3CuS(s)+8HNO_3 \xlongequal{} 3Cu(NO_3)_2+3S\downarrow+2NO\uparrow+4H_2O$$

(3) 利用配位反应

向难溶电解质中加入配位剂，使其溶液中的离子转化成配离子，有效地减少了溶液中的离子浓度，使沉淀溶解平衡向溶解的方向移动。

例如：AgCl 既不溶于盐酸，也不溶于硝酸，但能溶于氨水。

$$AgCl(s)+2NH_3 \xlongequal{} [Ag(NH_3)_2]^++Cl^-$$

是由于 Ag^+ 能与 NH_3 结合生成稳定的配离子 $[Ag(NH_3)_2]^+$，从而降低了 Ag^+ 浓度，使 AgCl 溶解。

AgBr 难溶于氨水，但能溶解于 $Na_2S_2O_3$ 溶液，反应式为：

$$AgBr(s)+2S_2O_3^{2-} \xlongequal{} [Ag(S_2O_3)_2]^{3-}+Br^-$$

照相底片上未曝光的 AgBr 就可用 $Na_2S_2O_3$ 溶液（$Na_2S_2O_3\cdot5H_2O$ 俗称海波）溶解。

对于 HgS 等溶度积极小的沉淀，往往单纯地用一种方法溶解，如酸溶、氧化还原溶解或配位溶解等，效果均不好。此时可使用多种反应，同时降低其解离出的阴、阳离子浓度，从而达到溶解的目的，如 HgS 可溶于王水。

$$3HgS+12Cl^-+8H^++2NO_3^- \xlongequal{} 3[HgCl_4]^{2-}+3S\downarrow+2NO\uparrow+4H_2O$$

三、沉淀的转化

在实践中，有时需要将一种沉淀转化为另一种沉淀，锅炉中的锅垢主要成分 $CaSO_4$ 不溶于酸，且难于去除。若用 Na_2CO_3 溶液处理，则可使 $CaSO_4$ 转化为疏松的 $CaCO_3$ 沉淀，然后用酸把锅垢去除。$CaSO_4(s)\rightleftharpoons Ca^{2+}(aq)+SO_4^{2-}(aq)$

$$+$$

$$Na_2CO_3(s)\longrightarrow CO_3^{2-}(aq)+2Na^+(aq)$$

$$\Downarrow$$

$$CaCO_3(s)$$

总反应为：　$CaSO_4(s)+CO_3^{2-}(aq)\rightleftharpoons CaCO_3(s)+SO_4^{2-}(aq)$

反应的标准平衡常数为：

$$K^{\ominus}=\frac{c_{eq}(SO_4^{2-})}{c_{eq}(CO_3^{2-})}=\frac{K_{sp}^{\ominus}(CaSO_4)}{K_{sp}^{\ominus}(CaCO_3)}=\frac{2.45\times10^{-5}}{8.7\times10^{-9}}=2.8\times10^3$$

此反应的标准平衡常数较大，向右转化的程度较大。

一般来说，沉淀转化反应由溶解度大的沉淀转化为溶解度小的沉淀较容易；而把溶解度小的沉淀转化为溶解度大的沉淀较困难。若转化平衡常数不是太小，在一定条件下（增大另一种沉淀剂的浓度)，转化仍然是有可能的。

第二节　沉淀滴定分析

以沉淀反应为基础的滴定分析称为沉淀滴定法。虽然形成沉淀的反应很多，但并不是都能用于滴定分析，用于滴定分析的沉淀反应必须满足以下要求：

① 生成的沉淀应具有恒定的组成，且溶解度要小；

② 沉淀反应必须迅速，不宜形成过饱和溶液；

③ 有适当的指示剂或其他方法确定终点；

④ 沉淀的吸附不妨碍化学计量点的测定。

目前，比较有实际意义的是生成难溶性银盐的沉淀反应，例如：

$$Ag^{+}+Cl^{-} \rightleftharpoons AgCl\downarrow$$

$$Ag^{+}+SCN^{-} \rightleftharpoons AgSCN\downarrow$$

以生成难溶性银盐的沉淀反应为基础的沉淀滴定称为银量法。银量法可以测定 Cl^{-}、Br^{-}、I^{-}、Ag^{+}、CN^{-}、SCN^{-} 等，也可以测定经过处理而能定量地产生这些离子的有机物，如敌百虫、二氯酚等有机农药。

银量法根据确定终点所用指示剂不同，按创立者名字命名为莫尔（Mohr）法、佛尔哈德（Volhard）法和法扬司（Fajans）法。

一、莫尔法

1. 基本原理

莫尔法是以 K_2CrO_4 作指示剂的银量法。以测 Cl^{-} 为例，在含 Cl^{-} 的中性溶液中，加入 K_2CrO_4 指示剂，用硝酸银标准溶液滴定。由于 AgCl 的溶解度比 Ag_2CrO_4 小，根据分步沉淀原理，在用 $AgNO_3$ 滴定的过程中，溶液中首先析出 AgCl 沉淀。随着 $AgNO_3$ 溶液的不断加入，AgCl 沉淀不断生成，溶液中的 Cl^{-} 浓度愈来愈小，Ag^{+} 的浓度相应地愈来愈大。当 AgCl 定量沉淀后，过量的 Ag^{+} 与 CrO_4^{2-} 的浓度超过了 Ag_2CrO_4 的溶度积时，便出现了砖红色 Ag_2CrO_4 沉淀，借此指示滴定终点，反应为：

$$Ag^{+}+Cl^{-} \rightleftharpoons AgCl\downarrow \text{（白色）}$$

$$2Ag^{+}+CrO_4^{2-} \rightleftharpoons Ag_2CrO_4\downarrow \text{（砖红色）}$$

2. 滴定条件

（1）指示剂的用量

Ag_2CrO_4 指示终点时，溶液中的 AgCl 和 Ag_2CrO_4 均已饱和，Cl^{-}、CrO_4^{2-} 和 Ag^{+} 浓度应当同时满足 AgCl 和 Ag_2CrO_4 的溶度积，因此指示剂的用量对于指示终点有较大影响。CrO_4^{2-} 浓度过高或过低，沉淀的析出就会过早或过迟而产生一定的终点误差。

要想使溶液中的 Cl^{-} 完全沉淀为 AgCl 之后，立即析出 Ag_2CrO_4 沉淀，滴定终点与理论终点尽量相符，关键在于溶液中 K_2CrO_4 的浓度是否恰当。根据溶度积原理，理论终点时：

$$c_{eq}(Ag^{+})=c_{eq}(Cl^{-})=\sqrt{K_{sp}^{\ominus}(AgCl)}=\sqrt{1.8\times10^{-10}}=1.3\times10^{-5}(mol\cdot L^{-1})$$

$$c_{eq}(CrO_4^{2-})=\frac{K_{sp}^{\ominus}(Ag_2CrO_4)}{c_{eq}^2(Ag^+)}=\frac{K_{sp}^{\ominus}(Ag_2CrO_4)}{K_{sp}^{\ominus}(AgCl)}=\frac{2.0\times10^{-12}}{1.8\times10^{-10}}=1.1\times10^{-2}(mol\cdot L^{-1})$$

由于 K_2CrO_4 本身呈黄色，此浓度会妨碍砖红色沉淀的判断，因此指示剂的浓度以略低一些为好，要使 Ag_2CrO_4 沉淀析出，则必须多加一点 $AgNO_3$ 溶液，这样滴定剂过量，将产生正误差。根据经验，一般被滴定溶液中 CrO_4^{2-} 浓度约为 $5\times10^{-3}mol\cdot L^{-1}$时，效果较好。

K_2CrO_4 浓度降低后，要使 Ag_2CrO_4 沉淀析出，必须多加一些 $AgNO_3$ 溶液。这样终点将在化学计量点后出现，但由此产生的终点误差一般都小于 0.1%，不影响分析结果的准确度。但是如果溶液浓度较稀，例如用 $0.01000mol\cdot L^{-1}$ $AgNO_3$ 溶液滴定 $0.01000mol\cdot L^{-1}$ KCl 溶液，则终点误差可达 0.6%左右。在这种情况下，通常需要以指示剂的空白值对测定结果进行校正。

(2) 溶液的酸度

滴定溶液应为中性或弱酸、弱碱性（pH＝6.5～10.5）。若溶液为酸性，则 CrO_4^{2-} 与 H^+ 发生反应：

$$2H^+ + 2CrO_4^{2-} \rightleftharpoons 2HCrO_4^- \rightleftharpoons Cr_2O_7^{2-} + H_2O$$

降低了 CrO_4^{2-} 浓度，导致 Ag_2CrO_4 沉淀出现过迟，甚至不会沉淀。若溶液碱性太强，Ag^+ 与 OH^- 发生反应：

$$2Ag^+ + 2OH^- = Ag_2O\downarrow(\text{黑色}) + H_2O$$

析出 Ag_2O 沉淀，影响分析结果。因此莫尔法只能在中性或弱酸弱碱性（pH＝6.5～10.5）溶液中进行。如果溶液为酸性或强碱性，可用酚酞作指示剂，以稀 NaOH 溶液或稀 H_2SO_4 溶液调节至酚酞的红色刚好褪去，也可用 $NaHCO_3$、$CaCO_3$ 或 $Na_2B_4O_7$ 等预先中和，然后再滴定。

(3) 沉淀吸附

由于生成的 AgCl 沉淀容易吸附溶液中过量的 Cl^-，使溶液中 Cl^- 浓度降低，与之平衡的 Ag^+ 浓度增加，以致 Ag_2CrO_4 沉淀过早产生，引入误差，故滴定时必须剧烈摇动，使被吸附的 Cl^- 释出。AgBr 吸附 Br^- 比 AgCl 吸附 Cl^- 严重，滴定时更要注意剧烈摇动，否则，会引入较大误差。AgI 和 AgSCN 对 I^- 和 SCN^- 的吸附更为严重，所以莫尔法不适合测定 I^- 和 SCN^-。

(4) 干扰反应

能与 Ag^+ 生成沉淀的阴离子（如 PO_4^{3-}、AsO_4^{3-}、CO_3^{2-}、S^{2-} 和 $C_2O_4^{2-}$ 等）；能与 CrO_4^{2-} 生成沉淀的阳离子（如 Ba^{2+}、Pb^{2+}、Ni^{2+}等）；在中性或弱碱性溶液中发生水解的离子（如 Fe^{3+}、Al^{3+}、Bi^{3+}和 Sn^{4+}等），对测定均有干扰，应预先将其分离。另外，大量有色离子（如 Cu^{2+}、Co^{2+}、Ni^{2+}等）的颜色也会影响终点的观察，预先也要分离。

滴定溶液中不应含有氨，因为 NH_3 易与 Ag^+ 生成 $[Ag(NH_3)_2]^+$，而使 AgCl 和 Ag_2CrO_4 溶解。若溶液中有氨存在，必须用酸中和成铵盐，且使溶液 pH 控制在 pH＝6.5～7.2 为宜。

3. 应用范围

莫尔法适用于以 $AgNO_3$ 标准溶液直接滴定 Cl^-、Br^- 和 CN^- 含量，不适用于滴定 I^- 和 SCN^-。莫尔法测定 Ag^+时，不能直接用 NaCl 标准溶液滴定。这是因为在 Ag^+ 试剂中

加入 K_2CrO_4 指示剂，将立即生成大量的 Ag_2CrO_4 沉淀，而且 Ag_2CrO_4 沉淀转变成为 AgCl 沉淀的速率极慢，使测定无法进行。因此，莫尔法测定 Ag^+ 必须采用返滴定法。

二、佛尔哈德法

用铁铵矾 [$NH_4Fe(SO_4)_2 \cdot 12H_2O$] 作指示剂的银量法称为佛尔哈德法，它包括直接滴定法和返滴定法。

1. 基本原理

(1) 直接滴定法

在含 Ag^+ 的酸性溶液中，加入铁铵矾 [$NH_4Fe(SO_4)_2 \cdot 12H_2O$] 为指示剂，用 NH_4SCN (或 KSCN、NaSCN) 标准溶液直接进行滴定，其滴定反应为：

$$Ag^+ + SCN^- \rightleftharpoons AgSCN\downarrow \text{(白色)}$$

滴定达化学计量点附近时，Ag^+ 浓度迅速降低，SCN^- 浓度迅速增加，于是稍过量的 SCN^- 与铁铵矾中的 Fe^{3+} 反应生成红色 $[FeSCN]^{2+}$ 配合物，即指示化学计量点的到达，

$$Fe^{3+} + SCN^- \rightleftharpoons [Fe(SCN)]^{2+} \text{(红色)}$$

用此法在酸性溶液中直接测定 Ag^+ 时，AgSCN 沉淀对 Ag^+ 有强烈的吸附作用，使终点提前，结果偏低。因此，在滴定接近终点时，必须剧烈摇动以破坏吸附。

(2) 返滴定法

在含卤化物的酸性溶液中，先加入已知且定量的 $AgNO_3$ 标准溶液，与待测卤素离子反应完全，然后以铁铵矾为指示剂，用 NH_4SCN 标准溶液滴定剩余的 $AgNO_3$，有关反应为：

$$Ag^+\text{(过量)} + X^- \rightleftharpoons AgX\downarrow + Ag^+\text{(剩余)}$$

$$Ag^+\text{(剩余)} + SCN^- \rightleftharpoons AgSCN\downarrow \text{(白色)} \qquad K_{sp}^{\ominus} = 1.0\times10^{-12}$$

指示反应： $Fe^{3+} + SCN^- \rightleftharpoons [Fe(SCN)]^{2+}$ (红色) $\qquad K_f^{\ominus} = 138$

如果待测离子为 Cl^-，则要注意避免 AgCl 沉淀转化为溶解度更小的 AgSCN 沉淀。

$$AgCl + SCN^- \rightleftharpoons AgSCN\downarrow + Cl^-$$

此转化较为缓慢，所以溶液中出现了红色之后，随着不断的摇动溶液，红色又会消失，得不到正确的终点。

为了避免上述误差，通常可采用以下措施之一。

① 分离法。试液中加入一定量过量的 $AgNO_3$ 标准溶液之后，将溶液煮沸，使 AgCl 凝聚，以减少 AgCl 沉淀对 Ag^+ 的吸附。滤去沉淀，并用稀 HNO_3 充分洗涤沉淀，将洗涤液和滤液合并，再用 SCN^- 标准溶液返滴定过量的 Ag^+。但此项操作繁杂且易造成损失。

② 覆盖保护法。试液中加入一定量过量的 $AgNO_3$ 标准溶液后，加入有机溶剂（如硝基苯、1,2-二氯乙烷）1～2mL，用力摇动，使 AgCl 沉淀的表面上包裹一层有机溶剂，避免沉淀与外部溶液接触，阻止 AgCl 沉淀的转化，这个方法较为简便，但硝基苯毒性较强，需注意回收处理污染物。

用返滴定法测定 Br^- 和 I^- 时，由于 AgI 和 AgBr 的溶解度均比 AgSCN 小，不会发生沉淀转化反应，所以不必将沉淀过滤或加入有机溶剂。值得注意的是用此法测定 I^- 时，应首先加入过量 $AgNO_3$，再加铁铵矾指示剂，否则 Fe^{3+} 将氧化 I^- 为 I_2，影响分析结果的准确度。

2. 滴定条件

① 溶液酸度一般控制为 $0.1\sim1.0 mol\cdot L^{-1}$，否则 Ag^+ 和 Fe^{3+} 会发生水解，无法得到

准确的终点。

② 指示剂的用量一般控制为 0.015mol·L^{-1}，在滴定的突跃范围出现红色，滴定误差不会超过 0.1%。

③ 滴定时，必须充分摇动，使 AgSCN 吸附的 Ag^+ 释放出来，被准确滴定。

④ 强氧化剂和氮的低价氧化物以及铜盐、汞盐都与 SCN^- 作用，因而干扰测定，必须预先除去。

⑤ 滴定不宜在高温条件下进行，否则会使红色的 $[Fe(SCN)]^{2+}$ 颜色褪去。

3. 应用范围

采用直接滴定法可测定 Ag^+ 等，采用返滴定法可测定 Cl^-、Br^-、I^-、SCN^- 等。此外，一些重金属硫化物也可以用佛尔哈德法测定，即在硫化物沉淀的悬浮液中加入已知过量的 $AgNO_3$ 标准溶液，发生沉淀转化反应。例如，

$$CdS + 2Ag^+ \rightleftharpoons Ag_2S\downarrow + Cd^{2+}$$

将沉淀过滤后，再用 NH_4SCN 标准溶液返滴定过量的 Ag^+，从而求出硫化物的含量。

佛尔哈德法最大的优点是可以在酸性溶液中进行滴定，许多弱酸根离子如 PO_4^{3-}、AsO_4^{3-}、CrO_4^{2-} 等都不干扰测定，因而选择性高，且该法比莫尔法应用广泛。

三、法扬司法

用吸附指示剂确定滴定终点的银量法称为法扬司法。

1. 基本原理

吸附指示剂是一类有色的有机化合物，它被吸附在胶体微粒表面后，分子结构发生变化，从而引起颜色的变化。通常的吸附指示剂有荧光黄、二氯荧光黄、曙红、溴甲酚氯等。

例如用 $AgNO_3$ 标准溶液测定 Cl^- 含量时，常用荧光黄作指示剂。荧光黄是一种有机弱酸，可用 HFIn 表示，在溶液中它可解离为荧光黄阴离子 FIn^-，呈黄绿色。

$$HFIn \rightleftharpoons H^+ + FIn^-$$

在化学计量点之前，溶液中存在过量 Cl^-，AgCl 沉淀胶体微粒吸附 Cl^- 而带负电荷，不吸附指示剂阴离子 FIn^-，溶液呈现 FIn^- 的黄绿色；而在化学计量点后，AgCl 沉淀胶体微粒吸附 Ag^+ 而带正电荷，形成 $AgCl\cdot Ag^+$，它强烈地吸附 FIn^-，并使其分子结构发生改变，出现由黄绿变成淡红的颜色变化，指示终点的到达。其反应过程如下：

$$AgCl\cdot Ag^+ + FIn^-\text{（黄绿色）} \xrightarrow{\text{吸附}} AgCl\cdot Ag^+|FIn^-\text{（粉红色）}$$

2. 滴定条件

① 吸附指示剂的颜色变化发生在沉淀微粒表面上，所以，应尽可能使卤化银沉淀呈胶体状态，具有较大的表面积。在滴定前将溶液稀释，并加入糊精、淀粉等高分子化合物作为胶体保护剂，以防止 AgCl 沉淀凝聚。

② 胶体微粒对指示剂离子的吸附能力，应略小于对被测离子的吸附能力，否则指示剂将在化学计量点前变色，但如果吸附能力太差，终点时变色也不敏锐。胶体微粒对指示剂和卤素离子的吸附能力大小顺序如下：

$$I^- > SCN^- > Br^- > \text{曙红} > Cl^- > \text{荧光黄}$$

③ 常用的吸附指示剂大多是有机弱酸，起终点指示作用的是它们的阴离子。若 pH 太高，则形成 Ag_2O 沉淀，且吸附指示剂电离过强，可能在理论终点前被吸附；若溶液 pH 太

低，H^+ 与指示剂阴离子结合成不被吸附的分子，不易被正电溶胶所吸附。常用的吸附指示剂及其酸度条件见表 8-1。

表 8-1　常用的吸附指示剂和滴定酸度条件

指示剂	被测离子	滴定剂	酸度(pH)
荧光黄	Cl^-、Br^-、I^-、SCN^-	Ag^+	7～10
二氯荧光黄	Cl^-、Br^-、I^-、SCN^-	Ag^+	4～6
曙红	Br^-、I^-、SCN^-	Ag^+	2～10
溴甲酚绿	SCN^-	Ag^+	4～5
甲基紫	SO_4^{2-}、Ag^+	Ba^{2+}、Cl^-	酸性溶液
二甲基二碘荧光黄	I^-	Ag^+	中性

④ 溶液中被滴定离子的浓度不能太低，因为浓度太低时，沉淀量小，确定终点比较困难。如用 $AgNO_3$ 溶液滴定 Cl^- 时，Cl^- 浓度要求在 $0.005mol \cdot L^{-1}$ 以上，但 Br^-、I^-、SCN^- 等的灵敏度稍高，浓度低至 $0.001mol \cdot L^{-1}$ 仍可准确滴定。

⑤ 滴定过程中应避免强光照射。因为卤化银沉淀对光敏感，遇光易分解析出金属银，使沉淀很快转变为灰黑色，影响终点观察。

3. 应用范围

法扬司法可适用于 Cl^-、Br^-、I^-、SCN^- 和 Ag^+ 等的测定。

四、沉淀滴定分析的应用

1. 硝酸银、硫氰酸铵标准溶液的配制与标定

银量法中常用的标准溶液是 $AgNO_3$ 和 NH_4SCN（或 KSCN）溶液。

（1）$AgNO_3$ 标准溶液的配制与标定

若有很纯的 $AgNO_3$ 固体，则可在干燥后直接用来配制 $AgNO_3$ 标准溶液。但 $AgNO_3$ 固体往往含有杂质，需用标定法配制。标定 $AgNO_3$ 溶液常用的基准物质是 NaCl 固体。

在配制 $AgNO_3$ 溶液时，应使用不含 Cl^- 的纯净水。$AgNO_3$ 固体或溶液都应保存在密闭的棕色试剂瓶中。

（2）NH_4SCN 标准溶液的配制与标定

NH_4SCN 试剂一般含有杂质，而且易潮解，只能用标定法配制。标定 NH_4SCN 溶液最简便的方法是以铁铵矾做指示剂，取一定量已标定的 $AgNO_3$ 为标准溶液，用 NH_4SCN 溶液直接滴定。

【例 8-11】 称取基准物质 NaCl 0.2000g，溶于水后，加 $AgNO_3$ 标准溶液 50.00mL，以铁铵矾为指示剂，用 NH_4SCN 标准溶液滴定至微红色，用去 NH_4SCN 标准溶液 25.00mL。已知 1.00mL NH_4SCN 标准溶液相当于 1.20mL $AgNO_3$ 标准溶液，计算 $AgNO_3$ 和 NH_4SCN 溶液的浓度。

解： 已知 NaCl 的摩尔质量为 $58.44g \cdot mol^{-1}$。

$$c(AgNO_3)=\frac{0.2000g \times 1000mL \cdot L^{-1}}{58.44g \cdot mol^{-1} \times (50.00mL-1.20 \times 25.00mL)}$$
$$=0.1711mol \cdot L^{-1}$$

$$c(NH_4SCN)=\frac{0.1711mol\cdot L^{-1}\times 1.20mL}{1.00mL}=0.2053mol\cdot L^{-1}$$

2. 可溶性氯化物中氯的测定

可溶性氯化物中氯的测定一般采用莫尔法。若试样中含有 PO_4^{3-}、AsO_4^{3-} 等时，在中性或微碱性条件下，也能和 Ag^+ 生成沉淀，干扰测定。因此，只能采用佛尔哈德法进行测定，因为在酸性条件下，这些阴离子都不会与 Ag^+ 生成沉淀，从而避免干扰。

3. 银合金中银的测定

将银合金溶于 HNO_3 中，制成溶液：

$$Ag+NO_3^-+2H^+ \longrightarrow Ag^+ +NO_2\uparrow +H_2O$$

在溶解试样时，须煮沸溶液以除去氮的低价氧化物，以免发生如下的副反应而影响终点的观察：

$$HNO_2+H^+ +SCN^- \rightleftharpoons NOSCN(红色)+H_2O$$

试样溶解后，加入铁铵矾指示剂，用 NH_4SCN 标准溶液滴定，根据试样的质量和滴定用去 NH_4SCN 标准溶液的浓度和体积，计算银的质量分数。

本章小结

1. 基本概念：沉淀-溶解平衡；溶度积与溶解度的换算；溶度积规则；分步沉淀；沉淀的溶解（酸碱反应、氧化还原反应、配位反应）；沉淀的转化；沉淀滴定分析（银量法）。

2. 溶度积（标准平衡常数 $K_{sp}^{\ominus}$ 称为难溶电解质的溶度积常数）

$$A_nB_m(s) \rightleftharpoons nA^{m+}(aq)+mB^{n-}(aq) \qquad K_{sp}^{\ominus}(A_nB_m)=c_{eq}^n(A^{m+})c_{eq}^m(B^{n-})$$

3. 溶度积 $K_{sp}^{\ominus}$ 与溶解度 s 的换算关系：

$$A_nB_m(s) \rightleftharpoons nA^{m+}(aq)+mB^{n-}(aq) \qquad s=\sqrt[m+n]{\frac{K_{sp}^{\ominus}}{m^m n^n}}$$

4. 利用热力学函数计算 $K_{sp}^{\ominus}$：$\Delta_r G_m^{\ominus}=-2.303RT\lg K_{sp}^{\ominus}$

5. 溶度积规则

对于难溶电解质 A_nB_m，离子积 $Q=c^n(A^{m+})c^m(B^n)$，则

① 若 $Q>K_{sp}^{\ominus}$，溶液为过饱和溶液。此时沉淀溶解反应向生成沉淀的方向进行，直到达成新的平衡，即沉淀生成。

② 若 $Q=K_{sp}^{\ominus}$，溶液为饱和溶液，处于平衡状态。

③ 若 $Q<K_{sp}^{\ominus}$，溶液为不饱和溶液。若溶液中有固体存在，沉淀溶解反应向沉淀溶解的方向进行，直到达成新的平衡，即沉淀溶解。

6. 沉淀滴定分析的要求

①生成的沉淀应具有恒定的组成，且溶解度要小；②沉淀反应必须迅速，不宜形成过饱和溶液；③有适当的指示剂或其他方法确定终点；④沉淀的吸附不妨碍化学计量点的测定。

7. 银量法

分类	莫尔法	佛尔哈德法	法扬司法
指示剂	K_2CrO_4	$NH_4Fe(SO_4)_2$	吸附指示剂
滴定剂	$AgNO_3$	SCN^-	$AgNO_3$ 或 Cl^-
滴定反应	$Ag^+ + Cl^- \longrightarrow AgCl\downarrow$	$Ag^+ + SCN^- \longrightarrow AgSCN\downarrow$	$Ag^+ + Cl^- \longrightarrow AgCl\downarrow$
指示反应	$2Ag^+ + CrO_4^{2-} \longrightarrow Ag_2CrO_4\downarrow$	$Fe^{3+} + SCN^- \longrightarrow FeSCN^{2+}$	$AgCl \cdot Ag^+ + FIn^- \longrightarrow AgCl \cdot Ag^+ \cdot FIn^-$
酸度	pH=6.5～10.5	0.1～1mol·L^{-1}硝酸介质	$10 > pH > pK_{a,HFIn}$
测定对象	直接滴定:Cl^-、Br^-、CN^- 返滴定:Ag^+	直接滴定:Ag^+;返滴定:Cl^-、Br^-、I^-、SCN^-等	直接滴定:Cl^-、Br^-、I^-、SCN^-、Ag^+等

思考题与习题

1. 已知 AgI 的 $K_{sp}^{\ominus}=1.5\times10^{-16}$，求其在纯水和 0.01mol·L^{-1} KI 溶液中的溶解度（g·L^{-1}）。
2. $PbCl_2$ 在 0.13mol·L^{-1} $PbAc_2$ 溶液中的溶解度为 5.7×10^{-3} mol·L^{-1}，计算该温度下 $PbCl_2$ 的 $K_{sp}^{\ominus}$。
3. $Ca(OH)_2$ 的 $K_{sp}^{\ominus}$ 为 5.5×10^{-6}，试计算其饱和溶液的 pH。
4. 将 20mL 0.5mol·L^{-1} $MgCl_2$ 溶液与 20mL 0.1mol·L^{-1} 氨水混合，有无 $Mg(OH)_2$ 沉淀生成？为防止沉淀生成，应加入多少克 NH_4Cl (s)（忽略体积变化）？
5. 在 0.02mol·L^{-1}的 Fe^{2+} 和 0.02mol·L^{-1} NH_3 的混合溶液中，要使 $Fe(OH)_2$ 不沉淀出来，最少需要多大浓度的 NH_4^+？
6. 某溶液中含有 Fe^{3+} 和 Fe^{2+}，它们的浓度都是 0.05mol·L^{-1}，如果要求 $Fe(OH)_3$ 定性沉淀完全而 Fe^{2+} 不生成 $Fe(OH)_2$ 沉淀，溶液 pH 应控制在何范围？
7. 等体积的 0.1mol·L^{-1} KCl 和 0.1mol·L^{-1} K_2CrO_4 相混合，逐滴加入 $AgNO_3$ 溶液时，问 AgCl 和 Ag_2CrO_4 哪种沉淀先析出？
8. 欲使 0.010mol ZnS 溶于 1.0L 盐酸溶液中，问所需 HCl 的最低浓度为多少？
9. 某溶液中含有 Ag^+、Pb^{2+}、Ba^{2+}、Sr^{2+}，各离子浓度均为 0.10mol·L^{-1}，如果加 K_2CrO_4 溶液，溶液体积忽略不计，通过计算说明上述离子的铬酸盐开始沉淀的顺序[已知 $K_{sp}^{\ominus}(PbCrO_4)=1.77\times10^{-14}$，$K_{sp}^{\ominus}(BaCrO_4)=1.6\times10^{-10}$，$K_{sp}^{\ominus}(Ag_2CrO_4)=2.0\times10^{-12}$，$K_{sp}^{\ominus}(SrCrO_4)=2.2\times10^{-5}$]
10. 选择题：

(1) 有一难溶强电解质 M_2X_1，其溶度积为 $K_{sp}^{\ominus}$，则其溶解度 s 的表示式为（　　）。

A. $s=K_{sp}^{\ominus}$　　B. $s=(K_{sp}^{\ominus}/2)^{1/2}$　　C. $s=(K_{sp}^{\ominus})^{1/2}$　　D. $s=(K_{sp}^{\ominus}/4)^{1/3}$

(2) 难溶电解质 A_2B 的溶液中，有下列平衡 $A_2B(s) \rightleftharpoons 2A^+(aq) + B^{2-}(aq)$，$c_{eq}(A^+)=X$，$c_{eq}(B^{2-})=Y$，则 A_2B 的 $K_{sp}^{\ominus}$ 值可表示为（　　）。

A. $K_{sp}^{\ominus}=(2X)^2Y$　　B. $K_{sp}^{\ominus}=XY$

C. $K_{sp}^{\ominus}=X^2Y$　　D. $K_{sp}^{\ominus}=X^2(1/2Y)$

(3) 已知 $K_{sp}^{\ominus}(AgCl)=1.8\times10^{-10}$，AgCl 在 0.001mol·L^{-1} NaCl 溶液中的溶解度为（　　）mol·L^{-1}。

A. 1.8×10^{-10}　　B. 1.34×10^{-5}　　C. 0.001　　D. 1.8×10^{-7}

(4) 向一含 Pb^{2+} 和 Sr^{2+} 的溶液中逐滴加入 Na_2SO_4，首先有 $SrSO_4$ 生成。由此可知：

A. $K_{sp}^{\ominus}(PbSO_4) > K_{sp}^{\ominus}(SrSO_4)$　　B. $c(Pb^{2+}) > c(Sr^{2+})$

C. $c(Pb^{2+})/c(Sr^{2+}) > K_{sp}^{\ominus}(PbSO_4)/K_{sp}^{\ominus}(SrSO_4)$

D. $c(Pb^{2+})/c(Sr^{2+}) < K_{sp}^{\ominus}(PbSO_4)/K_{sp}^{\ominus}(SrSO_4)$

(5) $CaCO_3$ 在下列溶液中的溶解度较大的是（　　）。

A. $Ca(NO_3)_2$　　B. Na_2CO_3　　C. $NaNO_3$　　D. 无法判断

11. 下列各情况，分析结果是准确、偏低还是偏高，为什么？

（1）pH＝4 时莫尔法滴定 Cl^-；

（2）法扬司法滴定 Cl^- 时，用曙红做指示剂；

（3）佛尔哈德法测定 Cl^- 时，溶液中未加硝基苯。

12. 说明用下列方法进行测定是否会引入误差，如有误差，指出偏高还是偏低？

（1）吸取 $NaCl+H_2SO_4$ 试液后，立刻用莫尔法测 Cl^-；

（2）中性溶液中用莫尔法测定 Br^-；

（3）用莫尔法测定 pH＝8 的 KI 溶液中的 I^-；

（4）用莫尔法测定 Cl^-，但配制的 K_2CrO_4 指示剂溶液浓度过稀。

13. 在含有相等浓度 Cl^- 和 I^- 的溶液中，滴入 $AgNO_3$ 溶液，哪一种先沉淀？第二种离子开始沉淀时，Cl^- 与 I^- 的浓度比是多少？

14. 称取 1.9221g 分析纯 KCl 加水溶解后，在 250mL 容量瓶中定容，取出 20.00mL 用 $AgNO_3$ 溶液滴定，用去 18.30mL，求 $AgNO_3$ 溶液浓度为多少？

15. 在 25.00mL $BaCl_2$ 溶液中加入 40.00mL 0.1020mol·L^{-1} $AgNO_3$ 溶液，过量的 $AgNO_3$ 标准溶液在返滴定中用去 15.00mL 0.0980mol·L^{-1}的 NH_4SCN 标准溶液。试求 250mL 试样中含有多少克 $BaCl_2$？

16. 称取一含银溶液 2.075g，加入适量 HNO_3，以铁铵矾为指示剂，消耗了 25.50mL 0.04634mol·L^{-1} 的 NH_4SCN 溶液，计算溶液中银的质量分数？

17. 有生理盐水 10.00mL，加入 K_2CrO_4 指示剂，以 0.1043mol·L^{-1} $AgNO_3$ 标准溶液滴定至出现砖红色，用去 $AgNO_3$ 标准溶液 14.58mL，计算生理盐水中 NaCl 的质量浓度。

第九章

分光光度分析法

第一节 概 述

根据物质分子对光吸收的选择性而建立起来的对物质进行定性与定量的分析方法，称为分光光度法。包括紫外分光光度法、可见分光光度法和红外分光光度法等。本章重点讨论可见光区的分光光度法。与化学分析方法相比，分光光度法具有以下特点。

① 灵敏度高　分光光度法主要用于测定试样中微量或痕量组分的含量。测定物质浓度下限一般可达 $10^{-5}\sim10^{-6}mol\cdot L^{-1}$。

② 准确度高　分光光度法测定的相对误差为 2%～5%。精密分光光度计的使用，相对误差可减小至 1%～2%。

③ 仪器简便，测定快速　分光光度法的仪器构造简单、测定条件简便、易于操作。而灵敏度高且选择性好的显色剂和掩蔽剂的使用，使得对复杂体系中某一组分的测定和分析更为方便和快捷。

④ 应用广泛　分光光度法能测定许多无机离子和有机化合物，既可测定微量组分的含量，也可用于一些物质的反应机理及化学平衡研究，如测定配合物的组成和配合物的平衡常数，弱酸、弱碱的解离常数等。

第二节 分光光度分析的基本原理

一、溶液的颜色和对光的选择性吸收

1. 光的基本性质

光是一种电磁波，波长范围在 $10^{-1}\sim10^{12}nm$（$1m=10^{9}nm$）之间，可依次分为 X 射线、紫外线、可见光、红外线、微波及无线电波，具体划分情况见表 9-1。

人的眼睛能感觉到的光称为可见光（visible light）。在可见光区内，不同波长的光具有不同的颜色，由一种波长组成的光称为单色光，由两种或两种以上波长组成的光称为复合光。日常所见到的太阳光、白炽灯光、日光灯光等白光都是复合光，它是由 400～760nm 波

长范围内的红、橙、黄、绿、青、蓝、紫等各种颜色的光按一定比例混合而成的。

表 9-1　电磁波谱

区域	λ/nm	区域	λ/nm
X 射线	10^{-1}～10	近红外线	760～5×10^{4}
远紫外线	10～200	远红外线	5×10^{4}～1×10^{6}
近紫外线	200～400	微波	1×10^{6}～1×10^{9}
可见光	400～760	无线电波	1×10^{9}～1×10^{12}

实验证明，如果将两种适当颜色（如黄色与蓝色、绿色与紫色等）的单色光按一定强度比例混合，也可以得到白光，通常将这两种颜色的单色光互称为互补色光。图 9-1 中处于直线关系的两种颜色的光即是互补色光。

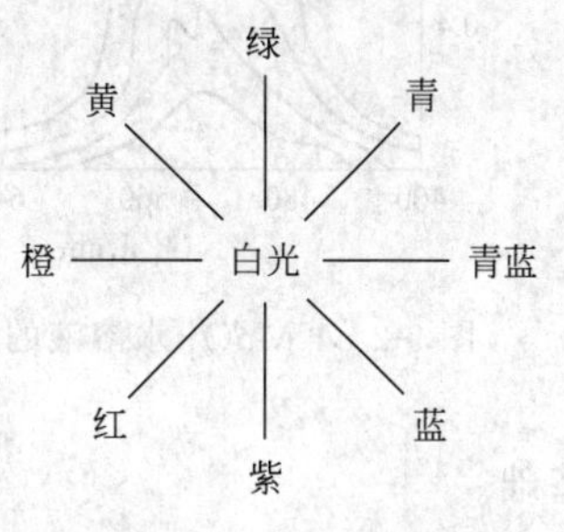

图 9-1　互补光示意图

2. 溶液的颜色和对光的选择性吸收

物质呈现的颜色是由其对光吸收的选择性决定的。当一束白光通过某溶液时，如果溶液对各种颜色的光均不吸收，或虽有吸收，但对各种颜色的光吸收程度相同，则溶液为无色；如果溶液只吸收了白光中某一单色光，而其余的光都透过溶液，则溶液呈现出透过光的颜色。在透过光中，除吸收光的互补色光外，其他的光都互补为白光，所以溶液呈现的恰是吸收光的互补色光的颜色。例如，$CuSO_4$ 溶液选择性地吸收了白光中的黄色光而呈现其互补色蓝色；$KMnO_4$ 溶液选择性地吸收了白光中的绿色光而呈现紫红色。表 9-2 列出了溶液颜色与吸收光颜色和波长的关系，可以作为测定时选择入射光波长范围的参考。

表 9-2　溶液颜色与吸收光颜色和波长的关系

溶液颜色	吸收光		溶液颜色	吸收光	
	颜色	λ/nm		颜色	λ/nm
黄绿	紫	400～450	紫	黄绿	560～580
黄	蓝	450～480	蓝	黄	580～600
橙	绿蓝	480～490	绿蓝	橙	600～650
红	蓝绿	490～500	蓝绿	红	650～760
紫红	绿	500～560			

3. 吸收光谱

研究溶液对光吸收的选择性，可让各种波长的单色光依次通过一定浓度的某溶液，测量并记录该溶液对各种单色光的吸收程度（吸光度 A），然后以波长为横坐标，吸光度为纵坐标作图，所得到的曲线便可用来说明溶液对不同波长单色光吸收程度的相对大小。这种曲线称为物质的光吸收曲线或吸收光谱（absorption spectrum），对应于光吸收程度最大处的波长称最大吸收波长（maximum absorption），以 $\lambda_{最大}$ 或 λ_{max} 表示。在 λ_{max} 处测定吸光度灵敏度最高，故吸收光谱是分光光度法中选择入射光波长的重要依据。

吸收光谱可以清楚、直观地反映出物质对不同波长光的吸收情况。图 9-2 是四种不同浓度的 $KMnO_4$ 溶液的吸收光谱（a、b、c、d 对应的浓度分别为 $1\times10^{-4}mol\cdot L^{-1}$、$3\times10^{-4}mol\cdot L^{-1}$、$5\times10^{-4}mol\cdot L^{-1}$、$7\times10^{-4}mol\cdot L^{-1}$）。由图可知：①在可见光范围内，$KMnO_4$ 溶液对不同波长的光吸收情况不同，对波长为 525nm 的绿色光吸收程度最大，在

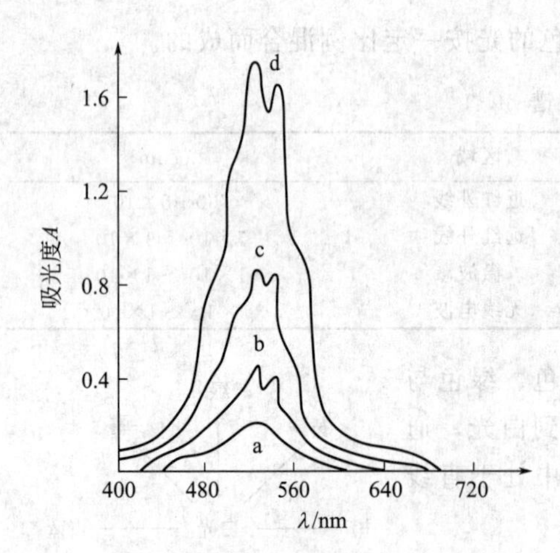

图 9-2　$KMnO_4$ 水溶液的吸收光谱

525nm 波长处出现最大吸收峰，即 $\lambda_{max}=525nm$；②四种不同浓度的 $KMnO_4$ 溶液的吸收光谱形状基本相同，最大吸收波长不随浓度的变化而改变；不同物质的吸收光谱形状和最大吸收波长均不相同，各种物质均有它的特征吸收光谱，以此可作为定性分析的依据；③不同浓度的 $KMnO_4$ 溶液对同一波长的光吸收程度随溶液浓度的增加而增大。这种溶液的浓度与其对某一单色光的吸光度之间的量的关系便可作为定量分析的依据。

二、光吸收定律——朗伯-比耳定律

朗伯-比耳（Lambert-Beer）定律是光吸收的基本定律，是分光光度法进行定量分析的理论基础。

1. 朗伯-比耳定律

由以上讨论可知，物质对光吸收的量的多少除与物质的本性有关外，对于溶液来说还与其浓度有关，不难理解也应该和光通过的溶液的厚度有关。早在 1760 年朗伯（Lambert）就推导了物质吸光度与吸收介质厚度之间的定量关系；1852 年比耳（Beer）进一步确定了吸光度与溶液浓度及介质厚度之间的关系。如图 9-3 所示，当一束平行的、强度为 I_0 的单色光垂直照射于厚度为 b、浓度为 c 的单位截面积的均匀液层时，由于溶液中吸光质点对入射光部分吸收，使透过光强度降至 I_t。通过数学推导可得到如下关系式：

$$A=\lg\frac{I_0}{I_t}=kbc \tag{9-1}$$

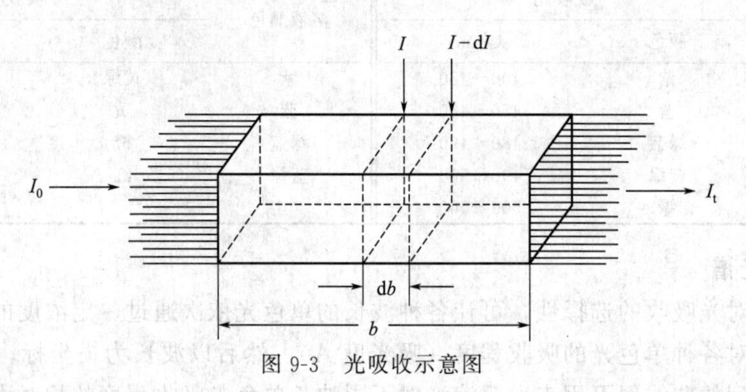

图 9-3　光吸收示意图

式(9-1) 就是朗伯-比耳定律的数学表达式。式中的 $\lg\frac{I_0}{I_t}$ 表示溶液对光的吸收程度，称为吸光度（absorbance），用 A 表示；b 为液层厚度，单位是 cm；k 为比例常数，当溶液浓度 c 的单位为 $g \cdot L^{-1}$ 时，比例常数 k 以 a 表示，称为吸光系数（absorption coefficient），单位为 $L \cdot g^{-1} \cdot cm^{-1}$，这时式(9-1) 为：

$$A=abc \tag{9-2}$$

当溶液浓度 c 的单位为 $mol \cdot L^{-1}$ 时，比例常数 k 以 ε 表示，称为摩尔吸光系数（molar absorptivity），单位为 $L \cdot mol^{-1} \cdot cm^{-1}$，这时式(9-1) 为：

$$A=\varepsilon bc \tag{9-3}$$

朗伯-比耳定律的意义是：当一束平行单色光通过均匀的、非散射性的溶液时，溶液的吸光度与溶液的浓度和液层厚度成正比。此定律不仅适用于可见光，也适用于红外线和紫外线；不仅适用于均匀的、非散射性的溶液，也适用于气体和均质固体，但辐射与物质之间应只有吸收而没有荧光和光化学现象。

此外，在含有多种吸光物质的溶液中，只要各种组分之间相互不发生化学反应，朗伯-比耳定律适用于溶液中每一种吸收物质。故当某一波长的单色光通过这样一种多组分溶液时，由于各种吸光物质对光均有吸收作用，溶液的总吸光度应等于各吸收物质的吸光度之和，即吸光度具有加和性。设体系中有 n 个组分，则在任一波长处的总吸光度 $A_{总}$ 可以表示为：

$$A_{总}=A_1+A_2+\cdots+A_n=\varepsilon_1 bc(1)+\varepsilon_2 bc(2)+\cdots+\varepsilon_n bc(n) \tag{9-4}$$

在吸光光度分析中，也常用透光率（transmittance）来表示光的吸收程度。透过光强度 I_t 与入射光强度 I_0 之比，称为透光率或透射比，用 T 表示，即

$$T=\frac{I_t}{I_0} \tag{9-5}$$

很显然，吸光度与透光率的关系为：

$$A=\lg\frac{I_0}{I_t}=\lg\frac{1}{T}=-\lg T \tag{9-6}$$

或

$$T=10^{-A} \tag{9-7}$$

【例 9-1】 有一浓度为 $1.6\times10^{-5}\text{mol}\cdot\text{L}^{-1}$ 的有色溶液，在 430nm 处的摩尔吸光系数为 $3.3\times10^4\text{L}\cdot\text{mol}^{-1}\cdot\text{cm}^{-1}$，液层厚度为 1.0cm，计算其吸光度和透光率。

解： $A=\varepsilon bc=3.3\times10^4\text{L}\cdot\text{mol}^{-1}\cdot\text{cm}^{-1}\times1.0\text{cm}\times1.6\times10^{-5}\text{mol}\cdot\text{L}^{-1}=0.53$

$$T=10^{-A}=10^{-0.53}=0.30=30\%$$

2. 摩尔吸光系数

摩尔吸光系数 ε 的物理意义是：当溶液的浓度为 $1\text{mol}\cdot\text{L}^{-1}$、液层厚度为 1cm 时溶液对特定波长光的吸收能力。ε 值在数值上虽等于浓度为 $1\text{mol}\cdot\text{L}^{-1}$、液层厚度为 1cm 时溶液的吸光度，但是，在实际分析中，一般不能直接取 $1\text{mol}\cdot\text{L}^{-1}$ 这样高浓度的溶液来测定，而是测定适当低浓度吸光物质溶液的吸光度，然后计算出 ε 值。

【例 9-2】 用邻二氮菲光度法测定铁。已知 Fe^{2+} 浓度为 $1000\mu\text{g}\cdot\text{L}^{-1}$，液层厚度为 2.0cm，在波长 510nm 处测得吸光度为 0.38，计算摩尔吸光系数。

解：

$$A=\varepsilon bc$$

$$c=\frac{1000\times10^{-6}\text{g}\cdot\text{L}^{-1}}{55.85\text{g}\cdot\text{mol}^{-1}}=1.8\times10^{-5}\text{mol}\cdot\text{L}^{-1}$$

$$\varepsilon=\frac{A}{bc}=\frac{0.38}{2.0\text{cm}\times1.8\times10^{-5}\text{mol}\cdot\text{L}^{-1}}=1.1\times10^4\text{L}\cdot\text{mol}^{-1}\cdot\text{cm}^{-1}$$

由于摩尔吸光系数 ε 值与吸收波长有关，也与仪器的测量精度有关，在书写时应标明波长。例如，上述邻二氮菲铁的 ε 值应表示为 $\varepsilon_{510}=1.1\times10^4\text{L}\cdot\text{mol}^{-1}\cdot\text{cm}^{-1}$。

摩尔吸光系数反映吸光物质对某一波长光的吸收能力，也反映了用吸光光度法测定该吸光物质的灵敏度。ε 值的大小决定于入射光的波长和吸光物质的吸光特性，也受溶剂和温度的影响，而与吸收物质的浓度和吸收光程无关。不同的吸光物质具有不同的 ε 值；同一吸光物质对不同波长的光具有不同的 ε 值。有色化合物的摩尔吸光系数 ε 是衡量显色反应灵敏度

的重要指标。一般来说，$\varepsilon < 2\times10^4$，灵敏度较低；$\varepsilon$ 在 $2\times10^4 \sim 6\times10^4$ 之间灵敏度中等；ε 在 $6\times10^4 \sim 1\times10^5$ 之间灵敏度高，而 $\varepsilon > 10^5$ 则灵敏度超高。

第三节　分光光度计的构成和类型

一、分光光度计的构成

分光光度计构造框图如图 9-4 所示。各种光度计尽管构造各不相同，但其基本构造都相同。其中光源用来提供波长范围较广的复合光，复合光经过单色器分解为单色光。待测的吸光物质溶液放在吸收池中，当强度为 I_0 的单色光通过时，一部分光被吸收，强度为 I_t 的透射光照射到检测器上，通过光电转换将光信号转换为电流 i，最后由数据处理及读出装置检测电流，或直接采集数字信号进行处理。

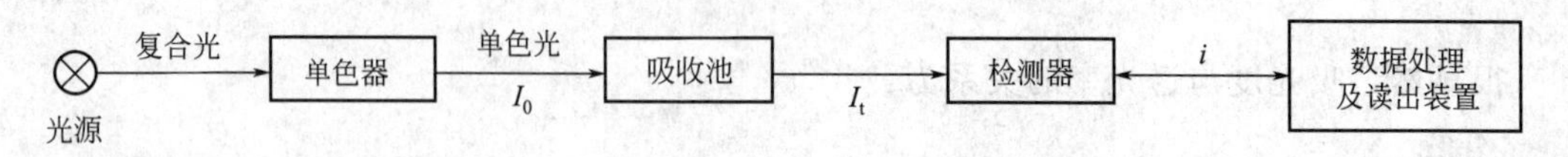

图 9-4　分光光度计构造框图

分光光度计主要由光源、单色器、吸收池、检测器和显示记录系统五大部件组成。

1. 光源

可见光区通常用 6～12V 钨丝灯作光源，发出的连续光谱波长在 360～1000nm 范围内。为了获得准确的测定结果，要求光源稳定，通常要配置稳压器。为了得到平行光，仪器中都装有聚光镜和反射镜等。

2. 单色器

入射光为单色光是朗伯-比耳定律的前提条件之一，单色器就是将光源发出的连续光分解为单色光，并可从中分出任一波长单色光的装置，一般由狭缝、色散元件及透镜系统组成。色散原件是单色器的核心，通常为棱镜和光栅。

棱镜对于不同波长的光具有不同的折射率，因而可以把复合光分解为单色光，它由玻璃或石英制成。玻璃棱镜用于可见光范围，石英棱镜则在紫外和可见光范围均可使用。

光栅是利用光的衍射和干涉原理进行分光作用的。同棱镜相比，光栅作为色散元件更为优越，具有色散均匀、工作波长范围宽、分辨率高等优点。同样大小的色散元件，光栅具有较好的色散和分辨能力，因而目前大多数分光光度计采用光栅单色器。

3. 吸收池

吸收池是用于盛装参比液和被测试液的容器，也称比色皿，一般由无色透明、耐腐蚀的光学玻璃制成，也有的用石英玻璃制成（紫外区必须采用石英池）。厚度有 0.5cm、1.0cm、2.0cm、3.0cm、5.0cm 等数种规格，同一规格的吸收池间透光率的差应小于 0.5%。使用过程中要注意保持比色皿的光洁，特别要保护其透光面不受磨损。

4. 检测器

检测器是利用光电效应，将透过的光信号转变为电信号，进行测量的装置。常用的有光电管、光电倍增管、二极管阵列检测器。

光电管是由一个阳极和一个光敏阴极构成的真空或充有少量惰性气体的二极管，阴极表面镀有碱金属或碱土金属氧化物等光敏材料。当被光照射时，阴极表面发射电子，电子流向阳极而产生电流，电流大小与光强度成正比。光电管的特点是灵敏度高，不易疲劳。

光电倍增管是在普通光电管中引入具有二次电子发射特性的倍增电极组合而成，比普通光电管灵敏度高 200 多倍，是目前高中档分光光度计中常用的一种检测器。

5. 显示记录系统

简易的分光光度计常用检流计、微安表、数字显示记录仪，把放大的信号以吸光度 A 或透射比 T 的方式显示或记录下来。如果使用的是二极管阵列检测器，则配用的计算机将瞬间获得光谱图并加以储存，可作实时测量，提供时间-波长-吸光度三维谱图。

二、分光光度计的类型

分光光度计种类很多，一般按工作波长范围分类，紫外、可见分光光度计主要用于无机物和有机物含量的测定，红外分光光度计主要用于结构分析。分光光度计又可根据光学系统的不同，分为单光束分光光度计和双光束分光光度计；根据分光光度计在测量过程中同时提供的波长数，可分为单波长分光光度计和双波长分光光度计等，近年来又出现了电子计算机控制的分光光度计。

1. 单光束分光光度计

采用一个单色器，获得可以任意调节的一束单色光，通过改变参比池和样品池的位置，使其进入光路，进行参比溶液和样品溶液的交替测量。这种仪器通常由于光源强度的波动和检测系统的不稳定而引起测量误差。因此，为使仪器工作稳定，必须配备一个很好的稳压电源。国内普遍使用的 722 型分光光度计就是属于这种类型的仪器，其工作波段为 320～800nm，采用钨灯作光源，光电管作检测器，光栅作色散元件，数字显示。

单光束可见分光光度计结构简单、操作简便、价格低廉，是一种常规定量分析仪器。

2. 双光束分光光度计

双光束分光光度计是将单色器色散后的单色光分成两束，一束通过参比池，另一束通过样品池，一次测量即可得到样品溶液的吸光度。双光束分光光度计的特点是便于进行自动记录，可在较短的时间内获得全波段扫描吸收光谱，从而简化操作手续。由于样品和参比信号进行反复比较，消除了光源不稳定、光学和电子学元件对两条光路的影响。其缺点是由于仪器的光路设计要求严格，价格较高。图 9-5 是双光束分光光度计的方框示意图。

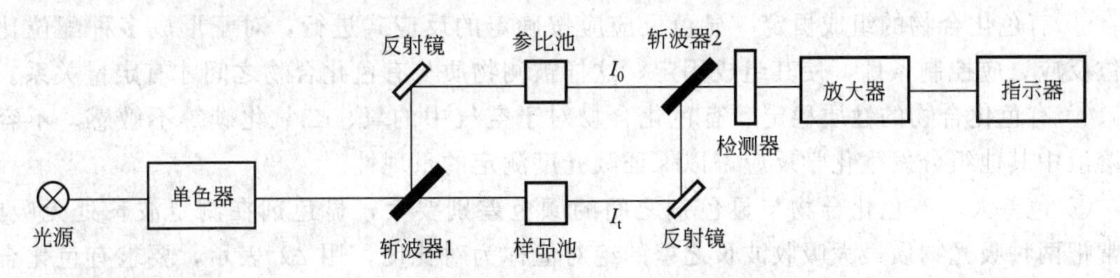

图 9-5　双光束分光光度计的方框示意图

3. 双波长分光光度计

双波长分光光度计是用两种不同波长的单色光交替照射被测试液，测得被测试液在两种波长条件下的吸光度之差，只要波长选择合适，就扣除了背景吸收等因素的影响。图 9-6 是双波长分光光度计的方框示意图。

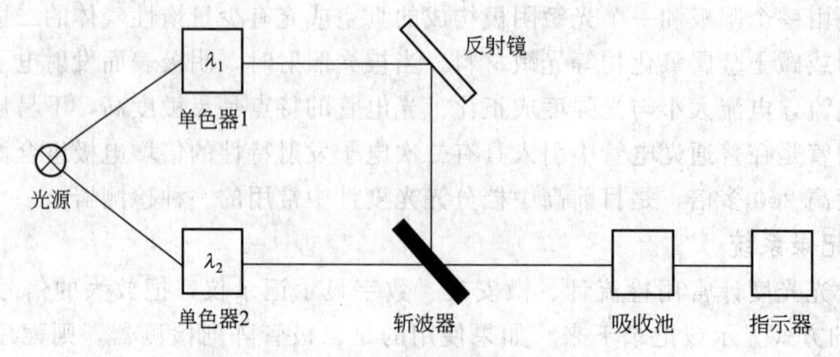

图 9-6　双波长分光光度计的方框示意图

第四节　显色反应及其条件的选择

一、显色反应

比色分析法和可见分光光度法是利用有色溶液对光的选择性吸收来进行测定的。有些物质本身有明显的颜色，可用于直接测定，但大多数物质本身颜色很浅甚至是无色，这时就需要加入某种试剂，使原来颜色很浅或无色的被测物质转化为有色物质再进行测定。这种将被测组分转变成有色化合物的反应称为显色反应（colour reaction），所加入的试剂称为显色剂（chromogenic reagent）。在吸光光度分析中所用到的显色反应主要有配位反应、氧化还原反应等。

用于分光光度分析的显色反应应满足下列要求。

① 选择性好，干扰少　最好只有被测组分发生显色反应，如果其他干扰组分也显色，则要求被测组分所生成有色化合物与干扰组分所生成有色化合物的最大吸收峰相距较远，彼此互不干扰。

② 灵敏度高　因为分光光度法一般是测定微量组分，故应选择能生成摩尔吸光系数大的有色化合物的显色反应，这样测定灵敏度高，有利于微量组分的测定。灵敏度高的显色反应，有色物质的值可达 $10^4 \sim 10^5 L \cdot mol^{-1} \cdot cm^{-1}$。但要注意，灵敏度高的反应，选择性不一定好，所以，二者应该兼顾。

③ 有色化合物的组成恒定　显色反应应按确定的反应式进行，对于形成多种配位比的配位反应，应控制条件，使其组成固定，这样被测物质与有色化合物之间才有定量关系。

④ 有色化合物的性质稳定　有色化合物对于空气中的氧、二氧化碳等不敏感，不容易与溶液中其他组分发生化学反应，以保证吸光度测定的重现性。

⑤ 色差大　有色化合物与显色剂之间的颜色差别要大，显色剂在测定波长处无吸收。通常把两种吸光物质最大吸收波长之差的绝对值称为对比度，用 $\Delta\lambda$ 表示，要求有色化合物与显色剂的 $\Delta\lambda > 60nm$。

二、显色反应条件的选择

1. 显色剂用量

显色反应在一定程度上是可逆的，一般可用下式表示：

$$M + R \rightleftharpoons MR$$

（待测组分）（显色剂）（有色化合物）

为了使反应进行完全，应加入过量的显色剂，但是显色剂加得太多，有时会引起副反应，对测定不利。显色剂的适宜用量可通过实验来确定，其方法是：将被测试液的浓度及其他条件固定，加入不同量的显色剂，在相同条件下测定吸光度，并以吸光度为纵坐标，显色剂用量（或浓度）为横坐标，绘制吸光度-显色剂用量关系曲线，如图 9-7 所示。

图 9-7(a) 中曲线表示随着显色剂用量的增加，在某显色剂用量范围内所测得的吸光度达最大且恒定（曲线出现较平坦部分），表明显色剂用量已足够，就可在 ab 范围内确定显色剂的加入量。

图 9-7(b) 中曲线出现的平坦部分较窄，当显色剂用量继续增加时，吸光度反而下降，这种情况就要严格控制显色剂用量在 $a'b'$ 范围内。

图 9-7(c) 中曲线表示随显色剂用量增加，吸光度不断增大。此时，应严格地控制显色剂，才能得到较准确的测定结果。

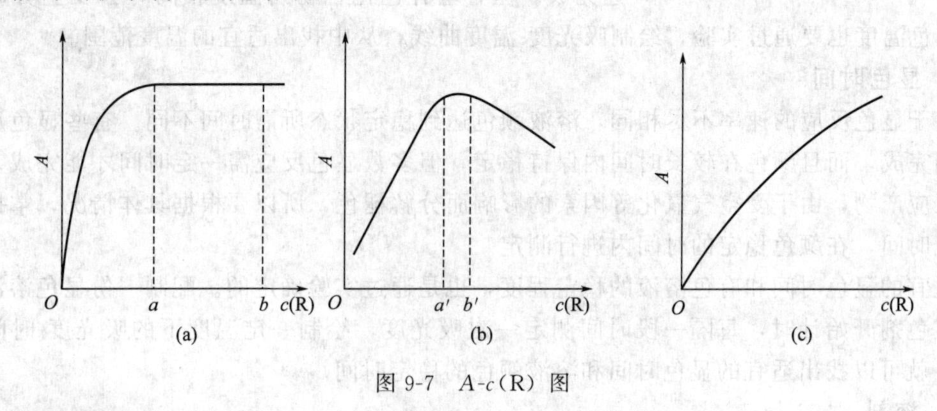

图 9-7　A-c(R) 图

2. 溶液酸度

酸度对显色反应主要有以下几个方面的影响。

$$\begin{array}{ccccc} M & + & R & \rightleftharpoons & MR \\ \updownarrow OH^- & & \updownarrow H^+ & & \\ M(OH) & & HR & & \\ \updownarrow OH^- & & \updownarrow H^+ & & \\ M(OH)_2 & & H_2R & & \\ \vdots & & \vdots & & \end{array}$$

（1）影响配合物的组成

许多显色剂是有机弱酸阴离子，随着酸度增加，将引起平衡移动，使显色剂浓度下降，配位不完全，且所生成有色化合物的稳定性降低。

对能形成多级配合物的显色反应，不同酸度条件下形成不同配位比的配合物。如 Fe^{3+} 与磺基水杨酸反应，在 pH＝2～3 的溶液中，Fe^{3+} 与试剂生成 1∶1 的紫红色配合物；pH＝4～7 时，生成 1∶2 的橙色配合物；pH＝8～10 时，生成 1∶3 的黄色配合物。

（2）影响显色剂的颜色

许多显色剂具有酸碱指示剂的性质，在不同的酸度条件下，显色剂本身的颜色不同。例如二甲酚橙，当溶液的 pH 小于 6.3 时，它主要以黄色的 H_3In^{3-} 形式存在；pH 大于 6.3

时，它主要以红色的 H_2In^{4-} 形式存在。大多数金属离子与二甲酚橙生成紫红色配合物，因而应控制溶液 pH 小于6.3时进行测定。

(3) 影响被测离子的存在状态

多数金属离子因酸度的降低而发生水解，形成各种型体的多羟基配合物，甚至析出沉淀，无法进行光度测定。

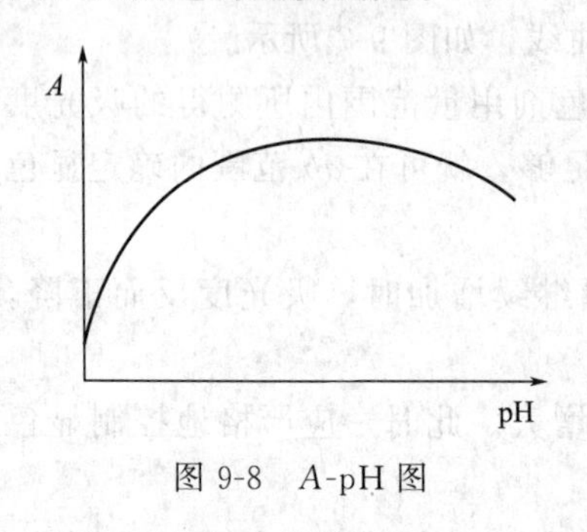

图 9-8 A-pH 图

显色反应的适宜酸度也必须由条件实验来确定。具体方法是：固定溶液中被测组分与显色剂浓度等条件，改变溶液的 pH，分别测定其吸光度，绘制 A-pH 曲线（见图 9-8），从中找出适宜的酸度范围。

3. 显色温度

显色反应一般在室温下进行，但有些显色反应受温度影响很大，室温下进行很慢，必须加热至一定温度才能迅速完成。但有些有色化合物当温度较高时会发生分解。合适的显色温度也要通过实验，绘制吸光度-温度曲线，从中找出适宜的温度范围。

4. 显色时间

由于显色反应的速率不尽相同，溶液颜色达到稳定状态所需时间不同。有些显色反应在瞬间即完成，而且颜色在较长时间内保持稳定，但多数显色反应需一定时间才能完成。有些显色反应产物，由于受空气氧化等因素的影响而分解褪色，所以要根据具体情况，掌握适当的显色时间，在颜色稳定的时间内进行测定。

适宜的显色时间和有色溶液的稳定程度，也是通过实验确定的。配制一份显色溶液，从加入显色剂开始计时，每隔一段时间测定一次吸光度，绘制一定温度下的吸光度-时间关系曲线，就可以找出适宜的显色时间和溶液颜色的稳定时间。

5. 溶剂

许多有色化合物在水中解离度比较大，而在有机相中解离度小，故加入适量的有机溶剂或用有机溶剂萃取，可以使颜色加深，提高显色反应的灵敏度。

三、测定中的干扰及其消除方法

1. 干扰离子的影响

试样中存在干扰物质会影响被测组分的测定。干扰离子的影响有以下几种情况。

① 干扰离子本身有颜色　如 Co^{2+}（红色）、Ni^{2+}（翠绿色）、Cu^{2+}（蓝色）等。

② 干扰离子与显色剂生成有色化合物　如用 NH_4SCN 测定 Co^{2+} 时，干扰离子 Fe^{3+} 与 SCN^- 生成血红色配合物，从而引起正误差。

③ 干扰离子与显色剂生成无色化合物　例如磺基水杨酸测定 Fe^{3+} 时，干扰离子 Al^{3+} 与磺基水杨酸生成无色配合物，消耗了大量显色剂，使被测离子配位不完全，导致负误差。

④ 干扰离子与被测组分生成配合物或沉淀　例如用磺基水杨酸测定 Fe^{3+} 时，若溶液中存在 F^- 和 HPO_4^{2-}，则 F^- 与 Fe^{3+} 生成稳定的无色配合物，HPO_4^{2-} 与 Fe^{3+} 生成磷酸盐沉淀，使被测离子浓度下降，不能充分显色而引起负误差，甚至可能无法进行测定。

2. 消除共存离子干扰的方法

消除共存离子干扰的方法如下。

(1) 加掩蔽剂　使干扰离子与掩蔽剂形成很稳定的无色配合物（或虽有颜色，但与被测有色化合物的颜色有较大差别，不影响测定），从而消除干扰离子的影响。例如在 NH_4SCN 测定 Co^{2+} 时，加入 NaF 可消除 Fe^{3+} 的干扰。

（2）控制酸度　该方法是一种常用的、简便而有效的消除干扰的方法。许多显色剂是有机弱酸或弱碱，并且与不同金属离子生成的配合物稳定性不同，因此控制显色溶液的酸度，就可以控制显色剂各种型体的浓度，从而使某种金属离子显色，而另外一些金属离子不能生成稳定的有色化合物。例如控制 pH＝2～3 时，用磺基水杨酸测定 Fe^{3+}，可消除 Cu^{2+}、Al^{3+} 的干扰，此法甚至可用于铜合金中微量铁的测定。

（3）利用氧化还原反应改变干扰离子价态　许多显色剂对变价元素的不同价态离子的显色能力不同。例如在 Fe^{3+} 干扰铬天青 S 测定 Al^{3+} 时，可加入抗坏血酸使 Fe^{3+} 还原为 Fe^{2+}，干扰即可消除。

（4）选择适当的测定波长　为了使分析测定有较高的灵敏度和准确度，应选择待测物质的最大吸收波长为测定波长，但是当在此波长处存在干扰时，可适当降低灵敏度，选择干扰小的波长为测定波长。

（5）选用适当的参比溶液　在光度分析中，用参比溶液来调节仪器的吸光度零点，可以抵消某些影响分析的因素带来的误差，因此选择适当的参比溶液，在一定程度上可达到消除干扰的目的。

（6）分离　若上述方法均不能满足要求时，应采用沉淀、离子交换或溶剂萃取等分离方法消除干扰，其中以萃取分离应用较多。

四、显色剂

1. 无机显色剂

无机显色剂与被测离子形成的配合物大多不够稳定，灵敏度比较低，有时选择性还不够理想，而且无机显色剂的数目也很有限，因此无机显色剂在分光光度分析中应用不多。

2. 有机显色剂

大多数有机显色剂与金属离子形成稳定的螯合物，显色反应的选择性和灵敏度也都较高。随着有机试剂合成的发展，有机显色剂的应用日益增多，如磺基水杨酸、邻二氮菲、双硫腙、丁二酮肟、铬天青 S、偶氮胂Ⅲ等均是较为常用的有机显色剂。

第五节　光度分析误差及测量条件的选择

一、光度分析误差

分光光度法的误差主要来自两个方面：一是偏离朗伯-比耳定律；二是光度测量误差。

1. 偏离朗伯-比耳定律

根据朗伯-比耳定律，吸光度与吸光物质的浓度成正比，绘制的标准曲线（或工作曲线）应是一条通过原点的直线。但是在实际工作中，尤其当吸光物质的浓度比较高时，直线常发生弯曲，此现象称为偏离朗伯-比耳定律，如图 9-9 所示，如果在弯曲部分测定，会引起较大的误差。

偏离朗伯-比耳定律的主要原因如下。

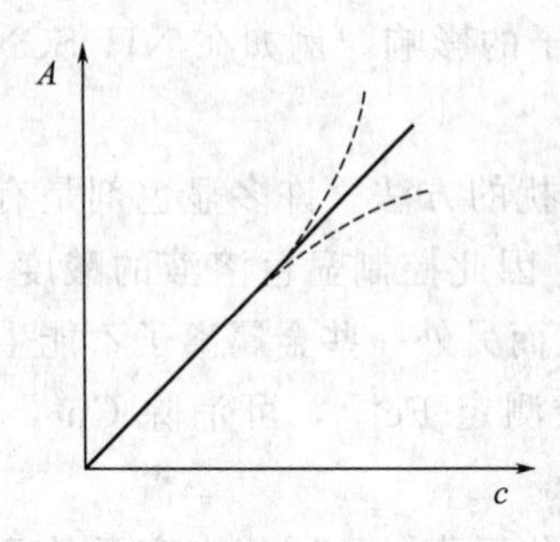

图 9-9 偏离朗伯-比耳定律

(1) 非单色光引起的偏离

严格地说，朗伯-比耳定律只适用于单色光，但是，即使是现代高精度光度分析仪器所提供的入射光也不是纯的单色光，而是波长范围较窄的谱带，实质上都是复合光。当入射光为复合光时，由于吸光物质对不同波长光的吸收能力不同，导致标准曲线发生弯曲、偏离朗伯-比耳定律。

在实际工作中，通常选择吸光物质最大吸收波长的光为入射光，这不仅能提高光度分析的灵敏度，而且因为此处的吸收曲线较平坦，ε 值相差不大，即吸光度随波长变化不大，故偏离朗伯-比耳定律的程度较小。

(2) 化学、物理因素引起的偏离

① 朗伯-比耳定律只适用于稀溶液，因为此时分子和离子是相互独立的吸光质点。而在高浓度时，溶液中粒子间距离小，彼此相互影响，改变了光吸收能力，引起偏离。

② 介质不均匀引起的偏离。朗伯-比耳定律要求被测试液是均匀的，当被测试液是胶体溶液、乳浊液或是悬浊液时，入射光一部分被试液吸收，另一部分因反射、散射而损失，使透光率减小而吸光度增加，导致偏离。

③ 溶液中吸光物质因解离、缔合、形成新化合物等化学变化而改变吸光物质的浓度和吸光特性，导致偏离。

2. 光度测量误差

任何分光光度计都有一定的测量误差，它可能来源于光源不稳定、机械振动、光电池(或光电管)不灵敏、读数不准确等因素。但对于给定的仪器来说，读数误差是决定测定结果准确度的主要因素。

分光光度计的透光率标尺刻度是均匀的，对于同一台分光光度计来说，透光率读数误差 ΔT 是一个常数，但由于透光率与吸光度是负对数关系，吸光度的刻度不均匀，同样的 ΔT 在不同吸光度处引起的吸光度误差是不同的。又由于吸光度与被测物质浓度成正比，故相同的 ΔT 在不同吸光度处所造成的浓度误差是不相同的。当被测物质浓度 c 很小时，A 很小，由相同的 ΔT 所引起的绝对误差 Δc 虽不大，但相对误差 $\Delta c/c$ 却比较大；当被测物质浓度 c 很大时，A 很大，由相同的 ΔT 所引起的绝对误差 Δc 也大，相对误差 $\Delta c/c$ 也比较大；只有当被测物质浓度在适当范围内，也就是相应的吸光度在一定范围内时，光度测量所引起读数的相对误差才比较小。通过计算可知，一般被测溶液的吸光度在 0.2～0.8 或透光率在 65%～15%范围内，测量的相对误差较小，能够满足准确度的要求；当 $A=0.434$ ($T=36.8\%$) 时，测量的相对误差最小。

二、测量条件的选择

要使分光光度分析有较高的灵敏度和准确度，在选择合适的显色反应条件的基础上，还必须注意选择适当的测量条件。

1. 选择合适的入射光波长

在实际工作中，入射光波长通常可根据被测物质的吸收曲线选择其最大吸收波长。因为在最大吸收波长处吸光物质的摩尔吸光系数值最大，测定灵敏度最高，且由非单色光引起的对朗伯-比耳定律的偏离小，测定结果准确度高。但如有干扰物质存在，应根据“吸收最大，干扰最小”的原则选择合适的入射光波长，此时虽测定的灵敏度有所降低，但可以减少干扰。

2. 控制适当的读数范围

吸光度在0.2～0.8范围内测量的读数误差较小，因此，在实际测量中应尽量使吸光度读数控制在此范围内。为此可采取以下措施：①控制试液的浓度，含量高时，少取样或稀释试液；含量低时，可多取样或萃取富集；②选择不同厚度的比色皿。读数太大时，可改用厚度小的比色皿；读数太小时，改用厚度大的比色皿。

3. 选择适当的参比溶液

参比溶液用来调节仪器的零点，即吸光度为零、透光率为100%。以作为测量的相对标准来消除由比色皿、溶剂、试剂、干扰离子等对入射光的吸收、反射、散射等产生的误差。可见光度分析中，一般参照以下方法选择合适的参比溶液。

① 如果样品溶液、试剂、显色剂均无色时，选溶剂作参比，称为“溶剂空白”；

② 如果样品溶液有色，而试剂、显色剂无色时，选不加显色剂的样品溶液作参比，称为“样品空白”；

③ 如果试剂、显色剂有色，而样品溶液无色时，选不加样品的试剂、显色剂溶液作参比，称为“试剂空白”。

总之，要求参比溶液能尽量使被测试液的吸光度真实反映待测物质的浓度。

第六节　其他分光光度法

一、目视比色法

有色溶液颜色的深浅与浓度有关，溶液愈浓，颜色愈深，直接用眼睛比较溶液颜色的深浅以确定被测组分含量的方法称为目视比色法，最常用的是标准系列法。在一套质料相同、大小形状一样的玻璃比色管内，依次加入不同体积的含有已知浓度被测组分的标准溶液，并分别加入显色剂和其他试剂，稀释至相同体积，摇匀后得到一系列颜色深浅逐渐变化的标准色阶。在另一同样的比色管中加入一定量的被测试液，相同条件下显色。然后从管口垂直向下或从侧面观察，比较被测试液与标准色阶颜色的深浅。若被测试液与某标准溶液颜色深度一样，则表示二者浓度相等；若颜色介于两个相邻标准溶液之间，则被测液的含量也介于二者之间。

目视比色法所用仪器简单，操作简便，适于大批试样分析，并且是在复合光（白光）下进行测定，某些不符合光吸收定律的显色反应亦可用目视比色法测定。其缺点是：由于许多有色溶液不够稳定，标准系列不能长期保存，常需临时配制标准色阶，比较费时费事。另外，人眼睛的辨色力有限，目视测定往往带有主观误差，使测定的准确度不高。

二、光电比色法

光电比色法是以光吸收定律为理论基础进行测定的，与目视比色法在原理上并不一样。目视比色法是比较透过光的强度，而光电比色法则是比较有色溶液对某一波长光的吸收程度。由光源发出的复合光，经过滤光片后，用出光狭缝截取光谱中波长很窄的一束近似的单色光，让其通过有色溶液，将透过光转变为电流，所产生的光电流与透过光强度成正比，测量光电流强度，即可知道相应有色溶液的吸光度或透光率，从而确定其浓度。

三、示差分光光度法

分光光度法适合于测定微量组分，当用于高含量组分或过低含量组分测定时，会引起较大误差。采用示差分光光度法可以弥补这一缺点。

示差分光光度法是以一个与被测试液浓度接近的标准溶液显色后作为参比溶液进行测量，从而求得被测物含量的分析方法。按所选择的测量条件不同，可以分为高浓度示差分光光度法、低浓度示差分光光度法和使用两个参比溶液的双标准示差分光光度法，它们的测定原理基本相同，其中以高浓度示差分光光度法应用最多。

假设分别以 $c(\mathrm{s})$ 和 $c(x)$ 表示参比溶液和被测试液的浓度且 $c(x) > c(\mathrm{s})$，根据朗伯-比耳定律可得：

$$A_x = \varepsilon b c(x) \qquad A_\mathrm{s} = \varepsilon b c(\mathrm{s})$$

$$\Delta A = A_x - A_\mathrm{s} = \varepsilon b[c(x) - c(\mathrm{s})] = \varepsilon b \Delta c \tag{9-8}$$

可见，被测试液的吸光度与参比溶液的吸光度之差，与二者浓度差成正比。因此以浓度为 $c(\mathrm{s})$ 的标液为参比溶液，测定一系列浓度略高于 $c(\mathrm{s})$ 的标准溶液的吸光度 ΔA，将测得的 ΔA 值对 Δc 值绘制标准曲线。再测定未知试样的吸光度 ΔA_x，在标准曲线上可查得对应的 $\Delta c(x)$，根据 $c(x) = c(\mathrm{s}) + \Delta c(x)$，求得 $c(x)$。

若用一般光度法，以空白参比测得标准溶液的透光率 T_s 为 10%，被测试液的透光率 T_x 为 7%，这样测定吸光度读数误差会很大。若采用示差光度法，以浓度为 c_s 的标准溶液作参比溶液调零，即将标准溶液的透光率 T_s 从 10%调到 100%，此时测定被测试液的透光率 T_x 将为 70%，相当于把仪器的透光率标尺放大了十倍，如图 9-10 所示，使测得的吸光度落在适宜的读数范围内，从而提高了高含量组分光度法测定的准确度。

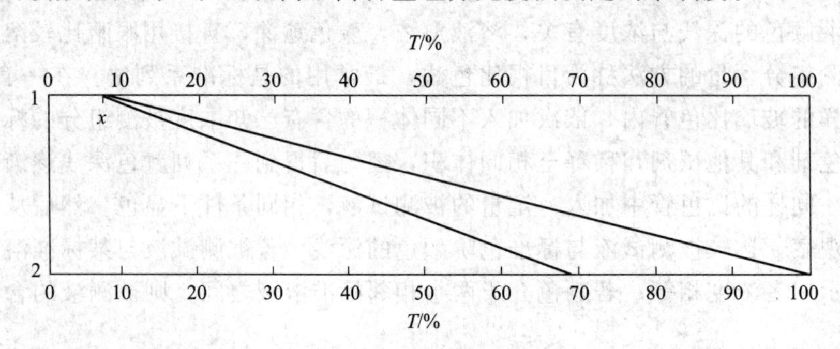

图 9-10 示差分光光度法示意图

四、双波长分光光度法

用经典的分光光度法进行定量分析时，常会遇到下述问题难以解决：多组分吸收曲线重叠，必须解方程组才能得到各组分的浓度，此时计算繁琐且测定具有一定误差；当比色皿及溶剂等背景吸收较大或为浑浊样品时则不能测定；在经典分光光度法中使用两个比色皿，比色皿差异所引起的误差不能消除等。为了解决上述问题，可采用双波长分光光度法。

双波长分光光度法系利用双波长分光光度计进行测定。由光源发出的光，分别经过两个单色器，得到两束具有不同波长（λ_1 和 λ_2）的单色光，经切光器（斩波器）后，这两光束交替照射于同一试样吸收池，然后测量和记录试液对波长 λ_1 和 λ_2 两光束的吸光度差值 ΔA，由此求出待测组分的含量。

对于波长为 λ_1 的单色光，根据朗伯-比耳定律应有：

$$A_{\lambda 1}=\varepsilon_{\lambda 1}bc+A_s$$

同理，对于波长为 λ_2 的单色光应有：

$$A_{\lambda 2}=\varepsilon_{\lambda 2}bc+A_s$$

式中，$A_{\lambda 1}$、$A_{\lambda 2}$ 为溶液在波长为 λ_1 和 λ_2 处的吸光度；$\varepsilon_{\lambda 1}$、$\varepsilon_{\lambda 2}$ 为溶液在波长 λ_1 和 λ_2 处的摩尔吸光系数；A_s 为背景吸收或光散射。

将两式相减得：

$$\Delta A=A_{\lambda 2}-A_{\lambda 1}=(\varepsilon_{\lambda 2}-\varepsilon_{\lambda 1})bc \tag{9-9}$$

式(9-9) 说明，试样溶液对波长为 λ_1 和 λ_2 光束的吸光度差值与待测物质的浓度成正比，且基本消除了试样背景和干扰物质的影响，这是应用双波长分光光度法进行定量分析的依据。

第七节　分光光度法的应用

一、定量分析

1. 标准曲线法

此为最常用的方法。配制一系列浓度不同的标准溶液（标液），显色后，用相同规格的比色皿，在相同条件下测定各标液的吸光度，以标液浓度为横坐标，吸光度为纵坐标作图，理论上应该得到一条过原点的直线，称为标准曲线。然后取被测试液在相同条件下显色、测定，根据测得的吸光度在标准曲线上查出其相应浓度，从而计算出含量，如图 9-11 所示。

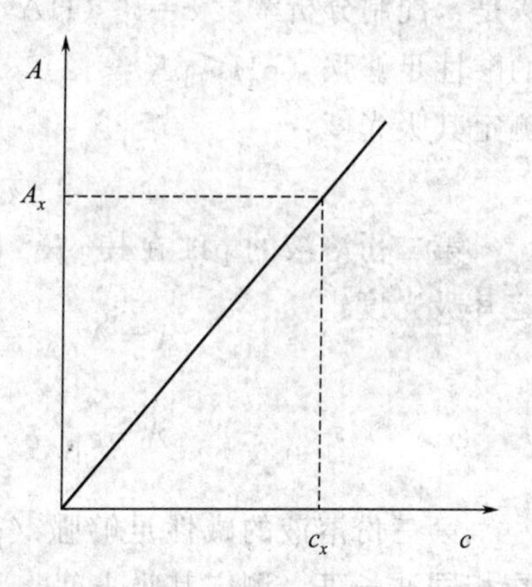

图 9-11　标准曲线

2. 比较法

将标准溶液和被测试液在完全相同的条件下显色、测定吸光度，分别以 A_s 和 A_x 表示标液和试液的吸光度，以 $c(s)$ 和 $c(x)$ 表示标液和试液的浓度，根据朗伯-比耳定律可得：

$$A_x=\varepsilon_x b_x c(x)$$

$$A_s=\varepsilon_s b_s c(s)$$

由于是在相同条件下测定同种物质，所以 $\varepsilon_s=\varepsilon_x$，$b_s=b_x$，则

$$\frac{A_x}{A_s}=\frac{c(x)}{c(s)} \quad 即 \quad c(x)=\frac{A_x}{A_s}c(s) \tag{9-10}$$

$c(s)$ 已知，A_s 和 A_x 可以测得，$c(x)$ 便很容易求得。

【例 9-3】 准确取含磷 30μg 的标液，于 25mL 容量瓶中显色定容，在 690nm 处测得吸光度为 0.410；称取 10.0g 含磷试样，在同样条件下显色定容，在同一波长处测得吸光度为 0.320。计算试样中磷的含量。

解： 因定容体积相同，所以浓度之比等于质量之比，即

$$\frac{A_x}{A_s}=\frac{c(x)}{c(s)}=\frac{m_x}{m_s}$$

$$m_x=\frac{A_x}{A_s}\times m_s=\frac{0.320}{0.410}\times 30\mu g=23\mu g$$

$$w=\frac{m_x}{m}=\frac{23\mu g}{10.0\times 10^6\mu g}=2.3\times 10^{-6}$$

采用比较法时应注意，所选择的标液浓度要与被测试液浓度尽量接近，以避免产生大的测定误差。测定的样品数较少，采用比较法较为方便，但准确度不甚理想。

二、弱酸和弱碱解离常数的测定

测定弱酸或弱碱的解离常数是分析化学研究工作中常遇到的问题。应用光度法测定弱酸、弱碱的解离常数，是基于弱酸（或弱碱）与其共轭碱（或共轭酸）对光的吸收情况不同。对于一元弱酸有下述解离平衡：

$$HA \rightleftharpoons H^+ + A^-$$

其解离常数为：

$$K_a^{\ominus}=\frac{c_{eq}(H^+)c_{eq}(A^-)}{c_{eq}(HA)} \tag{9-11}$$

将式(9-11) 两边同取负对数，得：

$$pK_a^{\ominus}=pH-\lg\frac{c_{eq}(A^-)}{c_{eq}(HA)} \tag{9-12}$$

根据式(9-12) 知，为测定 $pK_a^{\ominus}$，需测出 pH 及 $c_{eq}(HA)$ 与 $c_{eq}(A^-)$ 的比值。具体方法是：配制分析浓度 $c=c_{eq}(HA)+c_{eq}(A^-)$ 完全相同而 pH 不同的三份溶液，第一份溶液的酸性足够强（$pH\leqslant pK_a^{\ominus}-2$），此时，弱酸几乎全部以 HA 的形式存在，在一定波长下，测定其吸光度：

$$A_{HA}=\varepsilon_{HA}bc_{eq}(HA)=\varepsilon_{HA}bc(HA) \tag{9-13}$$

第二份溶液的 pH 在其 $pK_a^{\ominus}$ 附近，此时溶液中的 HA 与 A^- 共存，在相同波长下，测定其吸光度：

$$A=A_{HA}+A_{A^-}=\varepsilon_{HA}bc_{eq}(HA)+\varepsilon_{A^-}bc_{eq}(A^-)$$

$$A=\varepsilon_{HA}b\frac{c_{eq}(H^+)c}{c_{eq}(H^+)+K_a^{\ominus}}+\varepsilon_{A^-}b\frac{K_a^{\ominus}c}{c_{eq}(H^+)+K_a^{\ominus}} \tag{9-14}$$

第三份溶液的碱性足够强（$pH\geqslant pK_a^{\ominus}+2$），此时，弱酸几乎全部以 A^- 的形式存在，在相同波长下，测定其吸光度：

$$A_{A^-}=\varepsilon_{A^-}bc_{eq}(A^-) \tag{9-15}$$

将式(9-13) 和式(9-15) 代入式(9-14) 整理后得：

$$pK_a^{\ominus}=pH-\lg\frac{A-A_{HA}}{A_A-A} \tag{9-16}$$

由式(9-16) 可知，只要测出 A、A_{HA}、A_{A^-} 和 pH 就可以计算出 $K_a^{\ominus}$。

三、配合物组成的测定

用分光光度法测定配合物组成的方法很多，这里介绍较简单的摩尔比法和等摩尔连续变化法。

1. 摩尔比法

摩尔比法是利用金属离子同显色剂摩尔比例的变化来测定配合物组成的。在一定条件下配制一系列固定金属离子 M 的浓度，显色剂 R 的浓度依次递增（或者相反）的溶液，在相同测量条件下分别测定吸光度，以吸光度 A 对 $c(\mathrm{R})/c(\mathrm{M})$ 作图，如图 9-12 所示。当 $c(\mathrm{R})$ 较小时，金属离子没有完全配位，随着 $c(\mathrm{R})$ 的增大，吸光度不断增高；当 $c(\mathrm{R})$ 增加到一定程度时，金属离子配位完全，再增大 $c(\mathrm{R})$ 时，吸光度不再升高，曲线变得平坦，转折处所对应的摩尔比即是配合物的组成。若转折点不明显，则用外推法作出两条直线的交点，交点对应的比值即是配合物的配位比。

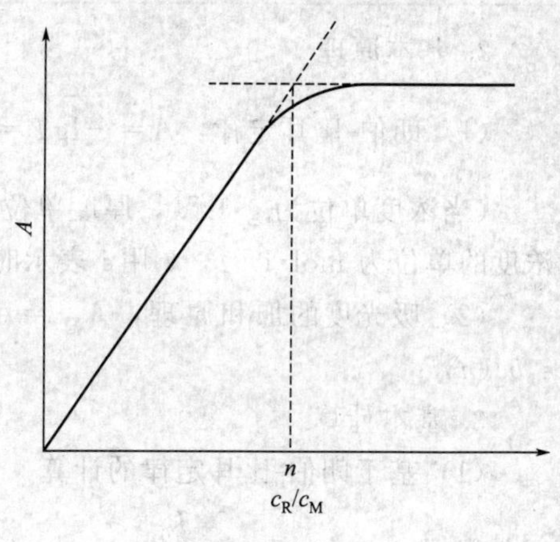

图 9-12　摩尔比法

2. 等摩尔连续变化法

等摩尔连续变化法是在实验中连续改变显色剂和金属离子的浓度，使溶液中金属离子和显色剂的物质的量按比例变化，但两者的总量保持一定，即 $c(\mathrm{M})+c(\mathrm{R})=c$（定值）。测定这一系列溶液的吸光度，然后以吸光度对 $c(\mathrm{M})/c$ 作图（见图 9-13），根据曲线转折点所对应的 $c(\mathrm{M})/c$ 值就可以求出配合物的配位比 n。当 $c(\mathrm{M})/c=0.5$ 时，配位比为 1∶1；$c(\mathrm{M})/c=0.33$ 时，配位比为 1∶2；$c(\mathrm{M})/c=0.25$ 时，配位比为 1∶3。当配合物很稳定时，曲线的转折点明显；而配合物的稳定性稍差时，可画切线外推找出转折点。等摩尔连续变化法适用于配位比低、稳定性较高的配合物组成的测定。

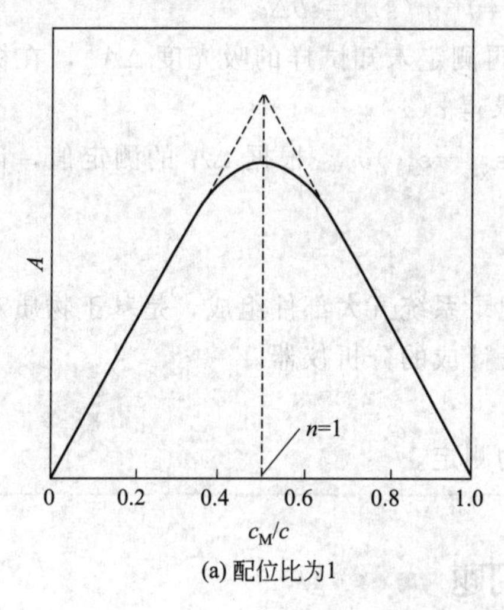

(a) 配位比为1

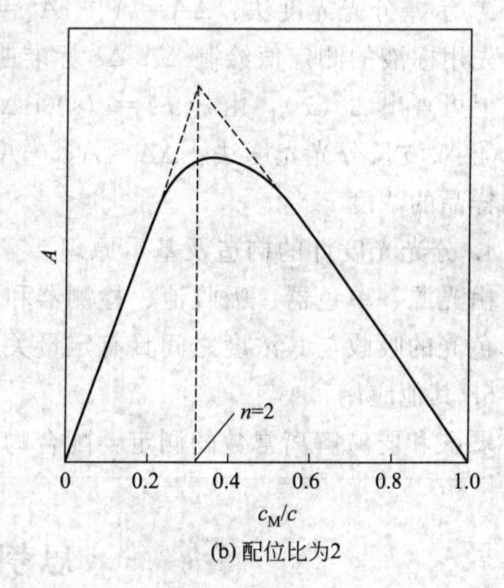

(b) 配位比为2

图 9-13　连续变化法

本章小结

1. 基本概念

分光光度分析法；吸收光谱；最大吸收波长；单色光；复合光；互补色光；透光率；吸光度；吸光系数；显色反应；标准曲线。

2. 基本原理

(1) 朗伯-比耳定律：$A=-\lg T=\lg \dfrac{I_0}{I_t}=kbc=abc=\varepsilon bc$

(当浓度单位为$g\cdot L^{-1}$，厚度单位用cm时，k用a表示，单位为$L\cdot g^{-1}\cdot cm^{-1}$；当浓度的单位为$mol\cdot L^{-1}$，$k$用$\varepsilon$表示时，单位为$L\cdot mol^{-1}\cdot cm^{-1}$。)

(2) 吸光度的加和原理：$A_{总}=A_1+A_2+\cdots+A_n=\varepsilon_1 bc(1)+\varepsilon_2 bc(2)+\cdots+\varepsilon_n bc(n)$

3. 基本计算

(1) 基于朗伯-比耳定律的计算

根据$A=-\lg T=\lg \dfrac{I_0}{I_t}=kbc=abc=\varepsilon bc$，求吸光度$A$或透光率$T$、吸光系数$a$或摩尔吸光系数$\varepsilon$、样品的浓度$c$等。

(2) 单组分定量

① 标准曲线法：根据朗伯-比耳定律，首先测定一系列浓度不同的标液的吸光度，以标液浓度为横坐标，吸光度为纵坐标作图得到标准曲线。然后在相同测定条件下，测定被测试液的吸光度，则可在标准曲线上查出其相应浓度。

② 比较法：
$$c(x)=\frac{A_x}{A_s}c(s)$$

③ 示差分光光度法：$\Delta A=A_x-A_s=\varepsilon b[c(x)-c(s)]=\varepsilon b\Delta c$

先用标液的测定值绘制ΔA-Δc标准曲线，再测定未知试样的吸光度ΔA_x，在标准曲线上可查出$\Delta c(x)$，由$c(x)=c(s)+\Delta c(x)$求得$c(x)$。

④ 双波长分光光度法：$\Delta A=A_{\lambda 2}-A_{\lambda 1}=(\varepsilon_{\lambda 2}-\varepsilon_{\lambda 1})bc$。根据$\Delta A$的测定值，计算被测样品的浓度$c$。

4. 分光光度计的构造及基本原理

由光源、单色器、吸收池、检测器和显示记录系统五大部件组成，是基于物质对某一单色光的吸收与其浓度之间具有定量关系而设计成的分析仪器。

5. 其他应用

弱酸和弱碱解离常数的测定；配合物组成的测定。

思考题与习题

1. 朗伯-比耳定律成立的前提条件是什么？写出朗伯-比耳定律的数学表达式，并说明其物理意义。
2. 摩尔吸光系数的物理意义是什么？为什么它能衡量显色反应的灵敏度？
3. 光度分析对显色反应的要求是什么？影响显色反应的因素有哪些？
4. 酸度对显色反应的影响主要表现在哪些方面？
5. 分光光度计是由哪些部件组成的？各部件的作用如何？
6. 分光光度计通常采用哪几种色散元件？哪种单色器获得的单色光更纯？
7. 哪些因素影响光度分析的准确度？如何克服？
8. 何谓“偏离朗伯-比耳定律”？讨论这个问题有何实际意义？
9. 在分光光度法中，选择入射光波长的原则是什么？

10. 用双硫腙光度法测定 Pb^{2+}，已知 50mL 溶液中含 Pb^{2+} 0.080mg，用 2.0cm 吸收池于波长 520nm 测得 $T=53\%$，求吸光系数、摩尔吸光系数各为多少？

11. 一束单色光通过厚度为 1cm 的某有色溶液后，强度减弱 20%，当它通过厚度为 5cm 的相同溶液后，光的强度减弱多少？

12. 一种有色物质溶液，在一定波长下的摩尔吸光系数为 $1239L \cdot mol^{-1} \cdot cm^{-1}$，透过 1.0cm 的比色皿，测得透光率为 75%，求该溶液的浓度。

13. 有一未知分子量的苦味酸胺，其摩尔吸光系数为 $1.35 \times 10^4 L \cdot mol^{-1} \cdot cm^{-1}$，称取该苦味酸胺 0.0250g，用 95%的乙醇溶解后，准确配制成 1L95%的乙醇溶液，用 1.0cm 的比色皿，在 380nm 处测得吸光度为 0.760，求苦味酸胺分子量。

14. 测土壤全磷时，进行下列实验：称取 1.00g 土壤，经消化处理后定容为 100mL，然后吸取 10.00mL，在 50mL 容量瓶中显色定容，测得吸光度为 0.250。取浓度为 $10.0mg \cdot L^{-1}$ 标准磷溶液 4.00mL 于 50mL 容量瓶中显色定容，在同样条件下测得吸光度为 0.125，求该土壤中磷的百分含量。

15. 准确配制 1L 某有色溶液，使其在稀释 200 倍后，用 1.0cm 比色皿，在 480nm 处测得吸光度为 0.600。已知该化合物的分子量为 125，摩尔吸光系数为 $2.5 \times 10^4 L \cdot mol^{-1} \cdot cm^{-1}$。问应称取该化合物多少克？

第十章
分析化学中常用的分离和富集方法简介

第一节 概　　述

分离和富集是分析化学中消除干扰和提高测定灵敏度的一种重要手段。对于复杂样品中某一组分含量的测定，如果共存组分的干扰不能采用掩蔽或控制分析条件等较简单的方法消除时，就需要将干扰组分与待测组分分离，然后再测定。如果试样中待测组分含量极低，所采用的测定方法灵敏度又不够高时，那么在分离的同时，还需要对待测组分进行富集并达到测定方法的检出限，然后再测定。富集过程也是分离过程。

分离效果常用待测组分的回收率来衡量。对被分离的待测组分 A 来说，其回收率 $R(\mathrm{A})$ 可表示为

$$R(\mathrm{A})=\frac{\text{分离后 A 的质量}}{\text{试样中原来 A 的质量}}\times 100\%$$

回收率越高越好，回收率越高，表明分离效果越好，但实际分离时分离组分难免会有损失。分析化学中对回收率的要求视待测组分的含量而定，在一般情况下，对于常量组分分析，回收率应大于 99.9%；微量组分分析，回收率应大于 99%；痕量组分分析，回收率可以是 90%～95%，有时甚至更低一些也是允许的。分析化学中常采用加标法测定回收率。

本章将讨论常用的几种分离富集方法。

第二节 沉淀分离法

沉淀分离法是利用沉淀反应选择性地沉淀某些离子，而其他离子则留于溶液中，从而达到分离的目的。其主要依据是溶度积原理，这已在第八章中有所讨论，本节主要介绍几种常用的沉淀分离方法。

一、常量组分的沉淀分离

1. 利用无机沉淀剂分离

无机沉淀剂有很多，形成沉淀的类型也很多。最具有代表性的无机沉淀剂有 NaOH、

NH_3 和 H_2S 等。

采用 NaOH 作沉淀剂可使两性金属离子与非两性金属离子分离，两性金属离子以含氧酸阴离子保留在溶液中，非两性金属离子则生成氢氧化物沉淀，只有溶解度较大的钙、锶等离子的氢氧化物才部分沉淀。

在铵盐存在下以氨水为沉淀剂，可控制溶液的 pH 8～10。此时 Ag^+、Cu^{2+}、Cd^{2+}、Co^{3+}、Ni^{2+}、Zn^{2+} 等以氨配合物形式存在于溶液中，许多高价离子（Al^{3+}、Sn^{2+} 等）沉淀，从而与一价、二价金属离子（碱土金属，第Ⅰ、第Ⅱ副族）分离。由于 pH 不太高，从而可防止 $Mg(OH)_2$ 沉淀的析出和两性氢氧化物 $Al(OH)_3$ 溶解。大量 NH_4^+ 作为抗衡离子，减少氢氧化物沉淀对其他金属阳离子的吸附，再者铵盐是电解质，可促进胶状沉淀的凝聚，所以金属氢氧化物易于沉淀、过滤、洗涤。灼烧氢氧化物时，铵盐在低温下可挥发除去。

能形成硫化物沉淀的金属离子约有 40 余种，由于它们的溶解度相差悬殊，因此可以通过控制溶液中 S^{2-} 浓度的办法使硫化物沉淀分离。硫化物沉淀分离所用的主要沉淀剂是 H_2S，在溶液中 S^{2-} 浓度与溶液的酸度有关，因此控制适当的酸度，亦即控制 S^{2-} 浓度。由于硫化物沉淀法的选择性较差，共沉淀现象严重，分离效果往往不很理想。如果改用硫代乙酰胺为沉淀剂，利用硫代乙酰胺在酸性或碱性溶液中水解产生 H_2S 或 S^{2-} 来进行均相沉淀，可使沉淀性能和分离效果有所改善。

2. 利用有机沉淀剂分离

有机沉淀剂具有选择性高，灵敏度高，共沉淀现象不严重，沉淀晶形好的优点，因而得到迅速发展。如丁二酮肟，只与 Ni^{2+}、Pt^{2+}、Fe^{2+} 生成沉淀。在氨性溶液中，有柠檬酸或酒石酸存在下，丁二酮肟沉淀分离 Ni^{2+} 几乎是特效的。又如苦杏仁酸及其衍生物，是锆和铪选择性很高的沉淀剂。在浓度大于 $6mol \cdot L^{-1}$ HCl 溶液中沉淀 Zr^{4+} 和 Hf^{4+}，几乎所有的元素都不干扰。

也有一些有机沉淀剂选择性不好，如 8-羟基喹啉可以与 50 多种金属离子在不同 pH 下生成沉淀。为了提高 8-羟基喹啉的选择性，可通过控制溶液酸度和加入掩蔽剂来分离某些金属离子。在 8-羟基喹啉分子中引入某些基团，也可以提高分离的选择性。例如，8-羟基喹啉与 Al^{3+}、Zn^{2+} 均生成沉淀，而 2-甲基-8-羟基喹啉不能与 Al^{3+} 生成沉淀，只能与 Zn^{2+} 生成沉淀，可使 Al^{3+} 与 Zn^{2+} 分离。

二、微量组分的共沉淀分离和富集

在微量或痕量组分测定中，常利用共沉淀现象来分离和富集那些含量极微的不能用常规沉淀方法分离出来的组分。

① 利用吸附作用进行共沉淀分离　例如微量稀土离子，用草酸难以使它沉淀完全。若预先加入 Ca^{2+}，再用草酸作沉淀剂，则利用生成的 CaC_2O_4 作载体，将稀土离子的草酸盐吸附而共沉淀下来。又如铜中的微量铝，氨水不能使铝沉淀分离。若加入适量的 Fe^{3+}，则在加入氨水后，利用生成的 $Fe(OH)_3$ 作载体，可使微量的 $Al(OH)_3$ 共沉淀而分离。

② 利用生成混晶进行共沉淀分离　两种金属离子生成沉淀时，如果它们的晶格相同，就可能生成混晶而共同析出。例如痕量 Ra^{2+}，可用 $BaSO_4$ 作载体，生成 $RaSO_4$、$BaSO_4$ 的混晶共沉淀而得以富集。

③ 利用有机共沉淀剂进行共沉淀分离　有机共沉淀剂的作用机理和无机共沉淀剂不同，一般认为有机沉淀剂的共沉淀富集作用是由于形成固溶体。例如在含有痕量 Zn^{2+} 的微酸性

溶液中，加入 NH_4SCN 和甲基紫，则 $[Zn(SCN)_4]^{2-}$ 配阴离子与甲基紫阳离子生成难溶沉淀，而甲基紫阳离子与 SCN^- 所生成化合物也难溶于水，是共沉淀剂，就与前者形成固溶体而一起沉淀下来。这类共沉淀剂除甲基紫外，常用的还有结晶紫、甲基橙、亚甲基蓝、酚酞等。

由于有机共沉淀剂一般是大分子物质，它的离子半径大，表面电荷密度较小，吸附杂质离子的能力较弱，因而选择性较好。又由于它是大分子物质，分子体积大，形成沉淀的体积亦较大，这对于痕量组分的富集很有利。另一方面，存在于沉淀中的有机共沉淀剂，在沉淀后可借灼烧除去，不会影响以后的分析。

第三节　液-液萃取分离法

液-液萃取分离法又称为溶剂萃取分离法，是利用物质对水的亲疏性不同而进行分离的一种方法。一般将物质易溶于水而难溶于非极性有机溶剂的性质称为亲水性，反之，则为疏水性。液-液萃取分离法通常是将与水不相混溶的有机溶剂与水溶液一起振荡，试液中对水亲疏性不同的物质就会在水相和有机相之间重新进行分配。亲水性物质留在水相，而疏水性物质进入有机相。分离两相，亲水性物质和疏水性物质也就同时分离开了。通常把物质从水相进入有机相的过程称为萃取，相反的过程则称为反萃取。

一、萃取分离基本原理

物质对水的亲疏性是有一定规律的。首先，凡是带电荷的物质，都具有亲水性。其次，根据“相似相溶”原理，极性化合物易溶于水，具有亲水性；非极性化合物易溶于非极性的有机溶剂，具有疏水性。另外，物质含亲水基团越多（如羟基、羧基、氨基和磺酸基等），其亲水性越强；物质含疏水基团越多（如烃基、芳香基和卤代烷基等），其疏水性越强。

萃取分离一般是从水相中将无机离子萃取到有机相中。由于无机离子都是亲水性的，所以必须将其亲水性转变为疏水性，如中和离子所带电荷，并尽可能使之与含有较多疏水基团的有机化合物结合等。可见，萃取过程的本质是将物质由亲水性转化为疏水性的过程。例如，丁二酮肟-镍(Ⅱ)配合物被 $CHCl_3$ 萃取。Ni^{2+} 在水中以水合离子 $[Ni(H_2O)_6]^{2+}$ 形式存在，是亲水的。为此，在 pH8～9 的氨性溶液中，加入丁二酮肟，取代水分子配位并中和 Ni^{2+} 的电荷，形成电中性的疏水性配合物，可溶于 $CHCl_3$ 中而被萃取。

1891 年，Nernst 从热力学的角度阐述了分配定律：在一定温度下，当某一溶质 A 在两种互不相溶的溶剂中分配达到平衡时，如果 A 在两相中存在的形态相同，则 A 在有机相中的平衡浓度 $c_{eq}(A)_{有}$ 与水相的平衡浓度 $c_{eq}(A)_{水}$ 之比在给定的温度下是常数，该常数称为分配系数 K_D。

$$K_D=\frac{c_{eq}(A)_{有}}{c_{eq}(A)_{水}} \tag{10-1}$$

在实际工作中，常遇到溶质 A 在两相中可能有多种形式存在，此时分配定律不适用。为此，引入分配比 D 这一参数。分配比 D 是指溶质 A 在有机相中各种存在形式的总浓度 $c(A)_{有}$ 与水相中各种存在形式的总浓度 $c(A)_{水}$ 之比。

$$D=\frac{c(\mathrm{A})_{有}}{c(\mathrm{A})_{水}} \tag{10-2}$$

当两相的体积相等时，若D大于1，说明溶质进入有机相中的量比留在水相中的多。只有在简单的体系中，溶质在两相中仅有一种相同的形式存在时，分配比D才与分配系数K_D相等。实际情况多数是比较复杂的，D常常不等于K_D。

萃取率是衡量萃取总效果的一个重要指标，常用E表示：

$$E=\frac{\text{溶质 A 在有机相中的总量}}{\text{溶质 A 在两相中的总量}}\times 100\% \tag{10-3}$$

即

$$E=\frac{c(\mathrm{A})_{有}V_{有}}{c(\mathrm{A})_{水}V_{水}+c(\mathrm{A})_{有}V_{有}}\times 100\% \tag{10-4}$$

式中，$V_{有}$是有机相的体积；$V_{水}$是水相的体积。如果分子、分母同除以$c(\mathrm{A})_{水}V_{有}$，则得

$$E=\frac{D}{D+\dfrac{V_{水}}{V_{有}}}\times 100\% \tag{10-5}$$

可见，萃取率E的大小与分配比D以及两相体积比$V_{水}/V_{有}$有关。当两相体积比一定时，分配比越大，萃取率越高。而当分配比一定时，减小体积比，即增加有机溶剂的用量，也可提高萃取效率，但后者的效果不太显著。另外，增加有机溶剂的用量，将使萃取以后溶质在有机相中的浓度降低，不利于进一步的分离和测定。因此在实际工作中，对于分配比较小的体系，通常采用连续萃取及增加萃取次数的方法来提高萃取率。

设体积为$V_{水}$的水溶液中含有待分离物质A，其质量为m_0。若用体积为$V_{有}$的有机溶剂萃取一次，水相中剩余的A的质量为m_1，萃取到有机相的A质量为m_0-m_1。则

$$D=\frac{c(\mathrm{A})_{有}}{c(\mathrm{A})_{水}}=\frac{(m_0-m_1)/V_{有}}{m_1/V_{水}}$$

于是

$$m_1=m_0\left(\frac{V_{水}}{DV_{有}+V_{水}}\right)$$

如再用$V_{有}$的新鲜有机溶剂对水相中的A再萃取一次，水相中剩余A的质量减小至m_2。则

$$m_2=m_1\left(\frac{V_{水}}{DV_{有}+V_{水}}\right)=m_0\left(\frac{V_{水}}{DV_{有}+V_{水}}\right)^2$$

如果每次都用$V_{有}$的新鲜有机溶剂对水相中的A进行萃取，共萃取n次，水相中剩余A的质量减至m_n，则

$$m_n=m_0\left(\frac{V_{水}}{DV_{有}+V_{水}}\right)^n \tag{10-6}$$

【例 10-1】 用8-羟基喹啉氯仿溶液从pH=7.0的水溶液中萃取La^{3+}。已知它在两相中的分配比$D=43$。今取含$1.0\mathrm{mg\cdot mL^{-1}}$ La^{3+}的水溶液20.0mL，计算用萃取液10.0mL一次萃取和用同量萃取液分两次萃取的萃取率。

解： 用10.0mL萃取液萃取一次，则

$$m_1=1.0\mathrm{mg\cdot mL^{-1}}\times 20.0\mathrm{mL}\times\left(\frac{20.0\mathrm{mL}}{43\times 10.0\mathrm{mL}+20.0\mathrm{mL}}\right)=0.89\mathrm{mg}$$

$$E=\frac{1.0\mathrm{mg\cdot mL^{-1}}\times 20.0\mathrm{mL}-0.89\mathrm{mg}}{1.0\mathrm{mg\cdot mL^{-1}}\times 20.0\mathrm{mL}}\times 100\%=\frac{20\mathrm{mg}-0.89\mathrm{mg}}{20\mathrm{mg}}\times 100\%=95.6\%$$

每次用5.0mL萃取液，连续萃取两次，则

$$m_2=20\text{mg}\times\left(\frac{20.0\text{mL}}{43\times5.0\text{mL}+20.0\text{mL}}\right)^2=0.145\text{mg}$$

$$E=\frac{20\text{mg}-0.145\text{mg}}{20\text{mg}}\times100\%=99.3\%$$

显然，用同样总体积的有机溶剂进行萃取，分多次萃取比一次萃取的效率高。但是增加萃取次数必然会增加萃取操作的工作量，也会加大被分离组分的损失，因此过多地增加萃取次数也是不恰当的，应根据实际情况而定。

二、重要的萃取体系

1. 形成螯合物的萃取体系

螯合物萃取体系在分析化学中应用最为广泛。所用萃取剂一般是有机弱酸，也是螯合剂。所选用的螯合剂应能与待萃取的金属离子形成不带电荷的中性螯合物，并应带有较多的疏水基团，才有利于螯合物被有机溶剂萃取。例如8-羟基喹啉，可与Pd^{2+}、Tl^{3+}、Fe^{3+}、Ga^{3+}、In^{3+}、Al^{3+}、Co^{2+}、Zn^{2+}等螯合，所生成的螯合物难溶于水，可用有机溶剂氯仿萃取。

这类萃取剂如以HR表示，它们与金属离子螯合和萃取过程简单表示如下：

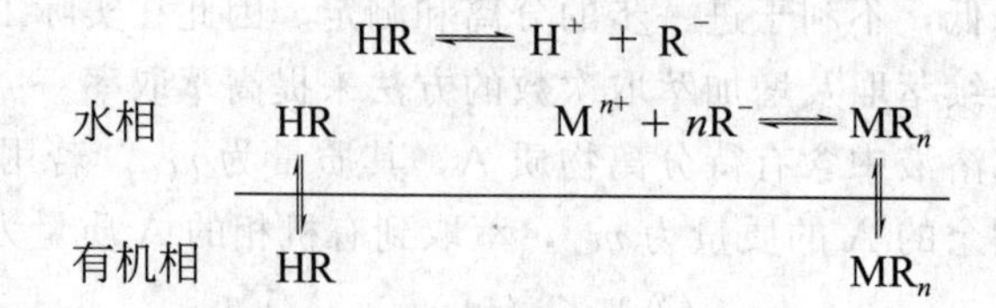

萃取剂HR易解离，它与金属离子所形成的螯合物MR_n（M^{n+}代表金属离子）愈稳定，螯合物的分配系数就愈大，而萃取剂的分配系数愈小，则萃取愈容易进行，萃取效率愈高。对于不同的金属离子，由于所生成螯合物的稳定性不同，螯合物在两相中的分配系数不同，因而选择和控制适当的萃取条件，如萃取剂的种类、萃取溶剂的种类、溶液的酸度等，就可使不同的金属离子得以萃取分离。

2. 形成离子缔合物的萃取体系

阳离子和阴离子通过静电引力相结合而形成电中性的化合物称为离子缔合物。许多金属配阳离子和金属配阴离子以及某些酸根离子能与阴离子或阳离子染料形成疏水性的离子缔合物，它能被有机溶剂萃取。如Cu^{2+}与2,9-二甲基-1,10-二氮杂菲的配阳离子和Cl^-形成离子缔合物、$AuCl_4^-$与罗丹明B阳离子染料的离子缔合物，都可被有机溶剂$CHCl_3$、甲苯或苯等萃取。

3. 形成三元配合物的萃取体系

三元配合物具有选择性好、灵敏度高的特点，因而这类萃取体系发展较快，例如为了萃取Ag^+，可使Ag^+与邻二氮菲配位成配阳离子，并与溴邻三酚红的阴离子缔合成三元配合物。在pH为7的缓冲溶液中可用硝基苯萃取，然后就在溶剂相中用分光光度法进行测定。

三元配合物萃取体系非常适用于稀土元素、分散元素的分离和富集。

第四节 液相色谱分离法

色谱法又称层析法，自20世纪初提出后，由于分离效果好，操作简便，目前已发展为一门内容十分丰富的专门学科。色谱分离法是一种多级分离技术，基于被分离组分在不相混溶的两相（固定相和流动相）中分配的差异而进行分离。当流动相对固定相做相对移动时，待分离组分就在两相之间反复进行分配，由于不同物质的分配系数不同，造成其迁移速率的差别，从而得到分离。

色谱分离法可以有不同的分类方法。如按流动相和固定相的物理状态分类，可分为以气体为流动相的气相色谱和以液体为流动相的液相色谱；如以固定相的形式分类，可分为平板色谱和柱色谱；如以分离机理分类，则可分为吸附色谱、分配色谱、凝胶色谱、离子交换色谱和亲和色谱等。这里只简要介绍属于经典液相色谱的吸附柱色谱法和薄层色谱法。

一、吸附柱色谱法

柱色谱是将固定相置于色谱柱中。对于吸附柱色谱法，固定相为固体吸附剂，如硅胶、氧化铝、聚酰胺等。当试液加在色谱柱上方后，待分离的组分就被吸附在柱的上端，再用流动相从柱的上方进行淋洗。例如，试液中含有A、B两种组分，假设固定相对A的吸附力大于对B，则A首先被吸附到固定相上，然后B才被吸附。但由于两者的吸附力差别往往很小，开始并不能在柱中完全分开。当用适当的有机溶剂进行洗脱时，A和B都要在固定相和流动相之间发生反复的解吸、吸附、再解吸和再吸附的过程。经过一段时间后，它们都会从色谱柱的上方移动到下方。但由于A受到的吸附力较大，故相对B来说，A从固定相解吸进入流动相的过程较为困难，而从流动相被吸附到固定相上则相对容易，从而使得A下行的速度较慢。经过相同的时间，A移动的距离较短，在色谱柱上的位置就会比B高。于是本来混在一起的A和B就在色谱柱上逐渐分离开来。

从分离机理看，吸附色谱分离的实质是使各组分与固定相之间很微小的吸附力差别在反复的吸附和解吸过程中得到放大，从而在宏观上造成它们在色谱柱中迁移速度上的差别，使之得到分离。

1. 固体吸附剂及其选择

固体吸附剂是一些多孔性的微粒状物质，表面具有许多吸附位置（或吸附中心）。吸附位置数量的多少和其吸附能力的强弱直接影响吸附剂的性能，如硅胶、氧化铝、聚酰胺等常用吸附剂，其表面上的吸附位置主要是羟基（—OH）或氨基（$—NH_2$），能与溶质形成氢键而产生吸附作用。

吸附色谱对吸附剂的基本要求如下：

① 具有较大的表面积和一定的吸附能力；

② 对不同的组分有不同的吸附量；

③ 在所用的溶剂和流动相中不溶解；

④ 与试样中各组分、溶剂及流动相不起化学反应；

⑤ 颗粒均匀，细度一定，使用过程中不会碎裂。

目前，最常用的吸附剂是硅胶和氧化铝，其次是聚酰胺、硅酸镁和高聚物微球等。硅胶为多孔性无定形或球形颗粒，是液相色谱中应用最多的固定相填料。硅胶具有多孔性的硅氧环及—Si—O—Si—的交联结构，其表面带有硅醇基而呈弱酸性，可用于分离一些酸性和中性物质，如有机酸、氨基酸、挥发油、黄酮类、皂苷等。碱性物质也能于硅胶作用，但易产生拖尾而不能很好地分离。硅胶的吸附能力取决于硅胶表面有效硅醇基的数目，数目越多，其吸附能力越强。色谱用的硅胶活性按其吸附能力强弱分为五级（Ⅰ～Ⅴ级），活性级别越大，吸附能力越小。

在吸附柱色谱中，氧化铝是仅次于硅胶的固体吸附剂。氧化铝的吸附能力通常比硅胶更强，因此非常适用于疏水性物质的分离制备；而且氧化铝比硅胶具有更高的吸附容量，价格低廉，因此应用也比较广泛。色谱用的氧化铝分为碱性（pH 9～10）、中性（pH 6.9～7.1）和酸性（pH 3.5～4.5）三种。通常使用的是碱性氧化铝，其常用于碳氢化合物的分离，能从碳氢化合物中除去含氧化合物；它还能对某些色素、甾族化合物、生物碱、醇以及其他中性、碱性物质进行分离。中性氧化铝适用于醛、酮、醌、某些苷及酸碱溶液中不稳定化合物，如酯、内酯等化合物的分离。酸性氧化铝适用于天然及合成酸性色素以及某些醛、酸的分离。氧化铝的活性也按其吸附能力强弱分为五级（Ⅰ～Ⅴ级），一般选用Ⅱ～Ⅲ级的氧化铝。

2. 流动相及其选择

吸附柱色谱的流动相又称洗脱剂（液）。流动相的洗脱作用，实质上是流动相分子与被分离溶质分子竞争占据吸附剂表面活性位置的过程。如果流动相被强烈地吸附，则使得吸附剂对溶质的吸附性相对减弱。一般强极性的流动相分子占据吸附剂活性位置的能力强，因而具有强的洗脱作用。非极性流动相分子占据活性位置的能力弱，洗脱作用就要弱得多。因此，为了使试样中吸附能力有差异的各种组分分离，就必须根据吸附剂的吸附能力和待分离组分的极性选择适当极性的流动相。一般来说，采用吸附性较弱的吸附剂分离极性较大的物质时，应选用极性较大的流动相如水和甲醇等；采用吸附性较强的吸附剂分离极性较小的物质时，应选用极性较小的流动相如戊烷或己烷作为流动相的主体，再适当加入二氯乙烷、氯仿、乙酸乙酯等中等极性溶剂，或四氢呋喃、乙腈、甲醇等极性溶剂作为改性剂，以调节流动相的洗脱能力。在吸附柱色谱中，溶解试样的溶剂极性应与流动相相似，最好就是流动相，这样可以提高分离的分辨率。

吸附柱色谱对流动相的基本要求是：①对试样组分的溶解度足够大；②不与试样组分和吸附剂发生化学反应；③黏度小、易流动；④有足够的纯度。

二、薄层色谱法

薄层色谱和纸色谱都属于平板色谱，因为固定相的形状为平面。纸色谱应用日趋变少，这里主要介绍薄层色谱法。薄层色谱的固定相一般被均匀地涂布于具有光洁表面的玻璃板、涤纶片或金属片等载体上制成薄层板。把试样点在薄层的一端离边缘一定距离处，试样中各组分就被固定相吸附。然后把点有试样的薄层板浸入作为展开剂的流动相中（不要把试样点浸入），由于薄层的毛细管作用，流动相沿着固定相薄层上升，遇到试样点，试样溶于流动相并在流动相和固定相之间不断地发生溶解-吸附-再溶解-再吸附的过程。显然，易被固定相吸附的组分，则不易被流动相溶解，在薄层中移动得慢些；不易被固定相吸附而易被流动相溶解的组分，则在薄层中移动得快些。因此，不同组分由于被展开在薄层的不同位置上而被分离开。

被分离后各组分在薄层中的位置，可用比移值（R_f）表示，如图 10-1 所示。

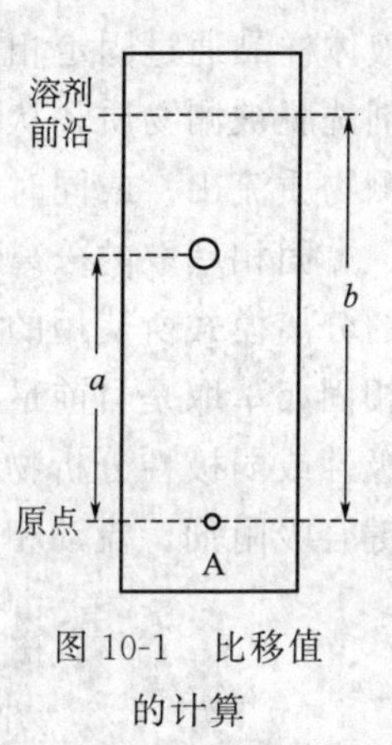

图 10-1　比移值的计算

$$R_f=\frac{a}{b} \tag{10-7}$$

式中，a 为斑点中心到原点的距离，cm；b 为溶剂前沿到原点的距离，cm。R_f 值最大等于 1，表明该组分随溶剂前沿一起移动。R_f 最小等于 0，表明该组分留在原点不动。R_f 可用范围是 0.2～0.8，最佳范围是 0.3～0.5。两组分的 R_f 值差别越大，分离效果越好。

薄层色谱的固定相除固体吸附剂硅胶、氧化铝、纤维素、聚酰胺等进行吸附色谱分离外，还有在惰性薄层上涂的固定液，进行分配色谱分离。因此，薄层色谱选用固定相时，首先应考虑被分离物质的性质。

一般讲，非极性或弱极性物质的分离用吸附薄层色谱，亲水性物质的分离用分配薄层分离。凡是用于柱色谱的固定相，都可用于薄层色谱。其中最常用的是氧化铝和硅胶，只是薄层色谱用的固定相比柱色谱使用者粒度更细些。薄层用氧化铝粒度一般为 150～300 目，硅胶粒度为 250～300 目。

薄层色谱的流动相种类很多，主要根据试样的性质和分离机制选择。对于吸附薄层色谱，主要考虑流动相极性，极性大小与洗脱能力成正比，一些主要纯溶剂的极性大小顺序为：

石油醚＜环己烷＜二硫化碳＜四氯化碳＜三氯乙烷＜苯＜甲苯＜二氯甲烷＜氯仿＜乙醚＜乙酸乙酯＜丙酮＜乙醇＜甲醇＜吡啶＜酸＜水

流动相可用单一溶剂，也可用混合溶剂，以调整流动相的极性。薄层色谱应用最广的是硅胶和氧化铝的吸附薄层，几乎对绝大多数物质均可使用，但硅胶、氧化铝有不同级别的活性。和吸附柱色谱一样，对极性大的被分离物质，应选择吸附能力弱（活性级别大）的吸附剂和极性大的流动相。反之，对极性小的被分离物质，应选择吸附能力强（活性级别小）的吸附剂和极性小的流动相。

第五节　绿色分离富集技术

传统的分离富集技术，如液-液萃取等使用数量可观的有机溶剂，其中有许多溶剂，如二氯甲烷、氯仿、四氯化碳和苯等毒性很强，既危害环境又危害人体健康。为了检测一个环境样品中的极微量有机污染物，往往要使用几十、甚至上百毫升的有毒溶剂，这显然违背了保护环境控制污染的宗旨。理想的分离技术应具备少使用或不使用有机溶剂、操作简单、费用低廉和适用性强等特点。正是基于以上原因，人们开始致力于绿色分离技术的研究与开发。其中，固相萃取、固相微萃取、超临界流体萃取是典型的代表。

一、固相萃取

固相萃取是 20 世纪 70 年代后期发展起来的萃取方法，是利用被萃取物质在液-固两相间的分配作用进行的一种分离富集技术。它结合了液-固萃取和柱色谱两种技术，通过采用选择性吸附、选择性洗脱的方式对样品进行富集、分离、纯化。固相萃取较常用的方法是使液体样品通过固定相，保留其中被测物质，再选用适当强度的溶剂冲去杂质，然后用少量溶剂洗脱被测物质，从而达到快速分离净化与浓缩的目的。也可选择性保留干扰杂质，而让被测物质流出；或同时保留杂质和被测物质，再使用合适的溶剂选择性洗脱被测物质。

固相萃取的分离模式主要有正相固相萃取、反相固相萃取和离子交换固相萃取等。不同的分离模式所使用的固定相和流动相不同，因此，所能达到的分离目的也不一样。其中，反相固相萃取是目前最常用的一种固相萃取方法，它是从极性样品溶液（如水溶液）中萃取非极性或弱极性分析物。其固定相为非极性或弱极性吸附剂，如 C_{18}、C_8 等非极性烷烃类化学键合吸附剂，流动相为强极性或中等极性溶剂。

图 10-2　真空多歧管固相萃取装置

固相萃取可离线操作，也可作为气相色谱（GC）、高效液相色谱（HPLC）等后续分析仪器的在线样品预处理系统。实验室最常用的离线固相萃取仪器是图 10-2 所示的真空多歧管固相萃取装置。该装置由固相萃取柱、真空萃取箱和真空泵组成。固相萃取柱通常是体积为 1～6mL 的塑料管，在两片聚乙烯筛板之间装填 0.1～2g 固定相。

固相萃取操作的基本步骤包括固相萃取柱的预处理、样品添加、洗涤柱子、洗脱分析物四个步骤。预处理是用一定量的溶剂冲洗萃取柱，其目的是润湿固相萃取柱，活化固定相，以使固相表面易于和被分析物发生分子间相互作用，同时，可以除去填料中可能存在的杂质。反相固相萃取柱通常用水溶性有机溶剂甲醇等预处理。固相萃取柱活化后，将样品溶液倒入萃取柱，然后利用加压、抽真空等方法使液体样品以适当流速通过固定相。此时样品中的目标萃取物被吸附在固定相上。接着，用一定量的中等强度的混合溶剂冲洗萃取柱，以除去吸附在固相萃取柱上的少量基体干扰组分，同时又不能导致目标萃取物流失。最后，选择适当强度的洗脱溶剂洗脱被分析物，收集洗脱液，挥干溶剂以备后用或直接进行在线分析。为了尽可能将分析物洗脱，使比分析物吸附更强的杂质留在固相萃取柱上，选择强度合适的洗脱溶剂是关键问题。

当分析痕量物质时，固相萃取方法比传统的液-液萃取具有明显的优越性：不仅快速，而且节约了溶剂，避免了浓缩步骤。几升的溶液通过萃取柱，痕量组分被保留在柱上，之后用几毫升的溶剂便可将组分从柱上洗脱下来。既将待测组分从样品中提取了出来，又达到了浓缩的目的。同时，固相萃取操作简单、易于自动化；不会出现液-液萃取中的乳化现象；可同时处理大批量样品。正是因为这些优点，这一技术迅速发展。目前，其应用对象十分广泛，特别是在生物、医药、环境、食品等样品的处理中成为最有效和最受欢迎的技术之一。美国环保署（EPA）已经允许采用固相萃取法代替液-液萃取作为水样前处理方法，富集水样等环境样品中的微量有机污染物，如多环芳烃、农药残留和多氯联苯等。又如在生物样品分析中，大量蛋白质的存在会干扰后续分析，必须预先除去，多数情况下采用 C_{18} 柱即可分离蛋白质，目标组分的回收率能达到 80%左右。

二、固相微萃取

固相微萃取是 20 世纪 90 年代初发展起来的一种萃取方法，是利用高分子固相涂层对目标化合物进行萃取和富集的非溶剂型样品分离技术。该方法可以在一个简单过程中同时完成采样、萃取和富集，对样品有很强的富集作用，大大提高了分析灵敏度。目前，固相微萃取主要是利用气相色谱、高效液相色谱等作为后续分析方法，实现样品中痕量有机物的快速分离分析。克服了传统的液-液萃取大量使用有机溶剂及样品处理时间长、难用于挥发性有机物分析等缺点。

固相微萃取装置类似于色谱微量注射器，由手柄和萃取头两部分构成，见图 10-3 和图 10-4。萃取头是关键部件，它是在一根长约 1cm 的熔融石英纤维表面涂覆固相涂层。萃取头接在不锈钢丝上，外套是不锈钢管，以保护石英纤维不被折断。手柄用于安装或固定萃取头，通过手柄的推动，萃取头可在钢管内伸缩。

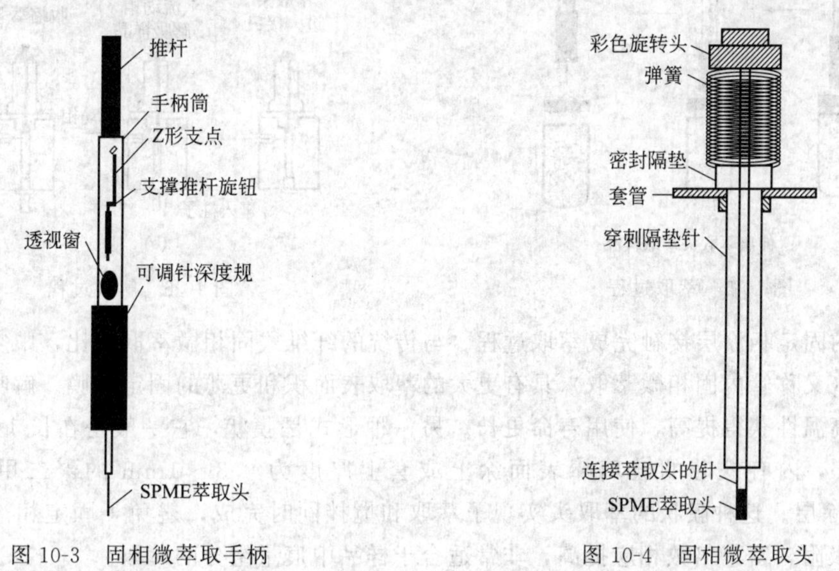

图 10-3　固相微萃取手柄　　　　图 10-4　固相微萃取头

固相微萃取的分离模式主要有直接固相微萃取、顶空固相微萃取和隔膜保护固相微萃取 3 种。直接固相微萃取是将萃取头直接插入液体或气体样品中进行萃取。顶空固相微萃取是将萃取头置于液体或固体样品上方进行萃取。隔膜保护固相微萃取则是在高分子固相液膜的外面套上一个保护膜进行萃取。其中，直接固相微萃取和顶空固相微萃取是最常用的模式。进行固相微萃取时，主要根据待测物质的性质和基体复杂性来选择萃取模式。一般来说，直接固相微萃取适用于较洁净的样品，顶空固相微萃取的适用范围是样品复杂、有大分子干扰并且目标分析物的沸点较低的情况。

固相微萃取的操作步骤主要分为萃取过程和解吸过程两个步骤。萃取过程是将萃取器针头插入样品瓶内，压下活塞，使具有固相涂层的萃取纤维暴露在样品中进行萃取。经一段时间后，拉起活塞，使萃取纤维缩回到起保护作用的不锈钢针头中，然后拔出针头完成萃取过程，如图 10-5 所示。解吸过程分为热解吸和溶剂解吸。将已完成萃取过程的萃取器针头插入分析仪器的进样口，当待测物解吸后，进行分离和定量检测。固相微萃取与气相色谱联用时，通过将萃取涂层插入进样口进行热解吸，见图 10-6(a)；与高效液相色谱联用时，则通过溶剂解吸，见图 10-6(b)，并分为动态和静态两种解吸模式。实验时通过控制固相涂层的种类、厚度、维持取样时间的稳定以及调节酸碱度、温度等各种萃取参数，可实现对被测组分的高重复性、高准确度的测定。

固相微萃取的萃取头除了上述的石英纤维萃取头外，目前还有另外两种形式。一种是中空毛细管萃取头，它是固定相被交联到一段中空毛细管的内壁上。样品从中空毛细管通过，

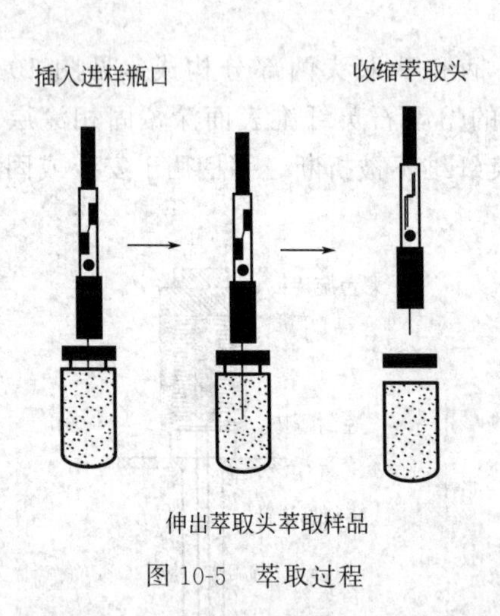

图 10-5　萃取过程

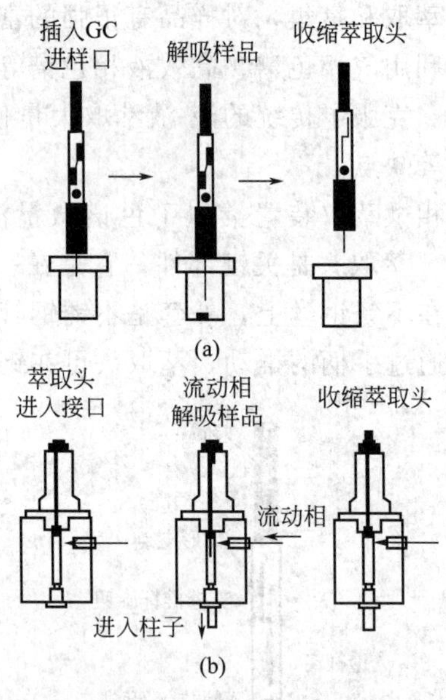

图 10-6　解吸过程

与内壁上的固定相涂层接触完成萃取过程。与传统的纤维式固相微萃取相比，中空毛细管固相微萃取（又称管内固相微萃取）具有更大的萃取表面积和更薄的固定相膜，解吸容易，耐溶剂和耐高温性获得提高，使用寿命更长。另一种形式是膜状，它一般是在长 1～2cm，外径 1～2mm，内有铁芯的玻璃棒表面涂上或套上厚度为 0.3～1mm 的聚二甲基硅氧烷(PDMS) 涂层。这种膜状的萃取头实现了萃取和搅拌同时完成，避免了固定相涂层与搅拌子的竞争吸附，富集倍数相应提高，非常适合于样品中痕量组分的萃取。

固相微萃取主要用于分析挥发性、半挥发性有机物，其中较为典型的有苯系物(BTEXs)、多环芳烃（PAHs)、氯代烃等多种化合物，样品基质包括气体、液体和固体等多种形态。美国环保署已采取该技术作为测定水中挥发性化合物和半挥发性化合物的标准方法。固相微萃取快速、简单，特别适用于现场在线检测。例如将固相微萃取与便携式气相色谱联用，进行野外直接分析，避免了在样品保存和运输中可能引入的误差。到目前为止，固相微萃取在环境样品分析、食品分析、药物分析、生物分析等领域均有应用。

三、超临界流体萃取

超临界流体萃取技术是近年来发展很快、应用很广的一种新的分离技术，它是利用超临界流体为萃取剂的一种萃取方法。某一物质处于它的临界温度（T_c）和临界压力（p_c）以上时，该物质的性质就介于气体和液体之间，既有与液体相仿的高密度，具有较大的溶解力，又有与气体相近的黏度小、渗透力强等特点，此时该物质就称为超临界流体。超临界流体的相平衡见图 10-7。

超临界流体萃取的分离原理是利用压力和温度对超临界流体溶解能力的影响而进行的，即根据分析物的物理化学性质，通过调节合适的温度和压力来调节超临界流体的溶解性能，便可以有选择性地把各组分按照各自极性大小、沸点高低和分子量大小依次萃取出来。若温度一定，溶解度大的分析物在低压时优先被萃取，随着压力的升高，溶解度较小的组分也依次被萃取。若压力一定，改变温度会引起超临界流体的密度和目标物的蒸气压的变化，从而影响超临界流体的萃取效率。各个压力范围内所得到的萃取物是不唯一的，但可以控制条件得到最佳比例的混合成分，然后借助减压、升温的方法使超临界流体变成普通气体，对被萃取的分析物进行分离，从而达到分离提纯的目的，所以超临界流体萃取是将萃取和分离两个不同的过程连成一体的萃取技术。

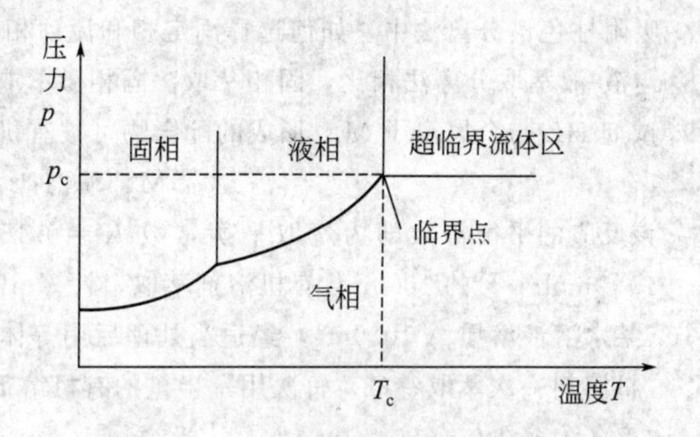

图 10-7 超临界流体的相平衡示意图

目前，应用最广泛的超临界流体是 CO_2，因为它的临界温度是 31℃，可使萃取在接近室温下完成，且临界压力 7.3MPa，比较适中，特别适合热敏性和化学不稳定物质的萃取；同时，CO_2 无毒、无污染、不可燃又便宜，是公认的绿色溶剂。

超临界流体萃取主要用于处理固体试样，包括岩矿、泥土、大气颗粒、生物组织等。

被萃取物质主要有农药、多氯联苯、多环芳烃、烃类、酚类等非极性到中等极性的有机物，已被广泛用于环境、食品、饲料、生物、高分子甚至无机物的萃取中。

本章小结

1. 衡量分离效果的尺度是回收率，回收率越高，表明分离效果越好。

$$\text{回收率}\quad R(\text{A})=\frac{\text{分离后 A 的质量}}{\text{试样中原来 A 的质量}}\times 100\%$$

一般情况下，对于常量组分分析，回收率应大于 99.9%；微量组分分析，回收率应大于 99%；痕量组分分析，回收率可以是 90%～95%，有时甚至更低一些也是允许的。

2. 沉淀分离法、液-液萃取分离法、液相色谱分离法、绿色分离富集技术（固相萃取、固相微萃取、超临界流体萃取）的原理、特点和应用。

3. 萃取分离基本原理

$$\text{分配系数}\quad K_D=\frac{c_{eq}(\text{A})_{\text{有}}}{c_{eq}(\text{A})_{\text{水}}}\qquad\qquad \text{分配比}\quad D=\frac{c(\text{A})_{\text{有}}}{c(\text{A})_{\text{水}}}$$

$$\text{萃取率}\quad E=\frac{c(\text{A})_{\text{有}}V_{\text{有}}}{c(\text{A})_{\text{水}}V_{\text{水}}+c(\text{A})_{\text{有}}V_{\text{有}}}\times 100\%\quad \text{或}\quad E=\frac{D}{D+\frac{V_{\text{水}}}{V_{\text{有}}}}\times 100\%$$

思考题与习题

1. 在分析化学中，为什么要进行分离富集？
2. 何谓回收率？在分析工作中对回收率的要求如何？
3. 形成螯合物的有机沉淀剂和形成缔合物的有机沉淀剂分别具有什么特点？各举例说明。
4. 共沉淀富集痕量组分时，有机共沉淀剂较无机共沉淀剂有何优点？
5. 何谓分配系数、分配比？萃取率与哪些因素有关？采用什么措施可提高萃取率？
6. 为什么在进行螯合萃取时，溶液酸度的控制显得重要？

7. 吸附柱色谱分离法中，如何选择固定相和流动相？

8. 与液-液萃取分离法相比，固相萃取、固相微萃取和超临界流体萃取有何优越性？

9. 试剂 HL 与金属离子 M^{2+} 形成的配合物可被有机溶剂萃取：

$$M^{2+}_{水}+2HL_{有}=\!=\!=ML_{2有}+2H^{+}_{水}$$

该反应的平衡常数即为萃取平衡常数 $K=0.15$。若 20.0mL 金属离子的水溶液被含有 HL 为 $2.0\times10^{-2}\,mol\cdot L^{-1}$ 的 10.0mL 有机溶剂萃取，计算 pH=3.50 时，金属离子的萃取率。

10. 某水溶液溶质 A 10.0mg，经适当处理后用等体积的有机溶剂进行萃取，$D=99$。若（1）用全量的有机溶剂一次萃取；（2）每次用一半量的有机溶剂分两次萃取，问在水溶液中各剩余 A 多少毫克？萃取率各为多少？

第十一章 现代仪器方法简介

通过特殊的仪器，测定物质的物理或物理化学性质从而进行定性、定量及结构分析的方法，称为仪器分析法。仪器分析方法的种类繁多，内容广泛，本书第九章介绍了吸光光度分析，根据我国工、农业生产和科研的实际情况以及仪器分析的发展趋势，本章再简要介绍几种现代仪器分析方法。

第一节 原子吸收光谱分析法

一、概述

原子吸收光谱分析法（atomic absorption spectrometry，AAS），简称原子吸收法。它是基于物质所产生的基态原子蒸气对特征谱线的吸收来进行定性和定量分析的。与吸光光度分析的基本原理相同，都遵循朗伯-比尔定律，在仪器及其操作方面也有相似之处。目前，原子吸收分光光度法已成为一种非常有效的分析方法，并广泛地应用于各个分析领域，该法具有以下一些特点。

① 选择性好，方法简便　吸收光辐射的是基态原子，吸收的谱线频率很窄，光源发出的是被测元素的特征谱线，所以，不同元素之间的干扰一般很小，对大多数样品的测定，只需要进行简单的处理，即可不经分离直接测定多种元素。

② 灵敏度高　原子吸收法测定的绝对灵敏度可达 10^{-10}g。

③ 精密度好，准确度高　由于温度的变化对测定的影响较小，所以，该法有着较好的稳定性和重现性。对微量、痕量元素的测定，其相对误差为 0.1%～0.5%。

由于原子吸收分光光度法有着灵敏、准确、快速等优点，因而其广泛地应用于农业、林业、国防、化工、冶金、地质、石油、环保、医药等部门，可以测定近 70 多种金属元素。

二、基本原理

原子对光的吸收或发射，与原子外层电子在不同能级间的跃迁有关。当电子从低能级跃迁到高能级时，必须从外界吸收这两能级间相差的能量；从高能级跃迁到低能级时，则要放出这部分能量。由于原子中的能级很多，电子按一定规律在不同的能级间跃迁，使原子吸收或发射一系列特征频率的光子，从而得到原子的吸收或发射光谱。通常认为，由基态与最接近基态的第一电子激发态之间的电子跃迁产生的谱线，为这种元素的特征谱线，也称为共振线。由于从基态到第一电子激发态的跃迁最容易发生，因此，对大多数元素来说，共振线是元素所有谱线中最灵敏的谱线。

理论和实践都证明，无论原子发射还是原子吸收谱线，都不是一条严格的几何线，都具有一定的形状，即谱线有一定的宽度和轮廓。导致谱线变宽的原因有很多，主要有与原子激发态寿命和能级差有关的自然宽度；有原子在空间作相对运动导致的热变宽，也称多普勒变宽；有原子之间的相互碰撞导致的压力变宽；有自吸导致的自吸变宽；还有电场、磁场效应导致的场致效应变宽等。在分析测试过程中，谱线的变宽往往会导致原子吸收分析的灵敏度下降。当光源发射某元素的特征谱线通过该元素的基态原子蒸气时，原子中的外层电子就选择性的吸收其特征谱线，使入射光强度减弱，其吸光度与原子蒸气的厚度 L、蒸气中基态原子的数目 N_0 之间的关系，符合朗伯-比尔定律。

$$A=\lg\frac{I_0}{I_t}=kLN_0 \tag{11-1}$$

在原子吸收光谱分析法中，一般火焰的温度小于 3000K。火焰中激发态原子和离子数目很少，因此，蒸气中的基态原子数目接近于被测元素的总原子数，与被测试样的浓度成正比，由于原子蒸气的厚度 L 一定，故式(11-1) 可简化为：

$$A=Kc \tag{11-2}$$

式(11-2) 即为原子吸收分光光度分析的定量关系式。

三、原子吸收分光光度计

一般原子吸收分光光度计有两类，即单光束和双光束。不论何种类型，其主要装置均是由光源、原子化器、单色器及检测系统四大部件所组成。如图 11-1 所示。

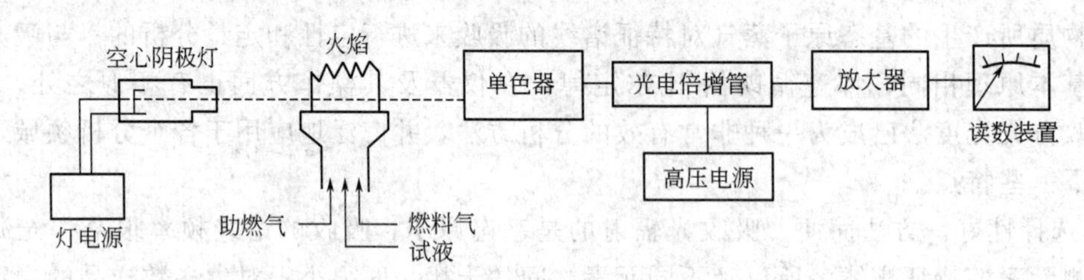

图 11-1　原子吸收分光光度计示意图

1. 光源

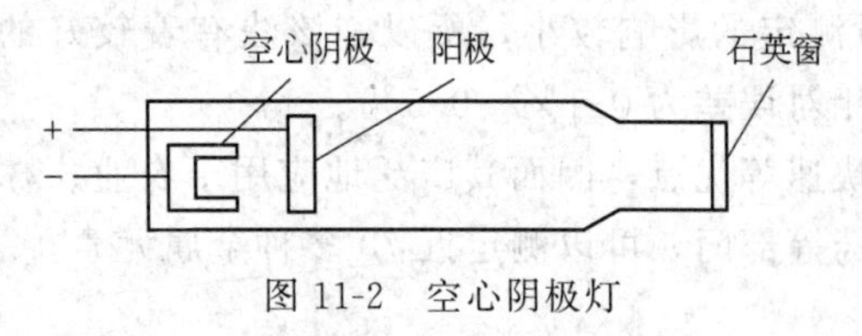

图 11-2　空心阴极灯

光源的作用是发射被测元素的特征谱线。理想的光源应该具备：稳定性高，发射强度大，使用寿命长，能发射待测元素的共振线，背景辐射小。满足这些要求的光源有很多，但最为常用的是空心阴极灯，它是一种低压气体放电管，其结构如图 11-2 所示。它有一个内含待测元素或其合金作为阴极材料的空心圆柱，阳极多为含有钽或钛丝（吸气剂）的钨棒所组成。管内充入低压惰性气体（氖、氩、氙或氦），窗口材料取决于发射谱线的波长，大于 350nm 时，采用硬质玻璃；小于 350nm 时，采用石英玻璃。当空心阴极灯两极间施加一定电压时，电子就从阴极高速射向阳极，在此过程中，电子与管内惰性气体碰撞，并使之电离，产生的正离子在电场的作用下被加速，强烈地轰击阴极表面，使阴极表面的原子发生溅射，溅射出来的原子再与电子、填充气体的原子等发生碰撞而被激发，当激发态的原子返回基态时，发射出该元素的特征谱线。实际上，也会夹杂一些内充气体和阴极杂质的谱线。用不同的元素作阴极材料，可制成相应元素的空心阴极灯。由于阴极材料多是用电解法制成的，常会有少量的氢气溶于其中，工作时释放于灯内，会产生噪声。所以，当灯工作一段时间后，把空心灯的阴、阳极反接，加 20mA 电流，阳极上的钛、钽可以吸收氢气，保证其良好的工作性能。灯电源除了用直流、交流和方波电源供电外，还可以用短脉冲电源供电，以利于提高放电的稳定性和发射谱线的强度，并延长灯的使用寿命。

2. 原子化器

原子化器的作用是使试样原子化，产生基态原子蒸气，是仪器的关键部件。测定的灵敏度、准确度和干扰情况等在很大程度上取决于试样的原子化过程。因而要求其性能稳定，再现性好，不受试样组分的影响，装置简单，原子化效率高。常用的原子化器有火焰原子化器和非火焰原子化器。火焰原子化器的结构如图 11-3 所示。主要由喷雾器、雾化室、燃烧器、火焰和供气系统所组成。由供气系统供给助燃气，将被测溶液吸入喷雾器，使其分散成很小的雾滴，并在雾化室内与燃气混合，较大的雾滴从下端废液管排出，细雾滴进入燃烧器产生原子蒸气。燃烧器灯头有“孔型”和长缝型。为延长吸收光程，一般采用长缝型灯头。分析不同的元素，需要用不同的火焰和不同的温度，常用的火焰有空气-乙炔和氧化亚氮-乙炔火焰，其温度分别可达 2300℃和 2900℃。火焰原子化器的主要缺点是原子化效率较低，试样被火焰成百万倍的稀释，故降低了测定的灵敏度。非火焰原子化器可弥补这一不足，常用的有石墨炉原子化器。它是利用电加热使试样蒸发并进行原子化的，其主要优点是原子化效率和测定的灵敏度高，检测限可达 10^{-12}g。但其测定的精密度较差，装置较为复杂。

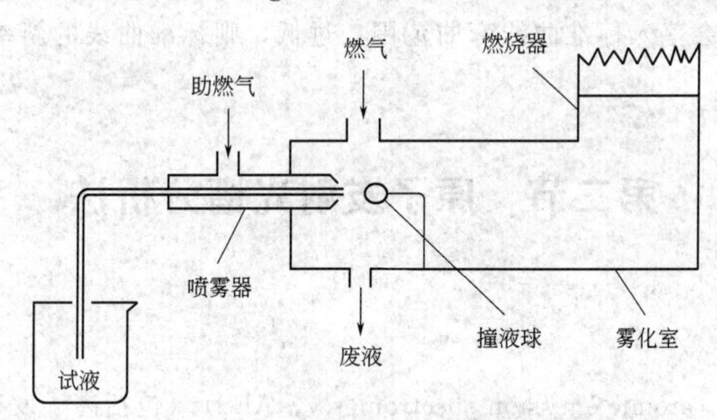

图 11-3　火焰原子化器结构示意图

3. 单色器

单色器的作用是将待测元素的吸收谱线与其他谱线分开。主要有棱镜和光栅。由空心阴极灯发出的谱线，包含有阴极元素的共振线及其他谱线，还包含有阴极杂质和惰性气体的谱线等，这些非吸收谱线如果照射到检测器上，同样也会产生电信号。所以，空心阴极灯发射出的谱线经原子蒸气吸收后，还需经一个单色器，将测量的吸收线从混合信号中分离出来，以准确测量。

4. 检测系统

检测系统包括检测器（光电管或光电倍增管）、放大器、对数转换器和读数或记录装置。

四、定量分析方法

原子吸收分析的定量方法很多，下面仅介绍几种较为常用的方法。

1. 标准曲线法

配制一系列标准溶液，在一定的实验条件下，依次测定其吸光度 A，以 A 为纵坐标，待测元素的浓度或者含量为横坐标，绘制标准曲线。在相同的条件下，测定试液的吸光度，由标准曲线上查出待测元素的浓度或者含量。

另外，喷雾效率、火焰状态、波长漂移等条件的变化，均会对标准曲线有一定的影响。所以，每次测定，应同时做标准曲线或者用标样对已制成的标准曲线进行校正后再使用。

2. 标准加入法

取四至五份等体积的试液，从第二份开始，分别按比例加入不同量的待测元素的标准溶液，然后都定容为相同的体积，测定各溶液的吸光度，以吸光度为纵坐标，以加入的待测元素的量为横坐标作图。将所得的曲线外延与横坐标相交，自原点到相交点的截距即为待测元素的量，如图 11-4 所示。这种标准加入外推法，适用于试样组成复杂，基体未知，待测元素含量较低样品的测定。由于每个待测液都含有相同的组分，故可消除基体或干扰元素的影响。加入标准溶液后，要有较好的线性，所以，要注意加入标准溶液的量，过高，会落入标准曲线弯曲范围；过低，则标准曲线的斜率小，外推结果误差较大。

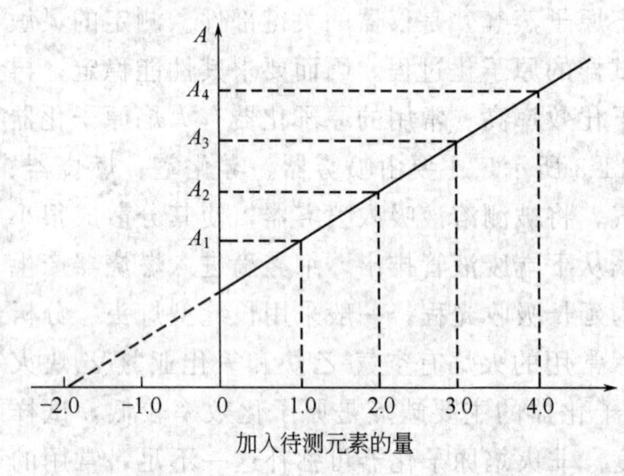

图 11-4　标准加入法工作曲线图

第二节　原子发射光谱分析法

一、概述

原子发射光谱（atomic emission spectrometry，AES）（包括离子发射光谱）是由于原子外层电子受到热能、电能、光能等能量激发后，返回较低激发态或基态时所伴随的发光。按其激发形式的不同，可分为电激发原子发射光谱，火焰原子发射光谱，原子荧光光谱。如果包括原子内层电子的激发，还有 X 射线荧光光谱。物质发射的光谱有线状光谱、带状光谱及连续光谱。由气态原子或离子发射的光谱为线状光谱；带状光谱是由气态分子被激发后的发射；连续光谱是由炽热的固体或液体的发射。原子发射光谱分析有以下特点。

① 分析速度快　对于岩石、矿物等试样，一般不经处理，就能直接对试样中的几十种金属元素同时测定，并快速给出定性、半定量甚至是定量的结果。

② 选择性好　每一种元素的原子被激发后，都产生其特征的系列谱线，根据这些特征谱线，就能较容易地进行定性分析。

③ 检出限低　一般光源可达 $0.1\sim10\mu g\cdot g^{-1}$，电感耦合等离子体光源可达 $ng\cdot mL^{-1}$

级。

④ 准确度较高　一般光源相对误差为5%～10%，ICP相对误差可达1%以下。

⑤ 应用广　不论气体、固体和液体样品，都可以直接激发，试样消耗少。

二、基本原理

原子发射光谱分析法是利用原子或离子发射的特征谱线来进行分析的。这种线状光谱只反映原子或离子的性能，而与原子或离子来源的分子状态无关，所以，它只能确定试样物质的元素组成和含量，而不能给出试样分子的结构信息。

任何元素的原子，都是由带正电荷的原子核和围绕着它运动的电子所组成。每个电子都处在一定的能级上，具有一定的能量。正常情况下，原子处于稳定的基态。在外加热能和电能的作用下，使原子外层的电子从基态跃迁到较高的能级上，即激发态。当外加能量足够大时，可以把原子中的电子从基态激发到无限远的地方，脱离原子核的束缚，使原子成为离子；当外加能量更大时，离子还可以进一步电离成二级、三级等离子。处于激发态的原子是很不稳定的，在极短的时间内（约10^{-8}s），便跃迁至基态或其他较低的能级上，以光的形式释放出多余的能量，产生一定波长的光谱线。每条谱线的波长，取决于跃迁前后两能级的能量差。由于不同元素的原子结构不同，离子与其相应的原子相比，也少了一个或几个电子，电子构型不相同；所以，各元素都有其特征的光谱，同一元素的离子光谱与原子光谱也不相同，这就是光谱定性分析的依据；而谱线的强弱和谱线出现的数目与试样中元素的含量有关，据此可以进行光谱半定量或定量分析。

三、原子发射光谱分析仪器

原子发射光谱分析一般有摄谱法和光电直读分析法。其仪器装置如图11-5所示。

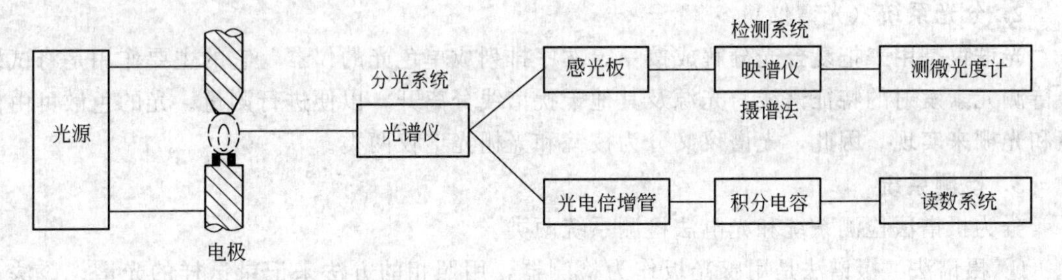

图11-5　原子发射光谱分析仪示意图

原子发射光谱分析仪器主要由光源、分光系统（光谱仪）及检测系统三部分组成。

1. 光源

光源的主要作用是对试样的蒸发和激发提供所需的热能和电能，使之产生光谱。原子发射光谱分析常用的光源有直流电弧、低压交流电弧、高压火花及电感耦合等离子体光源（ICP）等。现在使用最为广泛的是电感耦合等离子体光源。

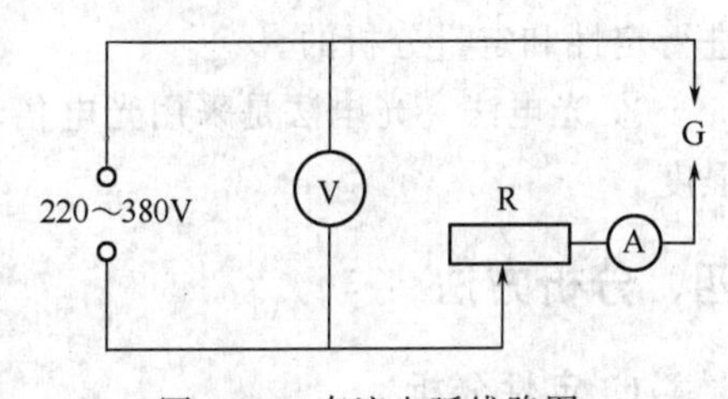

图11-6　直流电弧线路图

① 直流电弧　这种光源装置简单，如图11-6所示。由直流发电机供给电源，工作电压为220～380V，电流为5～20A，可由滑线电阻R来调节，G为电极间隙。点弧时，首先将

两电极接触，这时，由于接触点的电阻很大，通电时此处发热。随后，将两电极慢慢拉开。灼热的阴极所发射的电子与元素蒸气相互碰撞发生电离，产生大量的离子和电子，在两电极间隙形成电通路，产生电弧。这种光源的电极头温度较高，当试样放置在阳极进行蒸发时，最高可达3800K左右，有利于难挥发元素的蒸发。电弧的弧焰温度随试样的组成而变化，可高达4000～7000K，所产生的谱线主要是原子线，也称为电弧线，常用于矿石分析。

② 低压交流电弧　由220V交流电源供电，由于交流电弧随时间以正弦波形式发生周期性变化，因而它不像直流电弧那样，依靠两个电极相接触来点弧，须采用高频引火装置，使其在每一个交流半周期时引火一次，维持电弧不灭。这种光源与直流电弧一样，在电极间隙中具有相似的放电性质。电弧的弧焰温度比直流电弧略高，但电极头的温度较直流电弧略低，常用于金属与合金分析。

③ 高压火花光源　将10000V以上的高压电，通过电容器的充电、放电，以较大的瞬时电流击穿电极间隙，使之产生具有振荡特征的火花放电。这种光源的特点是放电的稳定性好，分析的重复性好，电弧放电的瞬间温度可达10000K以上，适合于难激发元素的测定。由于其激发能量大，产生的主要是离子线，又称为火花线。但其每次放电后的间隙时间较长，电极头温度低，不利于试样的蒸发和激发。以上三种光源的电极头和弧焰温度均受试样组成的影响。当试样组成变化时，可明显地改变试样在电极间隙中的蒸发和激发。

④ 电感耦合等离子体光源　电感耦合等离子体光源（inductively coupled plasma，ICP）是高频感应电流产生的类似火焰的激发光源。它是利用高频电流感应线圈将高频电能耦合到石英管内，用电火花引燃使引发管内的气体（Ar气）放电，形成等离子体。此时，高频电流就在等离子体内产生感应电流，形成感应焰炬。试液被雾化后由载气带入等离子体内，加热至很高的温度而激发。该光源的特点是：灵敏度高、干扰少、稳定性好、检出限低、准确度高。

2. 分光系统（光谱仪）

光谱仪是用来把复合光分解成按一定次序排列成单色光的仪器，它的主要作用是将试样中待测元素发射的特征谱线、光源及其他干扰谱线分离开，以便进行测量。光的色散可由棱镜和光栅来实现。因此，光谱仪又分为棱镜和光栅光谱仪两类。

3. 检测系统

分为摄谱法检测系统和光电法检测系统两类。

① 摄谱法　摄谱法是用感光板作为检测器，用照相的方法来记录试样的光谱。该法是将感光板经摄谱、显影和定影后，根据谱片中被测元素的特征谱线是否出现及谱线的黑度来进行定性和定量分析的。

② 光电法　光电法是采用光电倍增管作为检测器，并通过一套电子系统来测量谱线的强度。

四、分析方法

1. 定性分析

由于原子结构的不同，试样中各种元素的原子在光源的激发下，都可产生一系列特征的光谱线。有些元素的光谱线较为简单，仅有少数谱线；有的则较为复杂，谱线数目多至几千条。定性分析时，为了确定某种元素是否存在，虽然没有必要把该元素可能产生的谱线都找出来，但也不能只凭某一条谱线的出现与否来作出判断。为了防止共存元素谱线的重叠干扰，一般选用 2～3 条灵敏线是否出现来判断某一元素是否存在。进行定性分析时，最常用的是标准图片比较法，即采用事先制好的“元素光谱线图”与试样光谱进行比较，从而确定试样中是否含有某种元素。

制作标准图片时，首先摄制一条纯铁的光谱作为特殊的波长标尺（铁的谱线在各个波段都很丰富，且各条谱线的波长均经过精确测量），然后，将混合有各种元素的标准样品与铁光谱并列摄谱，再将各元素的谱线位置记载在铁光谱图上，即得载有各种元素灵敏线的标准光谱图，定性分析时，可在同一块感光板上并列摄取铁光谱和试样光谱，然后用标准光谱图与所摄的试样谱片在映谱仪上进行比较，若两者谱线出现在同一波长位置上，即可说明试样中某一元素的某条谱线存在。用所摄的试样谱片与标准光谱图进行比较的过程称之为译谱。

2. 半定量分析

光谱半定量分析的准确度较差，相对误差一般为 30％～200％，但这种方法能同时分析多种元素，方法简单、快速，故常用于准确度要求不太高的试样分析。主要有目视谱线强度比较法和谱线呈现法两种。

① 谱线强度比较法　这种方法是在同一谱片上，直接用眼睛比较所摄的试样与标样的谱线黑度来估计含量。例如，在分析试样中的锗含量时，可选择 Ge Ⅰ 265.118nm 和 Ge Ⅰ 265.158nm 这两条谱线的黑度进行比较，若分析试样中锗的这两条谱线与含锗 0.01％标准样品中这两条谱线的黑度相近，则此试样中锗的含量约为 0.01％；若分析试样中锗线的黑度介于标准样品 0.001％与 0.003％之间，则可近似地估计此试样中锗的含量约为 0.002％。这种方法当试样组成与标准样品相近时，可获得较为满意的结果。

② 谱线呈现法　每一种元素在光谱中出现的谱线数目与试样中元素的含量有关。在含量很低时，仅出现一至二条最灵敏的谱线；随着含量的增加，呈现的谱线数目也增加。因此，可选择在摄谱条件下，用不同含量的标准样品摄谱，把相对应出现的谱线，预先编制一个谱线呈现表，如表 11-1 所示。

表 11-1　铅的谱线呈现表

铅/％	谱线及其特征
0.001	283.307nm 清晰可见，261.418nm 和 280.200nm 谱线很弱
0.003	283.307nm 和 261.418nm 谱线增强，280.200nm 谱线清晰
0.01	上述各线均增强，266.317nm 和 287.332nm 谱线不太明显
0.03	263.317nm 和 287.332nm 谱线清晰
0.3	出现 239.38nm 谱线
1	上述谱线均增强，出现 240.195nm，244.383nm 及 244.62nm 谱线
3	上述谱线均增强，出现 332.05nm 及 233.242nm 弱线

测定时，将试样按选定条件摄谱，利用谱线呈现表，就可很快地估计出试样中元素的半定量结果。

3. 定量分析

在定量分析中，元素的谱线强度 I 与含量 c 之间的关系，可由下式表示：

$$I=a\cdot c^{b} \tag{11-3}$$

取对数得：

$$\lg I=b\lg c+\lg a \tag{11-4}$$

在一定的条件下，a 和 b 为常数，此时，谱线强度的对数与浓度 c 的对数呈直线关系。

式中，b 为自吸收系数，当含量很低时，谱线无自吸收，$b=1$；当含量较高时，谱线产生自吸收，$b<1$；这是因为原子激发、跃迁而产生的光谱是发生在电弧光源中心、温度较高的区域，而其外围的蒸气云温度较低，原子处于基态；含量高，则基态原子多，由电弧中心产生的谱线向外发射时，会被外围蒸气云中同种元素原子所吸收，使谱线减弱。所以，b 值与试样中分析元素的含量有关。a 值是一个与试样组成、试样的蒸发和激发过程有关的参数。

实际工作中，a 和 b 值都固定不变是十分困难的。所以，很少采用测量谱线绝对强度的方法来定量分析。一般采用测量谱线相对强度，即内标法来定量分析。

在被测元素中选一根谱线作为分析线，在基体元素（或加入固定量的其他元素）的谱线中选一根谱线作为内标线，分析线与内标线构成分析线对。设分析线和内标线的谱线强度分别为 I 和 $I_{标}$，则：

$$I=a\cdot c^{b} \qquad I_{标}=a_{标}\cdot c_{标}^{b'}$$

设分析线与内标线的谱线强度比为 R，则：$R=\dfrac{I}{I_{标}}=\dfrac{ac^{b}}{a_{标}\,c_{标}^{b'}}$

当内标元素的含量固定且内标线无自吸收时，$c_{标}^{b'}$ 为一常数，即：$A=\dfrac{a}{a_{标}\,c_{标}^{b'}}$ 为常数，则：

$$R=Ac^{b} \tag{11-5}$$

取对数得到：

$$\lg R=b\lg c+\lg A \tag{11-6}$$

该式为内标法定量分析的基本关系式。在一定的条件下，分析线对的相对强度 R 的对数与被测元素的浓度 c 的对数成直线关系。

a 和 $a_{标}$ 受光源的蒸发、激发等条件变化的影响程度基本上一样，所以，光源不稳定对分析线对相对强度的影响基本上可以忽略。内标元素及分析线对应当符合：①内标元素含量必须固定，且分析线与内标线均应没有自吸收。②内标元素与分析元素应具有相近的沸点和化学性质，以减少试样蒸发条件变化的影响。③分析线对应具有相近的激发电位和电离电位，以减少激发条件变化的影响。

（1）摄谱法

用该法进行定量分析时，是利用感光板上所记录谱线的黑度来表示谱线的强度的。感光板经过曝光、显影和定影后，其曝光部分由于析出金属银而变黑，其变黑的程度称为黑度，定义为：

$$S=\lg\frac{I}{T}$$

T 为测量谱线黑度时光线的透光率。感光板上谱线的黑度是由测微光度计测出的。谱线的黑度值与谱线强度之间存在着一定的关系，一定条件下，分析线对的黑度差 ΔS 与谱线强度的关系为：

$$\Delta S=r\lg R=r\lg\frac{I_1}{I_2}$$

将该式代入式(11-6）中可得：

$$\Delta S=r\lg R=rb\lg c+r\lg A \tag{11-7}$$

式中，r 为与感光板性质有关的常数，称为反衬度，这就是摄谱法定量分析的基本公式。

进行定量分析时，在选定的工作条件下，在同一感光板上摄取分析试样和数目不少于三个标准试样的光谱，用标准试样中分析线对的黑度差 ΔS 与标准试样含量的对数 $\lg c$ 绘制标准曲线，再由试样分析线对的黑度差 ΔS 值，从标准曲线中求出其含量。

(2) 光电法

摄谱法要经过摄谱、暗室处理，取得谱板后还需鉴别谱线、测量黑度和计算才能得到分析结果，分析过程较长。光电法定量分析是利用光电倍增管来接收分析谱线，并将其光强度信号转换成电信号，通过读数系统直接读出谱线强度或分析结果。

第三节　分子荧光分析法

一、概述

有些物质的分子或原子吸收了相应的能量被激发至较高能量的激发态后，在返回基态的过程中伴随着光的辐射，这种现象称为分子或原子发光。其中分子吸收光能而发光的分析方法称为分子荧光分析法或分子磷光分析法；而原子吸收光能而发光的分析，称为原子荧光分析法。由于物质结构的不同，所吸收的能量和发射光的波长就有所不同，据此可进行定性分析；同一种物质，在相同条件下，浓度不同，发光强度不同，据此可进行定量分析。荧光分析和化学发光分析均具有较高的选择性和灵敏度，通常其灵敏度比分子吸光光度法高 2～3 个数量级。本节重点介绍分子荧光分析法。

二、荧光分析的基本原理

1. 荧光的产生

从图 11-7 中可以看出，物质吸收光能后，分子中的某些电子从基态的最低振动能级跃迁至较高电子能级中的某些振动能级，由于分子间的相互碰撞，消耗了一定的能量（无辐射跃迁）而降落至第一电子激发态的最高振动能级，然后通过振动弛豫（无辐射跃迁）跃迁到第一电子激发态的最低振动能级。由此最低振动能级再降落至基态中的某些不同振动能级的同时，发射出比其吸收的波长稍长的光辐射，即荧光。有的物质分子吸收光能并降落至第一电子激发态的最低振动能级后，不继续降落至基态，而是通过再一次无辐射跃迁至一中间的亚稳态（称为系间窜跃），分子在该亚稳态稍事停留、通过无辐射跃迁至此激发态的最低振动能级后，再发出光辐射回到基态的各振动能级，这种辐射称之为磷光。荧光和磷光的区别在于其发光途径不同，磷光的能量比荧光低，波长比荧光的长，从激发到发光，磷光所需途径长、时间长，有时在入射光源关闭后，还能看到磷光，其发射时间约在照射后的 10^{-4}～10s 之间，而荧光在关闭光源后随即消失，其发射时间约在照射后的 10^{-8}～10^{-14} s 之间。

2. 激发光谱与荧光光谱

用不同波长的激发光对物质进行扫描，来测定其发射荧光的强度，然后以荧光强度对激发光波长作图，得到荧光物质的激发光谱。激发光谱中最高峰的波长因能使荧光物质发射出最强的荧光，故称为该物质的最大激发波长。荧光的产生是由第一电子激发态的最低振动能级开始的，而与分子被激发至哪一能级无关。如果固定激发光的波长和强度不变，对分子发

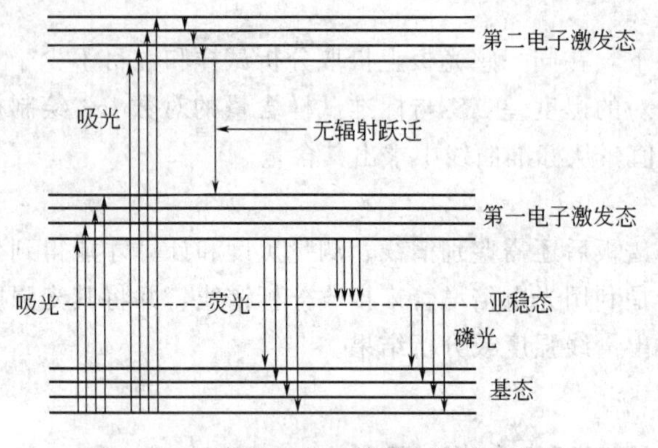

图 11-7　光能的吸收、转移、发射示意图

射的荧光波长扫描，依次测定其荧光强度，以荧光强度对相应的荧光波长作图，得到荧光物质的发射光谱，简称荧光光谱。荧光光谱的波长和形状与激发光的波长无关，但荧光强度与其有关。荧光光谱中最高峰的波长，为该物质的最大发射波长，如图 11-8 所示。一般来讲，测定激发光谱时，是将物质的发射波长固定为最大发射波长；测定其荧光光谱时，是将其激发波长固定为最大激发波长。

3. 荧光强度与溶液浓度的关系

荧光是由物质吸光后而发出的辐射，因此，溶液的荧光强度与该溶液的吸光度及荧光物质发射的荧光效率有关。溶液被入射光激发后，可以在溶液的各个方向观察到荧光，但由于激发光部分可透过溶液，所以，一般应在与激发光垂直方向观测荧光。

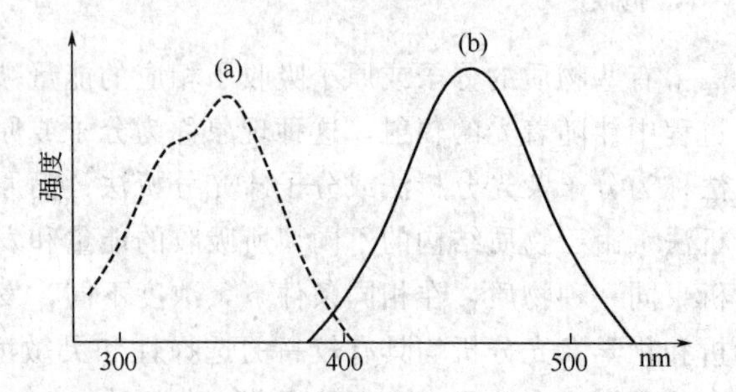

图 11-8　硫酸奎宁的激发光谱（a）及荧光光谱（b）

设入射光强度为 I_0，透过光强度为 I_t，则溶液的荧光强度 F 为：

$$F=\Phi(I_0-I_t)$$

式中，Φ 为荧光的量子效率。

根据朗伯-比耳定律可以推导出，在溶液浓度很稀时，荧光强度 F 与荧光量子效率 Φ 满足关系式(11-8)：

$$F=2.303\Phi I_0\varepsilon bc \tag{11-8}$$

式中，ε 为摩尔吸光系数；b 为液层厚度；c 为溶液浓度。对于一定的物质来讲，当入射光波长和强度固定、液层厚度 b 固定时，式(11-8) 可进一步简化为：

$$F=Kc \tag{11-9}$$

式(11-9) 为荧光分析的定量关系式。该式只有当溶液浓度很稀，吸光度 $A\leqslant0.05$ 时才成立，否则，荧光强度与溶液浓度不呈线性关系。在浓溶液中，荧光强度往往不随溶液浓度增大而增大，反而由于所谓“自吸收”现象而导致荧光减弱。

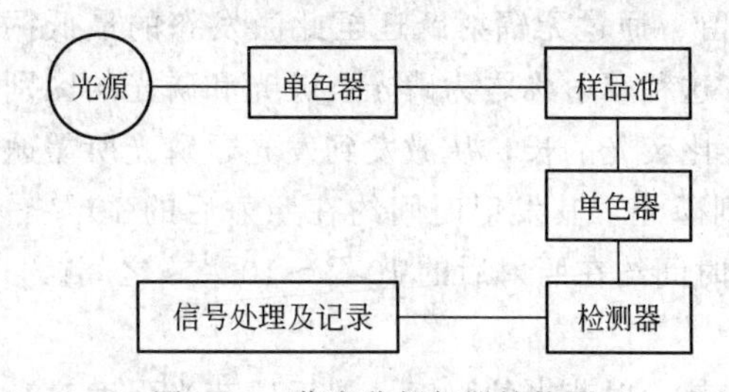

图 11-9　荧光分析仪器结构图

三、荧光分析仪器

荧光分析使用的仪器可分为荧光计和荧光分光光度计两种类型。荧光分析仪器与一般的光度计有类似之处，都是由光源、单色器、样品池及检测系统四大部件所组成，如图 11-9 所示。

荧光分析仪器常用的光源有高压汞灯及氙孤灯，前者发射的为非连续光谱，常用的是 365nm、405nm 及 436nm 三条谱线。后者发射的为 200～700nm 的连续光谱。为了能分别测定激发光谱和发射光谱，选择合适的激发光和发射光，以及除去干扰光，荧光分析仪器具备两个单色器，即激发光单色器和发射光单色器。荧光计是用滤光片作单色器，而荧光分光光度计最常用的单色器是光栅单色器，它具有较高的分辨率，能扫描光谱；缺点是杂散光较大，有不同的次级谱线干扰，但可用合适的前置滤光片加以消除。荧光分析所用的样品池，通常为石英制成的方形池，四面透明，清洗或握执时，应注意任何一面都不能污染。荧光分析仪器监测的是荧光信号，必须避开激发光的影响，因此，检测器与激发光应有一定的角度，通常为直角。

四、定量分析方法

1. 标准曲线法

配制一系列标准溶液，在同一条件下，分别测定它们和试液的荧光强度，以荧光强度对标准溶液的浓度绘制标准曲线，由试液的荧光强度对照标准曲线求得其含量。绘制标准曲线时，常采用标准系列中较浓的标准溶液为基准，将该溶液的荧光强度调至 100 或 50，将试剂空白的读数调至 0，或扣除空白的荧光值。

2. 比较法

取已知量的纯荧光物质配制与试液浓度 c_x 相近的标准溶液 c_s，在相同条件下分别测得它们的荧光强度 F_x 和 F_s，若试剂空白的荧光强度为 F_0，按下式计算试液的浓度：

$$c_x=\frac{F_x-F_0}{F_s-F_0}c_s \tag{11-10}$$

第四节　红外光谱分析

一、概述

利用物质对红外光（波长为 0.78～1000μm）的吸收进行定性、定量及结构分析的方法称为红外光谱（infrared spectrometry）分析法。通常将红外光分为三个区域：波长在 0.78～2.5μm 为近红外区，主要是某些能量较低的电子跃迁，也包含某些含氧原子团，如 C—H、N—H、O—H 等的振动能级跃迁产生泛频吸收。波长在 2.5～25μm 为中红外区，主要是由分子的振动和转动能级跃迁产生吸收。大多数有机物和无机物的化学键的基频吸收均在此谱区内，是有机物结构及定性分析应用较多的区域。波长在 25～1000μm 为远红外区，主要是气体分子的纯转动能级跃迁及重原子（卤素原子、S 原子等）伸缩振动产生吸收。

红外吸收光谱主要是由于分子的振动及转动能级跃迁产生的吸收，分子的振动和转动决定于分子的原子组成、空间分布及化学键性质等分子结构与组成的特征，所以，红外吸收光谱最重要和最广泛的应用，是对有机物的定性和结构分析。对于结构复杂的有机物，它能较为准确地测定出它的组成和结构，被誉为有机物的“指纹”。物质对红外光的吸收也符合朗伯-比耳定律。但由于物质对红外光的吸收比对紫外、可见光的吸收弱得多，使定量分析的难度较大，实际应用不多。近红外光是人们在吸收光谱中发现的第一个非可见光区。近红外光谱与有机分子中含氢基团（O—H、N—H、C—H）振动的合频和各级倍频的吸收区一致，通过扫描样品的近红外光谱，可以得到样品中有机分子含氢基团的特征信息，而且利用近红外光谱技术分析样品具有方便、快速、高效、准确和成本较低，不破坏样品，不消耗化学试剂，不污染环境等优点，因此该技术受到越来越多人的青睐。

二、红外光谱与分子结构的关系

1. 分子的振动与红外光谱

红外光谱是由于分子吸收红外光波的能量，使成键原子发生振动能级跃迁所引起的吸收光谱。分子中原子的振动方式可分为两大类：一类是沿着键轴的伸长和缩短，称为伸缩振动，振动时键长有变化，但键角不变；另一类是离开或向着键轴的弯曲变形，称为弯曲振动。振动时键长不变，但键角常有变化。分子的振动并不都能引起红外吸收。如 CO_2 等高度对称结构的分子振动，不能引起偶极矩的变化，故不产生红外吸收。只有那些改变分子偶极矩的大小或方向的振动才能产生红外吸收光谱。不同的化学键，强度不同，即便是振动形式相同，吸收频率也不同，同一基团基本上是相对稳定在某一特定范围内出现吸收。

2. 分子的结构与红外光谱

若有 N 个原子组成一个多原子分子，该分子就有 $3N-6$（$3N-5$，线性分子）种振动方式，包括伸缩和弯曲振动。虽然并不是所有的振动都能在红外光谱中产生吸收带，但分子量较高的化合物，其红外光谱通常包括几十个吸收带，所以红外光谱往往较为复杂。大量的有机化合物的红外光谱表明，不同化合物中的同一种化学键，其基团在不同的化合物中的红外光谱吸收峰的位置大致相同。这一性质给人们提供了鉴定各种官能团是否存在的判断依据，成为红外光谱定性分析的基础。

红外吸收光谱通常被划为特征区（波数为 $4000\sim1350\text{cm}^{-1}$ 范围）和指纹区（$1350\sim650\text{cm}^{-1}$）。特征吸收区是各基团的特征吸收带，各种基团具有各自的特定吸收区域，把这些特定的吸收称为该官能团的特征吸收，特征吸收峰的位置称为特征频率或基团频率，利用该性质能够较好地推测化合物的结构。指纹区内的红外吸收大多是一些简单伸缩和各种弯曲振动所引起的，此类吸收变动较大，特征性较差，但它受分子结构影响十分敏感，任何细微的差别都会引起光谱明显的改变，如同人的指纹一样，所以，指纹区常用来分析基团的环境和鉴定同分异构体。

各类有机化合物的红外特征吸收峰均有专门的手册可供查阅。

三、红外吸收光谱仪

根据仪器的结构和工作原理不同，红外吸收光谱仪可分为色散型和傅里叶变换型两大类。

1. 色散型红外吸收光谱仪

色散型红外吸收光谱仪即红外吸收分光光度计，目前均为双光束自动扫描式仪器。其结构方框图如图 11-10 所示，由光源、样品池、单色器、检测器及放大器和记录装置六个基本部分组成。

(1) 工作原理

从光源发出的红外光被分成等强度的两光束，分别通过样品池和参比池，然后由斩光器交替送入单色器色散。扫描马达控制光栅的转角，使色散光按频率（或波数）由高到低依此通过出射狭缝，聚焦在检测器上。同时，扫描马达以光栅转动速度（即频率变化速度）同步转动记录纸，使其横轴记录单色光频率（或波数）。若样品没有吸收，两束光强度相等，检测器上只有稳定的电压，而没有交变信号输出；当样品吸收某频率的红外光时，两束光强度

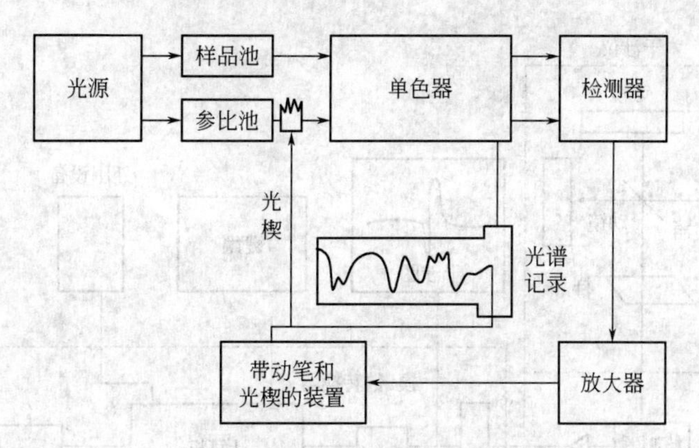

图 11-10 色散型红外吸收光谱仪示意图

不等，到达检测器上的光强度随斩光器频率而周期性变化，检测器随之输出相应的交变信号。该信号经放大后，驱动伺服马达（带动笔和光楔的装置）带动记录笔和光楔同步上下移动，光楔用于调整参比光路的光能，记录笔则在记录纸上画出吸收峰强度随频率（或波数）而变化的曲线，即红外光谱。

（2）主要部件

① 光源　最常用的是能斯特灯和硅碳棒，工作时通电加热至一定的温度，即发射具有连续波长的红外光。

② 单色器　包括入射狭缝、准直镜、色散元件和出射狭缝等。目前一般采用光栅为色散元件。光栅的分辨能力好，易于维护，但存在次级光谱的干扰，一般需要配置滤光器以保证单色光的纯度。

③ 样品池　红外光谱能测定固、液、气态样品。气体样品一般注入抽成真空的玻璃气槽内进行测定，气槽的两端一般是用 NaCl 或 KBr 制成的在红外光区透明的窗片。液体池的透光面通常也是由 NaCl 或 KBr 等晶体制成的，常用的液体池也有两种：厚度一定的固体池和可以自由改变厚度的可拆池。液体样品可滴在可拆池两窗之间形成薄的液膜进行测定。在制备液体样品时，要求溶剂在一定范围内无红外吸收，常用的溶剂有 CS_2、CCl_4、$CHCl_3$ 等。固体样品通常用 300mg 光谱纯的 KBr 粉末与 1～3mg 固体样品共同研磨均匀后压制成约 1mm 厚的透明薄片放在光路中进行测定。由于 KBr 在 400～4000cm^{-1} 区域内无吸收，因此，可得到全波段的红外光谱图，当然，固体样品也可以用适当的溶剂溶解后注入固定池中进行测定。

④ 检测器　常用的是高真空热电偶。热电偶的特性是当两端点的温度不同时，就会产生电势差。让红外光照射热电偶的一端，使其温度升高而产生电势差，在回路中形成电流，其大小随照射的红外光强弱而变化。为了减少热传导的损失，提高检测灵敏度，将热电偶密封在高真空的容器中。

色散型红外吸收光谱仪完成一个扫描约需 10min。所以，不能测定瞬间光谱的变化，也不能实现与色谱柱联用。另外，其分辨率也较低。这些不足可在傅里叶变换红外光谱仪中得到解决。

2. 傅里叶变换红外光谱仪

傅里叶变换红外光谱仪与色散型红外吸收光谱仪的主要区别在于干涉仪和计算机两部分。如图 11-11 所示。

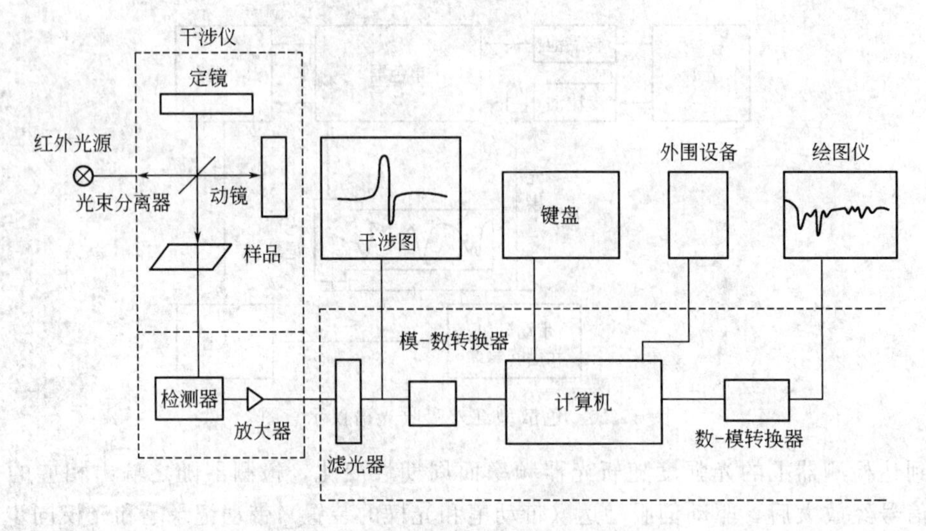

图 11-11 傅里叶变换红外光谱仪示意图

从光源发出的红外光，经分束器分成两光束，分别经动镜、定镜反射后到达检测器并产生干涉现象。当动镜、定镜到检测器间的光程相等时，各波长的红外光到达检测器都具有相同的相位而彼此加强。如改变动镜的位置，形成一个光程差，不同波长的光落在检测器上得到不同的干涉强度。当光程差为 $\lambda/2$ 的偶数倍时，相干光相互叠加，相干光的强度有最大值；当光程差为 $\lambda/2$ 的奇数倍时，相干光相互抵消，相干光的强度有极小值。将样品放入光路中，样品吸收某频率的红外光，就会使干涉图的强度发生变化。很明显，这种干涉图包含了红外光谱的信息，但不是我们能够看懂的红外光谱。经过计算机进行复杂的傅里叶变换，就能得到吸光度或透光率随频率（或波数）变化的普通红外光谱图。傅里叶变换红外光谱仪具有以下突出的特点。

① 在同一时间内测定所有频率的信息，测定速度快。一张红外光谱图只需要 1s 或更短的时间，从而实现了与色谱仪的联用。

② 干涉仪部分不涉及狭缝装置，输出能量无损失，灵敏度高，其检测限可达 $10^{-9}\sim10^{-12}$g。

③ 分辨率高，波数精度可达 0.01cm^{-1}。测定的光谱范围宽。

四、定性、结构及定量分析

1. 定性和结构分析

用于定性分析的样品应该具有很高的纯度（>98%）才能得到准确的结果，另外，KBr 或 NaCl 易吸收水分，故样品中不应含水。用红外光谱对物质进行定性和结构分析，除根据图谱提供的信息外，通常还需要根据其他的方法（如紫外、核磁、质谱及物质的熔、沸点等）提供的信息进行综合分析才能最终确定。

谱图解析：红外光谱的解析至今还没有一套系统的方法，一般的原则是：先特征区后指纹区，先强峰后弱峰，先否定后肯定，先粗查后细查。

① 计算不饱和度 Ω

$$\Omega=1+n_4+\frac{1}{2}(n_3-n_1) \tag{11-11}$$

式中，n_4、n_3、n_1 分别为分子中四价、三价和一价元素原子的数目。二价原子等 S、O 等不参加计算。当 $\Omega=0$ 时，表示分子是饱和的，应是链状烃及其不含双键的衍生物；当

$\Omega=1$ 时，可能有一个双键或脂环；当 $\Omega=2$ 时，可能有两个双键和脂环，也可能有一个叁键；当 $\Omega=4$ 时，可能有一个苯环等。

② 查找特征区　首先，确定 C—H 振动的存在及其类型。在 $3000\sim2800cm^{-1}$ 区域内有 C—H 振动峰，则分子为有机化合物的可能性大；如果吸收频率 $>3000cm^{-1}$，则表示分子中有不饱和碳原子存在或样品为高卤代烷或环烷；如果吸收频率 $<3000cm^{-1}$，则表示分子中碳原子是饱和的；如果以上两种吸收峰均存在，则表示分子中既有饱和碳又有不饱和碳原子存在；若在 $1460cm^{-1}$ 处有吸收峰，则表明分子中有 CH_3 或 CH_2 基；若在 $1380cm^{-1}$ 处有吸收峰，则表明分子中有 C—CH_3 存在，并可根据峰形判断分子的分枝情况，若在 $720cm^{-1}$ 处有中等强度吸收峰，则可推测分子中有直链存在，且 CH_2 的数目在 4 个以上。

然后，确定化合物可能存在的类型。若在 $1600\sim1500cm^{-1}$ 处有中等吸收峰，则表明分子中有芳烃存在；若在 $1650\sim1610cm^{-1}$ 处有中等吸收峰，则表明分子为烯烃。但 C═C 键位于对称中心时往往不出现此吸收；若在 $2210cm^{-1}$ 处有弱吸收或在 $2190cm^{-1}$ 和 $2115cm^{-1}$ 处有中强吸收峰，则表明为炔烃类。但 C≡C 位于对称中心，常无此吸收；如果只有 CH_2 而无 C—CH_3 的特征吸收，则表明可能为脂环族化合物；如果只有 CH_2 和 CH_3 而无芳烃或炔烃吸收，则可认为是脂环族饱和烃；如果整个图谱上只有少数几个宽峰，且无 C—H 的吸收，则可能为无机化合物。

③ 查找指纹区　根据指纹区的吸收情况进一步讨论和证实所判断的基团是否存在及其与其他基团的结合方式。

根据以上分析，再结合样品的其他分析资料，综合判断分析结果，提出可能的结构式。最后用已知样品图谱或标准图谱对照，核对判断结果。

2. 定量分析

物质对红外光的吸收符合朗伯-比耳定律，但该方法的灵敏度较低，不适合于微量组分的测定。

(1) 标准曲线法　通过测量一系列标准样品的吸光度，绘制标准曲线，再测量试样的吸光度，从标准曲线上找出其对应的浓度。此法适合于测定溶液样品，测定时标准样品与试样使用同一液体池，测定的条件也应完全相同。

(2) 内标法　红外光谱能测定气体、液体及固体样品，但采用薄膜涂片、液膜或 KBr 压片等制样时，样品的厚度（即透过光程）很难控制，这时采用内标法较为合适。选择一个合适的内标物，其吸收峰与样品的吸收峰不重叠。称取一定量的内标物混入样品中进行测定。即：

$$A_{样}=a_{样}b_{样}c_{样}\quad A_{标}=a_{标}b_{标}c_{标}$$

则：

$$R=A_{样}/A_{标}=Kc_{样}/c_{标}\qquad(11\text{-}12)$$

以纯的待测物质与内标物按一定比例混合进行测定，可计算得到 K 值，进而求得 $c_{样}$ 值。也可以用纯的待测物质与内标物质按不同比例混合得到一系列不同 $c_{样}/c_{标}$ 的标准样品，测定后绘制 $c_{样}/c_{标}$-R 的工作曲线，从而得到 $c_{样}$ 值。

第五节　气相色谱分析法

一、概述

早在 1906 年，俄国的植物学家茨维特将含有植物色素的石油醚溶液倒入一根内部填充着碳酸钙粉末的玻璃管中，再不断用石油醚淋洗，随着石油醚的不断下降，玻璃管中形成了不同颜色的谱带，从而成功地将不同的色素分离开来。“色谱”也就由此而得名。淋洗用的石油醚称为流动相，玻璃管中的碳酸钙称为固定相，玻璃管称为色谱柱，后来这种方法广泛地应用于多种混合物的分离，并成为一种很重要的仪器分析方法。色谱法（chromatography）是一种物理化学分离分析方法。它利用混合物各组分在互相接触的固定相和流动相中有不同的分配比，当两相作相对运动时，这些组分在两相中多次反复分配平衡，从而使各组分得到分离，然后按顺序被检测。色谱分析可以从不同的角度来进行分类。

1. 按固定相和流动相的状态分类

气体为流动相的色谱称为气相色谱（GC），根据固定相是固体吸附剂还是固定液（附着在惰性载体上的一薄层有机化合物液体），又可分为气固色谱（GSC）和气液色谱（GLC）。

液体为流动相的色谱称液相色谱（LC）。同理，液相色谱亦可分为液固色谱（LSC）和液液色谱（LLC）。超临界流体为流动相的色谱称为超临界流体色谱（SFC）。

2. 按固定相的形式分类

固定相装在柱内的色谱法称为柱色谱。固定相呈平板状的色谱法称为平板色谱。根据平板色谱的载体，又可将之分为薄层色谱和纸色谱。

3. 按分离的机理分类

根据组分与固定相的相互作用，可将色谱法分为：吸附色谱法、分配色谱法、离子交换色谱法、凝胶色谱法等。其中吸附色谱是利用固定相对不同组分的吸附性质差异进行分离，而分配色谱是利用不同组分在固定相与流动相之间的分配系数差异进行分离。

本节仅介绍气相色谱分析法（gas chromatography），它具有分离效能高，灵敏度高，分析速度快，应用范围广等优点，但对未知新化合物的定性及高沸点、热稳定性差的试样的分析还存在一定的困难。

二、气相色谱的分析流程及装置

气相色谱的一般流程见图 11-12。高压钢瓶供给载气，经减压阀减压，净化器净化后，由气体调节阀调节到所需流速，进入气相色谱仪；载气流经汽化室，携带样品进入色谱柱分离；分离后的组分先后流入检测器；检测器将按物质的浓度或质量的变化转变为一定的响应信号，经放大后在记录仪上记录下来，得到色谱流出曲线。

虽然目前国内外气相色谱仪型号和种类繁多，但它们均主要由气路系统Ⅰ、进样系统Ⅱ、分离系统Ⅲ、检测系统Ⅳ、记录系统Ⅴ和温控系统六个基本单元组成，见图 11-12。其中色谱柱是关键，它是色谱仪的“心脏”。分离后的组分能否产生信号则取决于检测器的性能和种类，它是色谱仪的“眼睛”。所以，分离系统和检测系统是仪器的核心。

（1）气路系统

气路系统是一个载气连续运行的密闭管路系统，通过该系统，获得纯净、流速稳定的载气。载气从高压钢瓶出来后依次经过减压阀、净化器、气流调节阀、转子流量计、汽化室、色谱柱、检测器，然后放空。

常用的载气有 N_2、H_2 和 He 等，要求具有化学惰性，不与有关物质反应。载气的选择除了要求考虑对分离效果的影响外，还要与分析对象和所用的检测器相匹配。

（2）进样系统

进样系统包括汽化室和进样器。汽化室是将液体试样瞬间汽化的装置，要求死体积小、

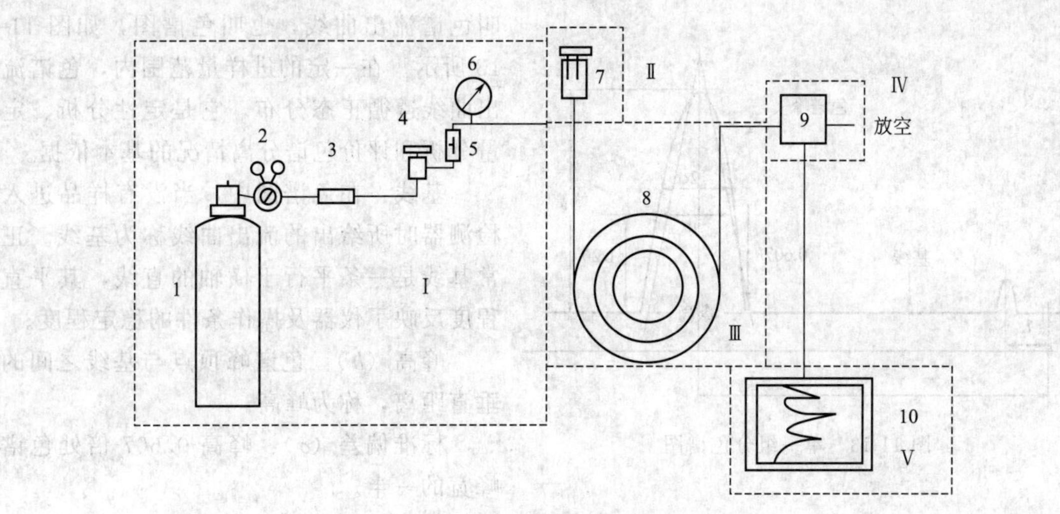

图 11-12　气相色谱流程示意图

1—高压气瓶；2—减压阀；3—净化器；4—气流调节阀；5—转子流量计；6—压力表；7—进样口；8—色谱柱；9—检测器；10—记录仪

热容量大、内表面无催化活性等。

气相色谱的进样器可分为液体进样器和气体进样器，液体进样器一般采用不同规格的专用注射器，填充柱色谱常用 10μL；毛细管色谱常用 1μL；新型仪器带有全自动液体进样器，清洗、润洗、取样、进样、换样等过程自动完成。气体进样器常为六通阀进样，有推拉式和旋转式两种，常用旋转式。

(3) 分离系统

分离系统主要指色谱柱。常用的色谱柱主要有两类：填充柱和毛细管柱。填充柱由不锈钢、玻璃或聚四氟乙烯等材料制成，形状有 U 形和螺旋形，内径 2～4mm，长 1～3m，内填固定相。毛细管柱内径 0.1～0.5mm，长达几十至 100m。通常弯成直径 10～30cm 的螺旋状，柱内表面涂一层固定液。

(4) 检测系统

检测器是将经过色谱柱分离的各组分，按其特性和含量转变成易于记录的电信号的装置。常用的有热导池检测器、氢火焰离子化检测器、电子捕获检测器、光焰光度检测器等。

(5) 记录系统

记录系统采集并处理检测系统输出的信号，显示和记录色谱分析结果。其包括放大器、记录仪，有的色谱仪还配有数据处理器。目前多采用色谱专用数据处理机或色谱工作站，不仅可以对色谱数据进行记录和自动处理，还可对色谱参数进行控制。

(6) 温控系统

在气相色谱分离中，温度是重要的指标，它直接影响色谱柱的选择分离、检测器的灵敏度和稳定性。控温系统包括对三个部分的控温，即汽化室、柱温箱和检测器。一般情况下，汽化室的温度比色谱柱恒温箱高 30～70℃。控温方式有恒温和程序升温两种，对于沸点范围很宽的混合物，通常采用程序升温法进行分析。

三、色谱图及有关术语

组分从色谱柱流出时，检测器响应信号大小随时间（或流动相体积）变化所形成的曲线

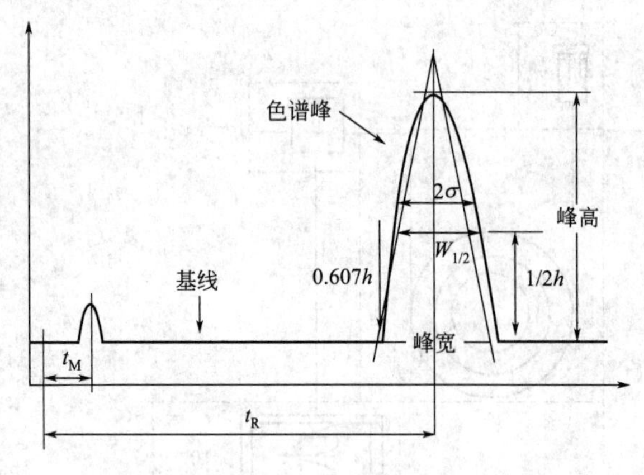

图 11-13　单一组分色谱图

叫色谱流出曲线，也叫色谱图，如图 11-13 所示。在一定的进样量范围内，色谱流出曲线遵循正态分布，它是定性分析、定量分析和评价色谱分离情况的基本依据。

基线：在色谱图中，当没有样品进入检测器时所给出的流出曲线称为基线。正常基线是一条平行于横轴的直线，其平直程度反映了仪器及操作条件的稳定程度。

峰高（h）：色谱峰顶点与基线之间的垂直距离，称为峰高。

标准偏差（σ）：峰高 0.607 倍处色谱峰宽的一半。

半峰宽（$W_{1/2}$）：峰高一半处色谱峰的宽度。

峰（底）宽（W）：自色谱峰两侧的转折点所作切线在基线上的截距，它与标准偏差的关系为 $W=4\sigma$。

峰面积（A）：由峰和峰底之间围成的面积。峰高和峰面积常被用作定量分析的指标。

保留时间（t_R）及保留体积（V_R）：自进样至出现色谱峰最高点所用的时间，称为保留时间。此时，所通过的流动相体积，称为保留体积。某组分的保留时间和流动相的体积流速 F_C 的乘积，即为该组分的保留体积，即

$$V_R=t_R\times F_C \tag{11-13}$$

保留时间和保留体积又称为保留值，常用于色谱的定性分析。

死时间（t_M）及死体积（V_M）：不被固定相滞留的组分，从进样到出现峰最大值所需的时间为死时间。气相色谱常用空气或甲烷等物质测定死时间。死时间所需的流动相体积称为死体积，死体积等于死时间和流动相体积流速的乘积，即

$$V_M=t_M\times F_C \tag{11-14}$$

调整保留时间（t'_R）及调整保留体积（V'_R）：调整保留时间是组分在柱内的真实保留时间，它等于实测的保留时间减去死时间，即

$$t'_R=t_R-t_M \tag{11-15}$$

同样，调整保留体积等于保留体积减去死体积，即

$$V'_R=V_R-V_M \tag{11-16}$$

相对保留值（$r_{2,1}$）：在相同的操作条件下，某组分（如组分 2）的调整保留时间（或调整保留体积）与基准组分（如组分 1）的调整保留时间（或调整保留体积）的比值，称为相对保留值。

$$r_{2,1}=t'_R(2)/t'_R(1)=V'_R(2)/V'_R(1) \tag{11-17}$$

$r_{2,1}$ 只是柱温、固定液性质的函数，而与其他操作条件无关，可作为色谱定性的依据。

分配系数（K）及分配比（k'）：平衡状态时，组分在固定相中浓度 c_s 与流动相中浓度 c_m 的比值，称分配系数，即

$$K=\frac{c_s}{c_m} \tag{11-18}$$

分配比又称为容量因子，为平衡状态时，组分在固定相中的质量（m_s）和组分在流动相中的质量（m_m）的比值，即

$$K'=\frac{m_s}{m_m} \tag{11-19}$$

四、定性分析

气相色谱定性分析的任务是确定试样的组成，即确定每个色谱峰所代表的物质。气相色谱定性目前还存在不少的问题。如果没有已知纯物质，单靠色谱法是不能对未知试样进行定性鉴定的，需要和其他的仪器如质谱、光谱等分析方法结合起来进行定性分析。下面介绍几种色谱定性的常用方法。

1. 用已知物直接对照

① 利用保留时间或保留体积　在相同的色谱条件下，将样品和标准物分别进样，如果两者的保留值相同，则可能是同一种物质，此法简便易行，但操作条件要严格控制一致。

② 利用相对保留值　利用保留值进行定性时，必须严格控制操作条件，否则重复性较差。采用相对保留值定性，就可以消除某些操作条件的影响。控制柱温和固定相的性质等与手册所规定的相同，将给定的基准物 s 加入被测样品中，以求出各组分 i 的 $r_{i,s}$ 值。将所测组分的相对保留值 $r_{i,s}$ 与手册数据对比作出定性判断。

③ 利用峰高增加法定性　如果样品复杂，峰间距离太近，或操作条件不易控制，要准确测定保留值有困难，可采用此法。先用试样作色谱图，然后往试样中加入一种纯物质（估计与试样中的某一组分为同一化合物），在相同条件下作色谱图。对比这两个色谱图，若后一色谱图中某一色谱峰相对增高了，则该色谱峰原则上与加入的为同一化合物。如峰不重合或峰中出现转折，则一般可以肯定试样中不含加入的物质。

④ 双柱（或多柱）法　几种物质在同一色谱柱上恰有相同的保留值，这时会出现定性错误。为此，可用极性相差较大的两根（或多根）色谱柱进行定性。即把试样和标准物分别在两根（或多根）柱上进行色谱分离，观察标准物和未知物色谱峰在这多根柱子上是否始终重合，若始终重合，可判断为同一物质，否则，不是同一物质。

2. 利用保留指数

绝对保留值受操作条件的影响，重复性较差；用相对保留值定性，如果未知物与标准物的保留值相差较大，则相对保留值不够准确。为此可采用保留指数定性。某一组分的保留指数 I_x，可由式(11-20) 计算：

$$I_x=100\left[\frac{\lg t'_R(x)-\lg t'_R(n)}{\lg t'_R(n+1)-\lg t'_R(n)}+n\right] \tag{11-20}$$

式中，t'_R 为调整保留时间；括号里 x 代表被测物；n 和 $n+1$ 分别代表具有 n 和 $n+1$ 个碳原子的正构烷烃。

保留指数以正构烷烃为标准物质，把某组分的保留行为，用紧靠近它的两个正构烷烃来标定。选两个碳数相邻的正构烷烃，使被测组分的保留值恰好介于其中间，即：$t'_R(n)\leqslant t'_R(x)\leqslant t'_R(n+1)$。

规定：正构烷烃的保留指数为 $100n$。测算出未知物的保留指数后，与手册上的数据相对照，即可实现对未知物定性。但在测试过程中，一定要重现手册上所规定的条件。

五、定量分析

色谱定量的依据是：在一定的操作条件下，进入检测器的某被测组分 i 的量（质量或浓度）与检测器的响应信号（峰面积 A 或峰高 h）成正比。即：

$$m_i = f_i A_i \quad 或 \quad m_i = f_i h_i \tag{11-21}$$

1. 定量校正因子

由于相同含量的同一种物质在不同类型检测器上具有不同的响应值；而相同含量的不同物质在同一检测器上的响应值也不尽相同。因此，在色谱定量计算中需引入定量校正因子。

(1) 绝对校正因子（f_i）

绝对校正因子指组分通过检测器的量与该组分的响应值之比，即：

$$f_i = m_i / A_i \tag{11-22}$$

f_i 受操作条件影响较大，分析中大都采用相对校正因子。

(2) 相对校正因子（f'_i）

f'_i 指被测组分 i 和标准物 s 两者的绝对校正因子之比。平时所说的校正因子均是指相对校正因子。即：

$$f'_i = f_i / f_s \tag{11-23}$$

一些参考文献上都列有许多化合物的校正因子，使用时可查阅。文献上查不到的可自己测定。测定时，准确称量标准物（色谱纯试剂）和被测物，然后将它们混合均匀后进样，测出它们的峰面积，计算出校正因子。f'_i 只与被测物 i 和标准物 s 及检测器类型有关，与操作条件无关。

2. 定量分析方法

在色谱定量分析中，较为常用的方法有归一化法、外标法和内标法等，现简要介绍如下。

(1) 归一化法

当样品中所有组分都能流出色谱柱，且在色谱图上都显示色谱峰时，可用此法计算组分的含量。设样品中有 n 个组分，进样量为 m，各组分的量分别为 m_1、$m_2 \cdots m_n$，则任一待测组分 i 的含量为：

$$w_i = \frac{m_i}{m} = \frac{f'_i A_i}{f'_1 A_1 + f'_2 A_2 + \cdots + f'_n A_n} = \frac{f'_i A_i}{\sum_{i=1}^{n} f'_i A_i} \tag{11-24}$$

归一化法的优点是简便、准确，操作条件稍有变化对结果没有什么影响。缺点是样品中所有组分都必须出峰，不能有不流出柱子或不产生信号的组分，对某些不需要定量分析的组分，也必须要准确地测出其峰面积和 f'_i 值。

(2) 内标法

当样品中所有组分不能全部流出色谱柱，或检测器不能对每个组分都产生响应，或只需测定样品中某几个组分的含量时，采用内标法较为方便。该方法是将已知浓度的标准物质（内标物）加入未知样品中去，然后比较内标物和被测组分的峰面积，从而确定被测组分的浓度。由于内标物和被测组分处在同一基体中，因此可以消除基体带来的干扰。而且当仪器参数和洗脱条件发生非人为的变化时，内标物和样品组分都会受到同样影响，从而消除了系统误差。

内标法的计算公式如下：

$$\frac{m_i}{m_s}=\frac{f'_iA_i}{f'_sA_s} \qquad m_i=\frac{m_sf'_iA_i}{f'_sA_s}$$

$$w_i=\frac{m_i}{m}=\frac{m_sf'_iA_i}{mf'_sA_s} \tag{11-25}$$

式中，m_i 为样品中待测组分 i 的质量；m_s 为内标物 s 的质量；A_i 为待测组分 i 的峰面积（或峰高）；A_s 为内标物峰面积（或峰高）；m 为样品质量。

若内标物与测量相对校正因子时的标准物是同一种物质，则：

$$f'_s=f_s/f_s=1$$

故：

$$w_i=\frac{m_i}{m}=\frac{m_sf'_i\cdot A_i}{mA_s} \tag{11-26}$$

作为内标物应满足：①内标物应是样品中不存在的纯物质，否则会使色谱峰重叠而无法准确测量其峰面积；②内标物的色谱峰和被测组分的色谱峰要尽量靠近，并位于几个被测组分色谱峰的中间，但又要完全分开；③内标物的加入量要接近被测组分的含量。

内标法是一种准确而应用广泛的方法，它不像归一化法那样，在使用中有许多条件的限制，每次分析的操作条件、进样量也不必十分严格。缺点是每次分析都要准确称取样品和内标物的质量，不适用于快速测定。

为了进行大批样品的内标法分析，需要建立校正曲线。具体操作方法是用待测组分的纯物质配制成不同浓度的标准溶液，然后在等体积的这些标准溶液中分别加入浓度相同的内标物，混合后注入色谱柱进行分析。以待测组分的浓度为横坐标，待测组分与内标物峰面积（或峰高）的比值为纵坐标建立标准曲线（或线性方程）。在分析未知样品时，分别加入与绘制标准曲线时同样体积的样品溶液和同样浓度的内标物，用样品与内标物峰面积（或峰高）的比值，在标准曲线上查出被测组分的浓度或用线性方程计算。

（3）外标法

当样品中所有组分不能全部流出色谱柱，又没有合适的内标物时，采用此法较为合适。将被测组分的纯物质配成系列标准溶液，然后依次定量进样，由所测得的峰面积或峰高对标准样品含量作图，得标准曲线。分析样品时，在完全相同的条件下，准确定量进样，由所得的峰面积或峰高从标准曲线上查出被测组分的百分含量。

该法不需要加内标物，不需要求校正因子，分析结果的准确度取决于进样的准确程度和操作条件的稳定性，同时，在操作过程中需用标样随时校正仪器。所以又称此法为定量进样标准曲线法。

第六节　高效液相色谱分析法

一、概述

高效液相色谱（high performance liquid chromatography，HPLC）是 20 世纪 60 年代

末期在经典液相色谱法和气相色谱法的基础上发展起来的一种新型分离分析技术。由于其适用范围广，分离速度快，灵敏度高，色谱柱可以反复使用，样品用量少，还可以收集被分离的组分，特别是计算机等新技术的引入使其自动化与数据处理能力大大提高，高效液相色谱技术得到了飞速发展。

高效液相色谱法和经典液相色谱法在分析原理上基本相同，但由于在技术上采用了新型高压输液泵、高灵敏度检测器和高效微粒固定相，而使经典的液相色谱法焕发出新的活力。气相色谱法仅适用于分析蒸气压低、沸点低的样品，因而应用范围受到限制，在有机化合物中仅有20%的样品适用于气相色谱法分析。而高效液相色谱法却恰好能弥补气相色谱法的不足，适合分离分析剩下80%的有机化合物，广泛地用于天然产物、生物活性物质、生物大分子等有机物的分离分析。至今，高效液相色谱法已在生物工程、制药工业、食品行业、环境监测、石油化工等领域获得广泛的应用。

二、高效液相色谱法的特点

（1）分离效能高

由于新型高效微粒固定相填料的使用，液相色谱填充柱的柱效可达 $2\times10^3\sim5\times10^4$ 块理论塔板数·m^{-1}。

（2）选择性高

液相色谱柱具有高柱效，并且流动相可以控制和改善分离过程的选择性。因此，高效液相色谱法不仅可以分析不同类型的有机化合物及其同分异构体，还可分析在性质上极为相似的旋光异构体，并已在高疗效的合成药物和生化药物的生产控制分析中发挥了重要的作用。

（3）检测灵敏度高

如使用广泛的紫外吸收检测器，最小检出量可达 10^{-9}g；用于痕量分析的荧光检测器，最小检出量可达 10^{-12}g。

（4）分析速度快

由于高压输液泵的使用，通常分析一个样品需15～30min，有些样品甚至在5min内即可完成。

高效液相色谱法除具有以上特点外，它的应用范围也日益扩展。由于它使用了非破坏性检测器，样品被分析后，在大多数情况下，可除去流动相，实现对少量珍贵样品的回收，亦可用于样品的纯化制备。

三、高效液相色谱仪

高效液相色谱仪可分为分析型和制备型，虽然它们的性能各异、应用范围不同，但其基本组件相似。现在用计算机控制的高效液相色谱仪，其自动化程度高，既能控制仪器的操作参数（如溶剂梯度洗脱、流动相流量、柱温、自动进样、洗脱液收集、检测器功能等），又能对获得的色谱图进行收缩、放大、叠加，以及对保留数据和峰高、峰面积进行处理等，为色谱分析工作者提供了高效率、功能全面的分析工具。图11-14为高效液相色谱仪的结构示意图。

高效液相色谱工作过程为：高压泵将贮液器中的流动相经过进样器带入色谱柱，当注入欲分离的样品时，流动相将样品一并带入色谱柱进行分离，然后依先后顺序进入检测器，记录仪将检测器输出的信号记录下来，即得到色谱图，流动相和样品从色谱仪出口流出，被馏分收集器收集得到。

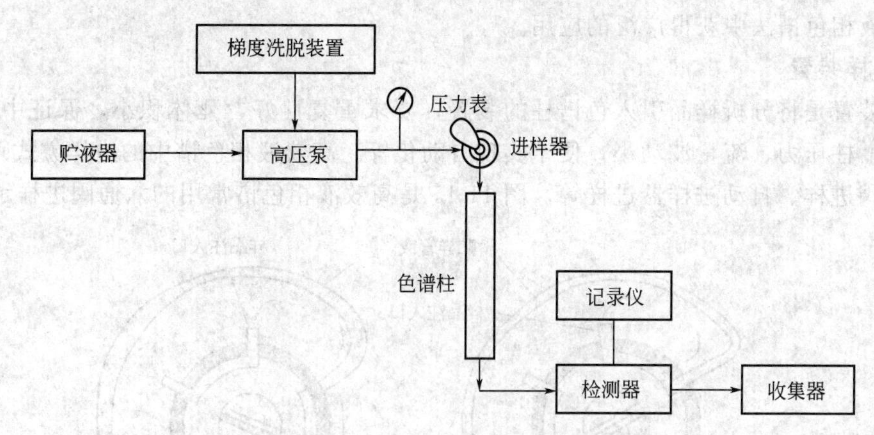

图 11-14　高效液相色谱仪结构示意图

1. 贮液器

贮液器是用来存放流动相的容器，供给符合要求的流动相以完成分离分析工作。贮液器的材料应耐腐蚀、对洗脱液呈化学惰性，可用玻璃、不锈钢、聚四氟乙烯等材料制成。一般容积为 0.5～2.0L，以便在不重复加液的情况下能连续工作。贮液器的放置位置要高于泵体，以便保持一定的输液静压差。高效液相色谱所用的溶剂在放入贮液器之前必须经过 0.45μm 的滤膜过滤，除去溶剂中可能含有的机械性杂质，以防输液管道或进样阀产生阻塞现象。对输出流动相的连接管路，其插入贮液罐的一端，通常要连有孔径为 0.45μm 的多孔不锈钢过滤器。

高效液相色谱所用的流动相在使用前必须进行脱气，以除去其中溶解的气体，防止在洗脱过程中当流动相由色谱柱流至检测器时因压力降低而产生气泡，从而影响色谱柱的分离效率，影响检测器的灵敏度、基线的稳定性，严重时无法进行分析。常用的脱气方法有超声波脱气法、在线真空脱气法等。

2. 高压输液泵

高压输液泵是高效液相色谱仪的重要单元部件，用于将流动相和样品输入到色谱柱和检测器中，从而使样品得以分析，其性能的好坏直接影响整个仪器和分析结果的可靠性。高压输液泵必须耐化学腐蚀、耐高压。通常使用耐酸、碱和缓冲液腐蚀的不锈钢材料制成，一般在 40～50MPa·cm^{-2} 能长时间连续工作。高压输液泵应提供无脉冲流量，这样可以降低基线噪声并获较好的检测下限。流量控制的精密度应小于 1%，最好小于 0.5%，重复性最好小于 0.5%。其次还应具有易于清洗、易于更换溶剂、具有梯度洗脱功能等。

高压输液泵按排液性能可分为恒流泵和恒压泵，按其结构不同，又可分为螺旋注射泵、柱塞往复泵和隔膜往复泵。目前多用柱塞往复泵。

3. 梯度洗脱装置

高效液相色谱洗脱技术有等强度和梯度洗脱两种。等强度洗脱是在同一分析周期内流动相组成保持恒定不变，适合于组分数目较少、性质差别不大的样品。梯度洗脱是在一个分析周期内由程序来控制流动相的组成，如溶剂的极性、离子强度和 pH 等。在分析组分数目多、性质相差较大的复杂样品时需采用梯度洗脱技术，使所有组分都在适宜条件下获得分离。梯度洗脱能缩短分析时间、提高分离度、提高柱效、改善峰形、提高检测灵敏度，但是常常引起基线漂移和降低重现性。梯度洗脱技术相似于气相色谱中使用的程序升温技术，现已在高效液相色谱法中获得广泛的应用。

4. 进样装置

进样装置是将分析样品引入色谱柱的装置，要求重复性好，死体积小，保证中心进样，进样时色谱柱压力、流量波动小，便于实现自动化等。高效液相色谱中的进样方式可分为隔膜进样、阀进样、自动进样器进样等。图 11-15 是高效液相色谱常用的六通阀进样示意图。

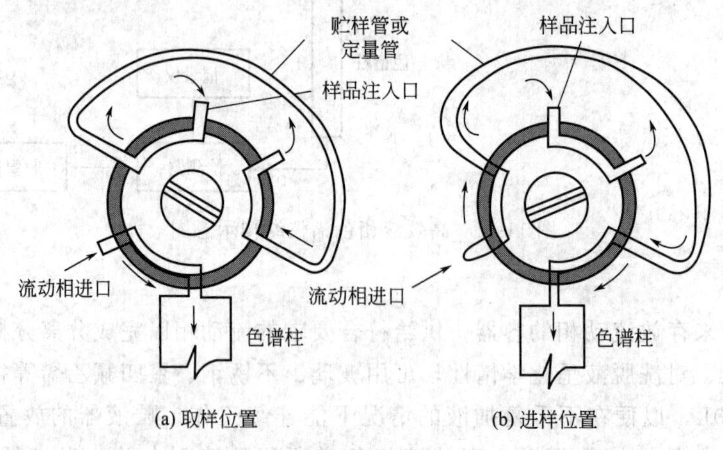

图 11-15　六通阀进样示意图

5. 色谱柱

色谱柱被称为高效液相色谱仪的“心脏”，因为色谱的核心问题——分离是在色谱柱中完成的。高效液相色谱柱是由柱管、末端接头、卡套（又称密封环）和过滤筛板等组成的。柱管常用内壁经过精密加工抛光的不锈钢管制成，以获得高的柱效。色谱柱一般采用直形柱管，标准填充柱柱管内径为 4.6mm 或 3.9mm，长 10～50cm。

6. 检测器

检测器主要用于监测经色谱柱分离后的组分浓度的变化，被称为色谱仪的“眼睛”，检测器的性能直接关系着定性定量分析结果的可靠性和准确性。在高效液相色谱技术发展中，检测器至今仍是一个薄弱环节，它没有相当于气相色谱中使用的热导检测器和氢火焰离子化检测器那样既通用又灵敏的检测器。但近几年出现的蒸发光散射检测器（ELSD）有望成为高效液相色谱全新的、通用的、灵敏的质量检测器。目前常用的检测器有紫外吸收检测器（UVD）、示差折光检测器（RID）和荧光检测器（FD）。

7. 色谱数据处理装置

现代高效液相色谱仪多用微处理机控制，通常是一台专用的计算机，其功能有两个：一是作为数据处理机，例如输入定量校正因子，按预先选定的定量方法（归一化、内标法和外标法等），将面积积分数换算成实际的成分分析结果，或者给出某些色谱参数；二是作为控制机，控制整个仪器的运转，例如按预先编好的程序控制冲洗剂的选择、梯度淋洗、流速、柱温、检测波长、进样和数据处理。所有指令和数据通过键盘输入，结果在阴极射线管或绘图打印机上显示出来。更新一代的色谱仪，应当具有某些人工智能的特点，即能根据已有的规律自动选择操作条件，根据规律和已知的数据、信息进行判断，给出定性定量结果。

四、高效液相色谱法的应用实例

高效液相色谱法经过几十年的发展，在色谱理论研究、仪器研制水平和分析实践应用等方面，已取得长足的进步。高效液相色谱应用很广，尤其适合分离分析不易挥发、热稳定性差和各种离子型化合物。例如分离维生素、氨基酸、蛋白质、糖类和农药等。

【例 11-1】 高效液相色谱法测定人体血浆中 17 种氨基酸。

解:

分析样品：人体血浆。

分析项目：17 种氨基酸。

仪器与试剂：美国 Agilent 1100 高效液相色谱仪（主要包括 G1379A 真空脱气泵、G1311A 四元泵、G1313A 自动进样器、G1316A 柱温箱、G1321A 荧光检测器），Waters AQC 衍生剂试剂盒（包括 AQC 粉末、稀释液和缓冲液），Waters 流动相浓缩液（醋酸盐-磷酸盐萃取剂），17 种氨基酸标准混合溶液。

色谱条件：Waters C_{18} 氨基酸分析柱（3.9mm×150mm，3μm），柱温 37℃，进样量为 8μL。荧光检测器激发波长为 250nm，发射波长为 395nm。流动相：A 为醋酸盐-磷酸盐缓冲溶液按 1∶10 用超纯水稀释；B 为乙腈。洗脱梯度以纯 A 液开始，递增 B 液百分比，具体增幅：0min，0%B；0.5min，1%B；28min，5%B；32min，9%B；43min，17%B。流速 1.0mL·min^{-1}。

分析结果：采用 AQC 柱前衍生、反相高效液相色谱分离法测定人体血浆中氨基酸的含量。采用 α-氨基丁酸为内标，梯度洗脱的方式分析。结果 17 种氨基酸在 40min 内均可得到很好的分离，该方法分离效果好、灵敏、准确。分离色谱图见图 11-16。

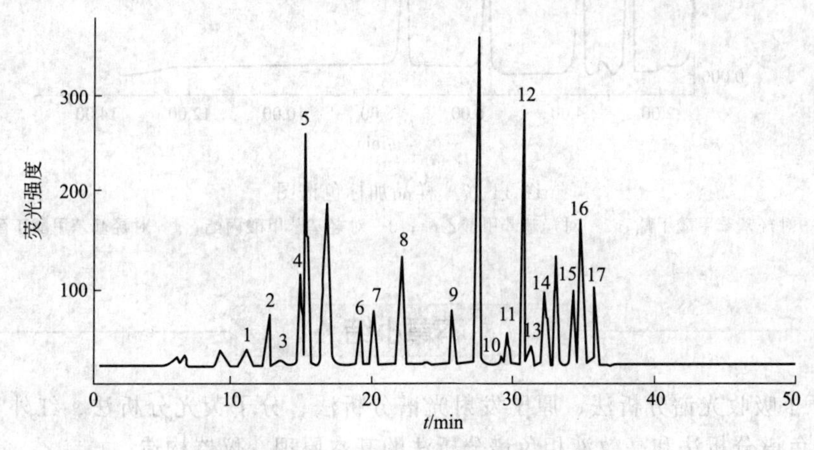

图 11-16 血浆样品中 17 种氨基酸的分析色谱图

1—天冬氨酸；2—丝氨酸；3—谷氨酸；4—甘氨酸；5—组氨酸；6—精氨酸；7—苏氨酸；8—丙氨酸；9—脯氨酸；10—胱氨酸；11—酪氨酸；12—缬氨酸；13—甲硫氨酸；14—赖氨酸；15—异亮氨酸；16—亮氨酸；17—苯丙氨酸

【例 11-2】 高效液相色谱法测定食品中防腐剂

解:

分析样品：酱油、果汁及醋和果酒等。

分析项目：对羟基苯甲酸酯类。

仪器与试剂：Waters2695 型高效液相色谱仪，SunFire™ C_{18} 高效液相色谱柱（5μm，3.0m×150mm），Atlantisd C_{18} 保护柱（5μm，10mm）。乙腈（色谱纯）、甲醇（色谱纯），均购自 Sigma-Aldrich 公司；HCl（优级纯）产自西安化学试剂厂；TD-5 低速大容量离心机。SK-5超声波清洗器。对羟基苯甲酸甲酯、对羟基苯甲酸乙酯、对羟基苯甲酸丙酯和对羟基苯甲酸丁酯为分析纯。

色谱条件：流动相为甲醇-0.1mol·L^{-1} HCl，流速为1mL·min^{-1}，使用前经0.45μm膜过滤。柱温为30℃。进样量20μL。采用梯度洗脱，外标法定量。洗脱剂初始配比为60%甲醇-40%水，3.0min时切换为70%甲醇-30%水。出峰顺序和时间分别为：对羟基苯甲酸甲酯，2.63min；对羟基苯甲酸乙酯，3.67min；对羟基苯甲酸丙酯，5.67min；对羟基苯甲酸丁酯，7.43min。

分析结果：应用高效液相色谱法在紫外检测器上同时测定食品中4种对羟基苯甲酸酯类防腐剂。方法的线性范围较大，方法的检出限为4.2～6.2mg·kg^{-1}，测定的回收率为91.2%～104.9%。所建立的方法简便、快速、灵敏度高，并具有良好的精密度与准确度，可以满足食品中此类防腐剂检测的要求，见图11-17。

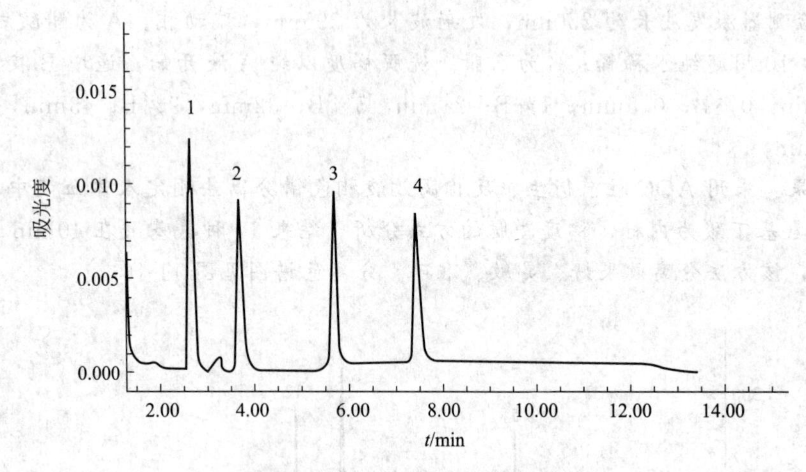

图11-17　样品加标色谱图

1—对羟基苯甲酸甲酯；2—对羟基苯甲酸乙酯；3—对羟基苯甲酸丙酯；4—对羟基苯甲酸丁酯

本章小结

1. 原子吸收光谱分析法、原子发射光谱分析法、分子荧光分析法、红外光谱分析法、气相色谱分析法和高效液相色谱分析法的基本原理、仪器构造。

2. 原子吸收光谱分析法的定量依据：$A=Kc$

3. 原子发射光谱分析法定性依据：标准图片比较法

内标法定量依据：$\lg R=b\lg c+\lg A$

4. 分子荧光分析法定量依据：$F=Kc$（该式只有当溶液浓度很稀，吸光度$A\leqslant 0.05$时才成立）

5. 红外光谱分析法定性和结构分析：先特征区后指纹区，先强峰后弱峰，先否定后肯定，先粗查后细查。

定量依据：朗伯-比耳定律。

6. 色谱定性法：用已知物直接对照；保留指数法。

定量依据是：$m_i=f_iA_i$　或　$m_i=f_ih_i$

思考题与习题

1. 试说明原子吸收定量分析的基本依据，原子吸收谱线变宽的原因。何为共振线？原子吸收分光光度计主要由哪些部件组成？
2. 原子发射分析的基本依据是什么？
3. 简述红外光谱的产生，红外光谱分析的依据是什么？
4. 简述分子荧光定量分析的依据及定量分析关系式。
5. 简述荧光的产生过程。磷光与荧光有何不同？
6. 简述气相色谱分析的基本原理、色谱图及气相色谱仪的组成。
7. 高效液相色谱仪由哪几部分组成？各部分有哪些主要作用？
8. 原子吸收法测定金属元素 A 时，测得试液吸光度为 0.435，而在 9.0mL 试液中加入 1.0mL 浓度为 $100mg\cdot L^{-1}$ 的 A 元素标准溶液混匀后，相同条件下测得吸光度为 0.835，求试液中 A 的浓度。
9. 原子吸收法测定食品中的 A 含量时，称取 1.000g 样品制成 100mL 试液，用 10.0mL 萃取剂 A 进行萃取（萃取率为 90%），然后将萃取液等分为两份，其中一份加入浓度为 $5.00\mu g\cdot mL^{-1}$ 的 A 标准溶液 2.00mL，两份均定容为 25mL 后，测得吸光度分别为 0.32 和 0.60，求食品中 A 的含量。
10. 取四份试液，每份 0.10mL，分别加入 $0.10\mu g\cdot mL^{-1}$ 的镉标准溶液 0.0、5.0μL、10.0μL、20.0μL，定容为相同的体积后，用原子吸收法测得吸光度分别为 0.023、0.037、0.054、0.083，计算试液中镉的浓度。
11. 采用原子发射光谱标准加入法测定人体血液中的 Mn，实验数据如下：

样品(总体积 1.00mL)	信号强度 I
血样＋Mn(ρ_1＝$10ng\cdot mL^{-1}$)	41
血样＋Mn(ρ_2＝$30ng\cdot mL^{-1}$)	72
血样＋Mn(ρ_3＝$50ng\cdot mL^{-1}$)	104

得到的回归方程为 $I=1.58\ \rho_i/(ng\cdot mL^{-1})+25.08$，计算血样中的 Mn 含量。

12. 化合物分子式为 C_4H_9NO，根据下列红外光谱图推断此化合物的结构。

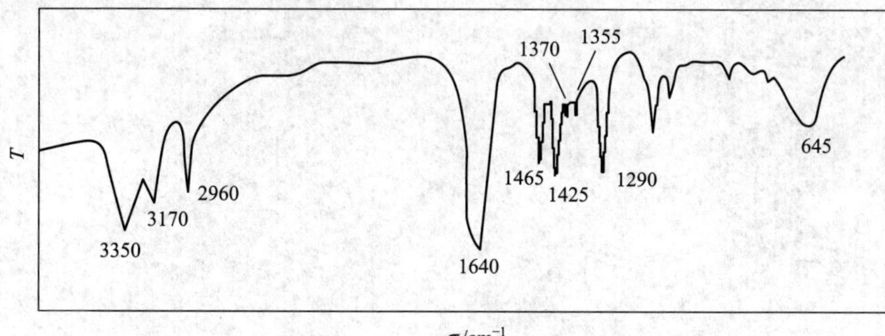

13. 气相色谱法分析某有机试样中的水含量，以甲醇作内标。称取 1.172g 试样，加入 0.114g 甲醇，混匀后进样，测得水和甲醇的峰面积分别为 $164cm^2$ 和 $189cm^2$，水和甲醇的相对质量校正因子分别为 0.78 和 0.82，计算试样中水的含量。
14. 准确称取 0.100g 试样，加入内标物 B 0.100g，用气相色谱法测得待测物 A 及内标物 B 的峰面积分别为 $60cm^2$ 和 $100cm^2$，已知二者的相对校正因子分别为 0.80 和 1.00，求试样中 A 的含量。
15. 某五元混合物的色谱分析数据如下，计算混合物中各组分的含量。

组分	A	B	C	D	E
A/cm^2	34.5	20.6	40.2	20.2	18.3
f'_i	0.70	0.82	0.95	1.02	1.06

16. 用气相色谱法测定废水中的二甲苯，以苯为内标物，检测器为氢火焰离子化检测器。取 1.00L 废水（不含苯），加入 0.50mg 苯，经二氯甲烷溶剂萃取和浓缩后，得到 1.00mL 样品。取 1.00μL 进样分析，测定四个组分的峰面积如下表（f_i' 是组分的相对校正因子）。

组分	苯	对二甲苯	间二甲苯	邻二甲苯
A/cm^2	35.6	40.2	32.5	29.9
f_i'	1.00	0.89	0.93	0.91

请用内标法计算此废水样品中三种二甲苯异构体的物质的量浓度。

附　录

一、一些基本物理常数

真空中的光速	$c=2.99792458\times10^{8}\,m\cdot s^{-1}$	摩尔气体常数	$R=8.314510\,J\cdot mol^{-1}\cdot K^{-1}$
电子的电荷	$e=1.60217733\times10^{-19}\,C$	阿伏加德罗常数	$N_A=6.0221367\times10^{23}\,mol^{-1}$
原子质量单位	$u=1.6605402\times10^{-27}\,kg$	里德堡常数	$R_\infty=1.0973731534\times10^{7}\,m^{-1}$
中子静质量	$m_p=1.6726231\times10^{-27}\,kg$	法拉第常数	$F=9.6485309\times10^{4}\,C\cdot mol^{-1}$
质子静质量	$m_n=1.6749543\times10^{-27}\,kg$	普朗克常数	$h=6.6260755\times10^{-34}\,J\cdot s$
电子静质量	$m_e=9.1093897\times10^{-31}\,kg$	玻耳兹曼常数	$k=1.380658\times10^{-23}\,J\cdot K^{-1}$
理想气体摩尔体积	$V_m=2.241410\times10^{-2}\,m^3\cdot mol^{-1}$		

二、一些物质的 $\Delta_f H_m^\ominus$、$\Delta_f G_m^\ominus$ 和 $S_m^\ominus$(298.15K)

物　质	$\Delta_f H_m^\ominus/kJ\cdot mol^{-1}$	$\Delta_f G_m^\ominus/kJ\cdot mol^{-1}$	$S_m^\ominus/J\cdot K^{-1}\cdot mol^{-1}$
Ag(s)	0	0	42.6
Ag^+(aq)	105.4	76.98	72.8
AgCl(s)	−127.1	−110	96.2
AgBr(s)	−100	−97.1	107
AgI(s)	−61.9	−66.1	116
$AgNO_2$(s)	−45.1	19.1	128
$AgNO_3$(s)	−124.4	−33.5	141
Ag_2O(s)	−31.0	−11.2	121
Al(s)	0	0	28.3
Al_2O_3(s,刚玉)	−1676	−1582	50.9
Al^{3+}(aq)	−531	−485	−322
AsH_3(g)	66.4	68.9	222.67
AsF_3(l)	−821.3	−774.0	181.2
As_4O_6(s,单斜)	−1309.6	−1154.0	234.3
Au(s)	0	0	47.3
Au_2O_3(s)	80.8	163	126
B(s)	0	0	5.85
B_2H_6(g)	35.6	86.6	232
B_2O_3(s)	−1272.8	−1193.7	54.0

续表

物质	$\Delta_f H_m^\ominus$/kJ·mol^{-1}	$\Delta_f G_m^\ominus$/kJ·mol^{-1}	$S_m^\ominus$/J·K^{-1}·mol^{-1}
$B(OH)_4^-(aq)$	−1343.9	−1153.1	102.5
$H_3BO_3(s)$	−1094.5	−969.0	88.8
Ba(s)	0	0	62.8
$Ba^{2+}(aq)$	−537.6	−560.7	9.6
BaO(s)	−553.5	−525.1	70.4
$BaCO_3(s)$	−1216	−1138	112
$BaSO_4(s)$	−1473	−1362	132
$Br_2(g)$	30.91	3.14	245.35
$Br_2(l)$	0	0	152.2
$Br^-(aq)$	−121	−104	82.4
HBr(g)	−36.4	−53.6	198.7
$HBrO_3(aq)$	−67.1	−18	161.5
C(s,金刚石)	1.9	2.9	2.4
C(s,石墨)	0	0	5.73
$CH_4(g)$	−74.8	−50.8	186.2
$C_2H_4(g)$	52.3	68.2	219.4
$C_2H_6(g)$	−84.68	−32.89	229.5
$C_2H_2(g)$	226.75	209.20	200.82
$CH_2O(g)$	−115.9	−110	218.7
$CH_3OH(g)$	−201.2	−161.9	238
$CH_3OH(l)$	−238.7	−166.4	127
$CH_3CHO(g)$	−166.4	−133.7	266
$C_2H_5OH(g)$	−235.3	−168.6	282
$C_2H_5OH(l)$	−277.6	−174.9	161
$CH_3COOH(l)$	−484.5	−390	160
$C_6H_{12}O_6(s)$	−1274.4	−910.5	212
CO(g)	−110.5	−137.2	197.6
$CO_2(g)$	−393.5	−394.4	213.6
Ca(s)	0	0	41.4
$Ca^{2+}(aq)$	−542.7	−553.5	−53.1
CaO(s)	−635.1	−604.2	39.7
$CaCO_3$(s,方解石)	−1206.9	−1128.8	92.9
$CaC_2O_4(s)$	−1360.6	—	—
$Ca(OH)_2(s)$	−986.1	−896.8	83.39
$CaSO_4(s)$	−1434.1	−1321.9	107
$CaSO_4\cdot 1/2H_2O(s)$	−1577	−1437	130.5
$CaSO_4\cdot 2H_2O(s)$	−2023	−1797	194.1
$Ce^{3+}(aq)$	−700.4	−676	−205
$CeO_2(s)$	−1083	−1025	62.3
$Cl_2(g)$	0	0	223
$Cl^-(aq)$	−167.2	−131.3	56.5
$ClO^-(aq)$	−107.1	−36.8	41.8
HCl(g)	−92.5	−95.4	186.6

续表

物　质	$\Delta_f H_m^\ominus$/kJ·mol^{-1}	$\Delta_f G_m^\ominus$/kJ·mol^{-1}	$S_m^\ominus$/J·K^{-1}·mol^{-1}
HClO(aq,非解离)	−121	−79.9	142
$HClO_3$(aq)	104.0	−8.03	162
$HClO_4$(aq)	−9.70	—	—
Co(s)	0	0	30.0
Co^{2+}(aq)	−58.2	−54.3	−113
$CoCl_2$(s)	−312.5	−270	109.2
$CoCl_2 \cdot 6H_2O$(s)	−2115	−1725	343
Cr(s)	0	0	23.77
CrO_7^{2-}(aq)	−881.1	−728	50.2
$Cr_2O_7^{2-}$(aq)	−1490	−1301	262
Cr_2O_3(s)	−1140	−1058	81.2
CrO_3(s)	−589.5	−506.3	—
$(NH_4)_2Cr_2O_7$(s)	−1807	—	—
Cu(s)	0	0	33
Cu^+(aq)	71.5	50.2	41
Cu^{2+}(aq)	64.77	65.52	−99.6
Cu_2O(s)	−169	−146	93.3
CuO(s)	−157	−130	42.7
$CuSO_4$(s)	−771.5	−661.9	109
$CuSO_4 \cdot 5H_2O$(s)	−2321	−1880	300
F_2(g)	0	0	202.7
F^-(aq)	−333	−279	−14
HF(g)	−271	−273	174
Fe(s)	0	0	27.3
Fe^{2+}(aq)	−89.1	−78.6	−138
Fe^{3+}(aq)	−48.5	−4.6	−316
FeO(s)	−272	—	—
Fe_2O_3(s)	−824	−742.2	87.4
Fe_3O_4(s)	−1118	−1015	146
$Fe(OH)_2$(s)	−569	−486.6	88
$Fe(OH)_3$(s)	−823.0	−696.6	107
H_2(g)	0	0	130.6
H^+(aq)	0	0	0
H_2O(g)	−241.8	−228.6	188.7
H_2O(l)	−285.8	−237.2	69.91
H_2O_2(l)	−187.8	−120.4	109.6
OH^-(aq)	−230.0	−157.3	−10.8
Hg(l)	0	0	76.1
Hg^{2+}(aq)	171	164	−32
Hg_2^{2+}(aq)	172	153	84.5
HgO(s,红色)	−90.93	−58.56	70.3
HgO(s,黄色)	−90.4	−58.43	71.1
HgI_2(s,红色)	−105	−102	180

续表

物　　质	$\Delta_f H_m^{\ominus}$/kJ·mol^{-1}	$\Delta_f G_m^{\ominus}$/kJ·mol^{-1}	$S_m^{\ominus}$/J·K^{-1}·mol^{-1}
HgS(s,红色)	−58.1	−50.6	82.4
I_2(s)	0	0	116
I_2(g)	62.4	19.4	261
I^-(aq)	−55.19	−51.59	111
HI(g)	26.5	1.72	207
HIO_3(s)	−230	—	—
K(s)	0	0	64.7
K^+(aq)	−252.4	−283	102
KCl(s)	−436.8	−409.2	82.59
K_2O(s)	−361	—	—
K_2O_2(s)	−494.1	−425.1	102
Li^+(aq)	−278.5	−293.3	13
Li_2O(s)	−597.9	−561.1	37.6
Mg(s)	0	0	32.7
Mg^{2+}(aq)	−466.9	−454.8	−138
$MgCl_2$(s)	−641.3	−591.8	89.62
MgO(s)	−601.7	−569.4	26.9
$MgCO_3$(s)	−1096	−1012	65.7
Mn(s,α)	0	0	32.0
Mn^{2+}(aq)	−220.7	−228	−73.6
MnO_2(s)	−520.1	−465.3	53.1
N_2(g)	0	0	192
NH_3(g)	−46.11	−16.5	192.3
$NH_3 \cdot H_2O$(aq,非解离)	−366.1	−263.8	181
N_2H_4(l)	50.6	149.2	121
NH_4Cl(s)	−315	−203	94.6
NH_4NO_3(s)	−366	−184	151
$(NH_4)_2SO_4$(s)	−901.9	—	187.5
NO(g)	90.4	86.6	210
NO_2(g)	33.2	51.5	240
N_2O(g)	81.55	103.6	220
N_2O_4(g)	9.16	97.82	304
HNO_3(l)	−174	−80.8	156
Na(s)	0	0	51.2
Na^+(aq)	−240	−262	59.0
NaCl(s)	−327.47	−348.15	72.1
$Na_2B_4O_7$(s)	−3291	−3096	189.5
$NaBO_2$(s)	−977.0	−920.7	73.5
Na_2CO_3(s)	−1130.7	−1044.5	135
$NaHCO_3$(s)	−950.8	−851.0	102
$NaNO_2$(s)	−358.7	−284.6	104
$NaNO_3$(s)	−467.9	−367.1	116.5
Na_2O(s)	−414	−375.5	75.06

物　质	$\Delta_f H_m^\ominus$/kJ·mol^{-1}	$\Delta_f G_m^\ominus$/kJ·mol^{-1}	$S_m^\ominus$/J·K^{-1}·mol^{-1}
Na_2O_2(s)	−510.9	−447.7	93.3
NaOH(s)	−425.6	−379.5	64.45
O_2(g)	0	0	205.03
O_3(g)	143	163	238.8
P(s,白)	0	0	41.1
PCl_3(g)	−287	−268	311.7
PCl_5(g)	−398.8	−324.6	353
P_4O_{10}(s,六方)	−2984	−2698	228.9
Pb(s)	0	0	64.9
Pb^{2+}(aq)	−1.7	−24.4	10
PbO(s,黄色)	−215	−188	68.6
PbO(s,红色)	−219	−189	66.5
Pb_3O_4(s)	−718.4	−601.2	211
PbO_2(s)	−277	−217	68.6
PbS(s)	−100	−98.7	91.2
S(s,斜方)	0	0	31.8
S^{2-}(aq)	33.1	85.8	−14.6
H_2S(g)	−20.6	−33.6	206
SO_2(g)	−296.8	−300.2	248
SO_3(g)	−395.7	−371.1	256.6
SO_3^{2-}(aq)	−635.5	−486.6	−29
SO_4^{2-}(aq)	−909.27	−744.63	20
SiO_2(s,石英)	−910.9	−856.7	41.8
SiF_4(g)	−1614.9	−1572.7	282.4
$SiCl_4$(l)	−687.0	−619.9	239.7
Sn(s,白色)	0	0	51.55
Sn(s,灰色)	−2.1	0.13	44.14
Sn^{2+}(aq)	−8.8	−27.2	−16.7
SnO(s)	−286	−257	56.5
SnO_2(s)	−580.7	−519.6	52.3
Sr^{2+}(aq)	−545.8	−559.4	−32.6
SrO(s)	−592.0	−561.9	54.4
$SrCO_3$(s)	−1220	−1140	97.1
Ti(s)	0	0	30.6
TiO_2(s,金红石)	−944.7	−889.5	50.3
$TiCl_4$(l)	−804.2	−737.2	252.3
V_2O_5(s)	−1551	−1420	131
WO_3(s)	−842.9	−764.08	75.9
Zn(s)	0	0	41.6
Zn^{2+}(aq)	−153.9	−147.0	−112
ZnO(s)	−348.3	−318.3	43.6
ZnS(s,闪锌矿)	−206.0	−210.3	57.7

三、元素的原子半径(pm)

ⅠA	ⅡA	ⅢB	ⅣB	ⅤB	ⅥB	ⅦB	Ⅷ			ⅠB	ⅡB	ⅢA	ⅣA	ⅤA	ⅥA	ⅦA	0
H — 37.1																	He — 54
Li 152.0 133.6	Be 111.3 90											B 98 79.5	C 91.4 77.2	N 92 54.9	O — 66	F — 64	Ne — 71
Na 185.8 153.9	Mg 159.9 136											Al 143.2 118	Si 117.6 112.6	P 110.5 94.7	S 103 104	Cl — 99.4	Ar — 98
K 227.2 196.2	Ca 197.4 174	Sc 164.1 144	Ti 144.8 132	V 131.1 122	Cr 124.9 118	Mn 136.6 117	Fe 124.1 117	Co 125.3 116	Ni 124.6 115	Cu 127.8 117	Zn 133.3 125	Ga 122.1 126	Ge 122.5 122	As 124.8 120	Se 116.1 117	Br — 114.2	Kr — 112
Rb 247.5 216	Sr 215.2 191	Y 180.3 162	Zr 159.0 145	Nb 142.9 134	Mo 136.3 130	Tc 135.2 127	Ru 132.5 125	Rh 134.5 125	Pd 137.6 128	Ag 144.5 134	Cd 149.0 148	In 162.6 144	Sn 140.5 141	Sb 145 140	Te 143.2 137	I — 133.3	Xe — 131
Cs 265.5 235	Ba 217.4 198	La 187.7 169	Hf 156.4 144	Ta 143 134	W 137.1 130	Re 137.1 128	Os 133.8 126	Ir 135.7 127	Pt 138.8 130	Au 144.2 134	Hg 150.3 149	Tl 170.4 148	Pb 175.0 147	Bi 154.8 146	Po 167.3 146	Ar — (145)	Rn
Fr	Ra	Ac 187.8 —															

Ce 182.4 165	Pr 182.8 165	Nd 182.2 164	Pm — 163	Sm 180.2 162	Eu 198.3 185	Gd 180.1 161	Tb 178.3 159	Dy 177.5 159	Ho 176.7 158	Er 175.8 157	Tm 174.7 156	Yb 193.9 —	Lu 173.5 156
Th 179.8 165	Pa 160.6 —	U 138.5 142	Np 131 —	Pu 151.3 —	Am 173 —	Cm	Bk	Df	Es	Fm	Md	No	Lr

第一行数据为金属半径；第二行数据为共价半径。

四、元素的第一电离能（kJ·mol⁻¹）

ⅠA	ⅡA	ⅢB	ⅣB	ⅤB	ⅥB	ⅦB	Ⅷ			ⅠB	ⅡB	ⅢA	ⅣA	ⅤA	ⅥA	ⅦA	0
H 1312.0																	He 2372.3
Li 520.3	Be 899.5											B 800.6	C 1086.4	N 1402.3	O 1314.0	F 1681.0	Ne 2080.7
Na 495.8	Mg 737.7											Al 577.6	Si 786.5	P 1011.8	S 999.6	Cl 1251.1	Ar 1520.5
K 418.9	Ca 589.8	Sc 631	Ti 658	V 650	Cr 652.8	Mn 717.4	Fe 759.4	Co 758	Ni 736.7	Cu 745.5	Zn 906.4	Ga 578.8	Ge 762.2	As 944	Se 940.9	Br 1139.9	Kr 1350.7
Rb 403.0	Sr 549.5	Y 616	Zr 660	Nb 664	Mo 685.0	Tc 702	Ru 711	Rh 720	Pd 805	Ag 731.0	Cd 867.7	In 558.3	Sn 708.6	Sb 831.6	Te 869.3	I 1008.4	Xe 1170.4
Cs 375.7	Ba 502.9	La 538.1	Hf 654	Ta 761	W 770	Re 760	Os 84×10	Ir 88×10	Pt 87×10	Au 890.1	Hg 1007.0	Tl 589.3	Pb 715.5	Bi 703.3	Po 812	Ar 912	Rn 1037.0
Fr	Ra 509.4	Ac 49×10															

Ce 528	Pr 523	Nd 530	Pm 536	Sm 543	Eu 547	Gd 592	Tb 564	Dy 572	Ho 581	Er 589	Tm 596.7	Yb 603.4	Lu 523.5
Th 59×10	Pa 57×10	U 59×10	Np 60×10	Pu 585	Am 578	Cm 581	Bk 601	Df 608	Es 619	Fm 627	Md 635	No 642	Lr

五、一些元素的电子亲和能（kJ·mol^{-1}）

ⅠA	ⅡA	ⅢB	ⅣB	ⅤB	ⅥB	ⅦB	Ⅷ			ⅠB	ⅡB	ⅢA	ⅣA	ⅤA	ⅥA	ⅦA	0
H 72.9																	He <0
Li 59.8	Be <0											B 23	C 122	N 0±22	O 141	F 322	Ne <0
Na 52.9	Mg <0											Al 44	Si 120	P 74	S 200.4	Cl 348.7	Ar <0
K 48.4	Ca <0	Sc	Ti	V	Cr 63	Mn	Fe	Co	Ni 111	Cu 123	Zn	Ga 36	Ge 116	As 77	Se 195	Br 324.5	Kr <0
Rb 46.9	Sr	Y	Zr	Nb	Mo 96	Tc	Ru	Rh	Pd	Ag	Cd 126	In 34	Sn 121	Sb 101	Te 190.1	I 295	Xe <0
Cs 45.5	Ba	La-Lu	Hf	Ta 80	W 50	Re 15	Os	Ir	Pt 205.3	Au 222.7	Hg	Tl 50	Pb 100	Bi 100	Po	Ar	Rn
Fr 44.0	Ra	Ac-Lr															

六、元素的电负性

ⅠA	ⅡA	ⅢB	ⅣB	ⅤB	ⅥB	ⅦB	Ⅷ			ⅠB	ⅡB	ⅢA	ⅣA	ⅤA	ⅥA	ⅦA	0
H 2.1																	He
Li 1.0	Be 1.5											B 2.0	C 2.5	N 3.0	O 3.5	F 4.0	Ne
Na 0.9	Mg 1.2											Al 1.5	Si 1.8	P 2.1	S 2.5	Cl 3.0	Ar
K 0.8	Ca 1.0	Sc 1.3	Ti 1.5	V 1.6	Cr 1.6	Mn 1.5	Fe 1.8	Co 1.9	Ni 1.9	Cu 1.9	Zn 1.6	Ga 1.6	Ge 1.8	As 2.0	Se 2.4	Br 2.8	Kr
Rb 0.8	Sr 1.0	Y 1.2	Zr 1.4	Nb 1.6	Mo 1.8	Tc 1.9	Ru 2.2	Rh 2.2	Pd 2.2	Ag 1.9	Cd 1.7	In 1.7	Sn 1.8	Sb 1.9	Te 2.1	I 2.5	Xe
Cs 0.7	Ba 0.9	La-Lu 1.0～1.2	Hf 1.3	Ta 1.5	W 1.7	Re 1.9	Os 2.2	Ir 2.2	Pt 2.2	Au 2.4	Hg 1.9	Tl 1.8	Pb 1.9	Bi 1.9	Po 2.0	Ar 2.2	Rn
Fr 0.7	Ra 0.9	Ac-Lr 1.1～1.4															

七、一些化学键的键能（kJ·mol^{-1}，298.15K）

单键		H	C	N	O	F	Si	P	S	Cl	Ge	As	Se	Br	I
	H	436													
	C	415	331												
	N	389	293	159											
	O	465	343	201	138										
	F	565	486	272	184	155									
	Si	320	281	—	368	540	197								
	P	318	264	300	352	490	214	214							
	S	364	289	247	—	340	226	230	264						
	Cl	431	327	201	205	252	360	318	272	243					
	Ge	289	243	—	—	465	—	—	—	239	163				
	As	274	—	—	—	346	—	—	—	289	—	178			
	Se	314	247	—	—	306	—	—	—	251	—	—	193		
	Br	368	276	243	—	239	289	272	214	218	276	239	226	193	
	I	297	239	201	201	—	214	214	—	209	214	180	—	180	151

双键和三键												
	C═C	620	C═N	615	C═O	708	N═N	419	O═O	498	S═O	420
	C≡C	812	C≡N	879	C≡O	1072	N≡N	945	S═S	423	S═C	578

八、鲍林离子半径（pm）

H^-	208	Tl^+	140	Al^{3+}	50
F^-	136	NH_4^+	148	Sc^{3+}	81
Cl^-	181	Be^{2+}	31	Y^{3+}	93
Br^-	195	Mg^{2+}	65	La^{3+}	115
I^-	216	Ca^{2+}	99	Ca^{3+}	62
		Sr^{2+}	113	In^{3+}	81
O^{2-}	140	Ba^{2+}	135	Tl^{3+}	95
S^{2-}	184	Ra^{2+}	140	Fe^{3+}	64
Se^{2-}	198	Zn^{2+}	74	Cr^{3+}	63
Te^{2-}	221	Cd^{2+}	97		
		Hg^{2+}	110	C^{4+}	15
Li^+	60	Pb^{2+}	121	Si^{4+}	41
Na^+	95	Mn^{2+}	80	Ti^{4+}	68
K^+	133	Fe^{2+}	76	Zr^{4+}	80
Rb^+	148	Co^{2+}	74	Ce^{4+}	101
Cs^+	169	Ni^{2+}	69	Ge^{4+}	53
Cu^+	96	Cu^{2+}	72	Sn^{4+}	71
Ag^+	126			Pb^{4+}	84
Au^+	137	B^{3+}	20		

九、弱酸在水中的解离常数（25℃）

化合物	分子式	$K_a^{\ominus}$	$pK_a^{\ominus}$
亚砷酸	H_3AsO_3	6.0×10^{-10}	9.22
砷酸	H_3AsO_4	$K_{a1}^{\ominus}$ 6.3×10^{-3}	2.20
		$K_{a2}^{\ominus}$ 1.0×10^{-7}	7.00
		$K_{a3}^{\ominus}$ 3.2×10^{-12}	11.50
硼酸	H_3BO_3	5.8×10^{-10}	9.24
四硼酸	$H_2B_4O_7$	$K_{a1}^{\ominus}$ 1×10^{-4}	4
		$K_{a2}^{\ominus}$ 1×10^{-9}	9
碳酸	H_2CO_3	$K_{a1}^{\ominus}$ 4.2×10^{-7}	6.38
		$K_{a2}^{\ominus}$ 5.6×10^{-11}	10.25
氢氰酸	HCN	6.2×10^{-10}	9.21
氰酸	$HCNO$	2.2×10^{-4}	3.66
铬酸	H_2CrO_4	$K_{a1}^{\ominus}$ 0.18	0.74
		$K_{a2}^{\ominus}$ 3.2×10^{-7}	6.50
氢氟酸	HF	6.6×10^{-4}	3.18
过氧化氢	H_2O_2	1.8×10^{-12}	11.75
亚硝酸	HNO_2	5.1×10^{-4}	3.29
亚磷酸	H_3PO_3	$K_{a1}^{\ominus}$ 5.0×10^{-2}	1.30
		$K_{a2}^{\ominus}$ 2.5×10^{-7}	6.60
磷酸	H_3PO_4	$K_{a1}^{\ominus}$ 7.6×10^{-3}	2.12
		$K_{a2}^{\ominus}$ 6.3×10^{-8}	7.20
		$K_{a3}^{\ominus}$ 4.4×10^{-13}	12.36
焦磷酸	$H_4P_2O_7$	$K_{a1}^{\ominus}$ 3.0×10^{-2}	1.52
		$K_{a2}^{\ominus}$ 4.4×10^{-3}	2.36
		$K_{a3}^{\ominus}$ 2.5×10^{-7}	6.60
		$K_{a4}^{\ominus}$ 5.6×10^{-12}	9.25
硫化氢	H_2S	$K_{a1}^{\ominus}$ 1.3×10^{-7}	6.89
		$K_{a2}^{\ominus}$ 7.1×10^{-15}	14.15
硫氰酸	$HSCN$	1.41×10^{-1}	0.85
亚硫酸	$H_2SO_3(SO_2\cdot H_2O)$	$K_{a1}^{\ominus}$ 1.29×10^{-2}	1.89
		$K_{a2}^{\ominus}$ 6.3×10^{-8}	7.20
硫酸	H_2SO_4	$K_{a2}^{\ominus}$ 1.3×10^{-2}	1.90
硫代硫酸	$H_2S_2O_3$	$K_{a1}^{\ominus}$ 2.5×10^{-1}	0.60
		$K_{a2}^{\ominus}$ 1.9×10^{-2}	1.72
硅酸	H_2SiO_3	$K_{a1}^{\ominus}$ 1.7×10^{-10}	9.77
		$K_{a2}^{\ominus}$ 1.6×10^{-12}	11.80
甲酸	$HCOOH$	1.8×10^{-4}	3.74
乙酸	CH_3COOH	1.8×10^{-5}	4.74
丙酸	C_2H_5COOH	1.35×10^{-5}	4.87
一氯乙酸	$ClCH_2COOH$	1.38×10^{-3}	2.86
二氯乙酸	$Cl_2CHCOOH$	5.0×10^{-2}	1.30
三氯乙酸	Cl_3CCOOH	2.3×10^{-1}	0.64
苯甲酸	C_6H_5COOH	6.2×10^{-5}	4.21
苯酚	C_6H_5OH	1.1×10^{-10}	9.95
草酸	$H_2C_2O_4$	$K_{a1}^{\ominus}$ 5.9×10^{-2}	1.22
		$K_{a2}^{\ominus}$ 6.4×10^{-5}	4.19
乳酸	$CH_3CHOHCOOH$	1.4×10^{-4}	3.86
邻苯二甲酸	$C_6H_4(COOH)_2$	$K_{a1}^{\ominus}$ 1.12×10^{-3}	2.95
		$K_{a2}^{\ominus}$ 3.91×10^{-6}	5.41
d-酒石酸	CH(OH)COOH	$K_{a1}^{\ominus}$ 9.1×10^{-4}	3.04
	CH(OH)COOH	$K_{a2}^{\ominus}$ 4.3×10^{-5}	4.37
抗坏血酸		$K_{a1}^{\ominus}$ 6.8×10^{-5}	4.17
		$K_{a2}^{\ominus}$ 2.8×10^{-12}	11.56
柠檬酸	CH_2COOH C(OH)COOH CH_2COOH	$K_{a1}^{\ominus}$ 7.4×10^{-4}	3.13
		$K_{a2}^{\ominus}$ 1.7×10^{-5}	4.76
		$K_{a3}^{\ominus}$ 4.0×10^{-7}	6.40

续表

化合物	分子式	$K_a^\ominus$		$pK_a^\ominus$
乙二胺四乙酸	H_6-$EDTA^{2+}$	$K_{a1}^\ominus$	1.3×10^{-1}	0.9
		$K_{a2}^\ominus$	2.5×10^{-2}	1.6
		$K_{a3}^\ominus$	1.0×10^{-2}	2.0
		$K_{a4}^\ominus$	2.14×10^{-3}	2.67
		$K_{a5}^\ominus$	6.92×10^{-7}	6.16
		$K_{a6}^\ominus$	5.50×10^{-11}	10.26
水杨酸	$C_6H_4(OH)COOH$	$K_{a1}^\ominus$	1.0×10^{-3}	3.00
		$K_{a2}^\ominus$	4.2×10^{-13}	12.38
磺基水杨酸	$C_6H_3(SO_3H)(OH)COOH$	$K_{a1}^\ominus$	4.7×10^{-3}	2.33
		$K_{a2}^\ominus$	4.8×10^{-12}	11.32
苦味酸	$HOC_6H_2(NO_2)_3$		4.2×10^{-1}	0.38
邻二氮菲	$C_{12}H_8N_2$		1.1×10^{-5}	4.96
8-羟基喹啉	C_9H_6NOH	$K_{a1}^\ominus$	9.6×10^{-6}	5.02
		$K_{a2}^\ominus$	1.55×10^{-10}	9.81

十、弱碱在水中的解离常数（25℃）

名称	分子式	$K_b^\ominus$		$pK_b^\ominus$
氨水	$NH_3\cdot H_2O$		1.8×10^{-5}	4.74
羟胺	NH_2OH		9.1×10^{-9}	8.04
联氨	H_2NNH_2	$K_{b1}^\ominus$	9.8×10^{-7}	6.01
		$K_{b2}^\ominus$	1.32×10^{-15}	14.88
苯胺	$C_6H_5NH_2$		4.2×10^{-10}	9.38
甲胺	CH_3NH_2		4.2×10^{-4}	3.38
乙胺	$C_2H_5NH_2$		4.3×10^{-4}	3.37
二甲胺	$(CH_3)_2NH$		5.9×10^{-4}	3.23
二乙胺	$(C_2H_5)_2NH$		8.5×10^{-4}	3.07
乙醇胺	$HOC_2H_4NH_2$		3×10^{-5}	4.5
三乙醇胺	$N(C_2H_4OH)_3$		5.8×10^{-7}	6.24
六亚甲基四胺	$(CH_2)_6N_4$		1.35×10^{-9}	8.87
乙二胺	$H_2NCH_2CH_2NH_2$	$K_{b1}^\ominus$	8.5×10^{-5}	4.07
		$K_{b2}^\ominus$	7.1×10^{-8}	7.15
吡啶	C_5H_5N		1.8×10^{-9}	8.74
尿素	$(NH_2)_2CO$		1.3×10^{-14}（21℃）	1.39

十一、常用缓冲溶液的 pH 范围

缓冲溶液	$pK_a^\ominus$	pH 有效范围
盐酸-甘氨酸（HCl-NH_2CH_2COOH）	2.4	1.4～3.4
盐酸-邻苯二甲酸氢钾[HCl-$C_6H_4(COO)_2HK$]	3.1	2.2～4.0
柠檬酸-氢氧化钠[$C_2H_5(COOH)_3$-$NaOH$]	2.9,4.1,5.8	2.2～6.5
甲酸-氢氧化钠（$HCOOH$-$NaOH$）	3.8	2.8～4.6
醋酸-醋酸钠（CH_3COOH-CH_3COONa）	4.74	3.6～5.6
邻苯二甲酸氢钾-氢氧化钾[$C_6H_4(COO)_2HK$-KOH]	5.4	4.0～6.2
琥珀酸氢钠-琥珀酸钠 $\left(\begin{matrix} CH_2COOH \\ \vert \\ CH_2COONa \end{matrix} - \begin{matrix} CH_2COONa \\ \vert \\ CH_2COONa \end{matrix}\right)$	5.5	4.8～5.3
柠檬酸氢二钠-氢氧化钠[$C_3H_5(COO)_3HNa_2$-$NaOH$]	5.8	5.0～6.3
磷酸二氢钾-氢氧化钠（KH_2PO_4-$NaOH$）	7.2	5.8～8.0
磷酸二氢钾-硼砂（KH_2PO_4-$Na_2B_4O_7$）	7.2	5.8～9.2
磷酸二氢钾-磷酸氢二钾（KH_2PO_4-K_2HPO_4）	7.2	5.9～8.0
硼酸-硼砂（H_3BO_3-$Na_2B_4O_7$）	9.2	7.2～9.2
硼酸-氢氧化钠（H_3BO_3-$NaOH$）	9.2	8.0～10.0
甘氨酸-氢氧化钠（NH_2CH_2COOH-$NaOH$）	9.7	8.2～10.1
氯化铵-氨水（NH_4Cl-$NH_3\cdot H_2O$）	9.3	8.3～10.3
碳酸氢钠-碳酸钠（$NaHCO_3$-Na_2CO_3）	10.3	9.2～11.0
磷酸氢二钠-氢氧化钠（Na_2HPO_4-$NaOH$）	12.4	11.0～12.0

十二、金属离子与 EDTA 配合物的 $\lg K_f^\ominus$（25℃）

离子	$\lg K_f^\ominus$	离子	$\lg K_f^\ominus$	离子	$\lg K_f^\ominus$
Ag^+	7.32	Hg^{2+}	21.7	Sm^{3+}	17.1
Al^{3+}	16.3	Ho^{3+}	18.7	Sn^{2+}	22.11
Ba^{2+}	7.86	In^{3+}	25.0	Sn^{4+}	34.5
Be^{2+}	9.2	La^{3+}	15.4	Sr^{2+}	8.73
Bi^{3+}	27.94	Li^+	2.79	Tb^{3+}	17.9
Ca^{2+}	10.69	Lu^{3+}	19.8	Th^{4+}	23.2
Cd^{2+}	16.46	Mg^{2+}	8.7	Ti^{3+}	21.3
Ce^{3+}	16.0	Mn^{2+}	13.87	TiO^{2+}	17.3
Co^{2+}	16.31	MoO^{2+}	28	Tl^{3+}	37.8
Co^{3+}	36	Na^+	1.66	Tm^{3+}	19.3
Cr^{3+}	23.4	Nd^{3+}	16.6	U^{4+}	25.8
Cu^{2+}	18.80	Ni^{2+}	18.62	UO_2^{2+}	10
Dy^{3+}	18.3	Os^{3+}	17.9	V^{2+}	12.7
Er^{3+}	18.8	Pb^{2+}	18.04	V^{3+}	25.9
Eu^{2+}	7.7	Pd^{2+}	18.5	VO^{2+}	18.8
Eu^{3+}	17.4	Pm^{3+}	16.8	VO_2^+	18.1
Fe^{2+}	14.32	Pr^{3+}	16.4	Y^{3+}	18.09
Fe^{3+}	25.1	Pt^{3+}	16.4	Yb^{3+}	19.5
Ga^+	20.3	Ra^{2+}	7.4	Zn^{2+}	16.5
Gd^+	17.4	Ru^{2+}	7.4	ZrO^{2+}	29.5
HfO^{2+}	19.1	Sc^{3+}	23.1		

十三、配离子的积累稳定常数

配离子	$\beta_n^\ominus$	$\lg\beta_n^\ominus$	配离子	$\beta_n^\ominus$	$\lg\beta_n^\ominus$
$[AgCl_2]^-$	1.74×10^5	5.24	$[Co(NH_3)_6]^{3+}$	2.29×10^{35}	34.36
$[CdCl_4]^{2-}$	3.47×10^2	2.54	$[Cu(NH_3)_4]^{2+}$	1.38×10^{12}	12.14
$[CuCl_4]^{2-}$	4.17×10^5	5.62	$[Ni(NH_3)_6]^{2+}$	1.02×10^8	8.01
$[HgCl_4]^{2-}$	1.59×10^{14}	14.20	$[Zn(NH_3)_4]^{2+}$	5.00×10^8	8.70
$[PbCl_3]^-$	25	1.4	$[AlF_6]^{3-}$	6.9×10^{19}	19.84
$[SnCl_4]^{2-}$	30.2	1.48	$[FeF_5]^{2-}$	2.19×10^{15}	15.34
$[SnCl_6]^{2-}$	6.6	0.82	$[Zn(OH)_4]^{2-}$	1.4×10^{15}	15.15
$[Ag(CN)_2]^-$	1.3×10^{21}	21.1	$[CdI_4]^{2-}$	1.26×10^6	6.10
$[Cd(CN)_4]^{2-}$	1.1×10^{16}	16.04	$[HgI_4]^{2-}$	3.47×10^{30}	30.54
$[Cu(CN)_4]^{3-}$	5×10^{30}	30.7	$[Fe(SCN)_5]^{2-}$	1.20×10^6	6.08
$[Fe(CN)_6]^{4-}$	1.0×10^{24}	24.00	$[Hg(SCN)_4]^{2-}$	7.75×10^{21}	21.89
$[Fe(CN)_6]^{3-}$	1.0×10^{31}	31.00	$[Zn(SCN)_4]^{2-}$	20	1.30
$[Hg(CN)_4]^{2-}$	3.24×10^{41}	41.51	$[Ag(S_2O_3)_2]^{3-}$	2.9×10^{13}	13.46
$[Ni(CN)_4]^{2-}$	1.0×10^{22}	22.00	$[Pb(Ac)_3]^{2-}$	2.46×10^3	3.39
$[Zn(CN)_4]^{2-}$	5.75×10^{16}	16.76	$[Al(C_2O_4)_3]^{3-}$	2×10^{16}	16.3
$[Ag(NH_3)_2]^+$	1.62×10^7	7.21	$[Fe(C_2O_4)_3]^{4-}$	1.66×10^5	5.22
$[Cd(NH_3)_4]^{2+}$	3.63×10^6	6.56	$[Fe(C_2O_4)_3]^{3-}$	1.59×10^{20}	20.20
$[Co(NH_3)_6]^{2+}$	2.46×10^4	4.39	$[Zn(C_2O_4)_3]^{4-}$	1.4×10^8	8.15

十四、标准电极电势（25℃）

半 反 应	$\varphi^{\ominus}$/V	半 反 应	$\varphi^{\ominus}$/V
$F_2+2e^- \rightleftharpoons 2F^-$	2.87	$MnO_4^-+e^- \rightleftharpoons MnO_4^{2-}$	0.57
$O_3+2H^++2e^- \rightleftharpoons O_2+H_2O$	2.07	$H_3AsO_4+2H^++2e^- \rightleftharpoons HAsO_2+2H_2O$	0.56
$S_2O_8^{2-}+2e^- \rightleftharpoons 2SO_4^{2-}$	2.0	$I_3^-+2e^- \rightleftharpoons 3I^-$	0.545
$Ag^{2+}+e^- \rightleftharpoons Ag^+$	1.98	I_2(固)$+2e^- \rightleftharpoons 2I^-$	0.535
$H_2O_2+2H^++2e^- \rightleftharpoons 2H_2O$	1.77	$MnO_4^{2-}+2H_2O+2e^- \rightleftharpoons MnO_2+40H^-$	0.5
$PbO_2+SO_4^{2-}+4H^++2e^- \rightleftharpoons PbSO_4+2H_2O$	1.69	$Cu^++e^- \rightleftharpoons Cu$	0.52
$Au^++e^- \rightleftharpoons Au$	1.68	$H_2SO_3+4H^++4e^- \rightleftharpoons S+3H_2O$	0.45
$MnO_4^-+2H^++3e^- \rightleftharpoons MnO_2+2H_2O$	1.68	$O_2+2H_2O+4e^- \rightleftharpoons 4OH^-$	0.401
$2HClO+2H^++2e^- \rightleftharpoons Cl_2+2H_2O$	1.63	$2H_2SO_3+2H^++4e^- \rightleftharpoons S_2O_3^{2-}+3H_2O$	0.40
$Ce^{4+}+e^- \rightleftharpoons Ce^{3+}$	1.61	$VO^{2+}+2H^++e^- \rightleftharpoons V^{3+}+H_2O$	0.34
$H_5IO_6+H^++2e^- \rightleftharpoons IO_3^-+3H_2O$	1.6	$UO_2^{2+}+4H^++2e^- \rightleftharpoons U^{4+}+2H_2O$	0.33
$2HBrO+2H^++2e^- \rightleftharpoons Br_2+2H_2O$	1.6	$BiO^++2H^++3e^- \rightleftharpoons Bi+H_2O$	0.32
$Bi_2O_4+4H^++2e^- \rightleftharpoons 2BiO^++2H_2O$	1.59	$Hg_2Cl_2+2e^- \rightleftharpoons 2Hg+2Cl^-$	0.268
$2BrO_3^-+12H^++10e^- \rightleftharpoons Br_2+6H_2O$	1.5	$AgCl+e^- \rightleftharpoons Ag+Cl^-$	0.2223
$MnO_4^-+8H^++5e^- \rightleftharpoons Mn^{2+}+4H_2O$	1.51	$SO_4^{2-}+4H^++2e^- \rightleftharpoons H_2SO_3+H_2O$	0.17
$Mn^{3+}+e^- \rightleftharpoons Mn^{2+}$	1.51	$Cu^{2+}+e^- \rightleftharpoons Cu^+$	0.17
$HClO+H^++2e^- \rightleftharpoons Cl^-+H_2O$	1.49	$Sn^{4+}+2e^- \rightleftharpoons Sn^{2+}$	0.14
$PbO_2+4H^++2e^- \rightleftharpoons Pb^{2+}+2H_2O$	1.455	$S+2H^++2e^- \rightleftharpoons H_2S$	0.14
$ClO_3^-+6H^++6e^- \rightleftharpoons Cl^-+3H_2O$	1.45	$Hg_2Br_2+2e^- \rightleftharpoons 2Hg+2Br^-$	0.1392
$2HIO+2H^++2e^- \rightleftharpoons I_2+2H_2O$	1.45	$TiO^{2+}+2H^++e^- \rightleftharpoons Ti^{3+}+H_2O$	0.1
$BrO_3^-+6H^++6e^- \rightleftharpoons Br+3H_2O$	1.44	$S_4O_6^{2-}+2e^- \rightleftharpoons 2S_2O_3^{2-}$	0.09
$Cl_2+2e^- \rightleftharpoons 2Cl^-$	1.358	$AgBr+e^- \rightleftharpoons Ag+Br^-$	0.071
$Cr_2O_7^{2-}+14H^++6e^- \rightleftharpoons 2Cr^{3+}+7H_2O$	1.33	$2H^++2e^- \rightleftharpoons H_2$	0.0000
$MnO_2+4H^++2e^- \rightleftharpoons Mn^{2+}+2H_2O$	1.23	$Pb^{2+}+2e^- \rightleftharpoons Pb$	−0.126
$O_2+4H^++4e^- \rightleftharpoons 2H_2O$	1.229	$Sn^{2+}+2e^- \rightleftharpoons Sn$	−0.14
$ClO_4^-+2H^++2e^- \rightleftharpoons ClO_3^-+H_2O$	1.19	$O_2+2H_2O+2e^- \rightleftharpoons H_2O_2+2OH^-$	−0.146
$2IO_3^-+12H^++10e^- \rightleftharpoons I_2+6H_2O$	1.19	$AgI+e^- \rightleftharpoons Ag+I^-$	−0.152
Br_2(水)$+2e^- \rightleftharpoons 2Br^-$	1.08	$V^{3+}+e^- \rightleftharpoons V^{2+}$	−0.255
$2ICl_2^- -+2e^- \rightleftharpoons I_2+4Cl^-$	1.06	$Cd^{2+}+2e^- \rightleftharpoons Cd$	−0.403
$N_2O_4+2H^++2e^- \rightleftharpoons 2HNO_2$	1.07	$Cr^{3+}+e^- \rightleftharpoons Cr^{2+}$	−0.38
$HNO_2+H^++e^- \rightleftharpoons NO+H_2O$	0.98	$Fe^{2+}+2e^- \rightleftharpoons Fe$	−0.44
$VO_2^++2H^++e^- \rightleftharpoons VO^{2+}+H_2O$	0.999	$2CO_2+2H^++2e^- \rightleftharpoons H_2C_2O_2$	−0.49
$NO_3^-+3H^++2e^- \rightleftharpoons HNO_2+H_2O$	0.94	$S+2e^- \rightleftharpoons S^{2-}$	−0.48
$2Hg^{2+}+2e^- \rightleftharpoons Hg_2^{2+}$	0.907	$As+3H^++3e^- \rightleftharpoons AsH_3$	−0.61
$ClO^-+H_2O+2e^- \rightleftharpoons Cl^-+2OH^-$	0.89	$U^{4+}+e^- \rightleftharpoons U^{3+}$	−0.63
$H_2O_2+2e^- \rightleftharpoons 2OH^-$	0.88	$AsO_4^{3-}+3H_2O+2e^- \rightleftharpoons H_2AsO_3^-+4OH^-$	−0.67
$Cu^{2+}+I^-+e^- \rightleftharpoons CuI$	0.86	$Ag_2S+2e^- \rightleftharpoons 2Ag+S^{2-}$	−0.69
$Ag^++e^- \rightleftharpoons Ag$	0.7994	$Zn^{2+}+2e^- \rightleftharpoons Zn$	−0.7628
$Hg_2^{2+}+2e^- \rightleftharpoons 2Hg$	0.792	$Sn(OH)_6^{2-}+2e^- \rightleftharpoons HSnO_2^-+H_2O+30H^-$	−0.90
$Fe^{3+}+e^- \rightleftharpoons Fe^{2+}$	0.771	$Al^{3+}+3e^- \rightleftharpoons Al$	−1.66
$BrO^-+H_2O+2e^- \rightleftharpoons Br^-+2OH^-$	0.76	$H_2AlO_3^-+H_2O+3e^- \rightleftharpoons Al+4OH$	−2.35
$O_2+2H^++2e^- \rightleftharpoons H_2O_2$	0.69	$Na^++e^- \rightleftharpoons Na$	−2.713
$2HgCl_2+2e^- \rightleftharpoons Hg_2Cl_2+2Cl^-$	0.63	$K^++e^- \rightleftharpoons K$	−2.925
I_2(水)$+2e^- \rightleftharpoons 2I^-$	0.621		

十五、部分氧化还原电对的条件电极电势（25℃）

半反应	$\varphi^{\ominus\prime}$	介质
$Ag^{2+}+e^- \rightleftharpoons Ag^+$	1.93	$4mol \cdot L^{-1}HNO_3$
	2.00	$4mol \cdot L^{-1}HClO_4$
$Ag^++e^- \rightleftharpoons Ag$	0.792	$1mol \cdot L^{-1}HClO_4$
	0.228	$1mol \cdot L^{-1}HCl$
	0.59	$1mol \cdot L^{-1}NaOH$
	−0.05	$5mol \cdot L^{-1}HCl$
$Bi^{3+}+3e^- \rightleftharpoons Bi$	0.0	$1mol \cdot L^{-1}HCl$
$Ce^{4+}+e^- \rightleftharpoons Ce^{3+}$	1.70	$1mol \cdot L^{-1}HClO_4$
	1.82	$6mol \cdot L^{-1}HClO_4$
	1.61	$1mol \cdot L^{-1}HNO_3$
	1.44	$1mol \cdot L^{-1}H_2SO_4$
	1.28	$1mol \cdot L^{-1}HCl$
$Co^{3+}+e^- \rightleftharpoons Co^{2+}$	1.84	$3mol \cdot L^{-1}HNO_3$
	1.95	$4mol \cdot L^{-1}HClO_4$
	1.80	$1mol \cdot L^{-1}H_2SO_4$
$Cr^{3+}+e^- \rightleftharpoons Cr^{2+}$	−0.40	$5mol \cdot L^{-1}HCl$
$CrO_4^{2-}+2H_2O+3e^- \rightleftharpoons CrO_2^-+4OH^-$	−0.12	$1mol \cdot L^{-1}NaOH$
$Cr_2O_7^{2-}+14H^++6e^- \rightleftharpoons 2Cr^{3+}+7H_2O$	1.02	$1mol \cdot L^{-1}HClO_4$
	1.275	$1mol \cdot L^{-1}HNO_3$
	1.34	$8mol \cdot L^{-1}H_2SO_4$
	1.10	$2mol \cdot L^{-1}H_2SO_4$
	0.92	$0.1mol \cdot L^{-1}H_2SO_4$
	0.93	$0.1mol \cdot L^{-1}HCl$
	1.00	$1mol \cdot L^{-1}HCl$
	1.15	$4mol \cdot L^{-1}HCl$
$Cu^{2+}+e^- \rightleftharpoons Cu^+$	−0.09	pH=14
$[Cu(EDTA)]^{2-}+2e^- \rightleftharpoons Cu+EDTA^{4-}$	0.13	$0.1mol \cdot L^{-1}EDTA$　pH=4～5
$Fe^{3+}+e^- \rightleftharpoons Fe^{2+}$	0.74	$1mol \cdot L^{-1}HClO_4$
	0.70	$1mol \cdot L^{-1}HCl$
	0.64	$5mol \cdot L^{-1}HCl$
	0.53	$10mol \cdot L^{-1}HCl$
	0.68	$1mol \cdot L^{-1}H_2SO_4$
	0.46	$2mol \cdot L^{-1}H_3PO_4$
	0.51	$1mol \cdot L^{-1}HCl$-$0.25mol \cdot L^{-1}H_3PO_4$
$Fe(CN)_6^{3-}+e^- \rightleftharpoons Fe(CN)_6^{4-}$	0.72	$1mol \cdot L^{-1}HClO_4$
	0.56	$0.1mol \cdot L^{-1}HCl$
	0.70	$1mol \cdot L^{-1}HCl$
	0.72	$1mol \cdot L^{-1}H_2SO_4$
	0.46	$0.01mol \cdot L^{-1}NaOH$
	0.52	$5mol \cdot L^{-1}NaOH$
$[Fe(EDTA)]^-+e^- \rightleftharpoons [Fe(EDTA)]^{2-}$	0.12	$0.1mol \cdot L^{-1}EDTA$ pH=4～6
$H_3AsO_4+2H^++2e^- \rightleftharpoons H_3AsO_3+H_2O$	0.557	$1\ mol \cdot L^{-1}HClO_4$
	0.557	$1mol \cdot L^{-1}HCl$
$Hg_2Cl_2+2e^- \rightleftharpoons 2Hg+2Cl^-$	0.3337	$0.1mol \cdot L^{-1}KCl$
	0.2807	$1mol \cdot L^{-1}KCl$
	0.2415	饱和 KCl

半反应	$\varphi^{\ominus\prime}$	介质
$I_2(水)+2e^- \rightleftharpoons 2I^-$	0.6276	$0.5mol \cdot L^{-1} H_2SO_4$
$I_3^- +2e^- \rightleftharpoons 3I^-$	0.545	$0.5mol \cdot L^{-1} H_2SO_4$
$MnO_4^- +8H^+ +5e^- \rightleftharpoons Mn^{2+} +4H_2O$	1.45	$1mol \cdot L^{-1} HClO_4$
	1.27	$8mol \cdot L^{-1} H_3PO_3$
$Mn(Ⅶ)+4e^- \rightleftharpoons Mn(Ⅲ)$	1.42	$0.7mol \cdot L^{-1} H_2SO_4$
$Mn^{3+} +e^- \rightleftharpoons Mn^{2+}$	1.488	$7.5mol \cdot L^{-1} H_2SO_4$
$Mn(H_2P_2O_7)_3^{3-} +2H^+ +e^- \rightleftharpoons Mn(H_2P_2O_7)_2^{2-} +H_4P_2O_7$	1.15	$0.4mol \cdot L^{-1} Na_2H_2P_2O_7$
$MnO_4^{2-} +2H_2O+2e^- \rightleftharpoons MnO_2 +4OH^-$	0.5	$8mol \cdot L^{-1} KOH$
	0.75	$3.5mol \cdot L^{-1} HCl$
$Sb(Ⅴ)+2e^- \rightleftharpoons Sb(Ⅲ)$	0.82	$6mol \cdot L^{-1} HCl$
	−0.43	$3mol \cdot L^{-1} KOH$
	−0.59	$10mol \cdot L^{-1} KOH$
$[SnCl_6]^{2-} +2e^- \rightleftharpoons [SnCl_4]^{2-} +2Cl^-$	0.14	$1mol \cdot L^{-1} HCl$
	0.40	$4.5mol \cdot L^{-1} H_2SO_4$
$Ti(Ⅳ)+e^- \rightleftharpoons Ti(Ⅲ)$	−0.04	$1mol \cdot L^{-1} HCl$
	0.09	$3mol \cdot L^{-1} HCl$
	0.125	$4mol \cdot L^{-1} HCl$
	0.169	$6mol \cdot L^{-1} HCl$
	0.221	$8mol \cdot L^{-1} HCl$
	−0.01	$0.2mol \cdot L^{-1} H_2SO_4$

十六、难溶化合物的溶度积常数（25℃）

化合物	$K_{sp}^{\ominus}$	$pK_{sp}^{\ominus}$	化合物	$K_{sp}^{\ominus}$	$pK_{sp}^{\ominus}$
Ag_3AsO_4	1×10^{-22}	22.0	CuSCN	4.8×10^{-15}	14.32
AgBr	7.7×10^{-13}	12.11	$CuCO_3$	1.4×10^{-10}	9.86
Ag_2CO_3	8.1×10^{-12}	11.09	$Cu(OH)_2$	2.2×10^{-20}	19.66
$Ag_2C_2O_4$	3.5×10^{-11}	10.46	CuS	1.27×10^{-36}	35.90
AgCl	1.77×10^{-10}	9.75	$Fe(OH)_2$	4.87×10^{-17}	16.31
Ag_2CrO_4	2.0×10^{-12}	11.71	FeS	3.7×10^{-19}	18.43
AgOH	2.0×10^{-8}	7.71	$Fe(OH)_3$	2.64×10^{-39}	38.58
AgI	1.5×10^{-16}	15.82	$FePO_4$	1.3×10^{-22}	21.89
Ag_3PO_4	1.4×10^{-16}	15.84	Hg_2Br_2	5.8×10^{-23}	22.24
Ag_2S	2×10^{-49}	48.7	Hg_2Cl_2	1.32×10^{-18}	17.88
AgSCN	1.0×10^{-12}	12.00	$Hg_2(OH)_2$	2×10^{-24}	23.7
Ag_2SO_4	1.58×10^{-5}	4.80	Hg_2I_2	4.5×10^{-29}	28.35
$Al(OH)_3$	4.6×10^{-33}	32.34	$Hg(OH)_2$	3.0×10^{-25}	25.52
$BaCO_3$	5.1×10^{-9}	8.29	HgS 红	4×10^{-53}	52.4
BaC_2O_4	1.6×10^{-7}	6.79	黑	1.6×10^{-52}	51.8
$BaCrO_4$	1.6×10^{-10}	9.8	$MgNH_4PO_4$	2×10^{-13}	12.7
$BaMnO_4$	3×10^{-10}	9.6	$MgCO_3$	1×10^{-5}	5.0
$BaSO_4$	1.1×10^{-10}	9.96	MgC_2O_4	8.5×10^{-5}	4.07
$Bi(OH)_3$	4×10^{-31}	30.4	MgF_2	6.4×10^{-9}	8.19
$CaCO_3$	8.7×10^{-9}	8.06	$Mg(OH)_2$	5.6×10^{-12}	11.25
CaC_2O_4	2.3×10^{-9}	8.64	$MnCO_3$	5.0×10^{-10}	9.30
CaF_2	2.7×10^{-11}	10.57	$Mn(OH)_2$	1.9×10^{-13}	12.72
$Ca_3(PO_4)_2$	2.0×10^{-29}	28.70	MnS 粉红	3×10^{-10}	9.6
$CaSO_4$	2.45×10^{-5}	4.61	绿	3×10^{-13}	12.6

续表

化合物	$K_{sp}^{\ominus}$	$pK_{sp}^{\ominus}$	化合物	$K_{sp}^{\ominus}$	$pK_{sp}^{\ominus}$
$CaWO_4$	8.7×10^{-9}	8.06	$Ni(OH)_2$	2×10^{-15}	14.7
$CdCO_3$	5.2×10^{-12}	11.28	α-NiS	3×10^{-19}	18.5
CdC_2O_4	1.51×10^{-8}	7.82	β-NiS	1×10^{-24}	24.0
$Cd(OH)_2$	2.5×10^{-14}	13.60	γ-NiS	2×10^{-26}	25.7
CdS	8×10^{-27}	26.1	$PbCO_3$	7.4×10^{-14}	13.13
$Co(OH)_2$	1.6×10^{-15}	14.8	PbC_2O_4	3×10^{-11}	10.5
$Co(OH)_3$	2×10^{-44}	43.7	$PbCl_2$	1.6×10^{-5}	4.79
α-CoS	4×10^{-21}	20.4	$PbCrO_4$	1.77×10^{-14}	13.75
β-CoS	2×10^{-25}	24.7	PbF_2	2.7×10^{-8}	7.57
$Cr(OH)_3$	6×10^{-31}	30.2	PbI_2	7.1×10^{-9}	8.15
CuBr	5.2×10^{-9}	8.28	$PbMoO_4$	1×10^{-13}	13.0
CuCl	1.2×10^{-6}	5.92	$Pb(OH)_2$	1.2×10^{-15}	14.93
CuI	1.1×10^{-12}	11.96	$PbSO_4$	1.6×10^{-8}	7.79
CuOH	1×10^{-14}	14.0	PbS	8×10^{-28}	27.9
Cu_2S	2×10^{-48}	47.7	$Sn(OH)_2$	8×10^{-29}	28.1
SnS	1×10^{-25}	25.0	$SrSO_4$	3.2×10^{-7}	6.49
$Sn(OH)_4$	1×10^{-56}	56.0	$TiO(OH)_2$	1×10^{-29}	29.0
$SrCO_3$	1.1×10^{-10}	9.96	$ZnCO_3$	1.4×10^{-11}	10.84
SrC_2O_4	5.6×10^{-8}	7.25	$Zn(OH)_2$	1.2×10^{-17}	16.92
$SrCrO_4$	2.2×10^{-5}	4.65	ZnS	1.61×10^{-24}	23.8
SrF_2	2.4×10^{-9}	8.61			

十七、化合物的分子量

化　合　物	相对分子质量	化　合　物	相对分子质量
Ag_3AsO_4	462.52	$BaCl_2\cdot2H_2O$	244.27
AgBr	187.77	$BaCrO_4$	253.32
AgCN	133.89	BaO	153.33
AgCl	143.32	$Ba(OH)_2$	171.34
Ag_2ArO_4	331.73	$BaSO_4$	233.39
AgI	234.77	$Bi(NO_3)_3$	395.00
$AgNO_3$	169.87	$Bi(NO_3)_3\cdot5H_2O$	485.07
AgSCN	165.95	CO	28.01
$AlCl_3$	133.34	CO_2	44.01
$AlCl_3\cdot6H_2O$	241.43	$CO(NH_2)_2$	60.06
$Al(C_9H_6ON)_3$(8-羟基喹啉铝)	459.44	$CaCO_3$	100.09
$Al(NO_3)_3$	213.00	CaC_2O_4	128.10
$Al(NO_3)_3\cdot9H_2O$	375.13	$CaCl_2$	110.99
Al_2O_3	101.96	$CaCl_2\cdot6H_2O$	219.08
$Al(OH)_3$	78.00	CaO	56.08
$Al_2(SO_4)_3$	342.14	$Ca(OH)_2$	74.09
$Al_2(SO_4)_3\cdot18H_2O$	666.41	$Ca_3(PO_4)_2$	310.18
As_2O_3	197.84	$CaSO_4$	136.14
As_2O_5	229.84	$Ce(NH_4)_2(NO_3)_6\cdot2H_2O$	584.26
As_2S_3	246.02	$Ce(NH_4)_4(SO_4)_4\cdot2H_2O$	632.53
$BaCO_3$	197.34	$Co(NO_3)_2$	182.94
BaC_2O_4	225.35	$Co(NO_3)_2\cdot6H_2O$	291.03
$BaCl_2$	208.24	H_3PO_4	98.00

续表

化合物	相对分子质量	化合物	相对分子质量
H_2S	34.08	Na_2O_2	77.978
H_2SO_3	82.07	$NaOH$	40.00
H_2SO_4	98.07	Na_3PO_4	163.94
$HgCl_2$	271.50	Na_2S	78.04
Hg_2Cl_2	472.09	$NaSCN$	81.07
HgI_2	454.40	Na_2SO_3	126.04
HgS	232.65	Na_2SO_4	142.04
$HgSO_4$	296.65	$Na_2S_2O_3$	158.10
Hg_2SO_4	497.24	$Na_2S_2O_3\cdot 5H_2O$	248.17
$Hg_2(NO_3)_2$	525.19	$NiCl_2\cdot 6H_2O$	237.69
$Hg_2(NO_3)_2\cdot 2H_2O$	561.22	NiO	74.69
$Hg(NO_3)_2$	324.60	$Ni(NO_3)_2\cdot 6H_2O$	290.79
HgO	216.59	NiS	90.75
$KAl(SO_4)_2\cdot 12H_2O$	474.38	$NiSO_4\cdot 7H_2O$	280.85
KBr	119.00	P_2O_5	141.94
$KBrO_3$	167.00	$Pb(C_2H_3O_2)_2$（乙酸盐）	325.30
KCl	74.551	$Pb(C_2H_3O_2)_2\cdot 3H_2O$	379.30
$KClO_3$	122.55	$PbCrO_4$	323.20
$KClO_4$	138.55	$PbMoO_4$	367.1
KCN	65.116	$Pb(NO_3)_2$	331.2
K_2CO_3	138.21	PbO	223.2
$KHC_2O_4\cdot H_2O$	146.14	PbO_2	239.2
$KHC_2O_4\cdot H_2C_2O_4\cdot 2H_2O$	254.19	CoS	90.99
$KHC_4H_4O_6$（酒石酸盐）	188.18	$CrCl_3$	158.36
$KHC_8H_4O_4$（邻苯二甲酸盐）	204.22	$CrCl_3\cdot 6H_2O$	266.45
$KHSO_4$	136.16	Cr_2O_3	151.99
K_2SO_4	174.25	$CuSCN$	121.62
KI	166.00	CuI	190.45
KIO_2	214.00	$Cu(CO_3)_2$	187.56
$KIO_3\cdot HIO_3$	389.91	$Cu(NO_3)_2\cdot 3H_2O$	241.60
$KMnO_4$	158.03	$Cu(NO_3)_2\cdot 6H_2O$	295.65
$KNaC_4H_4O_6\cdot 4H_2O$（酒石酸盐）	282.22	CuO	79.545
KNO_2	85.104	Cu_2O	143.09
KNO_3	101.10	CuS	95.61
K_2O	94.196	$CuSO_4$	159.60
KOH	56.106	$CuSO_4\cdot 5H_2O$	249.68
$KSCN$	97.18	$FeCl_3$	162.21
$KFe(SO_4)_2\cdot 12H_2O$	503.24	$FeCl_3\cdot 6H_2O$	270.30
K_2CrO_4	194.19	$Fe(NH_4)(SO_4)_2\cdot 12H_2O$	482.18
$K_2Cr_2O_7$	294.18	$Fe(NH_4)_2(SO_4)_2\cdot 6H_2O$	392.13
$K_3Fe(CN)_6$	329.25	$Fe(NO_3)_3$	241.86
$K_4Fe(CN)_6$	368.35	$Fe(NO_3)_3\cdot 6H_2O$	349.95
$MgCO_3$	84.31	FeO	71.846
$MgCl_2$	95.211	Fe_2O_3	159.69
$NaNO_3$	84.995	Fe_3O_4	231.54
Na_2O	61.979	$Fe(OH)_3$	106.87

续表

化合物	相对分子质量	化合物	相对分子质量
FeS	87.91	NH_4SCN	76.12
$FeSO_4$	151.90	$(NH_4)_2SO_4$	132.13
$FeSO_4 \cdot 7H_2O$	278.01	NH_4VO_3	116.98
H_3AsO_3	125.94	NO	30.006
H_3AsO_4	141.94	NO_2	46.006
H_3BO_3	61.83	$Na_2B_4O_7 \cdot 10H_2O$	381.37
HBr	80.912	$NaBiO_3$	279.97
HCN	27.026	$NaC_2H_3O_2$(乙酸盐)	82.034
$HCOOH$	46.026	$NaC_2H_3O_2 \cdot 3H_2O$	136.08
CH_3COOH	60.052	$NaCN$	49.007
$HC_7H_5O_2$(苯甲酸)	122.12	Na_2CO_3	105.99
H_2CO_3	62.025	$Na_2CO_3 \cdot 10H_2O$	286.14
$H_2C_2O_4$	90.035	$Na_2C_2O_4$	134.00
$H_2C_2O_4 \cdot 2H_2O$	126.07	$NaCl$	58.443
HCl	36.461	$NaHCO_3$	84.007
HF	20.006	NaH_2PO_4	119.98
HI	127.91	Na_2HPO_4	141.96
HNO_2	47.013	$Na_2HPO_4 \cdot 2H_2O$	177.99
HNO_3	63.013	$Na_2HPO_4 \cdot 12H_2O$	358.14
H_2O	18.015	$Na_2H_2Y \cdot 2H_2O$	372.24
H_2O_2	34.015	$NaNO_2$	68.995
$MgCl_2 \cdot 6H_2O$	203.30	PbS	239.3
$MgNH_4PO_4$	137.31	$PbSO_4$	303.3
$MgNH_4PO_4 \cdot 6H_2O$	245.41	SO_2	64.06
MgO	40.304	SO_3	80.06
$Mg(OH)_2$	58.32	Sb_2O_3	291.50
$Mg_2P_2O_7$	222.55	SiO_2	60.084
$MgSO_4 \cdot 7H_2O$	246.47	$SnCl_2 \cdot 2H_2O$	225.63
$MnCO_3$	114.95	SnO_2	150.69
$MnCl_2 \cdot 4H_2O$	197.91	SnS	150.75
$Mn(NO_2)_2 \cdot 6H_2O$	287.04	$Sr(NO_3)_2$	211.63
MnO	70.937	$Sr(NO_3)_2 \cdot 4H_2O$	283.69
MnO_2	86.937	$TiCl_3$	154.24
MnS	87.00	TiO_2	79.88
$MnSO_4$	151.00	V_2O_5	181.88
$MnSO_4 \cdot 7H_2O$	277.10	WO_3	231.85
NH_3	17.03	$Zn(NO_3)_2$	189.39
$NH_4C_2H_3O_2$(乙酸盐)	77.08	$Zn(NO_3)_2 \cdot 6H_2O$	297.48
$(NH_4)_2C_2O_4 \cdot H_2O$	142.11	ZnO	81.38
NH_4Cl	53.491	$Zn(OH)_2$	99.39
NH_4F	37.04	ZnS	97.44
$(NH_4)_2HPO_4$	132.06	$ZnSO_4$	161.44
$(NH_4)_6Mo_7O_{24} \cdot 4H_2O$	1235.86	$ZnSO_4 \cdot 7H_2O$	287.54
NH_4NO_3	80.043		

参 考 文 献

[1] 兰叶青. 无机及分析化学. 北京：中国农业出版社，2014.
[2] 董元彦，王运，张方钰 . 无机及分析化学. 北京：科学出版社，2011.
[3] 王运，胡先文. 无机及分析化学. 北京：科学出版社，2016.
[4] 高岐，任健敏. 无机及分析化学. 北京：化学工业出版社，2013.
[5] 任健敏，韦寿莲，刘梦琴，任乃林. 分析化学. 北京：化学工业出版社，2014.
[6] 白玲，郭会时，刘文杰. 仪器分析. 北京：化学工业出版社，2016.
[7] 华中师范大学等. 分析化学. 第4版. 北京：高等教育出版社，2012.
[8] 武汉大学. 分析化学. 第5版. 北京：高等教育出版社，2011.
[9] 华东理工大学分析化学教研组、四川大学工科化学基础课程教学基地. 分析化学. 第6版. 北京：高等教育出版社，2012.
[10] 李克安. 分析化学教程. 北京：北京大学出版社，2009.
[11] 张明晓. 新分析化学教程. 北京：科学出版社，2008.
[12] 高岐. 分析化学. 北京：高等教育出版社，2006.
[13] 南京大学《无机及分析化学》编写组. 无机及分析化学. 第4版. 北京：高等教育出版社，2006.
[14] 大连理工大学无机化学教研室. 无机化学. 第5版. 北京：高等教育出版社，2006.
[15] 北京师范大学等无机化学教研室. 无机化学. 第4版. 北京：高等教育出版社，2009.
[16] 刘耘，周磊. 无机及分析化学. 北京：化学工业出版社，2015.
[17] 武汉大学，吉林大学等校. 无机化学. 第3版. 北京：高等教育出版社，1994.
[18] 同济大学普通化学及无机化学教研室. 普通化学. 北京：高等教育出版社，2004.
[19] 揭念芹. 基础化学Ⅰ（无机及分析化学）北京：科学出版社，2000.
[20] 朱全苏等. 无机化学. 北京：高等教育出版社，1993.
[21] 谢吉民，李笑英. 无机化学. 南京：东南大学出版社，1997.
[22] 浙江大学普通化学教研室. 普通化学. 第5版. 北京：高等教育出版社，2002.
[23] 朱明华. 仪器分析. 北京：高等教育出版社，2002.
[24] 李功科等. 样品前处理仪器与装置. 北京：化学工业出版社，2007.
[25] 周宛平等. 化学分离法. 北京：北京大学出版社，2008.
[26] 丁明玉等. 现代分离方法与技术. 第2版. 北京：化学工业出版社，2012.
[27] 石影等. 定量化学分离方法. 徐州：中国矿业大学出版社，2004.

元素周期表

IUPAC 2013

周期＼族	1 ⅠA	2 ⅡA	3 ⅢB	4 ⅣB	5 ⅤB	6 ⅥB	7 ⅦB	8 ⅧB(Ⅷ)	9 ⅧB(Ⅷ)	10 ⅧB(Ⅷ)	11 ⅠB	12 ⅡB	13 ⅢA	14 ⅣA	15 ⅤA	16 ⅥA	17 ⅦA	18 ⅧA(0)	电子层
1	−1 +1 1 H 氢 $1s^1$ 1.008																	2 He 氦 $1s^2$ 4.002602(2)	K
2	+1 3 Li 锂 $2s^1$ 6.94	+2 4 Be 铍 $2s^2$ 9.0121831(5)											+3 5 B 硼 $2s^22p^1$ 10.81	−4 +2 +4 6 C 碳 $2s^22p^2$ 12.011	−3 −2 −1 +1 +2 +3 +4 +5 7 N 氮 $2s^22p^3$ 14.007	−2 −1 8 O 氧 $2s^22p^4$ 15.999	−1 9 F 氟 $2s^22p^5$ 18.998403163(6)	10 Ne 氖 $2s^22p^6$ 20.1797(6)	L K
3	−1 +1 11 Na 钠 $3s^1$ 22.98976928(2)	+2 12 Mg 镁 $3s^2$ 24.305											+3 13 Al 铝 $3s^23p^1$ 26.9815385(7)	−4 +2 +4 14 Si 硅 $3s^23p^2$ 28.085	−3 −2 +1 +3 +5 15 P 磷 $3s^23p^3$ 30.973761998(5)	−2 +2 +4 +6 16 S 硫 $3s^23p^4$ 32.06	−1 +1 +3 +5 +7 17 Cl 氯 $3s^23p^5$ 35.45	18 Ar 氩 $3s^23p^6$ 39.948(1)	M L K
4	−1 +1 19 K 钾 $4s^1$ 39.0983(1)	+2 20 Ca 钙 $4s^2$ 40.078(4)	+3 21 Sc 钪 $3d^14s^2$ 44.955908(5)	−1 0 +2 +3 +4 22 Ti 钛 $3d^24s^2$ 47.867(1)	0 ±1 +2 +3 +4 +5 23 V 钒 $3d^34s^2$ 50.9415(1)	−3 0 ±1 ±2 +3 +4 +5 +6 24 Cr 铬 $3d^54s^1$ 51.9961(6)	−2 0 ±1 +2 ±3 +4 +5 +6 +7 25 Mn 锰 $3d^54s^2$ 54.938044(3)	−2 0 ±1 +2 +3 +4 +5 +6 26 Fe 铁 $3d^64s^2$ 55.845(2)	0 ±1 +2 +3 +4 +5 27 Co 钴 $3d^74s^2$ 58.933194(4)	0 ±1 +2 +3 +4 28 Ni 镍 $3d^84s^2$ 58.6934(4)	+1 +2 +3 +4 29 Cu 铜 $3d^{10}4s^1$ 63.546(3)	+1 +2 30 Zn 锌 $3d^{10}4s^2$ 65.38(2)	+1 +3 31 Ga 镓 $4s^24p^1$ 69.723(1)	+2 +4 32 Ge 锗 $4s^24p^2$ 72.630(8)	−3 +3 +5 33 As 砷 $4s^24p^3$ 74.921595(6)	−2 +2 +4 +6 34 Se 硒 $4s^24p^4$ 78.971(8)	−1 +1 +3 +5 +7 35 Br 溴 $4s^24p^5$ 79.904	+2 +4 36 Kr 氪 $4s^24p^6$ 83.798(2)	N M L K
5	−1 +1 37 Rb 铷 $5s^1$ 85.4678(3)	+2 38 Sr 锶 $5s^2$ 87.62(1)	+3 39 Y 钇 $4d^15s^2$ 88.90584(2)	+1 +2 +3 +4 40 Zr 锆 $4d^25s^2$ 91.224(2)	0 ±1 +2 +3 +4 +5 41 Nb 铌 $4d^45s^1$ 92.90637(2)	0 ±1 ±2 +3 +4 +5 +6 42 Mo 钼 $4d^55s^1$ 95.95(1)	0 ±1 +2 +3 +4 +5 +6 +7 43 Tc 锝▲ $4d^55s^2$ 97.90721(3)✦	0 +1 ±2 +3 +4 +5 +6 +7 +8 44 Ru 钌 $4d^75s^1$ 101.07(2)	0 ±1 +2 +3 +4 +5 +6 45 Rh 铑 $4d^85s^1$ 102.90550(2)	0 +1 +2 +3 +4 46 Pd 钯 $4d^{10}$ 106.42(1)	+1 +2 +3 47 Ag 银 $4d^{10}5s^1$ 107.8682(2)	+1 +2 48 Cd 镉 $4d^{10}5s^2$ 112.414(4)	+1 +3 49 In 铟 $5s^25p^1$ 114.818(1)	+2 +4 50 Sn 锡 $5s^25p^2$ 118.710(7)	−3 +3 +5 51 Sb 锑 $5s^25p^3$ 121.760(1)	−2 +2 +4 +6 52 Te 碲 $5s^25p^4$ 127.60(3)	−1 +1 +3 +5 +7 53 I 碘 $5s^25p^5$ 126.90447(3)	+2 +4 +6 +8 54 Xe 氙 $5s^25p^6$ 131.293(6)	O N M L K
6	−1 +1 55 Cs 铯 $6s^1$ 132.90545196(6)	+2 56 Ba 钡 $6s^2$ 137.327(7)	57~71 La~Lu 镧系	+1 +2 +3 +4 72 Hf 铪 $5d^26s^2$ 178.49(2)	0 ±1 +2 +3 +4 +5 73 Ta 钽 $5d^36s^2$ 180.94788(2)	0 ±1 ±2 +3 +4 +5 +6 74 W 钨 $5d^46s^2$ 183.84(1)	0 ±1 +2 +3 +4 +5 +6 +7 75 Re 铼 $5d^56s^2$ 186.207(1)	0 +1 +2 +3 +4 +5 +6 +7 +8 76 Os 锇 $5d^66s^2$ 190.23(3)	0 ±1 +2 +3 +4 +5 +6 77 Ir 铱 $5d^76s^2$ 192.217(3)	0 +2 +3 +4 +5 +6 78 Pt 铂 $5d^96s^1$ 195.084(9)	+1 +2 +3 +5 79 Au 金 $5d^{10}6s^1$ 196.966569(5)	+1 +2 +3 80 Hg 汞 $5d^{10}6s^2$ 200.592(3)	+1 +3 81 Tl 铊 $6s^26p^1$ 204.38	+2 +4 82 Pb 铅 $6s^26p^2$ 207.2(1)	−3 +3 +5 83 Bi 铋 $6s^26p^3$ 208.98040(1)	−2 +2 +4 +6 84 Po 钋 $6s^26p^4$ 208.98243(2)✦	±1 +5 +7 85 At 砹 $6s^26p^5$ 209.98715(5)✦	+2 86 Rn 氡 $6s^26p^6$ 222.01758(2)✦	P O N M L K
7	+1 87 Fr 钫▲ $7s^1$ 223.01974(2)✦	+2 88 Ra 镭 $7s^2$ 226.02541(2)✦	89~103 Ac~Lr 锕系	104 Rf 𬬻▲ $6d^27s^2$ 267.122(4)✦	105 Db 𬭊▲ $6d^37s^2$ 270.131(4)✦	106 Sg 𬭳▲ $6d^47s^2$ 269.129(3)✦	107 Bh 𬭛▲ $6d^57s^2$ 270.133(2)✦	108 Hs 𬭶▲ $6d^67s^2$ 270.134(2)✦	109 Mt 鿏▲ $6d^77s^2$ 278.156(5)✦	110 Ds 𫟼▲ 281.165(4)✦	111 Rg 𬬭▲ 281.166(6)✦	112 Cn 鿔▲ 285.177(4)✦	113 Nh 鿭▲ 286.182(5)✦	114 Fl 𫓧▲ 289.190(4)✦	115 Mc 镆▲ 289.194(6)✦	116 Lv 𫟷▲ 293.204(4)✦	117 Ts 鿬▲ 293.208(6)✦	118 Og 鿫▲ 294.214(5)✦	Q P O N M L K

★ 镧系	+3 57 La★ 镧 $5d^16s^2$ 138.90547(7)	+2 +3 +4 58 Ce 铈 $4f^15d^16s^2$ 140.116(1)	+3 +4 59 Pr 镨 $4f^36s^2$ 140.90766(2)	+2 +3 +4 60 Nd 钕 $4f^46s^2$ 144.242(3)	+3 61 Pm 钷▲ $4f^56s^2$ 144.91276(2)✦	+2 +3 62 Sm 钐 $4f^66s^2$ 150.36(2)	+2 +3 63 Eu 铕 $4f^76s^2$ 151.964(1)	+3 64 Gd 钆 $4f^75d^16s^2$ 157.25(3)	+3 +4 65 Tb 铽 $4f^96s^2$ 158.92535(2)	+3 +4 66 Dy 镝 $4f^{10}6s^2$ 162.500(1)	+3 67 Ho 钬 $4f^{11}6s^2$ 164.93033(2)	+3 68 Er 铒 $4f^{12}6s^2$ 167.259(3)	+2 +3 69 Tm 铥 $4f^{13}6s^2$ 168.93422(2)	+2 +3 70 Yb 镱 $4f^{14}6s^2$ 173.045(10)	+3 71 Lu 镥 $4f^{14}5d^16s^2$ 174.9668(1)
★ 锕系	+3 89 Ac★ 锕 $6d^17s^2$ 227.02775(2)✦	+3 +4 90 Th 钍 $6d^27s^2$ 232.0377(4)	+3 +4 +5 91 Pa 镤 $5f^26d^17s^2$ 231.03588(2)	+3 +4 +5 +6 92 U 铀 $5f^36d^17s^2$ 238.02891(3)	+3 +4 +5 +6 +7 93 Np 镎 $5f^46d^17s^2$ 237.04817(2)✦	+3 +4 +5 +6 +7 94 Pu 钚 $5f^67s^2$ 244.06421(4)✦	+2 +3 +4 +5 +6 95 Am 镅▲ $5f^77s^2$ 243.06138(2)✦	+3 +4 96 Cm 锔▲ $5f^76d^17s^2$ 247.07035(3)✦	+3 +4 97 Bk 锫▲ $5f^97s^2$ 247.07031(4)✦	+2 +3 +4 98 Cf 锎▲ $5f^{10}7s^2$ 251.07959(3)✦	+2 +3 99 Es 锿▲ $5f^{11}7s^2$ 252.0830(3)✦	+2 +3 100 Fm 镄▲ $5f^{12}7s^2$ 257.09511(5)✦	+2 +3 101 Md 钔▲ $5f^{13}7s^2$ 258.09843(3)✦	+2 +3 102 No 锘▲ $5f^{14}7s^2$ 259.1010(7)✦	+3 103 Lr 铹▲ $5f^{14}6d^17s^2$ 262.110(2)✦

图例（以95号元素为例）：

+2 +3 +4 +5 +6 — 氧化态(单质的氧化态为0，未列入；常见的为红色)

95 — 原子序数

Am — 元素符号(红色的为放射性元素)

镅▲ — 元素名称(注▲的为人造元素)

$5f^77s^2$ — 价层电子构型

243.06138(2)✦ — 以 ^{12}C=12为基准的原子量(注✦的是半衰期最长同位素的原子量)

s区元素 | p区元素 | d区元素 | ds区元素 | f区元素 | 稀有气体